灌区水资源系统工程

张礼兵　金菊良　蒋尚明　著

科学出版社

北京

内 容 简 介

作为水资源系统工程的重要组成部分——灌区水资源系统发展至今已成为一个多目标、多属性、多层次、多功能和多阶段的复杂大系统。本书作者通过多年的研究、归纳、总结、提炼，以现代水资源系统工程理论方法为指导，以灌区水资源系统建模、优化、评价、预测、模拟和调控等为主线，开展计算智能方法与传统方法的交叉集成研究，以解决灌区水资源系统规划、设计、运行和控制管理等过程中的诸多专业问题，逐步构建了现代灌区水资源系统工程方法体系，是对灌排工程系统分析的学科拓展和应用深化。

本书可供广大从事或涉及水文水资源、农业水土工程、灌区水管理、水资源高效利用等领域工作的科研、教学、管理人员参考。

图书在版编目（CIP）数据

灌区水资源系统工程/张礼兵，金菊良，蒋尚明著. —北京：科学出版社，2019.12
  ISBN 978-7-03-058747-3

Ⅰ.①灌⋯ Ⅱ.①张⋯ ②金⋯ ③蒋⋯ Ⅲ.①灌区水资源-系统工程-中国
Ⅳ.①S274

中国版本图书馆 CIP 数据核字（2018）第 206927 号

责任编辑：童安齐 / 责任校对：王万红
责任印制：吕春珉 / 封面设计：东方人华平面设计部

科 学 出 版 社 出版
北京东黄城根北街 16 号
邮政编码：100717
http://www.sciencep.com

三河市骏杰印刷有限公司印刷
科学出版社发行 各地新华书店经销
*
2019 年 12 月第 一 版 开本：B5（720×1000）
2019 年 12 月第一次印刷 印张：18 1/2
字数：360 000
定价：**150.00 元**
（如有印装质量问题，我社负责调换〈骏杰〉）
销售部电话 010-62136230 编辑部电话 010-62137026

序

我国特定的气候与地理条件，决定了农业生产与灌溉的高度依赖关系，并由此使我国成为世界上灌溉面积最大的国家。现代灌区水资源系统是一个多目标、多属性、多层次、多功能和多阶段的复杂大系统，针对现代水资源系统问题的高度复杂性和不确定性，仅凭一种理论或方法是难以研究透彻的，针对不同的灌区水资源系统问题，采用基于多种理论方法的耦合集成加以深入研究，无论对各种理论方法本身，还是对它们在复杂系统中的应用都是极有价值的，而目前此方面的研究尚处于起步阶段。该书以水资源系统工程为主线，利用定量的水资源模型刻画农业、工业、城市等社会水资源系统，与区域水文模型刻画的自然水资源系统进行耦合，以解决人类活动影响下的灌区水资源在自然环境系统与社会经济的相互影响及反馈问题。

该书作者通过多年的研究、归纳、总结、提炼，以现代水资源系统工程理论方法为指导，针对灌区水资源系统规划、设计、运行和控制管理等诸多现实问题，以灌区水资源系统建模、系统优化、系统评价、系统预测、系统模拟、系统决策调控等为主线，对遗传算法、人工神经网络模型、集对分析、云模型等计算智能方法进行改进研究，以及与试验设计、属性识别、投影寻踪等传统方法的交叉集成，分别应用于灌区作物需水计算、作物受旱分析、灌溉渠道优化、排水沟管设计、圩垸排水规划、河川径流预测、水源水质评价，以及小型灌区塘坝系统、中型灌区库塘田系统、大型灌区蓄引提系统等水资源系统问题，初步构建了现代灌区水资源系统工程方法体系，是对灌排工程系统分析的学科拓展和专业深化。

该书系统反映了作者在水资源与环境系统工程领域多年研究和应用所取得的进展，也体现了作者对灌排工程学科的最新发展所做出的贡献。全书内容丰富、方法新颖、结构清晰、论述深刻、系统性和逻辑性强，是一部理论性和实践性很强的论著。相信该书将对水资源系统分析理论的发展与完善起到重要的推动作用，同时对广大从事或涉及水文水资源、农业水土工程、灌区水管理、水资源高效利用等领域工作的科研、教学、管理人员来说，无疑是一部不可多得的参考用书，也将更有力地促进水资源学科和系统科学向更高、更深、更新的方向发展，特此为序。

东北农业大学教授、博士研究生导师

付 强

2018 年 10 月 11 日

前　言

我国是一个农业大国，农业生产在我国国民经济中占有举足轻重的地位，同时我国是一个饱受干旱灾害困扰的国家，由于受季风气候和独特地理特征的影响，我国降水和径流在时间和空间上的分布极不均匀。为了调节水土资源时空分配上的先天矛盾，大力发展灌区工程对我国农业高效生产和稳定发展具有重要意义。据统计，我国由灌区生产的粮食占全国总量的 3/4，生产的经济作物占比则达 90%，灌区的建设发展使我国能够以世界 9%的耕地养活世界 20%的人口。然而，由于全球性气候变暖、水资源趋势性减少，同时随着我国工业化、城市化进程的持续推进，在水资源管理制度对灌溉用水量总量控制下，要进一步扩大农业生产规模，维系良好的生态环境，让有限的水资源发挥更大的社会、经济和环境效益，就要对灌区水资源进行全面合理评价、预测和优化调配，为科学决策提供依据。

在国家重点研发计划（项目编号：2016YFC0401305，2016YFC0401303）和国家自然科学基金（项目编号：51479045，51579059，51409002）的共同资助下，本书以现代水资源系统工程理论方法为指导，阐述了传统设计方法和智能计算方法的改进研究，并分别应用于灌区水资源系统规划、设计、运行、管理等诸多现实问题。本书内容丰富、方法新颖、结构清晰、突出理论基础和实际应用，对科研院所的研究人员和从事实际工作的工程技术人员具有一定的参考价值。

全书共八章，具体分工如下：第 1、3、7、8 章由张礼兵撰写，第 2 章由金菊良和张礼兵撰写，第 4 章由张礼兵和蒋尚明撰写，第 5 章由金菊良、张礼兵和蒋尚明撰写，第 6 章由蒋尚明撰写。全书由张礼兵负责统稿，金菊良负责审校、定稿。

在本书写作过程中有幸得到了扬州大学程吉林教授，郑州大学左其亭教授，西北农林科技大学宋松柏教授，北京师范大学杨晓华教授，南京水利科学研究院王宗志教授级高级工程师，合肥工业大学汪明武教授、刘丽教授和周玉良教授的热心指导和帮助，在此特向他们表达诚挚的谢意！

特别感谢付强教授为本书欣然作序，同时感谢合肥工业大学沈时兴副教授、吴成国老师、童芳老师、杨晓英老师和蒋学梅女士的大力支持；研究生伍露露、朱文礼、胡亚南、余雪兵、陈磊、何飘对本书做了大量版面编排和图文校对工作，在此一并深表感谢。还要感谢科学出版社为本书出版所倾注的心血。

　　由于作者水平有限，书中不妥之处在所难免，敬请各位专家和读者不吝批评指正。

作　者

2018 年 7 月于合肥

目　　录

1 绪 论

水是构成生态与环境的基本要素，支撑着地球上所有动植物的生命需要，同时水也是国民经济以及工农业生产的命脉，是一种基础性和战略性的特殊资源。随着气候的变化和人类社会的发展，现代水资源问题已成为所有自然资源可持续开发利用中最重要的一类问题，它们已严重威胁着人类的社会生存环境和经济可持续发展过程（王浩等，2002；魏一鸣等，2002）。水资源系统中的水问题指的是水量、水质及其时空分布与人类需求之间的差异超过相应阈值时所产生的现象（金菊良等，2006）。1977 年在阿根廷马德普拉塔召开的第一次联合国水资源大会，标志着水资源已成为世界性的热点问题。进入 21 世纪以来，随着世界人口与全球经济的持续增长，人类社会对水的需求量不断增加，水资源的进行性短缺和水环境持续性恶化等已成为全球性的水资源问题。2002 年在南非召开的可持续发展世界高峰会议上，一致通过将水资源危机列为未来 10 年人类面临的最严重的挑战之一。2015 年世界卫生组织/联合国儿童基金会（WHO/UNICEF）联合监测报告显示，世界水资源匮乏问题愈发严重，世界上有 1/3 的人口没有获得足够的卫生设施资源，1/10 的人口没有获得足够的安全饮用水资源。可见，保障水安全，促进水资源可持续利用，实现人类与水环境和谐共存是世界各国越来越关注的重大课题。

我国的水资源总量是丰富的，根据 2016 年《中国水资源公报》报道，我国地表水和地下水的水资源总量约为 32500 亿 m³，居世界第 6 位。但是按《中国统计年鉴（2017）》统计，2016 年我国人口约 13.79 亿，人均水资源量为 2355 m³，只占世界人均水量的 1/4，列世界第 121 位。20 世纪 90 年代以来，由于人口、社会及经济的高速发展，我国也开始面临日益突出的水资源问题，即水资源短缺、水环境恶化和洪水灾害。这三大问题又统称水安全问题，而且它们之间存在一定的联系，在一个问题出现的同时，往往也伴随着其他问题的产生，体现了现代水资源问题的复杂性（左其亭等，2005）。

我国自古以来就是一个农业大国，农业生产在整个国民经济中占有举足轻重的地位，同时我国是一个饱受干旱灾害困扰的国家。一方面，由于受季风气候和独特的地理特征的影响，我国降水和径流在时间和空间上的分布极不均匀。大部分地区夏秋季节雨多，易造成洪涝灾害，冬春季节雨少，又易出现干旱，而且降水量年际变化也很大，有枯水年和丰水年连续出现的特点（刘肇祎，朱树人等，

2004；夏军等，2005）；另一方面，我国水土资源分布极不匹配，长江流域以北地区耕地面积占全国的 64%，是南部耕地面积的 1.78 倍，而年水资源量只有南部的 1/4（中华人民共和国水利部，2003b）。因此，为了调节水土资源时空分配上的先天矛盾，大力发展灌区事业对我国农业稳定高效生产和发展具有重要意义。

我国灌排事业历史悠久，在世界水利史上留下光辉灿烂的篇章。例如，入选"2015 年度全国十大考古新发现"的浙江良渚古城坝堤堰水利工程体系，具有挡潮拒咸、蓄淡灌溉的重要功能，据考证约有 5000 年的历史，是迄今已知的世界上最早、规模最大的水利系统，超过此前在埃及发现的一处有 4000 年历史的水坝遗迹。2000 年被联合国教科文组织列入"世界文化遗产"名录的四川都江堰引水工程，建成 2200 多年来灌溉着千万亩田畴，不仅是中国古代水利工程建设的伟大奇迹，也是世界水利工程的璀璨明珠。截至 2017 年，我国已有安徽寿县安丰塘（古称芍陂）、陕西泾阳郑国渠、宁夏引黄古灌区等 13 项水利工程入选"世界灌溉工程遗产"名录。新中国成立以来，我国的灌区建设更是取得了举世瞩目的成就。截至 21 世纪初，我国已建成大中型灌区 5600 多处，固定排灌泵站也达 50 万之多，小型农村水利工程 2000 余项，全国有效灌溉面积发展到 5430 万 hm^2。灌区在我国农业生产、农村和城乡发展中发挥着极其重要的作用，其每年生产的粮食占全国总量的 3/4，生产的经济作物占 90%。灌区的建设发展使我国能够以占世界 9% 的耕地养活世界 20% 的人口。

目前，我国设计灌溉面积大于 2000 亩[①]及以上的灌区共 22689 处，耕地灌溉面积 3720.8 万 hm^2，其中，50 万亩以上灌区 177 处，耕地灌溉面积 1233.5 万 hm^2，30 万~50 万亩的大型灌区 281 处，耕地灌溉面积 543 万 hm^2。截至 2016 年末，全国灌溉面积 7317.7 万 hm^2，占全国耕地面积的 49.6%（中华人民共和国水利部，2017）。需要指出的是，虽然大型灌区灌溉总面积只占全国耕地面积的 15%，但由于具有较完善的田、林、路和输配水等基础设施，水源相对有保障，大型农业机械、化肥、良种和其他农业增产措施广泛推广应用，灌区内生产的粮食产量、农业总产值均超过全国总量的 1/4，是我国粮食安全的重要保障和农业农村经济社会发展的重要支撑（中华人民共和国国家发展与改革委员会，中华人民共和国水利部，2017）。例如，总控制面积 1743 万亩的内蒙古河套灌区是亚洲最大的一首制灌区和全国三个特大型灌区之一，灌区作物产量由 1949 年的 1.5 亿 kg，提高到 1983 年的 6.3 亿 kg，农业总产值达 6.5 亿多元，成为国家和地方重要的商品粮、油生产基地；再如新中国成立后建设的国内最大的灌区——淠史杭灌区工程，设计灌溉面积 1198 万亩，自 1958 年建设以来，为灌区生产生活提供了充足的水源，有效地提高了灌区抵御水旱灾害的能力，促进了灌区耕作制度和种植结构的优化调整。安徽境内灌区正常年份粮食产量 650 多万吨，约占全省 1/5。同时，淠史杭

---

① 1 亩≈666.7m²。

工程的建设运行还带动了灌区相关产业的快速增长,促进了灌区经济的全面发展,其国内生产总值年均过亿元,在地方乃至全国经济中占有重要的地位。

综上可见,灌区尤其是大中型灌区,已成为我国重要的农业生产的中坚和基地,其农业生产总值可占到全国农业生产总值的 33%。此外,灌区每年还向城镇供水和生态补水超过 258 亿 m^3(中华人民共和国水利部,2001),为我国城市发展和农村城镇化建设做出了巨大的贡献。

1.1 灌区水资源问题

如上所述,我国特定的气候与地理条件,决定了农业生产与灌溉的高度依赖关系,并由此使我国成为世界上灌溉面积最大的国家。然而随着中国人口增加、城镇化推进、人民生活水平提高,粮食需求量将呈刚性增长趋势,我国水土资源利用空间却难以增长,尤其是水资源的利用已出现严重的瓶颈制约。灌区水利工作的核心是与灌区生产、生活及环境密切相关的水资源问题,因此当水问题成为 21 世纪全球面对的重大而内涵深邃的命题时,灌区同样存在着令人关注的水问题。所谓灌区水资源问题是指灌区内与水资源的科学规划、合理利用、高效管理等问题有关的所有工程及非工程问题,是区域水资源系统水问题的重要组成之一。随着自然条件、社会经济条件和人类技术水平的发展变化,现代灌区的建设和发展在为我国提供巨大的经济、政治、环境效益的同时,也面临着一系列日益严峻的水资源问题,简述如下。

1.1.1 洪涝灾害频繁

由于独特的地理和气候条件,我国大部分地区雨季在年内高度集中,降水的时空变化很大,极易形成大范围的洪涝灾害。全国 1/2 的人口、1/3 的耕地、70%的工农业总产值集中在七大流域的中下游地区,这些地区恰恰也是受洪水威胁最严重、农业灌区最为集中的地区:①滨湖圩区,主要分布在长江中游的洞庭湖、鄱阳湖周围和江汉平原一带,圩垸范围大、堤身高,圩内湖荡多、沟港少,洪枯水位变化幅度大;②水网圩区,主要分布在长江下游、太湖流域及珠江三角洲一带,地势低洼、地下水位高、河网密布,圩区面积较小、堤身低,洪枯水位变化幅度较小,且受潮汐影响;③沿江圩区,主要分布在长江中下游两岸,地势低洼,圩区面积大小不一,汛期江河水位高于地面,时间长达 3~5 个月,自流排水困难,部分傍山近岗圩田易受山洪威胁。

另外,由于受生产能力和经济条件的约束,我国多数已建灌区的农田防洪除涝工程一般达不到 10 年一遇的设计标准,如都江堰外江灌区灌溉面积 126.4 万 hm^2,

由于特殊的地理环境、气候以及人类不合理开发利用等因素，灌区洪涝灾害时有发生。据历史记载，民国时期（1912～1949 年）灌区内先后发生洪涝灾害 22 次，其中大灾 10 次。新中国成立后，虽然先后对排洪河道与灌溉渠系加以整治改造，大大提高了堤防工程的抗洪能力，但是仍难以从根本上消除灌区洪涝灾害问题，如在 1964 年、1977 年、1981 年和 1987 年先后 4 次发生了严重的洪水灾害，对灌区人民群众的生命财产和农田安全构成极大的危害（肖开乾，1998）。我国南方地区由于地形低洼、雨量丰沛且雨程集中，也长期面临着洪涝灾害的威胁，尤其是 20 世纪 90 年代以来，我国夏季呈现丰水期特征，洪水频次高，灾害损失严重。据统计，1994 年全国洪涝受灾面积 1933 万 hm^2，成灾 1200 万 hm^2（翟浩辉，2005）。1991 年淮河、太湖大洪水，1994 年珠江洪灾，1995 年松辽特大洪水，1996 年长江中游及海河南系大水，都造成了极为惨重的社会经济损失，而 1998 年长江发生的全流域性特大洪水，松嫩流域发生历史最大洪水，以及西江、闽江发生百年一遇的大水，更是令人触目惊心，记忆犹新。洪涝发生时，大水淹没农田、道路，冲毁堤坝、桥梁，造成了巨大的经济损失。因此，我国的防洪排涝、排渍的任务仍十分艰巨。

1.1.2　水资源短缺加剧

干旱缺水已成为影响我国农业生产最大的且不断加剧的自然灾害。全国每年因干旱缺水少产粮食 1000 亿 kg 左右（翟浩辉，2005）。黄河干流的高频率、长时间断流且不断加剧等十分严重的生态环境问题，也造成了地区之间、工农业之间、城乡之间用水矛盾十分尖锐的社会问题，威胁到了人类的生存环境和农业的持续发展。由水资源短缺而导致的干旱是影响灌区生产发展的重要原因之一（付强，2005）。20 世纪 70 年代，全国农田受旱面积平均每年约 1100 万 hm^2，80 年代和 90 年代则分别平均每年约 2000 万 hm^2 和 2700 万 hm^2，近 10 年来，全国受旱面积平均每年达 3300 多万 hm^2，农业灌溉缺水每年达 300 多亿 m^3。

造成现代灌区水资源短缺的因素是多方面的：①自然气候因素。据气象部门的有关统计，近 40 年来我国的降水量平均以每 10 年 12.7mm 的速度递减。20 世纪 50 年代我国平均降水量为 872mm，80 年代平均降水量为 828mm，比 50 年代减少了 44mm。如果从近百年较长时期的气候变化来看，我国东部地区的干旱多于洪涝灾害。而在黄河中上游地区，数百年来一直以偏旱为主，自 18 世纪、19 世纪和 20 世纪以来有一个总的旱化趋势（夏军等，2005）。另外，气候对灌区水资源短缺影响是水资源在时间上分配不均，我国南方地区全年降雨量的 80%～90%集中在一年中的几个月内，其他月份则雨量很少，造成南方灌区季节性缺水，如都江堰灌区每年可引岷江水 109.57 亿 m^3，全年灌溉需水量 62.42 亿 m^3，丰水期（5～10 月）灌区余水 35.37 亿 m^3，但在枯水季节（11 月～翌年 4 月）灌区缺水 3.24 亿 m^3。②农业用水技术因素。由于受传统的灌溉方式、灌溉基础设施的完善程度和技术水平的影响，我国大型灌区目前的水资源利用不充分。灌区主要灌溉方式仍然是淹灌，渠系衬砌率只有 20%～30%，渠系水利用系数平均为 0.4，而发达国家的渠系水利用系数约为 0.65；我国大型灌区用水量高达 9615m^3/hm^2，高于全国平均水平 7320m^3/hm^2，每立方米水产生的粮食为 0.8kg，而发达国家每立方米水产生的粮食为 2kg（中华人民共和国水利部，2001）。在大量水资源被浪费的同时，我国农业用水反而日趋紧缺，这说明我国大部分灌区的水资源利用率还很低，仍有很大的潜力可挖掘。③非农业用水因素。随着城镇化和工业化的发展、人们生活水平的提高，城镇和工业用水不断增加，在全国用水需求量不断上升、灌溉面积不断扩大的情况下，农业用水比例下降，这是造成灌区水资源紧缺的原因之一。1980～2002 年，我国的工业用水量从 457 亿 m^3 增加到 1142 亿 m^3，城镇生活用水量从 68 亿 m^3 增加到 321 亿 m^3，而农业和农村生活用水量仅仅从 3912 亿 m^3 增加到 3924 亿 m^3（其中包括农村生活用水在此期间的增长，估计约 200 亿 m^3），而我国的总供水量仅仅从 4437 亿 m^3 增加到 5497 亿 m^3。全国农业灌溉用水量从 1949 年占总用水量的 92%下降到 1980 年的 80%，以及目前的 60%左右，说明工业和城市生活用水增长较快，在可供水量增长困难的情况下，工业和城市用水挤占灌溉用水趋势加剧（中华人民共和国水利部，2003b）。这种供水压力不仅体现在水量上，也体现在水质和工程的供水保证率上，如水库、优质地下水源等稳定可靠、高保证率、水质好的水利工程的供水目标大量地从农业供水向城镇生活和工业用水转变，农业用水只能使用河道中水质低下和低保证率的水源。尽管在经济较发达地区对供水目标的改变进行了一定的补偿，如修建节水工程等，但挤占农业用水，无疑降低和制约了农业和农村及农民依赖水资源的发展基础和潜力（沈大军，2005）。

1.1.3 环境问题日益突出

我国灌区由于建设与管理中对环境问题缺乏足够的重视，导致一些灌区生态环境严重恶化，直至 20 世纪 80 年代中期才出现关于灌区环境的影响分析报道，而且主要是针对干旱和半干旱地区等对生态环境特别敏感的地区，如内蒙古的河套灌区、甘肃的鸳鸯池灌区和新疆的一些引水灌溉地区，以及南方一些低温水灌溉引起的农业减产等。2004 年 9 月在俄罗斯莫斯科市召开的国际灌排委员会第 55 届执行理事会，会议主题是"粮食生产与水——灌溉排水的社会经济问题"，其提出的两大科学问题之一就是关于灌区灌溉排水开发中存在的环境和经济问题，即把灌区灌溉排水问题与社会经济发展、农业环境的可持续性纳入同一系统进行考虑。

随着社会经济的发展和农业生产的扩大，灌区水资源面临的环境问题日益突出。我国北方灌区普遍存在不同程度的地下水超采问题，形成的大范围地下水下降漏斗致使许多灌溉设施无法使用、局部地面下沉，部分滨海地区如青岛、烟台引起海水倒灌、咸水入侵。引黄灌区是我国也是世界上利用同一灌溉水源集中连片最大的灌区，长期引用高含沙水流，导致引入灌区的泥沙越积越多，部分土地已开始沙化，有人预测，长此以往，100 年后黄河下游将成为我国一个面积达 3 万 km^2 的新生沙漠区。同时，该灌区长期单纯追求"引黄"而忽视地下水的开采，致使地下水位上升引起新的土壤盐碱化问题。另外，我国一些大中型灌区，现在仍采用大水漫灌的方式，同时，缺乏科学的用水管理体系，使地下水位上升，造成大面积耕地盐碱化。例如，位于黄河上游的宁夏引黄灌区，地理条件优越，引水灌溉占先，黄河丰富的水资源使这里成为产粮大区。然而由于无节制的大水漫灌，灌溉定额每亩高达 1000m^3 以上，不仅造成水资源大量浪费，使下游河南、山东等地枯水季节灌溉用水难以保证，而且也改变了当地水盐运动规律，加剧了灌区土壤盐渍化。据统计，中国北方地区不同程度的盐渍化耕地多达 670 万 hm^2，其中很大一部分是由灌溉不当引起的。这种状况不仅在北方存在，在南方一些水稻种植区，也存在因过量引水和排水不畅而出现的渍涝问题。土壤盐渍化破坏了灌区生态环境，使农作物严重减产、部分土地被迫弃耕、土地沙化、气候恶化。同时，我国水资源污染尚未得到有效控制，根据我国 2001 年的水质评价结果，在调查评价的 12.1 万 km 河流中，四类水河长占 14.2%，五类或劣五类水河长仍占 24.4%。产生灌区水源污染的原因是多方面的，但农田非点源污染无疑是其重要组成部分。农田灌溉在发展农业、改造自然方面起到了重大的作用，但同时农田中施用的氮肥、磷肥的流失也是非点源污染的主要来源。关中宝鸡峡、交口灌区排水使得渭河年均接纳的氨氮量约为 6076t，远远大于点源污染负荷量，农田非点源污染已成为该河道的主要污染源（宋蕾等，2001；周维博等，2001）。1990 年美国非点源污染几乎占总污染负荷量的 2/3，其中农业非点源污染占非点源污染总量的 68%～83%，影响到 50%～70%受污染或威胁的地表水体（张志剑等，1999）。如果将我国大型灌区农药化肥使用量按 403kg/（hm^2·a）（实物量）计，氮肥随农田排水和暴雨径流的损失率按 15%计，则全国大型灌区每年有 95.5 万 t 的氮肥进入河道和湖泊（朱瑶等，2003；许谦，1996）。

我国今后要增加农作物产品产量，主要靠提高单位面积产量来实现。然而，在我国的季风气候条件下，无论北方或南方地区在没有灌溉保证条件下，要实现高产、稳产是不可能的。我国政府提出了到 2020 年全面建设小康社会的奋斗目标，并强调"建设现代农业，发展农村经济，增加农民收入，是全面建设小康社会的重大任务"，因此，随着我国人口的进一步增加、经济的快速发展、城市化进程的加快和社会的全面进步，我国的灌区系统面临着上述水问题的严重挑战的同时，也迎来了难得的历史发展机遇，这是我国政府全面建设小康社会和保障国家粮食安全要求的战略需要。需要指出的是，灌区水资源短缺问题和环境水质保护问题日益严峻，需要灌区管理部门未雨绸缪，给予足够的重视。

1.2　水资源系统工程理论与方法

1.2.1　系统工程简述

我国著名科学家钱学森院士为系统（system）一词下的定义为：把极其复杂的研究对象称为系统，即由相互作用和相互依赖的若干组成部分结合成具有特定功能的有机整体，而且这个系统本身又是它所从属的一个更大系统的组成部分（钱学森等，1982）。该定义指出了系统的重要内涵——由多种元素构成的有内在联系的整体，即任何系统必备的 3 个条件（汪应洛，2002；高志亮，李忠良，2004）：①系统的要素必须两个或两个以上；②各要素之间须有关联性；③系统的整体功能和综合行为是由各要素通过相互作用而涌现出来的。

系统工程（system engineering）是以大规模复杂系统为研究对象的一门交叉学科，也是服务于一般系统的开发设计、组织建立或者运行管理的工作程序的一门工程技术学科。系统工程作为一门学科虽然形成于西方，但系统工程来源于系统思想，而系统思想又源于人类社会的生产实践经验。例如，系统思想在我国水利工程中的成功应用，可以追溯到 2200 多年前战国时期李冰父子修建的驰名中外的四川都江堰灌溉工程，这一工程包括"鱼嘴"岷江分水工程、"飞沙堰"分洪排沙工程、"宝瓶口"引水工程等 3 大主体工程和 120 余处渠系建筑物，各工程之间配合协调，恰到好处，充分体现了非常完善的整体优化观念和开放的、发展的系统思想，即使从现代的角度来看，它也堪称世界上一项伟大的系统工程实践。

在当今科学技术高度发达的现代化社会里，事物间的联系日趋复杂，出现了形式多样的大系统，其特点为：①规模庞大，即通常包含有众多的小系统、元部件，占有空间大，涉及范围广；②结构复杂，各小系统、元部件之间的相互联系及其信息传递等十分复杂；③功能综合，即大系统常具有综合性的、多方面的功能与目标；④因素众多，即大系统一般是多变量、多参数、多输入和多输出的系统，涉及的内部和外部因素众多，不仅有"物"的客观因素，而且还有"人"的主观因素（朱道立，1987；程吉林，2002）。这类大系统通常都是开放系统，它们与所处的环境即更大的系统发生着物质、能量和信息等交换关系，从而构成环境约束。随着现代经济建设和科学技术的快速发展，越来越要求提高系统决策的科学性和准确性，而这些难题的存在无疑对它提出了重大挑战（郭元裕，李寿声，1994；刘肇祎，1998）。

1.2.2　水资源系统工程

随着现代科技的快速发展，水资源系统发展到今天已成为一个多目标、多属性、多层次、多功能和多阶段的复杂系统，其决策不仅要掌握气候、水量、水质、土壤、盐碱物质等要素的自然规律，即它们的自然属性，而且更需要把握各种要素变化可能对社会、经济、生态、环境等系统造成的一切后果，即它们的社会属性（高志亮等，2004；金菊良等，2002）。随着现代科技手段，如地理信息系统（geographical information system，GIS）、遥测（remote surveying）、遥感（remote sensing）、遥控（remote controlling）等技术的推广应用，解决水资源系统问题就显得尤为重要。由于系统工程是研究在复杂系统的大量可行方案中选择最优方案的科学理论，系统分析是应用于系统工程的数学理论和优选方法，系统工程和系统分析也就成为解决水资源系统问题优化决策的理论基础和重要工具。美国于20世纪50年代中期，就将系统工程原理与方法用于制订流域规划工作，以后逐步扩展到规划、设计、施工和管理等诸多方面。我国则在20世纪80年代初期才将系统工程方法应用于我国水资源系统问题的研究，虽然起步较晚，但发展速度却很快，在应用研究的广度和深度、理论方法的进展和创新，以及为生产实践带来的社会经济效益等方面，都取得了显著成绩。

系统分析（system analysis）方法产生于第二次世界大战期间，是美国兰德公司在长期研究中发展并总结出来的一套解决复杂问题的方法和步骤，其宗旨在于提供重大的研究与发展计划，以及相应的科学依据；提供实现目标的各种方法并给出评价；提供复杂问题的分析方法和解决途径。系统分析是系统工程的定性和定量分析方法，是以系统整体效果为目标、以寻求解决特定问题的最优策略为重点，用来解决系统的规划、设计和管理问题，提供最优规划、最优设计、最优控制运行和最优组织管理。系统分析具有以下特点（尚松浩，2006）：①思想方法上强调系统整体性观点和各单元间的协调精神；②系统分析过程中注重多种学科交叉集成，以及分析者与决策者共同合作；③系统分析技术主要以定性分析为基础，建立系统数学模型并对系统进行定量分析；④以计算机作为系统分析的主要工具。

20世纪80年代以来，随着系统工程理论与计算机技术在我国的普及，水资源系统工程的研究和应用得到了迅速推广和长足发展。水资源系统是指在一定环境下，为实现水资源的开发目标，由相互联系、相互作用的若干水资源工程单元（即物质单元）和管理技术单元（即概念单元）组成的有机整体（冯尚友，1991；

王先甲，2000）。从结构上看，水资源系统的物质单元包括水体（江、河、湖、海），自然地理条件（地形、地质、植被）、水利工程（挡水、泄水、引水、蓄水等水工程建筑物）等，是构成水资源系统整体性的前提；而概念单元主要指设计方案（优化设计、规划布局等）、管理策略（施工组织管理、政策法规制订等）、组织评估（社会、环境、经济等效益评价）、决策分析与调控（运行调度、时空调配方案）等，是划分系统与环境、识别系统内部元素的必要条件。运用系统工程方法分析、处理水资源系统工程问题时一般包括以下几个步骤（图 1.1）（王先甲，2000）。

图 1.1　水资源系统分析步骤

（1）系统描述。根据所研究水资源问题的性质和目的，对系统进行定性分析以了解系统的结构、功能、环境及其相互关系。

（2）目标选择。确定水资源开发利用所要达到的目的，它是构成评价方案优劣的标准，因此所选择的系统目标应该能反映水资源系统整体的目的。

（3）方案确定。分析、确定水资源系统中所有的可行决策方案并形成系统方案集。

（4）约束分析。分析、确定水资源系统所有控制、约束条件，以保证方案的可行性。

（5）建立模型。在确定系统目标、约束条件及可行方案集基础上，建立相应的数学模型以反映系统的行为特征及各部分的相互关系。

（6）模型求解。针对模型类型和特点，采用一定的方法进行求解，并分析模型参数的灵敏度。

（7）检验评价。把模型求解结果与历史资料进行对比，以检验结果的可靠性。

（8）决策实施。在系统分析的基础上综合考虑其他有关因素，决策者做出决策并实施。

如上所述，系统分析作为系统工程中最基本、最普遍的定量和定性分析方法，其处理问题的优越性对水资源系统问题具有很强的适用性。目前，系统分析技术在水资源系统问题中的应用已贯穿于复杂水利工程的规划、设计、施工组织、运行和管理的各个阶段。

1.2.3 现代水资源系统分析方法

现代水资源系统分析方法可归纳为 6 类（金菊良等，2004b），即水资源系统模型化方法（即水资源系统建模方法）、水资源系统优化方法、水资源系统预测方法、水资源系统评价方法、水资源系统模拟方法、水资源系统决策分析与调控方法等。

1.2.3.1 水资源系统建模方法

系统模型化即系统数学建模，就是对所研究的水资源问题或水利系统用一系列有机结合的数学方程进行科学描述、合理概括，并作为优化决策的基础。模型是描述现实世界而又高于现实世界的一个抽象，建立系统模型是科学和艺术的很好结合（朱道立，1987）。由于水资源系统的高度复杂性，建立水资源系统的数学模型并不是一个章法清晰的过程，而是自始至终对问题不断进行分析、综合而带有创造性的工作，尤其是复杂大系统的建模问题，常常需要加入不能称之为"科学"的人的知识和经验（高志亮等，2004）。以大型灌区水资源系统问题为例，它是自然条件与社会经济条件耦合的复杂系统，定量描述该系统的数学模型往往十分复杂，常常面临着不确定性、模糊性、非直观性等问题，因此在建模过程中需要满足以下几点原则：①尽量提高模型的仿真性；②满足降维要求，便于模型求解；③减少计算机存储量和提高计算效率；④实现多种优化决策要求，具有较强的功能；⑤与现有的数据资料条件相匹配；⑥具有较强的实用性和灵活性等。据不完全统计，目前水资源系统中应用较为广泛的分析模型如图 1.2 所示。

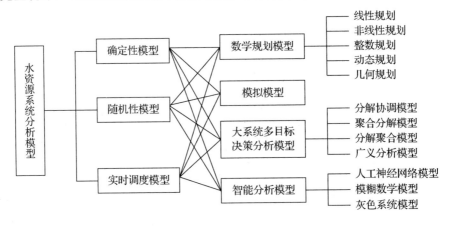

图 1.2 水资源系统分析模型

1.2.3.2 水资源系统优化方法

所谓系统优化，就是寻找影响系统目标的优化变量所属各分量的某种取值组合，使得系统目标函数在给定约束条件下达到最优或近似最优这样一类问题，而解决这类问题的方法称为系统优化方法（optimization method of system）（中国大百科全书编委会，1988）。系统优化一般包括三要素，即目标函数、优化变量和约束条件。虽然优化方法实际上是现代水资源系统工程的"主线"和"灵魂"，但对复杂水资源系统优化问题目前还没有普遍适用的一般方法，已有的各种方法都有其特定的适用范围。传统的系统优化方法大致可以归纳为解析法（或称间接寻优方法）和搜索法（或称直接寻优方法）两大类。解析法要求把一个非线性问题用数学方程式描述出来，然后按照函数极值的必要条件用数学分析的方法求出其解析解，再根据充分条件或问题的实际物理意义间接地确定最优解。这类方法适用于求解目标函数是可用简明数学形式表达的线性、非线性规划问题，具体方法包括梯度法（最速下降法）、共轭梯度法和变尺度法等。搜索法是一种数值方法，利用函数在某一局部区域的性质或一些已知点的数值来确定下一步计算的点，这样一步步搜索、逼近，最后达到最优点。这种方法适用于目标函数较为复杂，或无明确的数学表达式而难以用解析法处理的情况。搜索法可分为两大类，即消去法和爬山法。前者是用不断消去部分搜索区间，逐步缩小最优点存在的范围来寻找最优点，对单变量函数的寻优问题十分有效；后者是根据已经求得的目标函数值，判断前进的方向，逐步改善目标函数而达到最优，主要用于多变量函数的寻优问题，常用的方法为单纯形加速法等。近年来，随着现代人工智能技术的快速发展与广泛应用，计算智能方法，如人工神经网络（artificial neural network，ANN）、遗传算法（genetic algorithms，GA）、模拟退火方法（simulation annealing，SA）、模糊集（fuzzy sets，FS）等，被逐渐用于系统优化问题，而它们与一些传统优化方法（如梯度法、动态规划法、坐标轮换法、试验设计法等）的有机结合，也为后者带来了新的气息。

1.2.3.3 水资源系统预测方法

系统预测是系统工程领域重要组成部分之一，它是根据研究系统或类似系统发展变化的实际数据、历史资料，以及各种经验、判断和知识等，充分分析和理解系统发展变化的规律，运用一定的科学原理和方法，对研究系统在未来一定时期内的可能变化进行推测、估计、分析和评价，以减少对系统未来状况认识的不确定性，指导系统的决策分析以减少决策的盲目性（梁迪等，2005；谭跃进等，1999）。系统预测是近代系统工程学、社会学、经济学、现代数学等学科发展的产物，其目的是了解、掌握系统行为模式，为优化控制系统运行提供决策依据，在系统工程领域具有重要的理论意义和工程价值。系统预测，如经济预测、洪水预测、粮食生产预测、人口预测、能源预测、资源与环境预测等作为一种科学技术已广泛应用于社会各个领域。可以预见，随着技术与方法的发展与普及，系统预测必将显示出它越来越重要的作用。综合起来，根据预测的对象、预测的时间尺度、预测的空间尺度、预测精度的要求及预测方法的性质，可把系统预测方法大致分为以下几类（顾凯平等，1992；夏安邦等，2001），即定性分析方法、时间序列分析预测法、因果关系预测方法、组合预测方法和人工智能分析预测方法等，其中时间序列分析预测法、因果关系预测方法、组合预测方法在水资源系统预测问题中应用较为广泛。

1.2.3.4　水资源系统评价方法

系统评价方法是对所研究的水资源系统各要素（即评价对象）在总体上进行分类排序，并对系统的某个特性进行综合判断估计。根据有无评价标准，水资源系统评价可分为两类（胡永宏等，2000），即等级评价和聚类评价；按照评价对象的时间性，水资源系统评价又可分为回顾评价、现状评价和预断评价三类。水资源系统评价的核心工作是系统评价模型的建立，即构造由评价对象各指标所组成的高维空间的点变换到低维空间的映射。系统评价是系统分析的后期工作和决策分析的前期工作，在现代系统工程中处于"枢纽"地位，也是当前理论和实践研究中的热点和难点。系统评价方法在水资源系统评价问题中的应用范围极广，包括水资源工程规划、设计及运行方案评价、水资源利用效率评价、水质及水环境评价、水资源承载力评价和地下水脆弱性评价等。水资源系统评价的实质，就是最佳地把多层次多维系统评价指标转换成单层次一维系统评价指标的过程，该过程既要反映评价对象的主要特征信息，又要反映评价者的价值判断，两者的合理平衡过程是一个既需要综合集成定性信息与定量信息，也需要综合集成主观信息与客观信息的复杂过程，它既要求所使用的评价方法具有客观性、合理性、公平性、科学性和可操作性，又要求评价过程具有再现性，以促进决策进一步科学化（冯尚友，2000）。

1.2.3.5　水资源系统模拟方法

系统工程中的系统模拟是指建立实际系统的数学模型，并利用系统模型的数值求解来检验系统模型的有效性，推断系统的行为特征和结构特征，或用以解决特定的系统问题（如系统预测和决策问题）在计算机上通过系统模型做计算试验的方法，如蒙特卡罗（Monte Carlo）方法、系统动力学（system dynamic，SD）方法、网络图方法等。根据系统模型的特征，可把系统模拟方法归纳为 3 大类：①确定型模拟，即系统模型的输入、输出和转换都是确定性的；②随机型模拟，即系统模型的输入、输出和转换中，至少有一个是随机性的；③对策型模拟，即具有相互竞争性的模拟。由于对各种实际水资源系统进行真实的物理试验，在政治、社会、经济、技术、时间、风险和可行性等方面存在诸多困难，系统模拟已成为水资源系统工程中不可或缺的重要技术手段（梁迪等，2005）。通过模型模拟水资源系统运行，可以获得一系列模型输出值和系统性能参数的各种统计特征值，并以此推断系统的行为特征和结构特征，验证和修改模拟模型，最后用模拟结果来解决所研究的问题，显然，这是一个多次迭代的过程。成功的系统模拟需要感性认识和具体经验，掌握系统模拟方法的最佳途径就是在具体实践中多应用并及时归纳总结。

1.2.3.6 水资源系统决策分析与调控方法

决策分析与调控问题的实质是以行动方案为评价对象的一类系统评价问题，是决策者为应付系统演化所可能遇到的各种环境变化状况对所采取的最佳策略进行估计。决策是管理工作的核心和系统工程工作过程中最重要的一步，它涉及自然变化、社会发展等客观因素和决策者的经验积累、心理素质等主观因素，具有高度的复杂性和不确定性。人类对各种水资源问题的处理、解决，实质是人与自然之间的"对弈"过程。任何水资源系统决策问题，均可归结为以益损值为目标函数、以行动方案为优化变量、以自然状态为约束条件的优化问题，其主要要素包括自然状态、行动方案、益损值和决策准则等。决策分析与调控，就是解决决策问题的一般方法。根据决策者对所面临的自然状态规律的认识和掌握程度，可把决策分析与调控问题分为 3 类：①只存在一个确定的自然状态的确定型决策分析与调控问题；②存在两个或两个以上不受决策者主观意志影响的自然状态，且这些自然状态出现的概率是可以估计的风险型决策分析与调控问题；③存在两个或两个以上不受决策者的主观意志影响的自然状态，且这些自然状态出现的概率是不可预知的不确定型决策分析与调控问题。此外，还有多目标决策问题、群体决策问题和动态多指标决策问题等，根据决策方案实施过程中出现的信息及时反馈给决策者，以便对以上步骤做必要的修正。决策分析与调控方法是实现水资源系统工程应用价值的重要途径（程吉林，2002）。

以上 6 类系统方法构成了现代水资源系统分析方法体系，为水资源系统工程提出了新的理论框架。这些方法之间是相互联系的（梁迪等，2005）：①水资源系统建模方法为其他方法提供了简便而完备的表达方式，规范了其他方法的实现途径，如根据水资源实际问题，我们可以建立优化模型、预测模型、评价模型、模拟模型或决策分析模型等；②优化方法是水资源系统工程实现系统最优化目标的主要技术或途径，水资源系统工程的其他方法的实现过程实际上都可视为是特定的优化过程；③作为表达工具和优化工具的建模方法和优化方法，具有明显的偏方法论性，而面向实际应用的预测方法、模拟方法、评价方法和决策调控分析方法则具有明显的偏实践性，且都是基于某个实际应用背景的需要而对系统的某个方面进行估计。

如上所述，现代水资源系统是一个多目标、多属性、多层次、多功能和多阶段的复杂系统，其决策不仅要掌握它的自然属性（如流域范围、气候气象条件、地形地质条件等），同时更需要把握其社会属性（政治区化、经济发展、城市化水平等），这使得系统工程和系统分析成为解决水资源系统优化决策的理论基础和重要工具。总体而言，20 世纪 90 年代中期以前求解复杂系统的方法主要是以运筹学方法居多，如线性规划、非线性规划、整数规划、动态规划；同时，分解协调模型、分解聚合模型等大系统方法及其改进也都获得大量应用（刘肇祎，1998；胡振鹏，1985）。然而，随着社会经济的发展，人类对环境的关注和所研究系统的广度与深度的扩大，这些方法对于现代水资源系统这类高维、非凸、非线性复杂系统问题，已显示出越来越多的局限性。近年来，随着现代数学和计算机技术的迅猛发展，人们针对复杂系统问题提出了人工智能计算与分析方法，如遗传算法、人工神经网络模型等，这些方法的引入极大地促进了现代系统优化技术的发展，也使传统水资源系统问题的研究面貌一新。

1.3　试验设计方法及其在灌区水资源系统中的应用

1.3.1　试验设计方法简述

20 世纪 20 年代，英国科学家 Fisher 运用均衡排列的拉丁方法解决了农业生产中的试验条件不均匀问题，并提出应用方差分析法进行结果分析，创立了试验设计（design of experiments，DE）方法。该方法最初主要应用于农业、生物学、遗传学等方面的试验研究，随后被逐步推广到工业生产和军事领域中，在采矿、冶金、建筑、纺织、机械、医药等行业获得广泛应用，取得了可观的社会经济效益，至今已成为现代理、工、农、医各个领域及各类试验的通用技术之一（北京大学数学力学系数学专业概率统计组，1976；Douglas，2000）。据报道，20 世纪 60 年代，日本推广应用试验设计已超过 100 万次，对于创造利润和提高生产率起到了巨大的作用。现在，试验设计技术已成为日本企业界人士、工程技术人员、研究人员和管理人员必备技术，被认为是工程师共同语言的一部分。我国一些学者自 20 世纪 50 年代就开始进行试验优化的研究工作，在理论研究、设计方法与应用技巧等方面提出了许多新的创见。例如：①提出了"小表多排因素，分批走着瞧，在有苗头处着重加密，在过稀处适当加密"的正交优化的基本原理和方法；②开创了"直接看可靠又冒尖，算一算有效待检验"等行之有效的正交优化数据的分析方法；③提出了参数设计中的多种减少外表设计试验点的新方法；④开创了直接性与稳健性择优有机结合的新方法；⑤创建了均匀设计法，并构造系列均匀设计表；⑥提出了基于正交试验设计的复杂大系统选优理论与方法，并在复杂水利系统优化设计、规划等问题中进行了大量成功应用（程吉林等，1993；1997a）。在工程实践中，应用最为广泛的试验设计主要有正交设计和均匀设计。

1.3.1.1 正交试验设计

正交试验设计，简称正交设计（orthogonal design，OD），是由日本学者田口玄一等于 1949 年提出的，并以 20 世纪 80 年代进一步提出的正交表标志着正交试验方法的正式形成，其后又于 90 年代中期提出马哈诺皮斯-田口方法，被称为"21世纪试验优化领域最伟大的技术"。由于实际系统问题是错综复杂的，而影响某一项或几项系统指标的因素有很多，有时各因素的主次一时难以分清，如有些因素单独起作用，而有些因素相互制约，需对多个因素选优以期达到预定的目标。正交设计就是利用正交表来安排试验以寻找试验的优化方案，其显著优点是它能以相当少的试验次数、非常短的试验时间和很低的试验费用得到较为满意的试验结果。若进一步对试验结果进行简单的统计分析，还可以更全面、更系统地掌握试验结果，做出正确判断（任露泉，2003）。

1.3.1.2 均匀试验设计

均匀试验设计，亦称均匀设计（uniform design，UD），自我国学者王元、方开泰于 1981 年提出以来，无论在理论上还是在实践中均得到了充分的研究和发展，并在我国的航空航天、电子、医药、化工、纺织、冶金等领域取得了丰硕的成果和巨大的社会经济效益，得到了国内外同行的高度重视（Hua，et al.，1992；方开泰，1994）。均匀设计方法基于数论中的一致分布理论，借鉴了"近似分析中的数论方法"这一领域的研究成果，即将数论和多元统计相结合，是属于蒙特卡罗方法的范畴（张润楚等，1996；Fang，et al.，2004）。均匀设计虽然与正交设计一样同属部分试验方法，但均匀设计摒弃了正交设计的正交性和综合可比性，而更着重于在试验范围内考虑试验点的均匀分散性，以便通过最少的试验来获得最多的信息，因而试验次数比正交设计法明显减少，这使得均匀设计特别适合多因素、多水平的试验和系统模型完全未知的情况，它已成为试验设计的重要方法之一（Hickernell，1998；Fang，et al.，2003；孙先仿等，2001）。

1.3.2　试验设计方法在水资源系统工程中的应用

由于试验设计方法在方案组合及优选中所具有的高效、简单的特点，其在水利工程规划、设计、运行管理等方面获得了成功应用。

1.3.2.1　水电站及水工设计

白家和张莉云（1995）应用正交设计法对水电站水轮机导叶的分段关闭规律参数进行优化选择，实例表明该法简单、准确和直观。孙红尧（1996）采用正交设计法研究了聚乙烯/钢的热熔黏合剂，得到的优化配方的黏接强度、耐腐蚀性能等指标优于传统方法，且操作高效、简便。陈益峰等（2002）根据隔河岩大坝在运行期的实测位移，在有限元设计时应用正交数值试验、回归分析和优化相结合的方法反演了坝基岩体的弹塑性力学参数，为进一步研究高水位作用对岩体力学参数的弱化机制及弱化程度、大坝在极限水位下的安全裕度及建立大坝工作状态预测模型提供了科学依据。

1.3.2.2　水利优化规划

程吉林等（1990；1998a）采用试验选优方法（正交表）、数学规划、知识模型相结合的方法提出了大系统试验选优理论，构建了高维动态规划模型（程吉林等，1996）、大型块角结构的线性模型（程吉林等，1998b）等，使得大型（复杂）模型的高效率求解成为可能；并将试验选优方法——正交设计方法广泛应用于灌区系统优化规划（程吉林等，1993）、灌区渠道工程系统设计（程吉林等，1997a；1998c）、地下水与地面水联合调度（程吉林等，1997b）等复杂系统优化模型的求解。

1.3.2.3　农田水利建设管理

许夕保和陈斌等（2004）通过正交试验法求解自流灌区续灌分级控制的最优化问题，用较少数量的试验来分析求得理论最优解，对计算量较大的多因素多水平选优问题的求解具有较大的现实意义。刘延锋等（2006）在利用 BP 神经网络技术对某盆地农田排水量进行预测过程中，应用均匀设计方法确定了最优的神经网络结构，获得了对排水量影响最大的几个因素作为 BP 网络的输入，算例结果表明，利用基于均匀设计方法的 BP 神经网络可以准确地估算农田排水量，最大相对误差仅为-2.45%。杭玉生等（2005）应用正交设计表，探讨墒沟、腰沟、隔水沟对土壤孔隙水气比、土地压废面积、开挖用工经费和作物产量等指标的影响，确定了主要影响因素，获得了内三沟的最优合理组合。

虽然试验设计方法在水资源领域已经有了较好的应用，但在数量上总体较少，这是由于试验设计方法本身的缺陷与水资源系统的高度复杂度之间存在着诸多矛盾，如相对有限的试验次数与近于无限的水资源问题的解空间、离散的因素与连续的水资源解变量、试验设计表的固定性与水资源问题解的灵活性等，单独运用试验设计方法解决水资源系统问题具有一定的局限性，必须考虑与其他方法的有效结合，才能使其扬长避短，发挥出更好的效用。

1.4 智能计算方法及其在灌区水资源系统中的应用

Bezdek 于 1992 年探讨了神经网络、模式识别和人工智能间的密切关系，并首次提出了计算智能（computational intelligence，CI）概念。1994 年在美国举行的首届计算智能大会中，则是第一次将遗传算法、人工神经网络、模糊集 3 个不同的人工智能研究方法结合起来形成计算智能，而近年来陆续提出的人工智能理论与方法，如模拟退火算法、粗集理论（rough set，RS）、混沌理论（chaos）、蚁群算法（ant colony algorithm，ACA）、集对分析方法（set pairs analysis，SPA）及上述方法的集成等，为 CI 这一新兴交叉学科的发展注入了新的活力。计算智能中"计算"的概念是传统计算概念的拓展，其运算符号不再局限于加、减、乘、除等运算，计算对象也不仅局限于数和字符，而是被赋予了新的含义（赵莉萍，1999；许世刚等，2002），因此在现实问题的求解、基于经验的学习、对条件动态变化的适应、数据的处理及模式识别等方面具有非常大的潜力。目前，计算智能在机器学习、过程控制、经济预测和工程优化等领域成绩斐然，近 20 年来也逐渐被成功应用于灌排工程这一古老的学科领域，极大地丰富了灌区水资源系统工程理论的深度和应用广度（张礼兵等，2007d）。

1.4.1 遗传算法及其在灌区水资源系统中的应用

1.4.1.1 遗传算法

20 世纪 60 年代中期，美国密歇根（Michigan）大学 Holland（1992b）提出了

一种编程技术，即按照生物进化过程中的自然选择（selection）、父代杂交（crossover）和子代变异（mutation）的自然进化（natural evolution）方式编制计算机程序，解决了许多复杂的优化问题。这类新的优化方法称之为遗传算法（GA）。近代科学技术发展的显著特点之一就是生命科学与工程科学的相互交叉、相互渗透和相互促进，遗传算法的产生与蓬勃发展正体现了学科发展的这一明显特征和趋势。

遗传算法的内涵哲理是基于自然界中的生物从低级、简单，到高级、复杂，乃至到人类这样一个漫长的进化过程，借鉴了达尔文的物竞天演、优胜劣汰、适者生存的自然选择和自然遗传的机理。遗传算法是一种高效、并行、全局搜索以求解问题的智能方法（云庆夏，2000；陈国良等，1996）。

遗传算法模拟生物进化过程中的主要特征如下。

（1）基因码序列（series of genetic code）是 GA 对生物个体染色体（chromosomes）结构特征的模拟，决定了该个体对其生存环境的适应能力。

（2）选择在 GA 和生物群体（population）进化过程中起着主导作用，它决定了群体中适应能力（adaptability）强的个体能够以较大的概率生存下来并传递给后代个体，体现了"优胜劣汰"的进化规律。

（3）个体繁殖（杂交）是通过父代个体间交换基因来实现的，生成的子代个体的染色体特征可能与父代的相似，也可能与父代有显著差异，从而有可能改变个体适应环境的能力。

（4）变异使子代个体的染色体有别于其父代个体的染色体，同时也能较大地改变子代个体对其环境的适应能力。

（5）生物进化过程，从微观上看是生物个体的染色体特征不断改善的过程，从宏观上看则是生物个体的适应能力不断提高、逐步完善的过程。

因此，遗传算法比传统优化算法具有更好的优越性，如 GA 在搜索过程中不容易陷入局部最优，即使在所定义的适应度函数是不连续的、非规则的或有噪声的情况下，它也能以很大的可能性找到整体最优解。另外，由于它固有的并行性，GA 非常适用于大规模并行计算机。

1.4.1.2 遗传算法在灌区水资源系统工程中的应用

自 20 世纪 90 年代以来，遗传算法在灌区水资源系统的规划、设计、运行管理等方面获得了许多成功应用（张礼兵等，2007a）。

1）在灌区系统规划设计方面

土地平整分级是灌排工程规划的首要工作，Reddy（1996）在尽量满足挖、填平衡的条件下用 GA 优化方法获得了灌排区土地平整工程量最小的方案，显示了 GA 处理该类问题的有效性和稳健性。Sanchez 等（1999）以灌区运行费用最小为目标，运用 GA 对某具有多约束的灌溉配水网络问题进行了优化设计，效果令人满意。Hassanli 等（2000）则以 GA 为主要优化工具，对滴灌系统的结点布置和构件尺寸等进行最优设计，使系统子单元最大水压力降低了 20%，节约了工程投资和运行费用。Srinivasa 等（2004）在运用 GA 求解灌区最优规划时，对标准遗传算法（standard genetic algorithm，SGA）的参数进行了大量试验并观察它们对优化结果的影响，并确定了解决该最优规划问题的合适种群规模 M、进化代数 N、交叉率 P_c 和变异率 P_m 分别是 200、50、0.6 和 0.01，最后的比较说明 SGA 的优化结果比线性规划更切实、合理。该文献不仅没有对 SGA 本身进行改进，而且在 SGA 参数调整过程中主观经验性偏强，因此其最终优化方案具有很强的针对性和局限性。宋松柏和吕宏兴（2004）改进了"定流量，变历时"渠道运行方式的轮灌配水优化模型，并应用 GA 求解配水渠道流量优化的 $0 \sim 1$ 整数规划模型，获得的方案比已有方法更丰富，效果也更好。Reca 等（2006）提出一种灌溉配水环网优化设计的新计算机模型——遗传算法管网优化模型（genetic algorithm pipe network optimization model，GAPNOM），若干经典灌溉网络优化问题的应用实例说明，该混合模型的优化效果好于当前其他方法。不过作者发现，随着环网复杂度的提高，GA 的优化性能显著下降，因此求解复杂问题时必须对 GA 做必要的改进。Nagesh 等（2006）在充分考虑入库径流、灌区降雨、季内多种作物间的需水冲突、种植区土壤湿度变化、土壤质地差异以及供水量对作物的影响等实际因素基础上，建立了灌区总产出经济最大化的模拟模型，并运用 GA 对印度 Karnataka 邦的一个以灌溉为主的水库的调度运行策略和灌区作物水量分配问题进行优化，获得与线性规划模型相近的结果。由于较全面而真实地考虑了灌区的影响要素，该模型有一定的代表性，具有较好的推广应用价值。

2）在灌区工程运行管理方面

水库是灌区工程的最重要的水源之一，水库运行科学与否直接对社会的经济效益和生态环境产生影响，但由于降雨径流和需水用水的不确定性，水库的运行管理一直是灌区系统工作者研究的重点与难点。Robin（1999）应用 GA 求解水库群优化调度问题，结果说明 GA 鲁棒性好，易于处理多水库复杂系统运行问题，有可能取代随机动态规划等传统方法。对我国台湾中部某具有灌溉、供水等综合利用水库的优化运行问题，Kuo 等（2003）用 GA 优化不同目标权重下的水库运行调度曲线，很好地处理了水库供水、发电等系统多目标问题。Kuo 等（2003）分别用 GA、SA 和改进迭代等 3 种方法，对美国犹他州 Delta 镇某农场灌区的灌水计划进行优化，获得的季均经济效益分别为 113826 美元、111494 美元和 105444

美元，其适宜的 GA 参数分别是 M=800，N=50，P_c=0.6，P_m=0.02。El 等（2003）考虑灌区供水费用和渠道清洁维护等约束，建立了基于 GA 求解的确定性模型，并就不确定性的作物分布和需水情况对模型的解进行了评价，然而该模型由于没有考虑供水不足的条件约束而失去一定的实用性。付强和王立坤等（2003a）采用实码加速遗传算法（RAGA）与多维动态规划法（DP）相结合的遗传动态规划模型（RAGA-DP），求解作物非充分灌溉下的最优灌溉制度问题，取得的效果令人满意，不过该模型只是应用 GA 对 DP 的控制参数进行优化，因此对降低 DP"维数灾"未有本质改进。Moradi 等（2004）针对供水工程中能耗费用过大等问题，提出一种新的供水系统管理模型——WAPIRRA，在该模型中，GA 被用于优化供水系统的水泵型号、供水能力以及投入运行的水泵数量等，取得了节约能源和年运行费用最小的预期效果。

需要指出的是，GA 是一种近似算法和全局优化算法，其收敛速度和解的精度受控于该算法的某些参数选取，因此对于大规模、多变量的灌区水资源系统问题，GA 一般收敛较慢并难以保证获得全局最优解。目前关于 GA 的改进方法层出不穷，各有特点，如金菊良等（2002）把最初几次迭代中形成的优秀个体变化区间作为 GA 新的变量空间，重新运行 GA，往复循环形成加速遗传算法（accelerate genetic algorithm，AGA），并将 AGA 成功地应用于水资源系统建模、优化、预测、评价、模拟及决策等系统问题，为遗传算法的改进及在水科学中的应用开辟了新的领域。

1.4.2　人工神经网络方法及其在灌区水资源系统中的应用

1.4.2.1　人工神经网络

人工神经网络（ANN），是 20 世纪 80 年代以来人工智能领域的研究热点。它从信息处理角度对人脑神经元网络进行抽象，建立某种简单模型，按不同的连接方式组成不同的网络。神经网络是一种运算模型，由大量的节点（或称神经元）之间相互连接构成。每个节点代表一种特定的输出函数，称为激励函数（activation function）。每两个节点间的连接都代表一个对于通过该连接信号的加权值，称之为权重，这相当于人工神经网络的记忆。网络的输出则依网络的连接方式，权重值随激励函数的不同而不同，而网络自身通常都是对自然界某种算法或者函数的逼近，也可能是对一种逻辑策略的表达。ANN 是由人工神经元经广泛的连接而形成的大规模非线性动力学系统，具有预测性、吸引性、耗散性、非平衡性、不可逆性等复杂系统特性。ANN 模型是模拟人脑工作模式的一种智能仿生的集中参数式模型，可以对信息进行大规模并行处理，具有自组织、自适应和自学习能力，兼有非线性、非局域性等特点，而且善于联想、概括、类比和推理，能够从大量的统计资料中分析提炼实用的统计规律。

与传统的基于符号推理的人工智能相比较，BP神经网络具有如下特点：①对于所要解决的问题，BP神经网络并不需要预先编排出计算程序来计算，而只需给出若干训练实例，它就可以通过自学习来完成，并且有所创新，这是它的一个显著特点；②具有自适应和自组织能力，可从外部环境中不断地改变组织、完善自身；③具有很强的鲁棒性，即容错性，当系统接受了不完整信息时仍能给出正确的解答；④具有较强的分类、模式识别和知识表达能力，善于联想、类比和推理。正是由于这些显著特点，自20世纪80年代以来，BP神经网络已逐渐成为高技术研究领域中的一门令人瞩目的新兴学科分支。世界各国对BP神经网络的理论研究得到了迅速发展，并在模式识别、知识处理、非线性优化、传感技术、智能控制、生物工程、机器人研制等方面得到广泛应用和研究。

最近10多年来，人工神经网络的研究工作不断深入，已经取得了很大的进展，其在模式识别、智能机器人、自动控制、预测估计、生物、医学、经济等领域成功地解决了许多现代计算机难以解决的实际问题，表现出了良好的智能特性。

1.4.2.2 人工神经网络在灌区水资源系统中的应用

ANN能够识别输入输出数据间复杂的非线性关系，在解决难以用物理方程描述的非线性问题上有独特之处，特别是在不需要了解非线性系统内部具体结构的情况下被证明是十分有效的工具。因此，ANN在现代灌区水资源系统的建模、预测、评价等领域的应用取得了丰硕的成果。

1）在灌区系统建模方面

胡铁松等（1997）提出一种新的径流长期分级预报的模式识别方法，该方法通过Kohonen自组织神经网络对历史样本（径流级别及其影响因子集）的学习，可识别蕴含在样本中径流级别及其影响因子之间的规律性，获得的结果令人满意。周智伟等（2003）在作物水分生产函数Jensen模型的基础上，引入肥料因子构造了水肥生产函数的Jensen新模型，并建立了作物水肥生产函数的人工神经网络模型，算例表明该模型可用于描述水分、肥料等因素对作物产量的影响，具有一定的创新。

2）在灌区系统优化方面

胡铁松（1997）以Hopfield连续模型为基础，建立了一般意义下混联水库优化调度的神经网络模型。在此基础上，将模型应用于3个并联供水水库的调度问题，研究结果表明：水库群优化调度的 Hopfield 网络方法是可行的，计算结果是合理的，它能有效地克服动态规划方法求解水库群优化调度问题存在的"维数灾"障碍，但文献并未对该模型能否获得全局最优解问题做出说明。周祖昊等（2000）在解决圩区除涝排水系统实时优化调度问题时，应用 ANN 获得的优化结果明显优于传统算法。Raju 等（2006）采用包括线性规划、Kohonen 神经网络、多准则分析技术等方法的 4 阶段法，并对印度 Jayakwadi 灌区工程进行了最优协调灌溉规划，该法易于推广到一般大型灌溉工程系统。

近年来，喷灌、微灌等节水灌溉技术的发展与推广大大促进了灌溉、排水管网优化的发展，各种优化设计理论、方法层出不穷，而计算智能方法的引入尚处于起步阶段，如周荣敏等（2002）分别应用单亲遗传算法和人工神经网络方法对机压式树状管网进行了优化布置和设计，获得了相较传统设计方法年费用更低的设计方案。

3）在灌区系统预测方面

屈忠义等（2003）根据黄河河套灌区多年的水文、气象和地下水资料，应用不同的 ANN-BP 网络模型对灌区年、月地下水埋深的变化进行了模拟，对节水工程实施后未来灌区年平均地下水位下降的趋势进行了预测，为我国河套灌区节水工程改造规划、设计和管理决策及 BP 模型的应用提供了有价值的参考。胡和平等（2000）构造了引水量预估的人工神经网络模型，实例表明该方法现实、可行，预估结果可靠，为引黄灌区的引水分析提供了有价值的基本理论和实施技术。地下水动态预报是井渠结合灌区地下水资源研究的重要内容之一，周维博（2003）根据地下水位与其影响因素之间的关系，建立了地下水 ANN 预报模型，较好地提高了地下水的预报精度。

4）在灌区系统评价方面

冯耀龙等（1995）建立了水质富营养化的 BP 人工神经网络模型，用水质指标等级作为训练样本，对 1993～1998 年于桥水库水质监测值进行了归类、分析与评价。Virginia 等（2000）从定性、定量的角度对 ANN 和线性近似这两种方法进行了分析和检验，分别用于解决地下水水质修复补救问题，同时对 ANN 处理该问题的精度方面进行了深入分析与探讨。

虽然 ANN 应用于灌区水资源系统领域已经取得了丰富的成果，但仍有很多问题需要解决。由于 ANN 只是基于系统数据产生非线性映射，没有考虑系统内部结构，也就无法把握系统现象的内在机理，这对处理复杂问题无疑是一大弱点，同时 ANN 也不能保证得到复杂系统的全局最优解。

1.4.3　集对分析方法及其在灌区水资源系统中的应用

集对分析方法（set pair analysis method，SPA）是我国学者赵克勤先生于 1989 年在内蒙古包头市召开的全国系统理论与区域规划会议上，基于哲学中的对立统一和普遍联系的原理，首次提出的一种分析不确定性关系的新方法（赵克勤等，2000），其核心思想是把确定性与不确定性作为一个互相联系、互相制约、互相渗透，又可在一定条件下互相转化的确定与不确定系统来处理，又称联系数学。集对分析丰富了当今不确定性分析理论，为处理各种不确定性关系提供了具有广泛启发意义的新思路，其突出的优势是能从整体和局部上分析研究对象间内在的"关系"（赵克勤，2000）。集对分析的基本理论是，根据已知的两个集合 A 和集合 B 建立集对 $H（A，B）$，并就这两个集合的特性进行同异反定量比较分析，设它们共有 N 个特性，其中 S 为两集合所共有的特性个数，P 为两集合所相对立的特性个数，F 为两集合表现为既不对立又不统一的特性个数。自 1989 年集对分析被原创性地提出以来，已在农业、经济、医疗、生态、水利、气象、地质、军事、文化、教育、历史、交通、运输和管理等众多领域得到了广泛的应用研究，并取得令人满意的结果，在灌区水资源系统中主要应用研究进展如下。

姜永（1998）通过其在水稻灌溉制度选择上的应用，说明该方法的简易性和有效性。周泽等（1998）根据集对分析的同异反统计方法研究平衡施肥问题，并由此有效地制定和调节施肥方案。王栋等（2004）将集对分析应用于水环境评价领域，建立了基于集对分析的水体营养化评价一级模型和基于集对分析-模糊集合论的水体营养化评价二级模型。马涛等（2007）运用基于集对分析联系度的同异反态势排序法，建立了灌区工程状况、经济效益和生态环境之间协调发展的指数模型，使用该模型对辽宁省东港灌区 1997 年、2000 年和 2004 年的可持续发展水平进行了评价，结果与实况相符合。朱兵等（2007）尝试将集对分析原理用于洪峰和洪量关系分析，以岷江上游紫坪铺站年最大洪峰流量和各时段洪量为例进行计算，并将联系度和相关系数、隶属度和灰色关联度做了对比分析，结果表明，尽管集对分析法与传统分析法结果一致，但集对分析法计算简单、使用方便，特别是能清晰和形象地显示关系的结构。王文圣等（2008）在对径流进行丰枯分类时，不仅考虑年径流的大小，而且还兼顾其年内时程分配，并基于集对分析理论提出径流丰枯分类新方法。王付洲等（2008）结合河南引黄灌区自身的特点以及评价指标体系的设计原则，运用集对分析联系度的同异反态势度法，建立了灌区工程状况、经济效益和生态环境指标体系的评价模型，对灌区的运行状况进行综合评价，结果表明将该方法运用于灌区运行状况综合评价中是切实可行的。王富强等（2009）基于集对分析原理，选取区域水资源短缺风险程度的风险率、脆弱性、可恢复性、重现期和风险度为评价指标，建立了基于集对分析-可变模糊集的区域水资源短缺风险评价模型，湖北漳河灌区实例结果表明，灌区水资源短缺风险均处于较低风险水平，预测结果与灌区现状的开发利用程度、缺水量相符。王慧等（2010）以西北内陆灌区为例，根据其特点从经济、社会、人文、环境等多方面初步建立了节水灌溉综合效应评价指标体系，并基于四元和五元联系数的集对分析方法构造评价指标，样本值可变模糊集"灌区节水综合效应评价标准等级"相对隶属度函数，建立了西北内陆节水灌溉综合效应评价模型。高军省（2010）针对节水灌溉方案的优选问题，从集对分析理论出发，采用评价方案与最优方案、最劣方案和中间方案的欧几里得距离来建立节水灌溉方案评价的联系度表达式，根据经验取值法和均匀取值法确定联系度表达式中的不确定系数 i 值，计算联系数，据此来评价节水灌溉方案的优劣。齐青青（2010）利用集对分析原理及其可展性，引入主同、超同、同化度等概念和新的定元准则，提出了用主同与同化度进行定级与排序方法，进而建立了基于熵权的集对分析多元模糊评价模型，应用该模型对彭楼 2001 年灌区水利现代化水平进行了智能综合评价。白静等（2010）应用集对分析方法对北方某一大型灌区水资源承载能力进行了综合评价，并与模糊综合评价方法所得结果进行了对比，验证了所采用方法是可行的。游黎等（2010）应用集对分析法对山西汾河灌区 2004 年度运行状况进行了较准确的综合评价，评估结果表明，集对分析方法具有较高的分辨率和较大的实用性，具有不遗失数据中间信息、评价结果与实际情况更为相符的优点。陈思等（2011）以导电率、钠吸附比、氯离子、硼等作为评价指标，结合各指标的权重确定水质的多元联系数，进行灌溉水质综合评价，结果与属性综合评价法、人工神经网络评价法、物元可拓模型法的评价结果基本一致，且更符合实际。蒋尚明（2010）则深入探讨了集对分析理论在水文水资源不确定性分析研究中的可行性、适用性和具体实现途径。郗鸿峰等（2017）针对挠力河流域灌区实际情况，选取耕地灌溉率、地下水开采率、地下水利用率等 8 个指标，采用集对分析法对挠力河流域灌区内地下水资源承载力进行综合分析和评价，结果表明该方法合理、可信。

综上所述，集对分析作为一个新的系统分析方法在灌区水资源系统评价、方案决策等方面取得了成功应用。

1.4.4　云模型及其在灌区水资源系统中的应用

云模型是李德毅等（1995；2004；2005）在状态空间理论及云与语言原子模型思想之上，逐步完善形成的一种定性与定量相互转换的模型。该方法利用云滴对定性概念进行定量描述,云滴的产生过程就是定性与定量之间的转换,由云的数字特征实现转换过程中的信息处理,并通过云发生器算法实现定性与定量之间的随时转换,许多云滴组成云,利用云的整体形状来反映评价结果。云模型的这些特点使得它在众多具有模糊性和不确定性特征的研究领域中得到成功应用,并取得了丰硕的成果。灌区水资源系统领域主要研究及其应用如下。

赵慧珍等(2008)根据实时调度的原理和农业水资源配置的特点,建立基于云模型的灌区实时优化调度分层耦合模型,考虑了预测中的随机性和模糊性,从纵向阶段降水数据和横向阶段降水比例两个角度同时进行阶段降水预测分析,通过渠村灌区实例计算说明比传统预测方法提高了预测的精度。贺三维等(2011)利用云理论分别构建定量指标与定性指标的云模型,对广东省新兴县农用地生态环境进行评价,与模糊规则评价相比,结果表明云理论能完整地表达评价问题中的不确定性,避免模糊规则中隶属度函数确定烦琐的问题。孙晓晓(2016)基于云模型、熵权法的旱灾评价方法评价了典型年(2005年)的旱灾风险,两种方法相结合可以更加全面地评价研究区的旱灾风险,对当地抗旱减灾工作具有指导意义。刘志刚等(2017)针对水库线性调度函数拟合误差较大及模糊集等方法可能出现过拟合现象的不足,引入云模型将样本数据转换为可准确反映样本数据分布的定性概念,再通过数据挖掘算法得到水库调度模式,并建立云模型规则发生器拟合得到调度函数,最后以江垭电站为例,对比云模型规则与模糊集规则和线性调度函数,说明该算法的有效性。付晓亮等(2017)选择河北省石津灌区为研究区域,根据灌区的实际情况提出基于云模型和可变模糊聚类迭代模型的模糊综合评价法,克服了隶属度确定的随机性和模糊性,同时权重确定也更加合理。徐存东等(2017)针对干旱扬水灌区的水土环境演化具有多介质驱动的模糊性及多过程耦合的不确定性特征,选定具有典型性的甘肃省景电灌区为研究区,应用云模型转化的方法开展区域水土环境演化响应评价,构建了基于云模型的干旱扬水灌区的水土环境演化响应评价的指标体系,采用改进 AHP 法确定指标权重,利用正向云发生器实现了对水土环境演化变迁的定性描述到定量表征,结果说明近 10年来景电灌区综合水土环境朝着敏感度高的方向演化,同时表明应用云模型开展干旱灌区水土环境的演化响应评价,可在兼顾模糊性和随机性的基础上,实现评价指标的不确定性映射,为相关区域的水土环境评价提供了一种新的思路。于嘉骧等(2017)提出基于投影寻踪函数和云模型的水质综合评价模型,选取太湖流域 20 个样本的盐度、氯化物、氨氮、溶解性固体 4 类具有代表性的农业灌溉水质监测数据,在综合其投影值及隶属度基础上计算农业灌溉水质的等级区分粒度,结果表明利用云模型计算各个监测指标得到的最大综合确定度所属级别与经验等级一致。

1.4.5 其他智能计算方法及其在灌区水资源系统中的应用

1.4.5.1 投影寻踪模型

金菊良等（2001c）提出了用投影寻踪模型进行农业生产力综合评价的新思路（PPEPC），并采用实码加速遗传算法优化 PPEPC 模型参数，克服了常规投影寻踪方法计算量大、编程实现困难的缺点。封志明等（2005）依据样本自身的数据特性寻求最佳投影方向，判断各评价指标对综合评价目标的贡献大小和方向，借此得到投影指标值，并开展对甘肃省 81 个县域单元的农业水资源利用效率进行综合评价，结果说明其能够反映各评价指标对综合评价目标的贡献大小和方向，以及各评价单元综合利用效率。张正良等（2008）为寻找出对水稻产量具有突出贡献的因子，采用投影寻踪技术选择产量构成因素作为评价指标，提出了水稻产量构成因素投影寻踪评价方法，由试验站 2004～2006 年试验数据分析结果，得到不同灌溉条件下对水稻产量影响较大的产量构成因素。罗世良等（2009）利用 PP 模型可把方案多维评价指标值综合成一维投影值，根据投影值的大小就可对方案集进行优选，并采用实码加速遗传算法进行 PP 建模，应用实例的结果说明，直接由样本数据驱动的 PP 模型用于节水灌溉工程方案简便可行。徐超等（2011）应用基于高维降维技术的投影寻踪分类模型（PPC），并采用微粒群算法（PSO）对投影寻踪模型投影方向进行优化求解，根据计算得出投影函数值的大小对各灌区运行状况进行评价，为灌区节水改造提供有价值的参考依据。王柏等（2012）利用双链量子遗传算法优化投影指标函数，寻求最佳投影方向，同时，通过浓度筛选进入搜索空间的量子染色体，以及在进化过程中逐步优化、压缩搜索空间对双链量子遗传算法进行改进，将改进双链量子遗传算法的投影寻踪模型对玉米各调亏灌溉方案进行综合评价，评价结果表明了苗期田间持水量水分亏缺程度的最佳调亏灌溉方案。马大前（2012）采用实码加速遗传算法的投影寻踪模型对江西省农业节水潜力进行综合评价，反映各评价指标对综合评价目标的贡献大小和方向，以及对各地区尚存节水潜力空间大小。王玮等（2013）将实数编码的遗传算法与投影寻踪分类模型相结合，应用于玉米沟灌模式的优化中。王雪等（2013）以产量、肥料成本、灌溉成本和水分生产率为评价指标，基于投影寻踪模型，对水稻控制灌溉进行经济效益评价。岳国峰等（2017）基于投影寻踪分类模型，以建三江大兴试验指标——用水量、产量、水分生产率、生产成本、耗电量、施肥量、农药用量及倒伏率为评价指标，对控制灌溉进行经济效益评价。刘学智等（2017）针对农业水资源利用效率评价指标的不相容性和维灾问题，利用遗传投影寻踪模型将高维指标投影到低维子空间，通过寻求最佳投影方向来判断各评价指标的贡献值和方向性对农业水资源利用效率进行判定。于嘉骥等（2017）提出基于投影寻踪函数和云模型的水质综合评价模型，选取太湖流域 20 个样本盐度、氯化物、氨氮、溶解性固体 4 类具有代表性的农业灌溉水质监测数据，在综合其投影值及隶属度基础上，计算农业灌溉水质的等级区分粒度。

1.4.5.2 属性识别模型

我国数学家程乾生于 1996 年提出了属性集理论和属性测度的概念，并创立了属性数学这一数学分支（程乾生，1997a，1997b；1998）。属性识别理论在有序分割类和属性识别准则的基础上，能对事物进行有效识别和比较分析，较好地克服了其他识别方法，如模糊识别理论的某些不足，已在水环境及水土资源系统的预测、评价、决策等问题中得到了成功应用。其在灌区水资源系统工程方面的应用主要有：门宝辉（2002）以汉中盆地平坝区为例，探讨了水资源系统可持续发展程度的综合评价方法，建立了基于属性识别理论的可持续发展系统综合评价模型，与模糊综合评价模型相对照，结果表明该方法的评价结果与模糊评价法相一致。王国平等（2004）依据属性识别理论中有关属性集、属性测度、有序分割类等概念和属性识别准则，建立了地下井水质综合评价的属性识别模型。张文鸽（2005）提出了基于属性识别理论的灌区用水水平评价方法，并以黄河下游引黄灌区为例，将属性识别理论应用于黄河下游典型灌区用水水平评价，建立了黄河下游引黄灌区用水水平评价的属性识别模型。杜发兴等（2009）在传统多目标分析决策技术的基础上，将熵值法与属性识别模型相结合，建立了基于熵权的属性识别水资源承载力评价模型。

其他一些现代智能计算方法如模拟退火方法（SA）、模糊集（FS）、粗集（RS）、混沌（chaos）、蚁群算法（ACA）等，限于篇幅此处不再赘述。值得注意的是，把上述计算智能技术进行优势互补、相互集成以形成新的智能方法，这种多技术的结合所产生的强大生命力正吸引着越来越多的研究者和探索者，如魏文秋等（1996）建立了水质评价的模糊神经网络系统，即引入模糊概率测度来完成水质单指标评价的不确定性复合以确定其功能类别，并利用神经网络自学习功能进行水质多指标的综合评价确定其水质级别，有较强的参考应用价值。高峰等（2003）将模糊集理论与神经网络相结合，提出节水灌溉工程模糊神经网络综合评价方法，在克服了模糊系统精度较差问题的同时提高了网络识别效率，其性能比单纯使用 ANN 更加优越。郑玉胜等（2004）针对 BP 网络的不足，采用遗传算法对网络初始权重进行了优化，并采用 LM（Levenberg-Marquardt）算法进行误差逆传播校正，通过引入遗传算法和 LM 算法，较传统的 BP 网络无论从精度和时间上都有了较大改进，某灌区灌溉用水量预测实例说明了该方法的有效性。Karamouz 等（2004）在解决伊朗首都德黑兰南部地区一灌区的地表水、地下水联合运行问题时，采用了 ANN 集成 GA 技术，即先应用地下水模拟模型的样本训练 ANN，然后用 GA 优化灌区月联合用水方案，结果说明该混合模型具有明显的优越性。Tang 等（1998）用遗传算法获取优化的模糊子集和规则，在某恒压提水泵站系统的优化控制中，其实际效果令人满意。熊范伦等（2000）为克服 SGA 过早收敛的问题和满足染色体多样性的要求，将 SA 引入 GA 以进行非线性问题的优化，并把该法应用于解决灌区水资源优化分配的问题中，优化结果说明其是一种自稳定性较强的全局收敛算法。张艳杰等（2006）以混沌方法产生的变量作为 SA 的新状态量形成 CSA 法，应用于河流水质参数的函数优化问题，得到了满意的参数优化结果。段春青等（2005）将混沌算法运用于作物灌溉制度优化设计，并与遗传算法、动态规划逐次逼近法进行对比，在计算效率和精度上有所提高，但该模型仅确定了灌水阶段及其水量分配，对具体灌水日期的确定尚未涉及。孙廷容等（2006）引入基于非对称贴近度和粗集理论的改进可拓评价方法进行灌区干旱程度评价，避免了灌区干旱评价指标界限的刚性量化导致的遗漏问题，以及单项指标评价结果的矛盾性、不确定性和不相容性，并在等级评价中采用非对称贴近度原则解决了最大隶属度原则的失效问题，说明用该方法进行灌区干旱评价是切实可行的。刘延明等（2009）在分析影响灌溉用水水质因素的基础上，选择酸度、碱度和矿化度为评价因子，建立了灌溉用水水质评价的投影寻踪分析模型，采用蚁群算法对评价模型进行优化，并将该模型应用于某灌区灌溉水水质的评价。方崇等（2010）选择酸度、碱度和矿化度为评价因子，建立了灌溉用地下水水质评价的投影寻踪分析模型，采用模拟退火算法对评价模型进行优化，并将该模型应用于某灌区灌溉水质的评价。顾世祥等（2003）指出灌溉实时调度是农业水管理走向智能化、自动化和现代化的重要标志，今后的发展趋势是：人工智能将与地理信息系统、卫星遥感技术、全球定位系统、计算机技术、信息技术，以及农业灌溉、气象学、系统工程等多学科交叉集成和综合应用，预期可提高灌区水资源系统调度的灵活性、可靠性和实用性。

1.5　本书的目的与内容

随着人类对环境的关注和所研究系统广度与深度的扩大，灌区水资源系统已演变为水资源与生态、环境、经济、人口和社会等复杂系统高度耦合的复合大系统，传统方法对于这类高维、非凸、非线性复杂系统问题已显示较大的局限性，而现代计算智能技术的引入使得传统灌排工程焕然一新。本书在前人研究工作的基础上，分别采用遗传算法、人工神经网络、集对分析、云模型等计算智能方法，以及与试验设计、属性识别、投影寻踪等传统方法的交叉集成，应用于灌区水资源系统建模、灌区水资源系统优化设计、灌区水资源系统预测、灌区水资源综合评价、小型灌区塘坝水资源系统分析、中型灌区水资源系统模拟、大型灌区水资源系统优化控制运行等问题，建立了较为系统的方法体系和专业应用，获得了诸多较为实用的应用成果，为广大从事或涉及水文水资源、农业水土工程、灌区水管理、水资源高效利用等领域的科研、教学、管理人员提供技术参考。

本书共八章，第 1 章绪论，首先简要讨论我国面临的日益严峻的水资源短缺、洪涝灾害增加、水环境恶化等灌区水资源问题，然后简述现代水资源系统工程理论与方法体系，最后对试验设计、智能计算等主要方法、特点及其在灌区水资源系统中的应用进展进行了概述。第 2 章改进遗传算法及其在灌区设计建模中的应用，研究一种改进遗传算法——加速遗传算法，开展了其在大豆受旱下腾发量估算、作物灌水率图修正等问题中的应用研究，研制了一种免疫遗传算法，并分别应用于灌区渠道断面、排水沟管间距等灌区工程设计问题。第 3 章试验遗传算法及其在灌区工程优化中的应用，在试验设计与遗传算法耦合性分析的基础上，分别构建了基于遗传算法的试验设计方法和基于试验设计的遗传算法，并开展了试验遗传算法在灌区沟渠设计、圩区排水工程规划和压力引水管结构优化中的应用研究。第 4 章智能计算在灌区水资源系统预测中的应用，研究了基于试验遗传算法的混合人工神经网络建模方法，分别开展了混合人工神经网络的组合预测模型、择优预测方法、基于近邻估计的年径流预测动态联系数回归模型在河川年径流量预测中的应用。第 5 章智能计算在灌区水资源系统评价中的应用，开展了基于试验遗传算法的投影寻踪模型和改进的非线性属性识别模型在灌溉水源水质综合评价中的应用研究，研究了基于云模型的灌区农业干旱灾害分析评价和基于经验模态分解和集对分析的粮食单产波动影响分析。第 6 章基于系统仿真的小型灌区塘坝工程水资源系统分析，基于 SCS 模型研究了江淮丘陵区小型灌区的塘坝复蓄次数计算问题，以及塘坝灌溉系统对农业非点源污染负荷的截留作用分析。第 7 章基于系统动力学的中型灌区水资源系统模拟与优化运行，以滁河干渠蔡塘水库为例研究了基于系统动力学方法的库、塘、田水资源系统模拟模型及优化运行方案设计。第 8 章基于规则的大型灌区水资源系统模拟及优化配置，以淠河灌区为例构建了基于规则的大型灌区蓄、引、提水资源系统模拟模型，以此为基础开展了农业灌溉与城市供水优化调配研究，以及气候变化条件下大型灌区小水电群优化运行研究。

实践证明，现代灌区水资源系统是一个多目标、多属性、多层次、多功能和多阶段的复杂大系统，针对现代水资源系统问题的高度复杂性和不确定性，仅凭一种理论或方法是难以研究透彻的，故今后的研究应在多种理论方法的耦合集成方面加以深入，无论对各种理论方法本身，还是对它们在复杂系统中的应用都是极有价值的，而目前这方面的研究尚处于起步阶段。计算智能方法及其混合集成技术在理论与应用上将有更深入的发展，为人类更好地处理和解决现代灌排工程系统中的诸多复杂问题提供新的技术支持。

2 改进遗传算法及其在灌区设计建模中的应用

2.1 遗传算法概述

2.1.1 标准遗传算法

遗传算法随编码方式、遗传操作算子的不同而表现为不同形式，因此难以像传统的共轭梯度法那样从形式上给以明确定义，它的识别标志在于是否具有模拟生物的自然选择和群体遗传机理这一内在特征。不失一般性，现以式（2.1）为例，简要说明标准遗传算法（SGA）的操作步骤。

例 2.1 设函数优化问题为

$$\left.\begin{array}{r} \max f(x) = x \\ a \leqslant x \leqslant b \end{array}\right\} \tag{2.1}$$

遗传算法处理上述优化问题的主要思路是：把自变量 x 作为由基因构成的染色体，也称个体，把优化准则函数（目标函数）$f(x)$ 直接或经适当变换后作为个体适应度函数，优化准则函数和约束条件一起作为个体的生存环境，个体进化的目标是生成具有最佳适应度的基因型个体。SGA 求解上述问题的主要步骤如下（姚新等，1995；恽为民等，1996）。

步骤 1：解变量的编码（encoding）。以编码策略采用二进制数编码为例，设编码长度为 e，每个二进制位称之为基因（gene），把变量的取值范围 $[a, b]$ 等分成 $2^e{-}1$ 个子区间，即

$$x = a + (b - a) \frac{\sum\limits_{k=1}^{e} g_k \times 2^{e-k}}{2^e - 1} \tag{2.2}$$

式中：g_k 为二进制数字串的第 k 位值（基因值），因此某个二进制数字串 s_i 可表示为

$$s_i = g_1,\ g_2, \cdots,\ g_e \tag{2.3}$$

通过编码，把变量取值范围 $[a, b]$ 离散成 2^e 个网格点，每个网格点与二进制数字串、个体相互一一对应。

步骤 2：初始父代个体群的随机生成（production of forerunner individuals）。设群体规模为 M 个个体，从上述 2^e 个二进制数字串均匀随机选取 M 个串作为 GA 的初始点，进入进化迭代阶段。

步骤 3：父代个体的解码（decoding）和父代个体的适应度评价（evaluation function for individual fitness）。把二进制数字串 $\{s_i\}$（$i=1，2，\cdots，M$）按编码策略解码成相应变量 $\{x_i\}$（$i=1，2，\cdots，M$）。定义二进制数字串的适应度函数为 $F=f（x）$。把第 i 个个体 x_i 代入适应度函数，得相应的适应度函数值为 $F_i=f（x_i）$，且 F_i 越大则适应度越高，即第 i 个个体越优秀（Holland，1992；云庆夏，2000）。

步骤 4：父代个体的概率选择（selection）操作。令第 i 个个体的选择概率 p_i 为

$$p_i = \frac{F_i}{\sum\limits_{j=1}^{M} F_j} \tag{2.4}$$

从已有父代群体的 M 个个体中以概率 p_i 选择第 i 个个体，这样共选择 M 个个体，适应度高的个体有更多的机会保留到下一代（generation），适应度低的个体再生（reproduction）的机会少、被淘汰的概率大。因此，选择算子是达尔文进化论的"适者生存""优胜劣汰"的原则是具体体现，也是 GA 的基本算子之一。

步骤 5：父代个体的杂交（crossover）操作。由步骤 4 得到的 M 个个体两两配成 $M/2$ 对双亲。以杂交概率 p_c 选取某对双亲二进制数字串，随机选取两位置 c_{s1} 和 c_{s2}，然后交换 c_{s1} 和 c_{s2} 之间的基因，产生两个子代个体，子代个体组合了父代个体的特性。杂交算子体现了基因信息交换的思想，以实现高效搜索，它模拟了生物遗传规律，是 GA 另一个重要算子。

步骤 6：子代个体的变异（mutation）操作。以变异概率 p_m 随机地改变某个子代个体数字串中某位的值，即将原值为 1 的变为 0，将原值为 0 的变为 1。同生物界一样，GA 中发生变异的概率是很低的，目前常用的取值范围是 $p_m=0.00\sim0.05$（恽为民等，1996；金菊良等，2002）。变异的作用是避免在群体遗传、进化中失去一些有用的基因，它是保持群体基因的多样性、降低 GA 早熟收敛可能性的一种有效措施。

步骤 7：种群进化迭代（evolutionary iteration）。由步骤 6 得到的 M 个子代个体作为下一轮进化过程的父代，算法转步骤 3。如此反复迭代，使群体的平均适应度值不断提高，直到获得满意的个体或达到预定的进化迭代次数，则算法终止。此时，适应度值最高的个体对应的解即为所求优化问题的解。

以上构成了标准遗传算法（SGA）的整个操作过程，其计算机程序流程框图如图 2.1 所示（Holland，1992）。

作为利用自然选择和群体遗传机制进行高维非线性空间寻优的一类通用方法，遗传算法（GA）不一定能寻得最优（optimal）点，但是它可以在给定条件下找到更优（superior）点，这种思路与人类行为中成功的标志是相似的，即"没有最好，只有更好"。因此，GA 可能会暂时停留在某些非最优点上，直到发生交叉、变异使它迁移到另一更优点上（毛学文，1993；金菊良等，1997）。

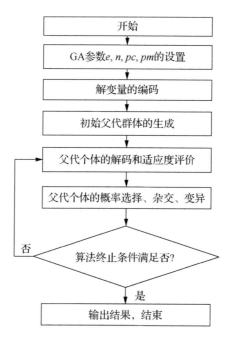

图 2.1 标准遗传算法程序流程框图

虽然 SGA 很好地模拟了自然界生物进化中的复制、交叉及变异等自适应特性，但在实际应用中 SGA 常常会遇到一定的困难。研究表明（张玲等，1997；金菊良等，2002）如下。

（1）SGA 的选择算子、杂交算子的寻优功能随进化迭代次数的增加而逐渐减弱，在应用中易出现早熟收敛。

（2）一般情况下 SGA 的计算量较大，且全局优化速度慢。

（3）SGA 优化结果的精度受编码长度控制。

（4）SGA 控制参数的设置技术复杂，目前多偏于经验而缺乏简明统一的准则指导。

（5）随着实际问题变量的增加和变量区间的增大，应用 SGA 所面临的上述问题愈显突出。

因此，国内外众多学者提出许多方法与措施对 SGA 进行了各种改进，力图使改进的遗传算法在全局优化能力及收敛速度这两个主要方面较 SGA 有所改善。

2.1.2 遗传算法研究进展

自 1967 年 Cavicchio 提出"genetic algorithm"这一术语并发表了第 1 篇关于遗传算法的应用论文以来，学术界对其研究越来越活跃。有关遗传算法及其应用的国际会议主要有：国际遗传算法会议（*International Conference on Genetic Algorithm*，ICGA）；源于自然的并行问题会议（*Parallel Problem Solving from Nature*，PPSN）；遗传算法理论基础会议（*Foundation of Genetic Algorithm*，FOGA）；国际进化规划会议（*International Conference on Evolutionary Planning*，ICEP）等。同时，从关于 GA 的学术论文呈指数级增长也可见人们对它的研究热情。据美国权威文献检索"*Engineering Village 2*"显示：1970～1990 年，关于 GA 的论文仅为 171 篇，研究领域主要偏于基础理论研究和方法的改进；1991～2000 年，研究 GA 的论文数量激增到 11693 篇，内容不仅涉及理论探讨、性能改进，还加大了 GA 与其他计算方法的有机结合；进入 21 世纪后，对 GA 的研究应用更是达到了空前的高潮，据我国知网统计，仅国内 2000～2017 年期间以 GA 为主题的研究应用共发表各类论文 8 万余篇，意味着 GA 正以每年近 5000 篇的论文数量在增长，其变化趋势如图 2.2 所示。

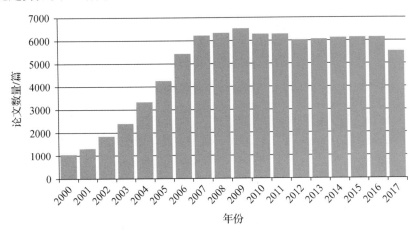

图 2.2　国内以遗传算法为主题的相关研究论文数量变化趋势

可见，GA 作为非数值算法，其在数学基本理论、种群初始化、编码方法、适应度函数、基本操作算子算法、停止准则等持续处于研究前沿；在应用方面，由于 GA 能有效处理复杂非线性、多目标等优化问题，在计算数学、计算机科学、工程结构、材料工程、航空航天、工业制造、电力电子、交通运输、医学诊断等学科领域获得了广泛的关注与应用研究。值得一提的是，GA 与传统方法结合也越来越受到学者的关注。在系统工程优化方法中，传统优化方法如线性规划、非线性规划、整数规划、动态规划、试验选优等已发展较为成熟，当然也存在这样或那样的不足，研究说明，传统优化方法与遗传算法的结合能进一步提高 GA 解决大规模复杂问题的能力。

2.2 加速遗传算法

2.2.1 加速遗传算法 AGA 计算原理

如上所述，SGA 的选择算子、杂交算子的寻优功能随进化迭代次数的增加而逐渐减弱，在应用中常出现早熟收敛；SGA 的计算量大、全局优化速度慢；SGA 优化结果的精度受编码长度控制；SGA 控制参数的设置技术复杂，目前尚无好的准则指导；特别是当实际问题变量的变化区间很大时，上述问题就十分突出，应用 SGA 就极为困难。针对这些问题，我们利用在 SGA 运行过程中搜索到的优秀个体这一子群体来逐步调整变量的搜索区间，可设计一种 SGA 的改进形式——加速遗传算法（accelerating genetic algorithm，AGA）。设一般优化问题为

$$\begin{cases} \min f\{c_1, \ c_2, \cdots, \ c_p\} \\ a_j \leqslant c_j \leqslant b_j \end{cases} \quad (j=1, \ 2, \ \cdots, \ p) \qquad (2.5)$$

式中：$\{c_j\}$ 为 p 个变量；$[a_j, \ b_j]$ 为 c_j 的初始变化区间；f 为非负的优化准则函数。AGA 包括以下 8 步。

步骤 1：变量初始变化空间的离散和编码。采用二进制编码时，杂交操作的搜索能力比十进制编码时的搜索能力强，且随着群体规模的扩大这种差别就越来越明显，鉴于此，这里采用二进制编码。设编码长度为 e，把每个变量的初始变化区间$[a_j, \ b_j]$等分成 2^e-1 个子区间，即

$$c_j = a_j + I_j \cdot d_j \quad (j=1, \ 2, \ \cdots, \ p) \qquad (2.6)$$

式中：子区间长度 $d_j=(b_j-a_j)/(2^e-1)$ 是常数；搜索步数 I_j 为小于 2^e 的任意十进制非负整数，是变数。经过编码，变量的整个初始变化空间被离散成$(2^e)^p$ 个网格点。称每个网格点为个体，它对应 p 个变量的一种可能取值状态，并用 p 个 e 位二进制数$\{i_a(j, \ k)|j=1\sim p; \ k=1\sim e\}$表示为

$$I_j = \sum_{k=1}^{e} i_a(j, \ k) \cdot 2^{k-1} \quad (j=1, \ 2, \ \cdots, \ p) \qquad (2.7)$$

这样，通过式（2.6）和式（2.7）的编码，p 个变量$\{c_j\}$的取值状态、网格点、个体、p 个二进制数$\{i_a(j, \ k)\}$之间建立了一一对应的关系。

步骤 2：初始父代群体的随机生成。设群体规模为 n。从上述$(2^e)^p$ 个网格点中均匀随机选取 n 个点作为初始父代群体。也即生成 n 组[0, 1]区间上的均匀随机数（以下简称随机数），每组有 p 个，即$\{u(j, \ i)|j=1\sim p; \ i=1\sim n\}$，这些随机数经下式转换得到相应的随机搜索步数

$$I_j(i) = \text{INT}(u(j,\ i) \cdot 2^e) \qquad (j=1,\ 2,\ \cdots,\ p;\ i=1,\ 2,\ \cdots,\ n) \qquad (2.8)$$

式中：INT（·）为取整函数。这些随机搜索步数 $\{I_j(i)\}$ 由式（2.7）对应二进制数 $\{i_a(j,\ k,\ i)\}$，又由式（2.6）与 n 组变量 $\{c_j(i)\}$ 相对应，并把它们作为初始父代群体。

步骤 3：父代个体串的解码和适应度评价。把父代个体编码串 $i_a(j,\ k,\ i)$ 经式（2.7）和式（2.6）解码成变量 $c_j(i)$，把后者代入式（2.5）得相应的优化准则函数值 $f(i)$。$f(i)$ 值越小表示该个体的适应度值越高，反之亦然。把 $\{f(i)|i=1\sim n\}$ 按从小到大排序，对应的变量 $\{c_j(i)\}$ 和二进制数 $\{i_a(j,\ k,\ i)\}$ 也跟着排序，为简便，这些记号仍沿用，称排序后最前面几个个体为优秀个体（superior individuals）。定义排序后第 i 个父代个体的适应度函数值为

$$F(i) = 1/(f(i) \times f(i) + 0.001) \qquad (i=1\sim n) \qquad (2.9)$$

上式分母中"0.001"是根据经验设置的，以考虑 $f(i)$ 为 0 时的情况；平方形式 $f^2(i)$ 是为了增强各个个体适应度值之间的差异。

步骤 4：父代个体的概率选择。取比例选择方式，则个体 i 的选择概率 $P_s(i)$ 为

$$P_s(i) = \frac{F(i)}{\sum\limits_{i=1}^{n} F(i)} \qquad (i=1\sim n) \qquad (2.10)$$

令 $P_i = \sum\limits_{k=1}^{i} P_s(k)$，序列 $\{P_i\ |i=1\sim n\}$ 把 $[0,\ 1]$ 区间分成 n 个子区间：$[0,\ P_1]$，$(P_1,\ P_2]$，$\cdots$，$(P_{n-1},\ P_n]$，这些子区间与 n 个父代个体建立一一对应关系，生成 n 个随机数 $\{u(k)|k=1\sim n\}$。若 $u(k)$ 落在 $(P_{i-1},\ P_i]$ 中，则第 i 个个体被选中，其二进制数记为 $\{i_{a1}(j,\ k,\ i)|j=1\sim p;\ k=1\sim e\}$。同理，可得另外的 n 个父代个体 $\{i_{a2}(j,\ k,\ i)|j=1\sim p;\ k=1\sim e;\ i=1\sim n\}$。这样从原父代群体中以概率 $P_s(i)$ 选择第 i 个个体，共选择两组各 n 个个体。

步骤 5：父代个体的杂交。杂交概率 P_c 控制杂交算子使用的频率，在每代新群体中，有 $n \cdot P_c$ 个个体串进行杂交。P_c 越高，群体中串的更新就越快，GA 搜索新区域的能力就越强，因此这里 P_c 取定为 1.0。目前普遍认为两点杂交方式优于单点杂交方式，故这里采用两点杂交。由步骤 4 得到的两组父代个体随机两两配对，成为 n 对双亲。先生成 2 个随机数 U_1 和 U_2，再转成十进制整数：$IU_1=\text{INT}(U_1 \cdot e)$，$IU_2=\text{INT}(U_2 \cdot e)$。设 $IU_1<IU_2$，否则交换其值。第 i 对双亲 $i_{a1}(j,\ k,\ i)$ 和 $i_{a2}(j,\ k,\ i)$ 的两点杂交，是指将它们的二进制数串中第 IU_1 位至第 IU_2 位的数字段相互交换，得到两个子代个体 $i'_{a1}(j,\ k,\ i)$ 和 $i'_{a2}(j,\ k,\ i)$，即

$$i'_{a1}(j,\ k,\ i) = \begin{cases} i_{a2}(j,\ k,\ i), & k \in [IU_1,\ IU_2] \\ i_{a1}(j,\ k,\ i), & k \notin [IU_1,\ IU_2] \end{cases} \qquad (2.11)$$

$$i'_{a2}(j,\ k,\ i)=\begin{cases} i_{a1}(j,\ k,\ i), & k\in\left[IU_1,\ IU_2\right] \\ i_{a2}(j,\ k,\ i), & k\notin\left[IU_1,\ IU_2\right] \end{cases} \tag{2.12}$$

步骤 6：子代个体的变异。这里采用两点变异，因为它与单点变异相比更有助于增强群体的多样性。生成 4 个随机数 $U_1\sim U_4$。当 $U_1<0.5$ 时子代取式（2.11），否则取式（2.12），这样得到 n 个子代个体，记其二进制数为 $\{i_a(j,\ k,\ i)\}$。把 U_2、U_3 转化成小于 e 的整数：$IU_1=\text{INT}(U_2\cdot e)$，$IU_2=\text{INT}(U_3\cdot e)$。变异率（$P_m$）定义为子代个体发生变异的概率。所谓子代个体 $i_a(j,\ k,\ i)$ 的两点变异，是指如下变换：

$$i_a(j,\ k,\ i)=\begin{cases} \text{当}\,U_4\leqslant P_m\,\text{且}\,k\in\{IU_1,\ IU_2\}\,\text{时，原}\,k\,\text{位值为1时变为0，} \\ \text{原位值为0时变为1；其他情况值不变} \end{cases} \tag{2.13}$$

这里，利用 U_1 以 0.5 的概率选取杂交后生成的两个子代个体的任一个，利用 U_2、U_3 来随机选取子代个体串中将发生变异的两个位置，利用 U_4 来控制子代个体发生变异的可能性。

步骤 7：进化迭代（演化迭代）。由上步得到的 n 个子代个体作为新的父代，算法转入步骤 3，进入下一次进化过程，如此循环往复。

以上 7 个步骤构成 SGA。

步骤 8：加速循环。根据 SGA 各算子的寻优性能和大量的数值试验与实际应用，我们用第一次、第二次进化迭代所产生的优秀个体的变量变化空间，作为变量新的初始变化区间，算法进入步骤 1，重新运行 SGA，如此加速循环，直到最优个体的优化准则函数值小于某一设定值或算法运行达到预定加速循环次数，结束整个算法的运行。此时，就把当前群体中最佳个体或某个优秀个体指定为 AGA 的结果。

以上 8 个步骤构成 AGA。

2.2.2 加速遗传算法 AGA 控制参数的设置

AGA 的控制参数包括二进制数编码长度 e、群体规模 n、优秀个体数目 s 和变异率 P_m，必须对它们进行适当的设置才能得到 AGA 运行的最优性能。为便于分析，现取试验问题为 $\min f=\sum\limits_{i=1}^{30}\left|c_1+c_2x_i+c_3x_i^2-y_i\right|$，其中的输入、输出数据为 $\{(x_i,\ y_i)\,|\,x_i=i;\ y_i=1+2x_i+3x_i^2;\ i=1\sim30\}$，变量 c_1、c_2 和 c_3 的初始变化区间分别为[-10, 10]、[-20, 20]和[-30, 30]，该问题的理论最优点为 $c^*=\{1,\ 2,\ 3\}$。

（1）关于编码长度 e。在 SGA 中，e 值越大，则解的精度越高，算法的计算量越大，反之亦然。而在 AGA 中，随着 AGA 的运行，变量的变化空间的网格自动分细（称之为 AGA 的隐式动态编码），解的精度自动提高，精度不受 e 值控制。据经验表明，e 一般可取定 10。

（2）关于变异率 P_m。P_m 反映了个体向其他个体网格点随机变迁的概率。由于 AGA 保证了算法的收敛性，P_m 越大，搜索区域越大，寻优效率越高，越有利于克服早熟收敛。对试验问题 P_m 分别取 0.0、0.5 和 1.0 的情况，AGA 加速循环 19 次时所得最佳个体的优化准则值（本节简称 f_1 值）分别为 0.204、0.065 和 0.021，前者出现早熟收敛。大量的数值试验表明（金菊良，1998），一般 P_m 可取定 1.0。

（3）关于群体规模 n 和优秀个体数目 s。由式（2.10）可知，n 个父代个体是按选择概率，从 $(2^e)^P$ 个变量空间网格点中的一个随机抽样，n 太小则由于群体对搜索空间大部分的超平面只给出了不充分的采样点，群体的代表性不足，显然不能充分探测到优化准则函数在最优点附近的足够信息，因此所得到的结果一般不佳。大的群体可更好地代表优化准则函数在搜索空间上的变化特性，也大大增强了基于二进制编码的杂交操作的搜索能力，从而可以阻止早熟收敛。对试验问题 $s=10$ 的情况，当 $n=100$ 时，AGA 加速循环 30 次后 f_1 值早熟收敛于 12.13，而当 $n=300$ 时，则全局收敛，这说明 n 取 100 太小。

在 n 一定时，s 越大，优秀个体包围、接近最优点的机会就越大，但 AGA 的收敛速度越慢。对试验问题 n 取 300 的情况，当 s 取 5 时，AGA 加速循环 20 次后 f_1 值早熟收敛于 0.0004，当 s 取 10 时，则全局收敛，而当 s 取更大值时，AGA 收敛变慢。随着 n 增大而 s 仍维持较小值不变时，优秀个体子群占群体的比例将越来越小，优秀个体没有足够的信息量来反映优化准则函数在最优点附近的变化特性，从而使优秀个体包围、接近最优点的机会减少。对试验问题 n 取 500 的情况，当 s 取 10 时，AGA 加速循环 30 次后 f_1 值早熟收敛于 0.94，当 s 取 30 时，则 AGA 全局收敛。另外，AGA 的计算量与 n^2、s^2 都成正比，故 n、s 又不能取得很大。

SGA 在处理变量的搜索空间很大的问题时，它的计算量很大，而且它的算法控制参数的设置技术也趋于复杂化。AGA 利用进化迭代过程中产生的优秀个体所包含的优化准则函数在最优点附近各变量方向的变化特性的信息，来调整变量变化区间的大小，使 AGA 同时在 p 个变量方向寻优且收敛。只要优秀个体数目 s 与群体规模 n 配置合理，就可望能增强 AGA 对实际优化问题变量变化区间的大小变化的适应能力。经大量类似上述的数值试验和实际优化问题的应用，本节初步认为 n、s 的配置应满足如下经验关系：

$$\frac{s}{n} > \frac{n}{e \cdot 2^e} \tag{2.14}$$

式中：e 一般取定 10，而 n 一般取 300 以上。(n, s) 的常用配置有（300，10）、（400，20）和（500，30）。

2.2.3 加速遗传算法 AGA 理论分析

（1）AGA 的收敛性分析。不失一般性，设式（2.5）的问题为单变量问题，变量的初始变化区间$[a^0, b^0]$为已知。则据 AGA 的计算原理，对第 t 次加速循环时变量的搜索区间$[a^t, b^t]$有：$0 \leqslant b^t - a^t \leqslant b^{t-1} - a^{t-1}$，$t=1, 2, \cdots$，也即 $0 \leqslant (b^t - a^t) / (b^{t-1} - a^{t-1}) = k_t \leqslant 1$，并且取"="号的概率很小。因当 $T \to \infty$ 时有 $\prod_{t=1}^{T} k_t \to 0$（依概率 1），所以当 $t \to \infty$ 时，$0 \leqslant b^T - a^T \leqslant \prod_{t=1}^{T} k_t (b^0 - a^0) \to 0$（依概率 1），因此 AGA 是依概率 1 收敛的。

（2）AGA 的全局优化性能分析，包括 AGA 与其他用压缩解空间的方式对 SGA 的改进方案的对比分析和 AGA 控制参数的设置分析两个方面。

变量搜索空间的大小变化影响 SGA 的收敛速度和计算结果。搜索空间越大，寻优时间越长，且初始解不易分散到整个解空间，对寻优结果有影响。SGA 的大量实践表明（韦柳涛等，1994；石琳珂，1995；周双喜等，1996），随着 SGA 进化迭代的进行，群体将向着一个或少数几个方向移动，这暗示着最优解的趋向和分布所在，此时适当压缩 SGA 搜索区域就可避免后续 SGA 仍在整个解空间中搜索。目前基于压缩解空间的 SGA 的改进方案大致有以下几种：①当问题为混合离散或离散优化问题时，将混合负次梯度方向作为压缩方向；②将群体各个体组合成一个多面体，求得多面体中除最差个体以外的所有个体的几何中心，取该中心与最差个体的连线方向为压缩方向；③利用群体的最佳个体构造压缩解空间。上述这些 SGA 的改进方案都是仅用当前群体中单个最差个体或最佳个体来压缩搜索范围的；而 AGA 是用优秀个体这一子群体来调整搜索范围的，因此 AGA 的全局优化更具有稳健性。

此外，AGA 在控制参数设置中采用了许多措施来增强它的全局优化性能。AGA 的群体规模 n 一般取 300～500，而 SGA 一般取 10～160（刘勇等，1997），从而增强了 AGA 的群体多样性和代表性，从根本上提高了 AGA 的全局优化性能。杂交概率 P_c 控制着杂交算子的作用频率，如果 P_c 较高，可加快群体中个体更新速度，提高算法在解空间中探索新区域的能力，因此在 AGA 中取 P_c 为最大（1.0），同时采用两点杂交方式。变异是增加群体多样性的搜索算子，如果变异率 P_m 过低，群体在进化过程中产生新个体的速度减慢，搜索会由于小的探查率而可能停滞不前，一定的 P_m 可以防止由于群体中所有个体的某一基因位收敛于相同基因码而导致搜索过程被限制在解空间的某个仿射子空间上。P_m 越大，AGA 搜索新区域就越大，越有利于克服早熟收敛，因此在 AGA 中取 P_m 为最大（1.0），同时采用两点变异方式。为平衡群体规模与算法的收敛速度，经大量数值试验，AGA 采用较少的进化迭代次数（2 次）这一策略。

显然，优秀个体包围最优点的概率决定了 AGA 的全局优化性能，对此试作初步分析。假定 SGA 在每次进化迭代中产生的 s 个优秀个体随机分布在最优点附近，且这种分布是均匀的，则在单变量优化问题和 AGA 加速循环一次（进化迭代 2 次）的情况下，这 $2s$ 个优秀个体包围最优点的概率 P_{op} 为 $1-0.5^{2s}$。根据我们的研究，s 一般取 10 以上，则 P_{op} 值大于 0.999999046。同理，在 p 个变量的优化问题和加速循环 q 次的情况下，优秀个体包围最优点的概率 P_{op} 为 $(1-0.5^{2s})^{pq}$。例如，(p, q) 分别为 $(10, 20)$、$(20, 20)$ 和 $(50, 20)$ 时 P_{op} 值分别为 0.9998、0.9996 和 0.9990。可见，AGA 在逐步压缩搜索空间时一般仍有很大概率进行全局优化。

（3）AGA 的适用性分析。解全局最优化问题的大多数方法是根据在解空间中已搜索到的测试信息，利用启发式搜索来产生尽可能好的探测点。研制 AGA 的主要目标之一就是使设计的算法是稳妥的，以广泛适用于多种问题。AGA 采用的二进制编码方法几乎可以对任何优化问题进行编码，同时它采用了隐式动态编码方式，随着 AGA 的运行，搜索空间的网格自动分细，AGA 的解的精度不再受二进制编码长度的控制，因此它适用于连续/离散变量优化问题。研究表明（金菊良，1998），AGA 对变量搜索空间的大小变化具有适应性，表现为对适应度函数值越敏感的变量，它的搜索空间被压缩得越快。对试验问题 $n=300$、$s=10$ 的情况，AGA 加速循环 10 次，优秀个体各变量 c_1、c_2 和 c_3 的变化区间分别为 $[-0.214, 1.556]$、$[1.916, 2.146]$ 和 $[2.996, 3.003]$，说明 c_1、c_2 和 c_3 对适应度函数值的敏感性依次越来越强，这与实际情况相一致。AGA 的计算量少，对一般实际优化问题，AGA 加速循环次数在 10 次左右，在每次加速循环中 AGA 只进行 2 次进化迭代。AGA 控制参数的设置技术较 SGA 简明。AGA 各算子与具体问题无关。由此可见，AGA 的适用性是很强的。

2.2.4　加速遗传算法 AGA 的性能分析

例 2.2　即本节的试验问题（金菊良，1998）。SGA 在第 10 次进化迭代后 f_1 值早熟收敛于 633.06，而 AGA 在 $n=300$ 和 $s=10$ 的配置下加速循环 37 次后全局收敛；当这些优化变量的初始变化区间分别为 $[0.8, 1.2]$、$[1.8, 2.2]$ 和 $[2.8, 3.2]$ 时，SGA 在第 4 次进化迭代后 f_1 值早熟收敛于 4.95，而 AGA 在 $n=300$、$s=10$ 的配置下加速循环 15 次后即全局收敛。

例 2.3　文献（Franchini, 1996）在解问题 $\min f(x_1, \cdots, x_{10}) = \sum_{i=1}^{10} x_i^2$（$-2 < x_i < 10$；$i=1, 2, \cdots, 10$）时，用 SGA 在群体规模为 100、二进制编码长度为 10、进化迭代 50 次后得最优值 f_1 为 0.027，求解精度因受编码长度控制而无法提高，而 AGA 在 $n=400$ 和 $s=20$ 的配置下加速循环 12 次后 f_1 值为 0.032、加速循环 21 次（即进化迭代 42 次）后 f_1 值全局收敛于 0.000。

例 2.2 和例 2.3 的结果说明：SGA 易出现早熟收敛，要得到高精度的全局最优解必须扩大编码长度和群体规模，从而导致大的计算量，全局收敛速度缓慢；而 AGA 利用其简单的隐式动态编码技术和控制参数配置技术就可以适应优化变量的个数和变化区间的种种变化，用较小的计算量（进化迭代次数少，群体排序次数也少）就可得到高精度的全局最优解，与 SGA 相比，其显示出 AGA 的"加速"效果。

例 2.4 熊德琪和陈守煜等（1994）给出了沈阳南部浑河沿岸 4 个排放口污水处理效率的非线性规划问题。

$$\min F = 696.744c_1^{1.962} + 10586.71c_1^{5.9898} + 63.927c_2^{1.8815} + 9054.54c_2^{5.9898}$$
$$+ 375.658c_3^{2.9972} + 57.428c_3^{1.8731} + 5200.91c_3^{5.9898} + 113.471c_4^{1.8815} + 223.825c_4^5$$
$$+ 23.626c_4^{4.8344} + 5431.427c_4^{5.9898} + 3982$$

s.t. g_1:20.475（$1-c_1$）$\leq$22.194

g_2:17.037（$1-c_1$）+12.998（$1-c_2$）$\leq$23.505

g_3:15.660（$1-c_1$）+11.942（$1-c_2$）+8.822（$1-c_3$）$\leq$24.031

g_4:14.229（$1-c_1$）+10.855（$1-c_2$）+8.026（$1-c_3$）+21.965（$1-c_4$）$\leq$24.576

g_5: 0$\leq c_i \leq$0.9 （i=1~4）

式中：c_i 为第 i 个排放口的污水处理效率；F 为费用函数；g_1~g_5 为约束条件。取优化准则函数为 $\min f = F + \sum_{i=1}^{4} h_i(g_i)$，其中 $h_i(g_i)$ 为罚项，当约束 g_i 满足时取值为 0，否则取值为 10^5。由约束 g_5 构成变量 c_1~c_4 的变化区间，用 AGA 在 n=300 和 s=10 的配置下加速循环 18 次后所得最优解为 c_1^*=0.4884，c_2^*=0.5065，c_3^*=0.5053，c_4^*=0.6372，可以验证它们满足全部约束条件，相应的目标函数值 F^*=5060.98 万元，好于用模糊非线性规划方法求得的 5063.10 万元。

另外，文献（金菊良，1998）给出了 AGA 在其他典型优化测试问题和水资源工程问题中应用的许多实例，说明了 AGA 对 SGA 的改进是可行而有效的。

遗传算法提供了一条处理复杂优化问题的有效途径，但标准遗传算法（SGA）在实用中存在早熟收敛、计算量大和解的精度差等重大缺点。为此，本书作者研制了 SGA 的一种改进方案——加速遗传算法（AGA），并对 AGA 的收敛性、全局优化性能和适用性进行了分析。研究结果表明，AGA 对 SGA 的改进是有效且可行的，显示出稳健的全局优化、计算量少而解的精度高，以及算法控制参数设置技术简明等特点，在各种工程优化问题中具有广泛的应用价值。

2.3 遗传算法在大豆受旱胁迫下蒸发、蒸腾量估算中的应用

北方灌区种植的主要作物以小麦、大豆、玉米、棉花等旱作物为主，旱作物在降水减少、灌水不足的情况下往往会发生较大范围的旱情。安徽淮北平原地区是夏大豆的主要种植区，种植面积占全省大豆面积的 90%左右，但其产量一直偏

低（孙洪亮等，2009），主要是因该地区为暖温带和亚热带气候过渡区、旱涝灾害频繁（祁宦，朱延文等，2009）。针对水资源日益短缺和灌溉效率普遍较低的问题，研究受旱胁迫下大豆的蒸发、蒸腾规律，准确估算大豆蒸发、蒸腾量，对农业水资源高效利用具有重要意义。

有关作物蒸发、蒸腾量的计算方法主要有空气动力学法（Girona, et al., 2002；王笑影，2003）、波文比-能量平衡法（Richard, et al., 2000；Manuel, et al., 2000）、遥感法（裴浩等，1999）等，而采用 FAO-56 推荐的作物系数法具有更广泛的适用性，樊引琴和蔡焕杰（2002）分别运用单作物系数法和双作物系数法对作物蒸发、蒸腾量进行计算并做出对比；慕彩芸等（2005）运用单作物系数法对农田蒸散量进行估算；陈凤等（2006）采用双作物系数法分别计算了玉米和冬小麦的蒸发、蒸腾量，并确定了适合当地实际情况的作物系数。单作物系数法具有简便实用的特点，广泛适用于区域灌溉系统规划设计和制定基础灌溉制度，而双作物系数法则需要对逐日水量进行计算，计算相对复杂，更适于灌溉制度研究和田间平衡分析（何军等，2006；刘钰等，2000）。值得注意的是，虽然作物系数法会根据当地环境气候条件调整 FAO-56 的推荐值，但蒸发、蒸腾量估算值与实测值仍有一定偏差（宿梅双，李久生，2005；彭世彰等，2007），而遗传算法只需优化问题是可计算的，便可在搜索空间中进行自适应全局搜索，且优化过程简单、成果丰富，特别适合于处理复杂函数优化、组合优化等问题，具有适应性强、精度高等特点（金菊良，杨晓华等，2001a）。

20 世纪 80 年代以来，国外对充分灌溉和非充分灌溉做了大量研究。Santos 等（2007）对葡萄进行了水分亏缺处理，结果表明水分亏缺处理利于葡萄的光合作用；Karam 等（2007）研究了非充分灌溉条件下向日葵的生长发育响应机制，指出非充分灌溉既可获得较高的产量，也可减少作物的蒸发、蒸腾量；Bekele 等（2007）开展了调亏灌溉试验，分别对洋葱的 4 个生育阶段进行不同程度的受旱胁迫，结果表明非充分灌溉处理可提高水分利用效率。目前，国内已在非充分灌溉理论研究方面取得一定进展，受旱胁迫下蒸发、蒸腾量的估算已成为研究热点（杨静敬，2009；Kashyap, et al., 2001）。李远华等（1995）对水分亏缺下的水稻生理需水规律进行分析，得到了不同条件下水稻蒸发、蒸腾量的主要影响因素；申孝军等（2007）研究了不同生育期水分亏缺对冬小麦蒸发、蒸腾量的影响；石小虎等（2015）基于 SIMDualKc 模型对非充分灌水条件下温室番茄蒸发、蒸腾量进行估算研究。然而，目前对淮北平原作物系数和蒸发、蒸腾量研究较少。为此，本节设置全生育期不旱、不同生育期连续受旱及组合受旱等共 15 种处理的试验方案，于 2015 年夏季在安徽省水利科学研究院新马桥农水综合试验站开展大豆盆栽试验，即利用大豆盆栽试验蒸发、蒸腾量实测数据，基于遗传算法对大豆作物系数和土壤水分胁迫系数进行率定，选用实用性强的单作物系数法对受旱胁迫下大豆蒸发、蒸腾量进行估算，旨在为当地制定科学合理的灌溉制度提供理论依据（金菊良等，2017）。

2.3.1　大豆受旱试验设计与试验方法

2.3.1.1　试验区概况

试验于 2015 年 6～9 月在安徽省水利科学研究院新马桥农水综合试验站进行，该站位于淮北平原中南部（东经 117°22′，北纬 33°09′，海拔 19.7m），试验区多年平均降水量为 917mm，降水多集中于 6～9 月，约占全年降水量的 60%，多以暴雨形式降落，降水分布不均，极易形成农作物旱涝渍灾害，多年平均气温 15.0℃，多年平均蒸发量 916mm，年累计日照时数 1850h，无霜期 215d。试验区土壤为淮北平原典型的砂浆黑土，土壤容重为 1.36g/cm³，表层土壤中 0～50cm 砂粒含量 12.4%、黏粒含量 19.1%。田间持水量 38.1%，凋萎含水量 15.2%（以上均为体积含水量），试验站内设有自动气象站，可获得逐日气象数据。

2.3.1.2　试验设计

盆栽试验作物为大豆（中黄 13 号），于 2015 年 6 月 11 日播种，7 月 3 日出苗整齐，并且每桶定苗长势为均匀的 3 株植株，于 9 月 20 日收获。结合大豆生长发育特征将其全生育期划分为苗期（2015 年 6 月 11 日至 7 月 14 日）、分枝期（2015 年 7 月 15 日至 8 月 3 日）、花荚期（2015 年 8 月 4 日至 8 月 20 日）和鼓粒成熟期（2015 年 8 月 21 日至 9 月 20 日）。以不同生育期及不同水分处理为控制因素，共设置 15 个处理组（含对照组），每个生育期设置有 3 种水分亏缺水平，即不旱、轻旱和重旱，对应的土壤含水量（土壤水分占田间持水量的百分比）下限分别为75%、55%、35%，轻旱、重旱水平设 5 盆重复，对照组 20 盆重复。试验盆栽共200 盆，上口直径 28cm，下底直径 20cm，置于自动防雨棚中，生长发育全过程隔绝降雨，土壤含水量完全人工控制，具体试验设计方案见表 2.1。每种处理除不同水分处理外，其他管理方式完全一致，盆栽管理保证大豆正常生长发育，没有病虫害影响。

表 2.1　试验设计方案

处理编号	各生育阶段土壤含水量下限				备注
	苗期/%	分枝期/%	花荚期/%	鼓粒成熟期/%	
A1	55	75	75	75	苗期轻旱
A2	55	55	55	55	全生育期轻旱
A3	35	75	75	75	苗期重旱
A4	35	35	35	35	全生育期重旱

续表

处理编号	各生育阶段土壤含水量下限				备注
	苗期/%	分枝期/%	花荚期/%	鼓粒成熟期/%	
A5	75	55	75	75	分枝期轻旱
A6	75	55	55	55	分枝期、花荚期、鼓粒期轻旱
A7	75	35	75	75	分枝期重旱
A8	75	35	35	35	分枝期、花荚期、鼓粒期重旱
A9	75	75	55	75	花荚期轻旱
A10	75	75	55	55	花荚期、鼓粒期轻旱
A11	75	75	35	75	花荚期重旱
A12	75	75	35	35	花荚期、鼓粒期重旱
A13	75	75	75	55	鼓粒成熟期轻旱
A14	75	75	75	35	鼓粒成熟期重旱
A15	75	75	75	75	对照组,全生育期不旱

2.3.1.3 实际作物蒸发、蒸腾量的测定

每天 18 时采用电子秤(型号 YP30KN,精度为 1g)对大豆盆栽进行称重,依据每天称重数据计算土壤含水率,当土壤含水量小于表 2.1 中各生育阶段对应的土壤含水量下限时,于第二天早上 7 时浇水,使土壤含水量达到田间持水量的 90%。本试验通过测定土壤含水率来计算作物蒸发、蒸腾量,计算公式为

$$ET_{c,i} = 10\gamma H(W_{i-1} - W_i) + M + P + K - C \tag{2.15}$$

式中:$ET_{c,i}$ 为第 i 天大豆实际蒸发、蒸腾量,mm;W_{i-1} 为盆栽第 $i-1$ 天的土壤含水率;W_i 为盆栽第 i 天的土壤含水率;γ 为土壤干容重,g/cm^3;H 为土壤厚度,cm;M 为盆栽第 i 天灌水量,mm;P 为时段内的降水量,mm;K 为时段内的地下水补给量,mm;C 为时段内的排水量,mm。

本试验中,P、K、C 均为 0。

2.3.1.4 基于单作物系数和遗传算法的蒸发、蒸腾量估算方法

FAO 推荐的非受旱胁迫下作物蒸发、蒸腾量的计算公式(Allen,et al.,1998)为

$$ET_c = K_c ET_0 \tag{2.16}$$

受旱胁迫下作物蒸发、蒸腾量计算公式为

$$ET_c = K_s K_c ET_0 \tag{2.17}$$

式中:ET_c 为作物蒸发、蒸腾量,mm;K_s 为土壤水分胁迫系数;K_c 为作物系数;ET_0 为参考作物蒸发、蒸腾量,mm。

1）单作物系数的确定

联合国粮农组织（FAO）推荐应将大豆全生育期划分为初始生长期、快速发育期、发育中期和成熟期，初始生长期是从播种开始的早期生长阶段，土壤基本没有被作物覆盖（地面覆盖率小于 10%），快速发育期是初始生长期结束至土壤基本被覆盖（地面覆盖率 70%～80%）的一段时间，发育中期是从有效全部覆盖时开始至开始成熟（叶片老化、变黄、衰老、脱落）为止，成熟期是从开始成熟持续到收获或完全衰老为止（Allen，et al.，1998；樊引琴等，2002）。结合本试验大豆实际生长发育特征确定各生育阶段划分及各阶段 RH_{min}、u_2 和 h 的平均值见表 2.2。FAO-56 推荐的标准状况下（供水充足，生长正常，管理良好）大豆各生育阶段单作物系数分别为 $K_{cini（Tab）}$=0.5，$K_{cmid（Tab）}$=1.15，$K_{cend（Tab）}$=0.5，中间值由线性插值计算得出，作物系数变化过程线如图 2.3 所示。若 RH_{min} 不等于45%或 u_2 不等于 2.0m/s，上述 $K_{cmid（Tab）}$ 和 $K_{cend（Tab）}$ 须根据当地气候条件和作物株高按下式进行调整（彭世彰等，2007）：

$$K_c = K_{c(Tab)} + [0.04(u_2 - 2) - 0.004(RH_{min} - 45)]\left(\frac{h}{3}\right)^{0.3} \qquad (2.18)$$

式中：RH_{min} 为计算生育时段内日最低相对湿度的平均值，%；u_2 为计算生育时段内 2m 高处的平均风速，m/s；h 为计算生育时段内作物平均株高，m。

表 2.2 大豆生育阶段划分及各阶段 RH_{min}、u_2 和 h 的平均值

生育阶段	初始生长期	快速发育期	中期	后期
阶段天数/d	25	27	30	20
最低相对湿度 RH_{min}/%	71.7	75.6	70.6	68.9
2m 高处平均风速 u_2/（m/s）	0.9	0.9	0.8	0.68
平均株高 h/m	0.16	0.36	0.48	0.53

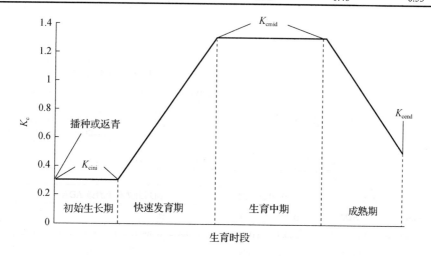

图 2.3 作物系数变化过程线

在作物的初始生长期，作物矮小覆盖地表程度低，以土面蒸发为主，因此计算 K_{cini} 应考虑土面蒸发的影响，计算公式（Allen，et al.，1998；宿梅双等，2005）为

$$K_{cini}=\begin{cases} \dfrac{E_{so}}{ET_0}=1.15 & (t_w\leqslant t_1) \\[2em] \dfrac{\text{TEW}-(\text{TEW}-\text{REW})\exp\left[\dfrac{-(t_w-t_1)E_{so}\left(1+\dfrac{\text{REW}}{\text{TEW}-\text{REW}}\right)}{\text{TEW}}\right]}{t_w ET_0} & (t_w>t_1) \end{cases} \quad (2.19)$$

式中：TEW 为一次降雨或灌溉后总蒸发水量，mm；REW 为大气蒸发力控制阶段蒸发的水量，mm；E_{so} 为潜在土壤蒸发速率，mm；t_w 为一次降雨或灌溉的平均间隔天数，d；t_1 为大气蒸发力控制阶段的天数（$t_1=\text{REW}/E_{so}$），d；ET_0 为参考作物蒸发、蒸腾量，mm。

上述各参数的具体计算公式可参见文献（Allen，et al.，1998；宿梅双等，2005）。

2）参考作物蒸发、蒸腾量

用标准 FAO Penman-Monteith 公式计算参考作物蒸发、蒸腾量（Monteith，1965）为

$$ET_0=\dfrac{0.408\Delta(R_n-G)+\gamma\dfrac{900}{T+273}u_2(e_s-e_a)}{\Delta+\gamma(1+0.34u_2)} \quad (2.20)$$

式中：R_n 为净辐射，MJ/（$m^2\cdot d$）；Δ 为温度与饱和水气压关系曲线在 T 处的切线斜率，kPa/℃；G 为土壤热通量，MJ/（$m^2\cdot d$）；T 为平均气温，℃；u_2 为 2m 高处的平均风速，m/s；e_s 为饱和水气压，kPa；e_a 为实际水气压，kPa；γ 为干湿表常数，kPa/℃。

3）土壤水分胁迫系数

土壤水分胁迫通过降低作物系数来影响作物的蒸发、蒸腾量 ET_c，作物系数的降低通过作物系数乘以土壤水分胁迫系数来实现，土壤水分胁迫系数计算公式为

$$K_s=\begin{cases} 1 & (D_{r,i}\leqslant\text{RAW}) \\[1em] \dfrac{\text{TAW}-D_{r,i}}{\text{TAW}-\text{RAW}} & (D_{r,i}>\text{RAW}) \end{cases} \quad (2.21)$$

式中：K_s 为土壤水分胁迫系数；$D_{r,i}$ 为土壤根系层消耗的水量，mm；RAW 为根系层中易吸收水量，mm；TAW 为根系层中总有效水量，mm。

TAW 的计算公式（Allen，et al.，1998）为

$$TAW = 1000(\theta_{Fc} - \theta_{Wp})Z_r \tag{2.22}$$

式中：θ_{Fc} 为田间持水量，m^3/m^3；θ_{Wp} 为凋萎含水量，m^3/m；Z_r 为根系层深度，m。

RAW 的计算公式（Allen，Pereiral，et al.，1998）为

$$RAW = p\,TAW \tag{2.23}$$

式中：p 为发生水分胁迫之前能从根系层中消耗的水量与土壤总有效水量的比值，取值范围为[0，1]。

根据逐日水量平衡方程计算 $D_{r,i}$ 为

$$D_{r,i} = D_{r,i-1} - (P_i - RO_i) - I_i - CR_i + ET_{c,i} + DP_i \tag{2.24}$$

式中：$D_{r,i}$ 为土壤根系层消耗的水量，mm；P_i 为第 i 天的降雨量，mm；RO_i 为第 i 天的地表径流量，mm；I_i 为第 i 天灌水量，mm；CR_i 为第 i 天的地下水补给量，mm；DP_i 为第 i 天的深层渗漏量，mm。

本次盆栽试验中 P_i、RO_i、CR_i 均为 0，式中各参数计算可参见相关文献（Allen，et al.，1998）。

4）基于加速遗传算法的作物系数 K_c 和土壤水分胁迫系数 K_s 率定

以大豆不同生育阶段的单作物系数 K_{cini}、K_{cmid} 和 K_{cend} 为优化变量，无受旱胁迫下（对照组）大豆全生育期内逐日蒸发、蒸腾量实测值与估算值的绝对误差和最小为目标函数，运用加速遗传算法（金菊良等，2001a）对其进行寻优求解，得到符合当地实际情况的大豆作物系数为

$$\min f(K_{cini}, K_{cmid}, K_{cend}) = \sum_{i=1}^{n} \left| K_c ET_0 - ET_c \right| \tag{2.25}$$

$$s.t. \begin{cases} 0 < K_{cini} < 2 \\ 0 < K_{cmid} < 2 \\ 0 < K_{cend} < 2 \end{cases} \tag{2.26}$$

式中：ET_c 为无受旱胁迫下（$K_s=1$）大豆全生育期内逐日蒸发、蒸腾量实测值，mm；ET_0 为参考作物蒸发、蒸腾量，mm；n 为全生育期长度，共 102d。

以土壤水分胁迫的根系层中消耗的水量与土壤总有效水量的比值 p 为优化变量，以受旱胁迫下大豆全生育期内逐日蒸发、蒸腾量实测值与估算值的绝对误差和最小为目标函数，运用遗传算法对其进行寻优求解，得到符合实际情况的土壤水分胁迫系数为

$$\min f(p) = \sum_{i=1}^{n} \left| K_s K_c ET_0 - ET_c \right| \quad (0 < p < 1) \tag{2.27}$$

式中：ET_c 为受旱胁迫下（$K_s < 1$）大豆全生育期内逐日蒸发、蒸腾量实测值，mm。

5）误差评价指标

为评价本节估算方法的精度，用平均绝对误差（mean absolute error，MAE）、平均相对误差（average relative error，ARE）、均方根误差（root mean square error，RMSE）对上述基于单作物系数法和遗传算法的大豆蒸发、蒸腾量估算方法进行适用性评估（冯禹等，2006；王子申等，2016），即

$$\mathrm{MAE} = \frac{\sum_{k=1}^{N} \left| X_k - Y_k \right|}{N} \tag{2.28}$$

$$\mathrm{ARE} = \sum_{k=1}^{N} \frac{\left| X_k - Y_k \right|}{Y_k} \times \frac{100\%}{N} \tag{2.29}$$

$$\mathrm{RMSE} = \left[\frac{\sum_{k=1}^{N} \left(X_k - Y_k \right)^2}{N} \right]^{0.5} \tag{2.30}$$

2.3.2 受旱胁迫下大豆蒸发、蒸腾量试验结果与分析

2.3.2.1 无受旱胁迫下大豆蒸发、蒸腾量估算结果

本节采用遗传算法对无受旱胁迫下的 K_c 进行率定，在此基础上运用单作物系数法估算大豆无受旱胁迫下蒸发、蒸腾量，并以 FAO-56 推荐 K_c 值计算的蒸发、蒸腾量作为对比，结果如图 2.4 所示。由图 2.4 可知，大豆全生育期蒸发、蒸腾量基本呈现由小到大、再由大到小的变化过程，苗期和分枝期前半段蒸发、蒸腾量较小，分枝期后半段开始显著增加，花荚期和鼓粒成熟期前半段大豆蒸发、蒸腾量维持在一个较高水平，鼓粒成熟期后半段开始显著减少。上述大豆蒸发、蒸腾量的变化符合大豆实际生长发育过程，这与严菊芳等（2010）的研究结果一致。苗期、分枝期大豆植株矮小，叶面积小，大豆蒸发、蒸腾量小且以土壤蒸发为主；花荚期处于大豆生长发育最旺盛的阶段，此时叶面积较大，作物蒸腾强度大，耗水量大；鼓粒成熟期大豆处于生殖生长时期，叶片开始萎蔫变黄凋落，作物蒸腾强度逐渐减小，对水分的需求也逐渐减小。

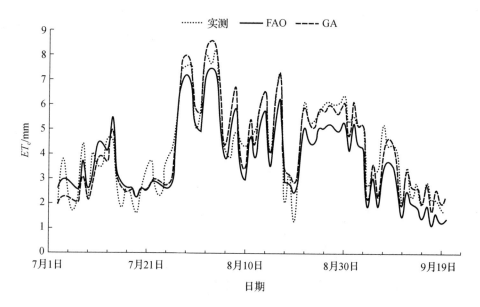

图 2.4　无受旱胁迫下大豆全生育期实测与估算蒸发、蒸腾量

由图 2.4 可知，FAO 和 GA 两种方法估算的蒸发、蒸腾量与实测结果变化趋势一致，由 GA 估算的蒸发、蒸腾量更接近实测值，FAO-56 估算蒸发、蒸腾量总体偏小。结合表 2.3 中的无受旱胁迫下单作物系数法估算的大豆蒸发、蒸腾量的拟合误差，GA 估算的蒸发、蒸腾量与实测值基本持平，苗期、分枝期、花荚期、鼓粒成熟期的日平均蒸发、蒸腾量分别为 3.21mm/d、4.34mm/d、4.76mm/d 和 4.13mm/d，以花荚期最大、苗期最小，这一结果与严菊芳等（2010）的研究一致，同时与实测值相比，各生育阶段平均绝对误差分别为 0.58mm/d、0.51mm/d、0.67mm/d 和 0.36mm/d。FAO-56 估算的各生育期蒸发、蒸腾量与实测值相比，除苗期大 2.96mm 外，其他生育期均偏小，以鼓粒成熟期尤为明显，偏小 20%，全生育期累计蒸发、蒸腾量估算值偏小 9%，各生育阶段平均绝对误差分别为 0.73mm/d、0.60mm/d、0.81mm/d 和 0.85mm/d，比 GA 各生育期平均绝对误差分别大 20.37%、15.42%、18.29%和 58.05%。GA 方法估算蒸发、蒸腾量全生育期 MAE、RMSE、ARE 分别为 0.5mm/d、0.66mm/d 和 15.12%，比 FAO-56 分别小 34.21%、21.42%和 29.67%。本节用直线 $y=x$ 分别对两种方法蒸发、蒸腾量的估算值和实测值进行拟合，并计算蒸发、蒸腾量估算值和实测值之间的决定性系数，由图 2.5 两种方法与实测值之比较可知，FAO-56 和 GA 估算蒸发、蒸腾量与实测值的决定系数 R^2 分别为 0.8238 和 0.8768，以 FAO-56 推荐作物系数估算蒸发、蒸腾量与实测值存在一定误差，且比 GA 方法估算蒸发、蒸腾量误差偏大，以 GA 优化得到的作物系数 K_c 估算蒸发、蒸腾量与实测值拟合效果更好些。

表 2.3　无受旱胁迫下单作物系数法估算大豆蒸发、蒸腾量的拟合误差

生育阶段	实测值 /mm	估算值/mm		MAE/（mm/d）		RMSE/（mm/d）		ARE/%	
		GA	FAO-56	GA	FAO-56	GA	FAO-56	GA	FAO-56
苗期	38.58	34.66	41.54	0.58	0.73	0.79	0.76	16.01	25.24
分枝期	86.90	88.09	81.97	0.51	0.60	0.60	0.69	15.60	17.59
花荚期	80.93	87.38	75.98	0.67	0.81	0.90	0.88	22.02	21.87
鼓粒成熟期	128.30	124.03	101.89	0.36	0.85	0.45	0.93	10.67	22.37
全生育期	334.70	334.16	301.37	0.50	0.76	0.66	0.84	15.12	21.50

注：MAE、RMSE、ARE 分别为平均绝对误差、均方根误差、平均相对误差。

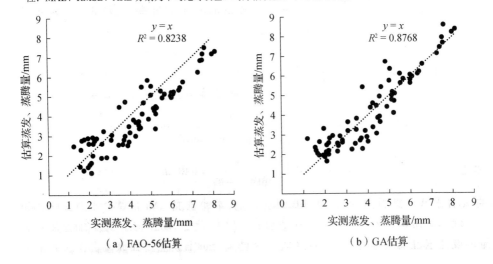

（a）FAO-56估算　　　　　（b）GA估算

图 2.5　两种方法大豆蒸发、蒸腾量估算值与实测值之相关性比较

GA 方法优化得到的作物系数分别为 K_{cini}=0.853、K_{cmid}=1.418、K_{cend}=0.6959，全生育期作物系数平均值为 1.21，花荚期最大为 1.418，苗期最小为 0.93，这与严菊芳等（2010）对大豆作物系数的研究一致。对比 FAO 推荐并经当地实际情况调整的作物系数，FAO 推荐调整的作物系数分别为 K_{cini}=1.114、K_{cmid}=1.233、K_{cend}=0.4112，可看出 GA 方法优化得到的 K_{cini} 偏小，K_{cmid} 和 K_{cend} 均比 FAO 推荐调整的作物系数大，这很好地解释了 FAO 方法估算的蒸发、蒸腾量偏小，GA 方法估算的蒸发、蒸腾量更接近实测值的现象，这与张强等（2015）对半干旱半湿润地区作物蒸发、蒸腾量的研究相同，在半湿润地区，用 FAO 推荐调整作物系数估算蒸发、蒸腾量误差较大。以 GA 方法优化得到的作物系数 K_c 对无受旱胁迫下另一重复处理的盆栽蒸发、蒸腾量进行估算，并以此作为验证，如表 2.4 所示。由表 2.4 可知，全生育期蒸发、蒸腾量的估算值与实测值整体持平，苗期、分枝期、花荚期估算值比实测值分别大 2%、4%和 4%，鼓粒成熟期估算值相比实测值

偏小 6%，全生育期蒸发、蒸腾量 MAE、RMSE、ARE 分别为 0.38mm/d、0.22mm/d 和 11.75%。综上所述，本节 GA 优化所得的作物系数验证情况较好，初步验证了此作物系数在安徽淮北平原的适用性，更符合大豆的实际生长情况，在此基础上运用单作物系数法估算的蒸发、蒸腾量更为合理。

表 2.4　无受旱胁迫下单作物系数法估算蒸发、蒸腾量验证误差

生育阶段	实测值/mm	估算值/mm	MAE/（mm/d）	RMSE/（mm/d）	ARE/%
苗期	34.05	34.66	0.34	0.17	11.11
分枝期	84.21	88.09	0.34	0.24	15.13
花荚期	84.14	87.38	0.48	0.30	11.61
鼓粒成熟期	131.91	124.03	0.37	0.19	9.8
全生育期	334.32	334.16	0.38	0.22	11.75

2.3.2.2　不同受旱胁迫下大豆蒸发、蒸腾量估算结果

以无受旱胁迫下大豆蒸发、蒸腾量为基础，基于遗传算法对受旱胁迫下的水分胁迫系数 K_s 进行率定，并对 14 种不同受旱胁迫下大豆全生育期蒸发、蒸腾量的拟合误差进行估算，结果如表 2.5 所示。对 14 种不同受旱胁迫下大豆全生育期逐日蒸发、蒸腾量进行估算，平均绝对误差 MAE 为 0.43～0.74mm/d，均方根误差 RMSE 为 0.53～0.88mm/d，平均相对误差 ARE 为 16.16%～22.63%，其均值分别为 0.56mm/d、0.67mm/d 和 19.31%。由表 2.5 可看出，受旱胁迫下大豆蒸发、蒸腾量估算值相比无受旱胁迫下误差较大，这主要是因为在对土壤水分胁迫系数 K_s 率定过程中只能对根系消耗水量大于易吸收水量情况下率定，而当根系消耗水量小于易吸收水量时 K_s 等于 1，因此可认为土壤水分胁迫系数会对蒸发、蒸腾量的估算产生影响（张强等，2015）。结合冯禹等（2006）和王子申等（2016）研究中的估算误差，本节 GA 优化得到的作物系数和水分胁迫系数估算作物蒸发、蒸腾量结果较好、精度较高，可作为估算作物蒸发、蒸腾量的一种方法。

表 2.5　受旱胁迫下大豆全生育期蒸发、蒸腾量的拟合误差

处理编号	实测值/mm	估算值/mm	MAE/（mm/d）	RMSE/（mm/d）	ARE/%
A1	329.87	320.79	0.59	0.70	18.39
A2	290.06	301.53	0.55	0.65	18.08
A3	338.49	316.22	0.63	0.71	18.40
A4	269.50	281.38	0.44	0.54	18.20
A5	336.43	321.73	0.54	0.63	16.16
A6	321.40	327.67	0.49	0.60	16.19
A7	282.51	284.48	0.66	0.78	22.44
A8	275.56	280.07	0.43	0.53	16.07

续表

处理编号	实测值/mm	估算值/mm	MAE/（mm/d）	RMSE/（mm/d）	ARE/%
A9	313.77	306.90	0.68	0.79	22.22
A10	295.84	304.72	0.74	0.88	22.63
A11	291.57	300.19	0.52	0.63	20.86
A12	280.89	296.34	0.49	0.60	20.03
A13	296.76	301.24	0.56	0.62	19.53
A14	285.69	293.52	0.53	0.73	21.25

2.3.3　受旱胁迫下大豆蒸发、蒸腾量试验结论

依据 2015 年 6～9 月大豆盆栽试验资料，以无受旱胁迫下实测大豆蒸发、蒸腾量为基础，以遗传算法（GA）优化得到的作物系数为基础，运用单作物系数法对受旱胁迫下大豆蒸发、蒸腾量进行估算，得到以下结论。

（1）GA 优化计算的作物系数分别为 $K_{cini}=0.853$、$K_{cmid}=1.418$、$K_{cend}=0.6959$，相比于 FAO 推荐的调整作物系数，GA 的 K_{cini} 偏小，K_{cmid} 和 K_{cend} 均较大，基于 GA 优化得到的作物系数更符合大豆实际生长情况，初步验证了用 GA 优化计算的作物系数在安徽淮北平原的适用性。

（2）以 GA 优化计算的作物系数为基础，运用单作物系数法对无受旱胁迫下大豆蒸发、蒸腾量进行估算，GA 方法估算蒸发、蒸腾量全生育期的平均绝对误差（MAE）、均方根误差（RMSE）和平均相对误差（ARE）分别为 0.5mm/d、0.66mm/d 和 15.12%，相比 FAO，分别小 34.2%、21.4% 和 29.7%，估算误差较小。同时，以无受旱胁迫下另一重复处理作为验证，全生育期的 MAE、RMSE 和 ARE 分别为 0.38mm/d、0.22mm/d 和 11.75%，验证结果较好，说明本节基于单作物系数和遗传算法的无受旱胁迫下的蒸发、蒸腾量估算方法合理可靠，可准确估算大豆的蒸发、蒸腾量。

（3）对 14 种不同受旱胁迫下大豆全生育期逐日蒸发、蒸腾量进行估算，它们的 MAE 为 0.43～0.74mm/d，RMSE 为 0.53～0.88mm/d，ARE 为 16.16%～22.63%，三者均值分别为 0.56mm/d、0.67mm/d 和 19.31%，估算结果较好。这说明基于单作物系数和遗传算法的受旱胁迫下大豆蒸发、蒸腾量估算方法合理可靠。

大豆在不同受旱条件下的蒸发、蒸腾规律较为复杂，作物系数的测定需要多年的试验和验证。因此，此类大豆试验需要连续多年进行，以获得更精确的蒸发、蒸腾量估算结果和更符合当地实际情况的作物系数。

2.4 加速遗传算法在灌区作物灌水率图修正中的应用

在灌区规划设计过程中，灌区作物需水量大小对水利工程规模、水资源量需求影响甚大，而作物灌水率图的准确绘制又是其中的关键环节。在一般的灌区工程设计中，往往需要对初步计算获得的作物灌水率图进行必要的修正，这对农田水利工程的规划运行管理具有重要意义（郭元裕等，1994）。一般而言，对某一特定的灌区，一个灌溉年度内各时期的灌水率大小相差悬殊，历时长短不一，从而导致渠道输水断断续续，不利于管理，必须经过修正才能应用于灌区规划设计。在修正作物灌水率图时，直接进行人工修正非常烦琐，因此运用单一目标函数优化和人的经验调整修正作物灌水率图已成为国内外研究热点（郭元裕等，1994；邱卫国等，1995；史良胜等，2005；杨强胜等，2011）。然而，此类方法仅作单目标的优化，无法满足作物灌水率图修正中的多个要求，且此类方法还需多次进行人机交互。为了提高作物灌水率图的修正质量、修正速度和自动化水平，张宇亮等（2015）以作物灌水率图的修正为研究对象，提出基于改进加速遗传算法的灌水率图修正方案，介绍如下。

2.4.1 作物灌水率图修正基本原理

对灌水率图修正的基本要求，需要设置多个目标函数来满足这些要求。为了将其转化为单目标优化问题（钟登华等，2000），灌水率图修正方案采用的是多目标决策分析方法中的简单线性加权法（胡运权等，1998），而权系数的确定采用的则是层次分析法（金菊良等，2008）。例如，因素 1、因素 2 和因素 3 对应子目标函数为 S_1、S_2 和 S_3，并求得对应权重为 w_1、w_2、w_3，为了防止 S_1、S_2 和 S_3 值的大小相差悬殊，可分别求出 S_1、S_2 和 S_3 相对应的较大值和较小值 S_{1max}、S_{1min}、S_{2max}、S_{2min}、S_{3max} 和 S_{3min}，再令总目标函数（金菊良等，2002）为

$$S = \frac{S_1 - S_{1min}}{S_{1max} - S_{1min}} \times w_1 + \frac{S_2 - S_{2min}}{S_{2max} - S_{2min}} \times w_2 + \frac{S_3 - S_{3min}}{S_{3max} - S_{3min}} \times w_3 \qquad (2.31)$$

改进加速遗传算法是指在传统的加速遗传算法的基础上（金菊良等，2001a），对每一代个体执行个体修正模型（潘伟等，2010），将可能使个体适应度提高的优化变量间的相关关系写入其中。不同情况可以有不同的修正方法，例如，在作物灌水率图修正中，当有短期停水现象时，可直接在满足要求的前提下更改供水时间来消除短期停水，但为了防止个体的适应度降低，可设定停水时间越短，修正概率越大。

2.4.2 作物灌水率图修正模型构建

在修正作物灌水率图时，采用基于改进加速遗传算法的作物灌水率图修正方案，编成 C 程序，并利用 Excel 软件、Visio 软件绘制图表。作物灌水率图修正方案由目标函数、自变量与约束条件、个体修正模型等组成。

2.4.2.1 目标函数的构建

1）子目标函数

（1）为了使作物灌水率图均匀、连续，方便灌区管理，尽可能消除短期停水现象，故设置子目标函数 S_1 为控制短期停水的子目标函数，即

$$S_1 = n \tag{2.32}$$

式中：n 为总的停水次数。

（2）子目标函数 S_2 为控制作物灌水率图块内均匀度的子目标函数（史良胜等，2005），同时它还可以控制灌水率高峰的现象，子目标函数 S_2 为

$$S_2 = \frac{\sum\limits_{i=1}^{m-1} |g_i - g_{i+1}|}{m-1} \tag{2.33}$$

式中：g_i 为第 i 个总灌水率不同的数值（当 $g_i = 0$ 或 $g_{i+1} = 0$ 时，$|g_i - g_{i+1}|$ 不计入 S_2 中），$m^3/(s \cdot m^2)$；m 为总灌水率数值不同的个数。

（3）为了减少输水损失，提高抗旱能力和所建渠道的利用效率，并使渠道工作制度比较平稳，防止灌水率数值相差悬殊，故设置 S_3 子目标函数作为控制作物灌水率图中灌水率极差的子目标函数，即

$$S_3 = g_{max} - g_{min} \tag{2.34}$$

式中：g_{max} 为全年各天总灌水率数值中的最大值，$m^3/(s \cdot m^2)$；g_{min} 为全年各天总灌水率数值中的最小值，$m^3/(s \cdot m^2)$。

2）总目标函数

首先，需确定各函数对应因素的重要程度，本书作者邀请专家构造了比较矩阵，即

$$\begin{bmatrix} 1 & 3 & 1 \\ \dfrac{1}{3} & 1 & \dfrac{1}{3} \\ 1 & 3 & 1 \end{bmatrix}$$

根据层次分析法，可以得到各子目标函数对应因素的权重为：S_1 的权重 $w_1 = 0.43$，S_2 的权重 $w_2 = 0.14$，S_3 的权重 $w_3 = 0.43$。

其次，需确定各子目标函数的较大值和较小值，各子目标函数的较小值可以直接以各子目标函数为目标函数，运用第 2.2 节的步骤，即得各子目标函数的较小值，各子目标函数的较大值直接采用修正前作物灌水率图的相应子目标函数值。例如，根据第 2.3 节的数据，相关参数分别为：$S_{1max}=6$，$S_{1min}=2$，$S_{2max}=3.23\times10^{-8}\text{m}^3/(\text{s}\cdot\text{m}^2)$，$S_{2min}=4.80\times10^{-9}\text{m}^3/(\text{s}\cdot\text{m}^2)$，$S_{3max}=7.50\times10^{-8}\text{m}^3/(\text{s}\cdot\text{m}^2)$，$S_{3min}=2.26\times10^{-8}\text{m}^3/(\text{s}\cdot\text{m}^2)$。

最后，根据式（2.31），可得到式（2.34），总目标函数 S 的数值越小越好。

$$S=\frac{S_1-2}{6-2}\times0.43+\frac{S_2-0.48\times10^{-8}}{(3.23-0.48)\times10^{-8}}\times0.14+\frac{S_3-2.26\times10^{-8}}{(7.50-2.26)\times10^{-8}}\times0.43 \quad (2.35)$$

2.4.2.2 自变量与约束条件

本次作物灌水率图修正的自变量是每种作物每次灌溉的开始和结束时间，其约束条件为

$$|T_{a,b,0}-\dot{T}_{a,b,0}|\leqslant3 \quad (2.36)$$

$$|T_{a,b,1}-\dot{T}_{a,b,1}|\leqslant3 \quad (2.37)$$

式中：$T_{a,b,0}$、$\dot{T}_{a,b,0}$ 分别为修正前和修正后的 a 作物第 b 次灌溉的开始时间，d（以下各时间单位无特殊规定外均为 d）；$T_{a,b,1}$、$\dot{T}_{a,b,1}$ 分别为修正前和修正后的 a 作物第 b 次灌溉的结束时间。

2.4.2.3 方案个体修正模型

为了较快地获得满意的结果，需要在加速遗传算法的基础上运用个体修正模型来完善灌水率图的修正方案。个体修正模型是要在短期停水、用水高峰和短期供水三种情况下，当满足个体修正条件时，执行个体修正方法，其中，短期供水是指灌水率不大且供水时间较短的供水，如表 2.6 所示。之所以修正短期供水，是为避免灌区需要在短时间内多次调节供水流量，从而不方便灌区的管理。

表 2.6 个体修正模型三种情况下的修正

内容	短期停水	用水高峰	短期供水
示意图			
修正条件	$\{T\mid T_1-3\leqslant T\leqslant T_1+3\}\cap$ $\{T-1\mid T_2-3\leqslant T\leqslant T_2+3\}\neq\varnothing$	$\{T-1\mid T_3-3\leqslant T\leqslant T_3+3\}\cap$ $\{T\mid T_4-3\leqslant T\leqslant T_4+3\}\neq\varnothing$	$\{T\mid T_5-3\leqslant T\leqslant T_5+3\}\cap$ $\{T\mid T_6-3\leqslant T\leqslant T_6+3\}\neq\varnothing$

内容	短期停水	用水高峰	短期供水
修正方法	$\dot{T}_2 = \dot{T}_1 + 1$ $\dot{T}_1 = p$	$\dot{T}_3 = \dot{T}_4 + 1$ $\dot{T}_4 = p$	$\dot{T}_5 = \dot{T}_6 = p_1$
变量解释	T、T_i（$i=1$，2，…，6）为灌溉时间，$\dot{T}_i$（$i=1$，2，…，6）表示修正后的作物灌溉时间，p 表示满足式（2.35）和式（2.36）的约束条件下取均匀分布随机整数		
特例	当既可以归为用水高峰情况又可以归为短期供水情况，考虑到用水高峰的修正可以降低渠道规模且方便管理，而短期供水的修正只能方便管理，故应按照用水高峰的情况进行修正		

2.4.2.4 作物灌水率图修正方案执行步骤

（1）确定各作物灌水时间 $T_{a,b,0}$、$T_{a,b,1}$，灌水率 $g_{a,b}$（$g_{a,b}$ 是指修正前的 a 作物第 b 次灌水率）和总目标函数表达式 S。

（2）根据约束条件随机生成父代 100 个个体的灌水时间 $\dot{T}_{a,b,0}$、$\dot{T}_{a,b,1}$，再采用个体修正模型对个体进行修正，并求出各子目标函数值 S_1、S_2、S_3 与总目标函数值 S。

（3）根据父代样本，分别进行选择，杂交，变异，得到子代 300 个个体，但子代前 10 个个体用于保存父代最优的 10 个个体。

（4）采用个体修正模型对子代个体进行修正。

（5）求出子代各个体的子目标函数值 S_1、S_2、S_3 和总目标函数值 S，并根据总目标函数值 S 对子代个体进行排序，筛选出子代中较优的 100 个个体作为确定下一代子代的父代样本。

（6）循环步骤（3）～步骤（5），直到满足

$$d > 3000 \tag{2.38}$$

$$|z_{d+1} - z_d| < 0.001 \tag{2.39}$$

式中：d 为总的循环代数；z_d 为第 d 代的最优总目标函数值。

此时将结束循环，输出最优个体的样本值。

（7）每循环一定代数时，在父代个体的样本区间内重新确定本次子代对应父代个体的样本数值，从而进行加速循环。

2.4.3 作物灌水率图修正实例

根据文献（郭元裕等，1994）收集到的数据，可以做出某灌区修正前的作物灌水率图，见图 2.6。之后利用上述方法进行作物灌水率图的修正，最终得到图 2.7。

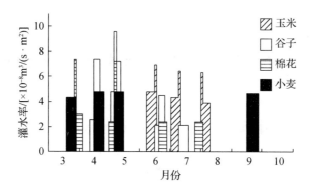

图 2.6　某灌区修正前的作物灌水率图

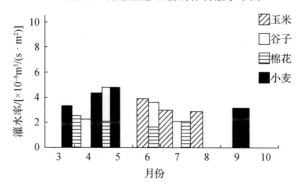

图 2.7　某灌区修正后的作物灌水率图

经过计算，本次作物灌水率图修正前后及文献目标函数数值比较见表 2.7。

表 2.7　作物灌水率图修正前后及文献目标函数数值比较（S 值越小，适应度越高）

子目标函数	停水次数 S_1/次	块内均匀度 S_2/ $[10^{-8}m^3/（s \cdot m^2）]$	灌水率极差 S_3/ $[10^{-8}m^3/（s \cdot m^2）]$	总目标函数 S
修正前	6	3.23	7.50	1.00
修正后	2	0.77	2.70	0.05
文献（史良胜等，2005）修正后	4	0.90	2.85	0.28

由表 2.7，同时结合图 2.6 与图 2.7 可以看出，修正后作物灌水率图更加均匀和连续，短期停水、灌水率高峰和短期供水现象基本消除，灌水率极值范围大幅度缩小，各特性均能够满足要求。

手工修正、方差最小的数学优化与人工干预相结合的方法均需要人工调整或干预，这降低了修正速度和自动化水平，基于改进加速遗传算法的灌水率图修正方案可快速、自动、高质量地完成修正。本书作者还将本方法与文献（史良胜等，

2005）的修正结果进行了比较，见表 2.7，从中可以看出本次改进方法的修正效果更好。本次改进方法虽然没有采用人的经验性调整，但是采用了个体修正模型，将人的经验性调整方法融入其中，保证了灌水率图修正的实际操作的合理性，同时也实现了灌水率图的自动修正。

为了说明个体修正模型对修正结果的作用大小，本书作者在有、无修正模型两种情况下记录了某灌区作物灌水率图修正时的各代最优个体总目标函数值随运行代数的变化过程，进而得到图 2.8。

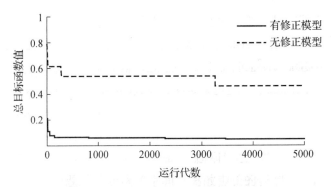

图 2.8　总目标函数值随运行代数的变化过程

由图 2.8 可以明显地看出，相同运行代数下，有修正模型的最优个体总目标函数值远小于无修正模型的最优个体总目标函数值，且在 142 代以后两者相差将近一个数量级。可见，个体修正模型提高了加速遗传算法的收敛速度，是灌水率图修正方案和改进加速遗传算法的核心组成部分。同时，如果直接使用无修正模型加速遗传算法的修正结果，那么修正结果无法满足基本的修正要求，故个体修正模型能够在使用传统加速遗传算法无法解决问题的情况下解决问题，为加速遗传算法的实际应用提供了新的思路，拓展了加速遗传算法的应用范围。

通过构建基于改进加速遗传算法的作物灌水率图修正方案，并应用到作物灌水率图的修正中，初步得到以下结论。

（1）实现了多目标函数与加速遗传算法的结合，提出了基于个体修正模型的改进加速遗传算法。根据各子目标函数值对应因素的重要性程度，运用层次分析法确定各因素的权重，依次采用相应的权重构造总目标函数。之后在传统加速遗传算法的基础上，对每一代个体采用个体修正模型进行修正，其目的是使得个体在满足约束条件的前提下适应度得到提高，提高加速了遗传算法的收敛速度和灌水率图的修正质量，而收敛速度是评价迭代算法性能的重要指标之一。

（2）作物灌水率图在农田水利工程的规划运行管理中具有重要意义，但一直以来很难实现作物灌水率图高质量的自动修正。将基于个体修正模型的改进加速遗传算法运用到作物灌水率图的修正上，能够快速有效并自动地解决问题。

（3）作物灌水率图的修正实例说明了基于改进加速遗传算法的灌水率图修正方案的有效性和可行性，与现有方法相比，其修正质量、修正速度和自动化水平得到提高。灌水率图修正方案使作物灌水率图总目标函数值从 1.00 降低到 0.05，比史良胜等（2005）修正结果的总目标函数值低 0.23，其中，基于个体修正模型的加速遗传算法在单纯使用加速遗传算法无法解决问题的情况下成功解决了问题，并且个体修正模型使加速遗传算法总目标函数值在 142 代以后与传统加速遗传算法相比降低了将近一个数量级，这为加速遗传算法的实际应用提供了新的思路，拓展了加速遗传算法的应用范围。

2.5　免疫遗传算法及其在灌区渠道断面设计中的应用

2.5.1　免疫遗传算法研究

遗传算法从 20 世纪 60 年代提出到现在，其本身一直都是一个不断发展、逐渐完善的"进化"过程。从其寻优过程来看，它同时考察若干个可行解，通过淘汰劣质品种（解），发展优良品种（解）来逐步提高群体的质量，直至实现收敛以达到问题的较优解。目前对高维、非线性的复杂系统问题，尚无成熟普适的方法，而遗传算法由于其全局概率搜索性、自适应性、隐含并行性及广泛通用性等优点，在各种问题的求解和应用过程中获得了广泛应用，体现了它的优越特点和广泛潜力，但同时也暴露了其在理论（Rudolph，1994）和应用技术（云庆夏，2000；金菊良等，2002）上的许多不足和缺陷。标准遗传算法至今仍是遗传算法的主要实施方案，它的最重要、最基本的三个算子是选择算子、交叉算子和变异算子。一方面，选择算子是实现群体进化的重要手段，但它并未对优秀个体的信息予以充分利用，而只是对这些个体给予简单机械的重复保留；另一方面，交叉算子与变异算子虽然能够通过分解和构造来探索新的解空间，但因其搜索过程的盲目性和随机性，故搜索效率不高，这一点在进化的中后期表现得尤为突出。因此，群体在这三个算子的作用下的收敛往往会产生早熟现象，实际上 SGA 在中后期一般已退化为随机搜索，所以有必要对 SGA 进行适当改进，为此本节在加速遗传算法和免疫进化算法（倪长健，2003）的基础上，提出了一种免疫遗传算法（immune genetic algorithm，IGA），以提高其适用性（张礼兵等，2004）。

2.5.1.1　免疫遗传算法计算原理

若考虑如下优化问题：

$$\min\{f(x)|\boldsymbol{x} \in D\} \tag{2.40}$$

式中：f 为适应度函数；$\boldsymbol{x}$ 为优化向量，$\boldsymbol{x} \in R^N$；D 为待优化变量可行域。

IGA 具体操作步骤如下。

步骤 1：编码。一般采用搜索能力较强的二进制编码方式，设问题解的精度要求为 δ，则对向量 $\boldsymbol{x}_j\,(j=1,\,2,\,\cdots,\,N)$ 对应的最大二进制码值为 $\dfrac{x_{j\max} - x_{j\min}}{\delta} = 2^{Lj}$，当 L_j 满足 $2^{L1} < 2^{Lj} < 2^{L2}$ 时，L_j 即为向量 $\boldsymbol{x}_j$ 码长。每个个体的总码长为 $L = \displaystyle\sum_{j=1}^{N} L_j$。

步骤 2：产生初始群体。初始群体是遗传算法搜索寻优的出发点。群体规模 M 越大，搜索范围越广，但每代的遗传操作时间越长；反之，M 越小，操作时间越短，然而搜索空间也越小。通常 M 取 50～300。初始群体中的每个个体是按随机方法产生的。根据字符串长度 L，均匀随机产生 L 个 0/1 字符组成初始个体，初始个体数目为 M。

步骤 3：父代个体串的解码和适应度评价。把父代个体编码串解码成变量 $x_j(i)$，把后者代入式（2.40）得相应的适应度函数值 $f(i)$。$f(i)$ 值越小表示该个体的适应度值越高，反之亦然。把 $\{f(i)|i=1\sim n\}$ 按从小到大排序，对应的变量 $\{x_j(i)\}$ 和二进制数 $Ls(j, i)$ 也跟着排序。为简便起见，这些记号仍沿用。称排序后最前面 N_{ex} 个个体为优秀个体。定义排序后第 i 个父代个体的适应度函数值为

$$F(i) = 1/(f^2(i) + 0.0001) \quad (i=1\sim n) \tag{2.41}$$

上式分母中"0.0001"是根据经验设置的，以考虑 $f(i)$ 为 0 时的情况；平方形式 $f^2(i)$ 是为了拉大各个体适应度值之间的差异。

步骤 4：群体选择。取比例选择方式，把已有父代个体按适应度函数值从大到小排序。称排序后最前面的 N_{ex} 个个体为优秀个体，它们包含着适应度函数在最优点附近各优化变量方向的变化特性的重要信息。构造与适应度函数值 f_i 成反比的函数 p_i 且满足 $p_i > 0$ 和 $p_1 + p_2 + \cdots + p_n = 1$。从这些父代个体中以概率 p_i 选择第 i 个个体，这样共选择 $2M$ 个个体。

步骤 5：群体杂交。由步骤 4 得到的两组个体随机两两配对成为 M 对双亲。将每对双亲的二进制数的任意一段值（如单点杂交、两点杂交等）互换，得到 $2M$ 个子代个体。

步骤 6：个体突变。任取由步骤 5 得到的一组子代个体，将它们的二进制数的随机两位值依某概率 P_{m}（即变异率）进行翻转（原值为 0 的变为 1，为 1 的则变为 0）。

步骤 7：进化迭代。由步骤 6 得到的 M 个子代个体作为新的父代，算法转入步骤 3，进入下一次进化过程，重新评价、选择、杂交和变异。这里以迭代次数 N_{Ev} 为局部停止控制条件，一般 N_{Ev} 取 $100 \sim 500$ 次。

步骤 8：免疫生殖。借鉴生物免疫机制及简单免疫进化算法中子代个体的生殖方式，这里对前面各步骤进化迭代所产生的 N_{ex} 个优秀个体进行免疫进化操作，即

$$\begin{cases} x_j^{t+1} = x_{j,i}^t + \sigma_j^t \times N(0,1) \\ \sigma_j^{t+1} = \sigma_\varepsilon + \sigma_j^0 \times 10^{-h_j^t} \end{cases} \quad (j=1, 2, \cdots, N; \ i=1, 2, \cdots, N_{ex}) \quad (2.42)$$

式中：t 为进化代数；x_j^{t+1} 为子代个体第 j 个分量；$x_{j,i}^t$ 为第 i 个父代优秀个体的第 j 个分量，共有 N_{ex} 个父代优秀个体，一般取 $10 \sim 20$；$N(0, 1)$ 为服从标准正态分布的随机数；σ_j^{t+1} 与 σ_j^t 分别为子代、父代个体第 j 个分量的标准差；σ_ε、σ_j^0 分别为标准差基数和第 j 个分量的初始标准差，应用中常取 $\sigma_\varepsilon = 0$，$\sigma_j^0 \in [1,3]$；h_j^t 为第 t 代 j 分量的搜索敏感系数，$h_j^t = h_0 + t$，h_0 为初始搜索敏感系数，根据被研究的问题确定。

式（2.42）的实质是在父代优秀个体群的基础上叠加一个服从正态分布的随机变量来产生子代个体，以此综合体现父代优秀个体的遗传和免疫，因此免疫进化算法中把子代个体的这种产生方式称为生殖（倪长健，2003）。

由式（2.42）就可得到新的子代群体，算法转入步骤 3。如此循环往复，优秀个体所对应的优化变量将不断进化，与最优点的距离越来越近，直至最优个体的适应度函数值小于某一设定值或达到预定加速循环次数，结束整个算法的运行。

2.5.1.2　应用实例

例 2.5　求函数（金菊良等，2002）

$$F(x_1, x_2) = x_1^2 + 2x_2^2 - 0.3\cos 3\pi x_1 - 0.4\cos 4\pi x_2 + 0.7 \quad (2.43)$$

的极小点。该函数在点（0，0）处有全局最小值 0，用常规的梯度法求其极小点是十分困难的，这里用 IGA 求解。

式（2.43）即为 IGA 求极小值的优化准则函数，IGA 的父代个体数目 M、优秀个体 N_{ex} 分别取 100 和 10，优化变量初始变化区间皆为 $[-2，2]$，IGA 免疫搜索 15 次结果如表 2.8 所示。

表 2.8　求解函数式（2.43）的 IGA 与 AGA（金菊良，2002）比较

加速次数	AGA 最优个体变化区间		IGA 最优个体		最小函数值	
	x_1	x_2	x_1	x_2	AGA	IGA
1	[-2.000000，2.000000]	[-2.000000，2.000000]	0.000011	0.000029	0.413072	-4.144047E-009
5	[-0.029919，0.034142]	[-0.023736，0.021235]	0.000034	0.000025	0.000102	-3.031801E-009
10	[-0.000137，0.000090]	[-0.000092，0.000057]	0.000034	0.000025	0.000000	-3.031801E-009

　　由表 2.8 可见，IGA 经过 1 次免疫搜索即达到较高的精度要求，第 5 次搜索以后算法收敛于（0.000034，0.000025），落在 AGA 的最优个体变化区间内。比较可知 IGA 的搜索效率是较高的。

　　例 2.6　求 Rosenbrock 函数（张琦等，1997）

$$F(x_1,\ x_2) = 100(x_1^2 - x_2)^2 + (1 - x_1)^2 \tag{2.44}$$

的极小点。

　　下面用 IGA 求解，显然式（2.44）即为 IGA 的优化准则函数，IGA 的父代个体数目 M、优秀个体 N_{ex} 依然分别取 100 和 10，优化变量初始变化区间仍取[-2，2]，IGA 免疫搜索 15 次结果如表 2.9 所示。

表 2.9　用 IGA 处理 Rosenbrock 函数优化问题结果及与 SGA 法的比较

搜索次数		SGA 最优个体		IGA 最优个体		最小函数值	
SGA	IGA	x_1	x_2	x_1	x_2	SGA	IGA
10	1	0.9756310	0.9355299	1.1897970	1.4168300	2.724372E-002	3.616989E-002
50	5	0.9955900	0.9911340	0.9989226	0.9977918	1.987589E-005	1.458784E-006
170	15	0.9999840	0.9999840	0.9999996	0.9999991	2.596630E-008	5.293543E-013

　　由计算结果可知，IGA 经过 15 次免疫搜索即以 10^{-6} 的精度逼近函数的理论最优解（1，1）和函数极小值 0，而 SGA 搜索 170 次后精度即得不到进一步的提高，其计算效率及精度明显劣于 IGA。IGA 与文献（张琦等，1997）使用进化规划算法相比，后者在进化 100 代之内也只得到了 10^{-4} 精度，由此可见 IGA 的搜索效率和优化精度都是令人较为满意的。

　　免疫遗传法是在深入理解进化算法的基础上，同时受生物免疫机制的启发而形成的一种新的遗传算法，它的特点体现在以下 3 个方面。

　　（1）IGA 算法是一种在概率规则引导下有目的的全局优化算法。它在以优秀个体为中心加强投点密度，同时也对各中心附近以外解空间进行试探性搜索，因此它较好地协调了标准遗传算法在搜索中存在的全局性与局部性间的矛盾。

　　（2）IGA 是在优秀个体群进化的基础上收敛到全局最优解的，因此它能有效地克服早熟收敛，同时对参数在一定范围内的变化有较好的适应性。

　　（3）IGA 算法参数设置简便，对人的经验依赖较少，计算效率高、通用性强。

　　为克服标准遗传算法（SGA）搜索效率低、稳定性差等缺陷，这里提出了一种免疫遗传算法（IGA），即在父代优秀个体群的基础上叠加一个服从正态分布的随机变量来产生子代个体，以此综合体现父代优秀个体的遗传性和免疫性。研究实例表明，IGA 对 SGA 的改进是有效的，显示出稳健的全局优化、计算量少而解的精度高等特点，在复杂优化问题中具有较高的应用价值。

2.5.2　免疫遗传算法在渠道设计中的应用

农田水利工程的核心工作是通过灌溉、排水措施来调节区域内的水分状况，水量的输送、分配任务主要由灌溉渠道系统承担。由于灌溉渠道系统的投资在整个农田水利工程总投资中占有相当大的比重，其设计的科学与否将直接影响到水资源利用效率的高低以及农田水利工程在农业生产中效益的发挥（郭元裕，1988；Swamee，1995；程吉林等，1997a），而影响其投资的两个主要因素包括渠道纵向的线路选择和渠道横向的断面设计，因此灌溉渠道的纵、横断面设计一直在农田水利工程中占有举足轻重的作用。任何工程设计问题实际上都可归结为一个系统优化问题（金菊良等，2002）。同样，渠道断面设计一般都能转化为以求极小（或极大）值为目标的高阶隐函数形式。目前对这种非线性优化问题，尚无成熟普适的方法，传统的求解方法如试算法、图解法、查图表法等往往计算量大、重复工作多，且计算精度易受设计人员的主观影响而显粗糙（Fly，et al.，1987；Lawvence，1987；齐宝全等，1995；郭元裕，1999；何文学等，2002）。本书作者提出的免疫遗传算法（IGA）具有全局概率搜索性、自适应性、隐含并行性及广泛通用性等优点（Rudolph，1994；Srinivas，1994；张礼兵等，2004），为此本书作者将 IGA 引入农田水利工程中的渠道断面优化设计等问题进行研究（张礼兵等，2005a）。

2.5.2.1　梯形断面渠道设计

梯形灌溉渠道设计一般按明渠均匀流进行水力计算，渠道通过的设计流量 q_{Vd} 可根据该渠道所担负的输水任务在灌区工程规划阶段确定下来，然后根据渠道等级、沿线地质状况和拟采用的衬砌材料等条件选定边坡系数 m 及粗糙系数 n。渠道底坡 i 通常可在设计时根据渠道沿线的地面比降、上下级渠道的水位衔接要求、沿线土质等情况预先选定，也可根据工程经济性、渠道稳定性等要求作为决策变量求解。因此梯形灌溉渠道断面设计即是在 m、n、i 已知的情况下来确定最优的渠道设计水深 h 和渠道底宽 b 的过程，要求由以上参数确定的渠道计算流量 q_{Vc} 等于设计流量，即 $q_{Vc}=q_{Vd}$，并满足其他约束条件。明渠均匀流计算的基本公式为

$$q_{Vc} = AC\sqrt{R_i} \tag{2.45}$$

式中：A 为明渠过水断面面积，m^2；C 为谢才系数；R 为水力半径，m。

依据水力学公式可推出梯形明渠均匀流渠道流量计算式为

$$q_{Vc} = \frac{1}{n} \frac{[(b+mh)h]^{5/3}}{(b+2h\sqrt{1+m^2})^{2/3}} i^{1/2} \tag{2.46}$$

式中：m 一般由渠道稳定性要求确定。考虑工程设计及施工要求，各变量还必须

满足：b、h 为非负数；渠道设计平均流速 v 须在不淤流速 v_{cd} 与不冲流速 v_{cs} 之间。为便于应用 IGA 求解，将式（2.46）的流量函数 $f(h, b)$ 构造成为求极值点的标准函数形式

$$\min f = \min\left| \frac{1}{n} \frac{[(b+mh)h]^{5/3}}{(b+2h\sqrt{1+m^2})^{2/3}} i^{1/2} - q_{Vd} \right| \quad \text{s.t.} \, v_{cd} < \frac{q_{Vd}}{(b+mh)h} < v_{cs}, \text{且} \, b, \, h > 0$$

$$(2.47)$$

例 2.7　某灌区渠道采用梯形断面，设计流量 3.2 m³/s，边坡系数为 1.5，渠比底坡系数为 0.0005，渠床糙率系数 0.025，渠道不冲流速为 0.8 m/s，不淤流速为 0.4 m/s，求渠道过水断面尺寸（郭元裕，1999）。

郭元裕（1999）首先根据经验初设 $b=2$m，试算若干个 h 值及 q_{Vc} 值，得到 $h\sim q_{Vc}$ 关系后通过线性插值求得设计水深 1.185m，其精度为 0.01m，$q_{Vc}=3.1973$m³/s，经过流速校核所得设计断面的平均流速正好满足不冲、不淤要求，算法即终止。

应用 IGA 求解，则适应度函数为

$$\min f = \min\left| \frac{1}{0.025} \frac{[(b+1.5h)h]^{5/3}}{(b+2h\sqrt{1+1.5^2})^{2/3}} 0.0005^{1/2} - 3.2 \right|$$

$$\text{s.t.} \quad 0.4 < \frac{3.2}{(b+1.5h)h} < 0.8, \, b, h > 0 \quad (2.48)$$

IGA 的父代个体数目 M、优秀个体 N_{ex} 分别取 500 和 30，优化变量 b 考虑工程实际取离散值[1.0，1.5，2.0，2.5，3.0]，优化变量 h 初始变化区间取[0.0，5.0]，约束条件采用罚函数形式加入适应度函数中，则 IGA 免疫搜索结果如表 2.10 所示。

表 2.10　应用 IGA 免疫搜索结果

项目	最优方案				
b /m	1.0	1.5	2.0	2.5	3.0
h /m	1.417639	1.292899	1.185498	1.093378	1.014369
β	0.705398	1.160183	1.687055	2.286492	2.957504
q_{Vc} / (m³/s)	3.199999	3.200000	3.200000	3.200002	3.199998

由表 2.10 可见，IGA 经过 3～4 次免疫搜索即得到问题的最优解，其精度达 10^{-6}m，同时 IGA 给出了（b，h）的若干个组合最优解，且都完全满足约束条件，比文献（郭元裕，1999）所得到的计算精度更高，结果更丰富，工程设计人员可以根据渠道合适的宽深比从中选择最优方案，比如选择接近水力最优断面宽深比（$\beta^*=0.605551$），见文献（郭元裕，1999）的第 1 方案。

2.5.2.2　直角 U 形断面渠道设计

由于接近水力最优断面，U 形断面渠道具有优良的输水输沙性能，且占地较

少省工省料，整体性好，抵抗基土冻胀破坏能力较强等，在灌区小型灌溉渠道设计中采用 U 形渠道越来越多，多用混凝土现场浇筑。现行的 U 形断面渠道设计也是以明渠均匀流公式为基础，在确定 U 形断面渠道圆底半径 r（m）、半径以上水深 h_1（m）、渠道设计流量 q_{vd} 及工程量等参数时一般均采用试算，因此计算量大，过程复杂且精度低，以文献（齐宝全，1996）中实例为例。

例 2.8　兴城市某灌区拟建灌溉挖方渠道（即填方单价 K_2=0 元/m^3），采用直角 U 形断面，q_{vd}= 3.4m^3/s，i=1/500，糙率 n=0.014，挖方单价 K_1=10.5 元/m^3，衬砌单价 K_3=145 元/m^3，占地单价 K_4=12.5 元/m^3，v_{cs}=10.0m/s，v_{cd}=0.5m/s，渠段灌溉最小水深 0.6m，求经济断面尺寸（即求 r 和 h_1，设计水深 h_d=r+h_1，如图 2.9 所示）。

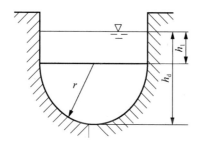

图 2.9　直角 U 形渠道横断面

齐宝全（1996）建立了以单位渠段渠道总费用最小为目标函数且满足设计流量、设计水位及流速等约束的优化设计模型，$\min E = \sum_{j=1}^{4} K_j W_j(r, h_1)$，其中 K、W 分别表示工程单方造价（元/m^3）和工程量（m^3），j=1～4 分别表示挖方项、填方项、衬砌项和占地项。此处采用比例系数法将模型简化求解，但也摆脱不了比例系数试算的不便和粗糙，而引入免疫遗传算法对该文献中的示例进行优化却精确、高效，为便于利用 IGA 求解将原数学模型改为如下形式。

目标函数：

$$\min E = [16.49r^2 + 68.08r + (24.88 + 21r)h_1 + 9.58] + M \left| 3.4 - \frac{(0.5\pi r^2 + 2rh_1)^{5/3}}{0.014\sqrt{500}(\pi r + 2h_1)^{2/3}} \right|$$

（2.49）

约束方程：

$$0.34 \leqslant 0.5\pi r^2 + 2rh_1 \leqslant 6.8;\ 0.6 \leqslant r + h_1;\ r \geqslant 0;\ h_1 \geqslant 0 \qquad (2.50)$$

式中：E 为单位渠段总费用，元/m；M 为数值较大的惩罚量，以保证满足渠道的设计流量约束。为获得更好的优化设计效果，本书作者分别采用二进制 IGA 和基于实数编码的免疫遗传算法（RIGA）进行该优化问题的计算，将式（2.49）和式（2.50）的模型参数代入各算法程序，父代个体数目 M、优秀个体 N_{ex} 都取 1000 和 50，皆免疫搜索 10 次，IGA、RIGA 以及比例系数法求解结果比较见表 2.11。为便于比较，同时给出文献（齐宝全，1996）的优化设计结果。

表 2.11 IGA、RIGA 以及比例系数法求解结果比较

优化方法	h_d/m	r/m	h_1/m	β	q_{Vc}/（m³/s）	v/（m/s）	E/（元/m）
比例系数法	1.15	0.86	0.29	1.50	3.401	2.05	92.78
IGA	1.2613	0.7737	0.4876	1.2268	3.40000	2.006	92.1822
RIGA	1.2869	0.7564	0.5305	1.1755	3.40000	2.502	92.1319

由表 2.11 可知，两种 IGA 优化所得的 U 形渠道都较文献（齐宝全，1996）窄而深，IGA 所得输水流速较小，RIGA 的稍大，但都满足约束式（2.50）。可见，免疫遗传算法的优化结果更接近于渠道水力最佳断面，且占地面积较小，而投资费用分别较原文献节省约 0.60 元/m 和 0.65 元/m，计算精度都能达到 10^{-5}m，完全满足工程设计要求，其计算精度和寻优效率较比例系数法更胜一筹。

以上研究结果说明，免疫遗传算法（IGA）是在综合加速遗传算法和免疫进化算法的基础上形成的一种新的改进遗传算法，是一种在概率规则引导自适应的全局优化算法，且算法参数设置简便、计算效率高、通用性强，对于农田水利工程设计中的非线性、非凸及组合优化等问题的求解具有很强的适应性。与渠道设计中的一般优化方法相比，IGA 搜索效率及求解精度高、通用性强，因此 IGA 在灌区农田水利工程设计中有着广泛的应用前景。

2.6 实码免疫遗传算法及其在灌区排水沟管设计中的应用

2.6.1 基于实数编码的免疫遗传算法

在加速遗传算法和免疫进化算法的基础上，提出一种基于实数编码的免疫遗传算法（real-coding-based immune genetic algorithm，RIGA），以提高其适用性。如前所述，针对式（2.39）优化问题，RIGA 的具体操作步骤如下。

步骤 1：编码。SGA 一般采用二进制编码，其搜索能力较强但需要频繁进行变量的编码与解码，计算工作量大且只能产生有限的离散值。而基于十进制编码（即实数编码）则可使计算量大大减少，且解空间在理论上为连续，它利用如下线性变换进行编码：

$$x(j)=a(j)+u_0(j)[b(j)-a(j)] \quad (j=1, 2, \cdots, n) \tag{2.51}$$

把初始变化区间$[a(j),b(j)]$第j个优化变量$x(j)$映射为$[0,1]$区间上的实数$u_0(j)$，在 GA 中 $u_0(j)$ 称为基因。RIGA 直接对各优化变量的基因形式进行各种遗传操作。

步骤 2：产生初始群体。初始群体是遗传算法搜索寻优的出发点。群体规模 M 越大，搜索范围越广，但每代的遗传操作时间越长；反之，M 越小，操作时间越短，然而搜索空间也越小。通常 M 取 100～300，初始群体中的每个个体是按均匀随机方法产生，记为 $u_0(j, i)$。

步骤 3：父代个体串的解码和适应度评价。把父代个体通过式（2.51）变换成变量 $x_j(i)$，并代入式（2.52）得相应的目标函数值 $f(i)$。$f(i)$ 值越小表示该个体的适应度值越高，反之亦然。把 $\{f(i)|i=1\sim m\}$ 按从小到大排序，对应的变量 $\{x_j(i)\}$ 也跟着排序。定义排序后第 i 个父代个体的适应度函数值为

$$F(i) = \begin{cases} \dfrac{1}{f^2(i)} & f(i) \neq 0 \\ M_{\max} & f(i) = 0 \end{cases} \quad (i=1\sim m) \quad (2.52)$$

$f^2(i)$ 平方形式是为了扩大各个体适应度值之间的差异，$M_{\max}$ 为足够大的正数。为了增强实码算法的搜索性能，这里先循环 N_0（称初步搜索代数）次运行步骤 1～步骤 3，每次截取最前面 M/N_0 个优秀个体作为子群体予以保存待用，N_0 可根据 M 的大小灵活设定，一般可取 5～20。

步骤 4：群体选择。取比例选择方式，把已有父代个体按适应度函数值从大到小排序。称排序后最前面的 N_{ex} 个个体为优秀个体，它们包含着适应度函数在最优点附近各优化变量方向的变化特性的重要信息。构造与适应度函数值 f_i 成反比的函数 p_i 且满足 $p_i > 0$ 和 $p_1 + p_2 + \cdots + p_n = 1$。从这些父代个体中以概率 p_i 选择第 i 个个体，这样共选择 $2M$ 个个体构成一个新的群体，称选择群体 $u_s(j, i)$。

步骤 5：群体杂交。由步骤 4 得到的两组个体随机两两配对成为 M 对双亲记为 $u_{0s}(j, i)$，对任一对 $u_{0s}(j, i_1)$ 和 $u_{0s}(j, i_2)$ 进行下列线性组合：

$$u_c(j,i) = \begin{cases} u_{x1} \cdot u_{0s}(j,i_1) + (1-u_{x1})u_{0s}(j,i_2) & (u_x < 0.5) \\ u_{x2} \cdot u_{0s}(j,i_1) + (1-u_{x2})u_{0s}(j,i_2) & (u_x \geqslant 0.5) \end{cases} \quad (2.53)$$

式中：u_{x1}、u_{x2} 为比例系数；u_x 为判别参量，三者皆为随机数。由此产生又一个新群体称杂交群体，记为 $u_c(j, i)$。

步骤 6：个体突变。任取由步骤 5 得到的一组子代个体 $u_c(j, i)$，将其依概率 P_m（即变异率，一般取 0.05）进行变异操作，即

$$u_p(j,i) = \begin{cases} u(j) & (u_x < p_m) \\ u_c(j,i) & (u_x \geqslant p_m) \end{cases} \quad (2.54)$$

式中：$u(j)$ 为一均匀随机数。由此产生的新群体称变异群体，记为 $u_p(j, i)$。实例证明，在进化的中后期对群体的一些劣势个体进行个体突变，能有效地提高全局搜索的能力。

步骤 7：进化迭代。由步骤 4～步骤 6 得到 3 个新群体，并按适应度进行排序，截取前面的 M 个子代个体作为新的父代群体，算法转入步骤 3，进入下一次进化过程，重新评价、选择、杂交和变异。这里以迭代次数 N_{ev} 为局部停止控制条件，一般 N_{ev} 取 10～50 次。

步骤 8：同 2.5.1.1 节步骤 8。

2.6.2　实码免疫遗传算法性能验证

例 2.9　求函数
$$F(x, y) = \sin^2 3\pi x + (x-1)^2 (1 + \sin^2 3\pi y) + (y-1)^2 (1 + \sin^2 2\pi y) \qquad (2.56)$$
在[-10，10]区间内的极小点。该函数有 900 个局部最小点（杨荣富，金菊良等，1999），而在（1，1）处有全局最小值 0，用梯度法求其极小点十分困难，这里采用 RIGA 求解。式（2.56）即为 RIGA 求极小值的目标函数，RIGA 的父代个体数目 M 取 300、初步搜索代数 N_0 和优秀个体 N_{ex} 都取 10，优化变量初始变化区间皆为[-10，10]，RIGA 免疫搜索 25 次结果如表 2.12 所示。为便于比较，也同时列出文献（金菊良等，2002）的计算结果。

表 2.12　求解式（2.56）的 RIGA 与 RAGA 比较

搜索次数	RAGA 最优个体变化区间		RIGA 最优个体		最小函数值	
	x_1	x_2	x_1	x_2	RAGA	RIGA
1	[-10.000000, 10.000000]	[-10.000000, 10.000000]	0.5943298	0.6364441	0.032477	0.9151663
7	[0.995994, 1.004314]	[0.963934, 1.034093]	1.0002110	0.9943522	0.000000	0.0000360
25	—	—	1.0000000	1.0000000	—	5.688×10^{-16}
估计	0.999989	0.999400	1.0000000	1.0000000	0.000000	0.0000000

由表 2.12 可见，RIGA 经过 7 次免疫搜索即达到较高的精度要求，第 25 次搜索以后算法收敛于（1.0000000，1.0000000），相应的函数最小值为 5.688×10^{-16}，相比而言，RIGA 在搜索效率及计算精度上均好于 RAGA 及其他常规优化方法。

例 2.10　求 Rastrigin 函数
$$f = \sum_{i=1}^{n} [x(i) \cdot x(i) - \cos 18 x(i)] \qquad (2.57)$$
在 $x(i) \in (-1, 1)$ 区间内的极小点。

据分析该函数有 7^n 个局部最小点，其全局最小值为 $f = -n$，相应的最小点为 $x(i) = 0$，$i = 1, 2, \cdots, n$。当变量个数 $n=5$、目标函数存在 16807 个局部最小点，显然用常规优化方法求解是极有难度的，而应用 RIGA，其父代个体数目 M 仍然取

300，初步搜索代数 N_0 和优秀个体 N_{ex} 也都取 10，优化变量初始变化区间皆为[-1，1]，RIGA 免疫搜索 25 次结果如表 2.13 所示。

表 2.13 用 RIGA 处理 Rastrigin 函数（ $n=5$ ）优化问题结果及与 RAGA 比较

算法	变量	搜索次数			最小点估计值
		1	15	30	
RAGA（优秀个体变化区间）	x（1）	[-1.000，1.000]	[-0.291，0.213]	[0.000，0.000]	0.0000
	x（2）	[-1.000，1.000]	[-0.284，0.175]	[0.000，0.000]	0.0000
	x（3）	[-1.000，1.000]	[-0.315，0.026]	[0.000，0.000]	0.0000
	x（4）	[-1.000，1.000]	[-0.054，0.037]	[0.000，0.000]	0.0000
	x（5）	[-1.000，1.000]	[-0.055，0.325]	[0.000，0.000]	0.0000
	目标函数值 f(5)	-3.293257	-4.607539	-5.000000	-5.000000
RIGA（最优个体）	x（1）	-0.702286	-0.000686	-0.000016	0.000000
	x（2）	-0.338699	-0.001423	0.000017	0.000000
	x（3）	-0.369888	0.003247	0.000007	0.000000
	x（4）	0.373093	-0.000212	-0.000002	0.000000
	x（5）	-0.038467	-0.001235	-0.000014	0.000000
	目标函数值 f(5)	-3.702644	-4.997619	-5.000000	-5.000000

由表 2.13 可知，RIGA 经过 25 次免疫搜索即以 10^{-6} 的精度逼近函数的理论极小值-5，与文献（金菊良等，2002）使用 RAGA 相比，RIGA 具有更快的搜索效率和更高的计算精度。

由例 2.9 和例 2.10 的计算结果说明 RIGA 具有以下 3 个特点。

（1）RIGA 算法是一种在概率规则引导下有目的的全局优化算法。它以优秀个体为中心，加强投点密度，同时也对各中心附近以外解空间进行试探性搜索，因此它较好地协调了标准遗传算法在搜索中存在的全局优化与收敛速度、精度的矛盾。RIGA 是在深入理解进化算法的基础上，综合了生物免疫算法和加速遗传算法而产生的一种新的遗传算法。

（2）RIGA 是在优秀个体群进化的基础上收敛到全局最优解的，因此它能对参数一定范围内的变化有良好的适应性，同时可有效地克服早熟收敛。

（3）RIGA 算法参数设置简便、计算效率高、通用性强，对人的经验依赖较少。

2.6.3 基于实码的免疫遗传算法在排水暗管设计中的应用

在地下水位较高或有盐碱化威胁的灌区，一般必须修建田间排水沟或暗管，以便降低地下水位，防止因灌溉、降雨和冲洗引起地下水位的上升而造成渍害或土壤盐碱化。田间排水沟或暗管对农田的除涝（主要是南方地区）、防渍、防止土壤盐碱化及改良土壤（主要是北方地区）等具有非常重要的作用（郭元裕，1999）。进行排水沟或暗管设计的主要任务就是在满足农作物对地下水位的要求下，确定合理的排水沟（管）的间距、深度（埋深）、管径以及田面水位与沟（管）水位差等要素值，从而使整个排水工程既能有效地完成排水任务，同时也降低了工程造价。许多工程设计问题实际上都可归结为一个系统优化问题（金菊良等，2002），同样排水沟设计一般都能转化为求极小（或极大）值的函数形式。目前对这种非线性优化问题，传统的求解方法如试算法往往计算量大、重复工作多，且计算精度易受主观性影响而较为粗糙。由于遗传算法具有全局概率搜索性、自适应性、隐含并行性及广泛通用性等优点，已在各种问题的求解和应用过程中得到了广泛的应用。

南方灌区的淹水稻田中需要保持一定的渗漏强度以促进水体中氧气、养分及有害物质的代谢，北方灌区的冲洗改良盐碱化土壤时的脱盐也要求较大的入渗强度。本节基于以上排水理论建立优化模型，并采用 IGA 进行求解，简介（张礼兵等，2005b）如下。

这里把满足上述要求的最小入渗量记为 ε_d（m/d），在淹水条件下入渗强度主要取决于排水暗管的间距（L）、埋深（D）、管径（d）及水面淹水层深度（H）等要素值，设计时须满足排水入渗强度要求，同时还考虑工程造价及节水效益等要求（图 2.10）。

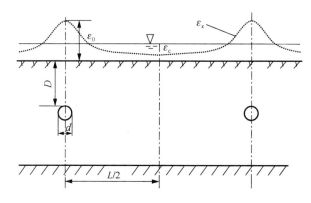

图 2.10 控制渗漏量要求的排水暗管系统

水田暗管平均入渗强度计算式为 $\bar{\varepsilon} = kH/(AL)$，其中 H 为田面水位与暗管水位差（m）；k、L 意义同前；A 为

$$A = \frac{1}{\pi}\mathrm{arth}\sqrt{\frac{\mathrm{th}\dfrac{\pi D}{L}}{\mathrm{th}\dfrac{\pi(D+d)}{L}}} \tag{2.58}$$

式中：d 为暗管管径，m；其他符号意义同前。

暗管断面入渗强度 ε_0（m/d）最大，其值为：$\varepsilon_0 = \bar{\varepsilon} / \alpha$，相邻暗管间距中心断面处入渗强度 ε_c（m/d）最小，令其为设计控制断面，$\varepsilon_c = \bar{\varepsilon} \alpha$，其中 $\alpha = \sqrt{\text{th}(\pi D / L) \cdot \text{th}[\pi(D + d) / L]}$。控制渗漏量要求的暗管设计尚需满足如下要求。

① 最小渗漏量要求。根据设计要求，控制断面入渗量须不小于 ε_d，即 $\varepsilon_c \geqslant \varepsilon_d$。

② 工程造价要求。不失一般性，设所设计田块宽 B_f（m），每块田所需暗管数应为 $n = B_f / L$（根），又令每根暗管（与田块同长）造价为 $C_1 d$（元/根），则暗管造价为 $C_1 d B_f / L$（元），工程施工费用以土方量计算，总土方量为 dDB_f / L（m³），施工费用即 $C_2 dD B_f / L$（元），C_1、C_2 分别是暗管造价和土方施工费用系数，其值是与 L、D、d 无关的常数。因此，排水工程总造价为

$$C_{\text{tot}} = \frac{(C_1' + C_2'D)d}{L} \tag{2.59}$$

式中：$C_1' = C_1 B_f$，$C_2' = C_2 B_f$。

③ 节水要求。暗管断面处入渗强度 ε_0 过大会造成宝贵水资源的浪费，因此应使 ε_0 尽量小，即 α 应取趋近于 1 的值从而使各点入渗强度尽可能均匀。

综合上述要求，控制渗漏量要求的暗管设计可归结为如下优化问题，即

$$\min f = \frac{(C_1' + C_2'D)d}{L} + (1 - \alpha) + M_x |\varepsilon_c - \varepsilon_d| \tag{2.60}$$

式中：M_x 为罚函数系数，取足够大正数。

例 2.11 某水田暗管埋深 1.0m，含水层厚度 $M = 24$m，渗透系数 $k = 0.10$m/d，暗管管径 0.06m，暗管间距 12m，试求暗管承压 $H = 1.0$m 及 $H = 0.35$m 时，平均入渗强度和最大最小入渗强度（$\varepsilon_d = 3$mm/d）。郭元裕（1999）对给定的 L、D、d 值，取不同的 H 值求解 ε_0、ε_c，并判断是否满足 $\varepsilon_c > \varepsilon_d$ 且 ε_0 尽量小，其计算结果（原文献计算有误，此为修正值）见表 2.14，这里 M_x 取足够大正数 9.0×10^9。采用 RIGA 算法，式（2.60）为目标函数，父代个体数目 M 取 300，初步搜索代数 N_0 和优秀个体 N_{ex} 皆取 10，RIGA 免疫搜索 2 次，优化变量初始变化区间取 $L \in [1, 15]$m，$D \in [0.1, 2.0]$m，$d \in [0.01, 0.10]$m，$H \in [0.05, 1.5]$m，优化结果见表 2.14。

表 2.14 RIGA 优化排水沟设计参数结果及与试算法比较

方法	次数	变量/m				均匀度	渗透强度/（mm/d）			适应度值
		L	H	D	d	α	$\bar{\varepsilon}$	ε_0	ε_c	f
试算法	1	12.0	1.00	1.00	0.06	0.263	13.40	46.51	3.22	9.0×10^9
	2	12.0	0.35	1.00	0.06	0.266	4.28	16.28	1.13	9.0×10^9
	3	7.0	0.35	1.00	0.06	0.432	7.19	16.67	3.11	9.0×10^9

续表

方法	次数	变量/m				均匀度	渗透强度/（mm/d）			适应度值
		L	H	D	d	α	$\bar{\varepsilon}$	ε_0	ε_c	f
RIGA	1	9.097 5	0.632 5	0.846 4	0.052 5	0.2924	10.26	35.09	3.00	1.087
	8	9.231 1	0.380 1	1.965 1	0.065 2	0.5914	5.07	8.58	3.00	0.758

由表 2.14 可知，试算法只能在 D、d 值一定的情况下对 L 和 H 进行有限的组合试算，其值的选取具有较大的主观经验性，因此所得的结果也是有限的。同时，因 $\varepsilon_c \neq \varepsilon_d$，故其目标函数适应值是非常大的正数。而 RIGA 因为是对 L、H、D 和 d 四个变量进行优化计算，故更具有充分性，计算结果显示，RIGA 在绝对满足 $\varepsilon_c = \varepsilon_d$ 的条件下，渗漏均匀度 α 值可达到 0.5914，这也说明在此设计参数下可保证工程对水量最大限度地节约利用。

免疫遗传算法是在加速遗传算法和免疫进化算法的基础上形成的一种改进的遗传算法，算法参数设置简便、计算效率高、通用性强，对于水利工程方案设计中的非线性、非凸及组合优化等问题的求解具有很强的适应性，与沟道设计的传统方法相比，RIGA 在搜索效率及求解精度上有着明显的优越性。RIGA 与投影寻踪方法结合，可进一步提高 RIGA 在水利工程方案设计、评价中的应用价值。

2.7　本 章 小 结

灌区水资源系统建模方法是水资源系统工程的核心内容之一，各种复杂优化问题的求解是当前水资源系统工程理论与实践中的重点和难点。本章在开展传统遗传算法改进的基础上，分别进行了受旱胁迫下大豆的蒸发、蒸腾量估算，作物灌水率图修正研究，灌溉渠道及排水管道设计等。以上应用实例说明，改进的遗传算法是一种具有自适应性、种群多样性和全局收敛性的新的智能算法，对灌区农田水利工程、给水排水工程和水利水电工程中常见的高维非线性优化问题适用性很强，为复杂水资源系统优化问题提供了新的求解思路与解决途径。

3 试验遗传算法及其在灌区工程优化中的应用

3.1 试验设计与遗传算法耦合理论分析

如上所述，试验设计是一门脱胎于实物试验的软科学，是解决实物试验问题并取得显著成效的一种现代优化技术。但事实上，试验设计本质是一种数学方法，它远非只能解决实物试验，而是可以有效地解决广义试验的优化问题。将解决实物试验问题的实物试验概念和方法，推广到非实物试验领域就产生了广义试验的概念。所谓广义试验，是指为了观察某事的结果或某物的性能而从事的某种活动。显然，这种活动不限于实物试验，而同时包括所有非实物试验，如灌区灌排系统规划方案，其本身不可能通过工程实际操作试验来确定其最优工程参数和控制运行参数等，而只能借助符号和运算进行推演。广义试验设计让我们突破了实物试验应用领域的限制，可以说，凡是需要抽样以获取信息的场合（如遗传算法种群中的大量个体、蚁群算法中的众多"蚂蚁"），都可能应用广义试验，尤其在非实物试验领域，优化设计中目标函数的寻优计算、某些复杂系统如现代水资源系统的数学模型实用简化、数学计算试验技术中的某些数学试验等，也都可以应用广义试验设计方法。

理解和运用数学试验设计进行技术指导和科学研究，已成为当今自然科学工作者重要的技术方法之一。对于一些基于数值计算的现代智能计算方法如蒙特卡罗方法、遗传算法、模拟退火算法、蚁群算法等，实质上也是一种基于计算机随机模拟的数学计算试验方法，因而也可被视为广义试验设计。例如，遗传算法中的杂交操作是父代群体交换基因产生子代群体，变异操作是在父代个体的突变试验产生新个体，所以这些操作本质也是样本的试验操作。因此，在广义试验这个共同的理论背景下，试验设计与遗传算法的结合便是很自然的研究思路。

3.1.1 试验设计与遗传算法互补性分析

共同的数学试验背景只是为试验设计与遗传算法的集成提供了理论基础，然而，将试验设计方法与遗传算法耦合，以提高后者的计算效率，则要依靠它们各自显著的抽样（搜索）特点，主要体现在以下几方面。

（1）遗传算法本质上是一种基于均匀随机数的依概率随机搜索方法，试验设计则是按一定表格进行安排试验的确定性搜索方法。在更优个体的搜索方向上，遗传算法的随机性与试验设计的确定性具有较好的互补性。

（2）均匀随机数作为遗传算法最重要的技术基础之一，在进行高维数据空间搜索时易面临"维数祸根"问题（任露泉，2003），即由它分布的群体将随着变量维数的增大而快速稀疏，表现出明显的充满度不够，其实质是种群的代表性、多样性的不足，从而在一定程度上影响了 GA 处理高维问题的优化效率，而试验设计是在布点时考虑了各点间均匀搭配、整齐可比性，其对高维空间布点的充满度和效率好于随机布点方法，如正交表选择的代表点已被证明很好地代表了可行解空间的各种组合。因此，试验设计方法可以有效弥补遗传算法在群体代表性、变异搜索等方面的不足。

（3）遗传算法只能获得已计算（抽样）的群体中的优秀个体，而试验设计则能通过对父代信息进行一定的判别分析，获得未经计算（抽样）的潜在优秀个体，在对已有信息的利用效率上更具特色，因此，试验设计方法的这一特点能够提高遗传算法对已计算个体的信息利用能力。

（4）试验设计是脱胎于农业生产试验的优化技术，适用于离散型变量的优化问题，在处理连续型问题时受变量解空间及离散步长的影响较大，而遗传算法在引入实码编码方式后，对连续变量优化问题适应性好，有时甚至优于传统的二进制编码。因此，遗传算法可以减小试验设计在连续变量处理时遭遇的困难。

正是试验设计与遗传算法在诸多方面显著的差异性和极强的互补性，使得二者耦合集成的可行性大为提高。

3.1.2　基于试验设计的数学试验存在的问题

由以上讨论可知，将试验设计方法应用于数学计算试验（如遗传算法、模拟退火算法等），理论上应能提高算法对计算信息的提取利用能力，从而增强数学计算试验方法的计算效率，然而数学计算试验毕竟不同于实物试验，将传统的基于实物试验的试验设计用于数学计算试验尚面临一些问题和矛盾，分析如下。

3.1.2.1　试验的进行次数

由于受到时间、技术或成本等条件的限制，实物试验要求以尽量少的试验次数获得尽量多的信息，其试验次数须严格控制在较小的范围。数学计算试验作为一种广义试验是通过计算机进行"试验"的，随着计算机硬件的发展其"试验"耗费的时间越来越短，而"试验"成本却越来越小，这是与传统试验设计最大的不同。当试验设计只能进行几次、十几次或几十次的部分试验时，数学计算试验却可轻易地进行成千上万次乃至百万次的大量"试验"。当然，通过数学计算试验进行全面试验有时也不是不受任何约束的，如面对高复杂度问题时采用全面试验也会难以承受。例如，对 S_i（100）2×1 等半导体表面原子结构的研究，美国最大的几家研究机构如 Bell 实验室、IBM 实验室等都投入了巨大的人力、物力及各种最先进的仪器设备，经过数年研究仍进展缓慢，其原因之一就是仅利用计算机试图进行全面数学试验。众所周知，S_i（100）2×1 的原胞中有 5 层共 10 个原子，每个原子的位置用 3 个坐标描述，若每个坐标取 3 个水平，则全面试验就需进行 3^{30} 次计算，每次计算需耗用 IBM 大型计算机几个小时的时间，显然对此进行全面试验是无法实施的，而我国学者采用试验设计法，经过两轮 L_{27}（3^{13}）与几轮 L_3^2（3^4）计算，最终找到了 S_i（100）2×1 表面原子结构模型的最优结果，并使这一结构中各原子的位置准确到原子距的 2%，达到当今这一课题研究所能达到的最高精度，获得世界的公认。这说明即使计算机技术高度发展的今天，试验设计方法仍不失为提高计算效率的有效方法。

3.1.2.2 因素水平数的确定

因素水平数的不同反映了实物试验和数学计算试验对"试验"精度要求的差别。试验设计中的因素水平数一般是根据操作者的知识、经验和需要在各因素一定的变化范围进行离散，由于因素水平越多所需试验次数相应增加越大，因素水平数一般取值较小，少则两三个水平，多则也不过十几个水平，而数学计算试验的操作对象往往是复杂函数或数学模型，其因素即自变量在各自变化范围内多是连续的实数值，变量的因素水平数越大意味着计算精度越高，因此数学计算试验的因素水平数一般很大，若采用较大的试验设计表，不仅给试验方案的设计和制表带来困难，而且极大地增加了试验结果分析的复杂程度。以 N 因素 Q 水平的正交设计 L_M（Q^N）为例，取基本列数量 $J=2$，则 $Q=3$ 时需进行 $M=9$ 次试验，而 $Q=30$ 时则需进行 $M=900$ 次试验，对于实物试验难以承受，而数学计算试验却显得计算量过小。这实际是试验设计离散性与数学计算试验连续性之间矛盾的具体体现，已有文献（Montgomery，1991；Hicks，1993）通过试验说明，正交试验直接用于解决连续型优化问题时，效果并不理想，这也是二者结合过程中需要认真对待的现实问题。

3.1.2.3 试验设计表的选用

实物试验的操作者一般是根据自己的经验和试验的需要，从给定的固定设计表中选用感觉合适的表，因此，表的选取乃至试验结果都受到来自操作者的主观因素的影响。同时，这些固定表大多要从已有的文献中查取，而文献所给的设计表往往数量有限，且各表的水平数和因素数都较小，试验者大多只能在有限的设计表及其附表中查用，不仅无法得到任意试验数、因素数和水平数的设计表，而且不利于试验设计的程序化运行，这为试验设计方法与数学计算试验的结合带来极大的不便。因此，有必要根据试验设计原理和方法进行设计表的自动构造，为数学计算试验更加灵活方便地应用试验设计提供技术基础。

3.1.2.4 优化方法的收敛性

由于试验设计是搜索分布在整个可行域内的全局优化方法，对于高维优化问题更有其独特之处，但全局优化能力强不能弥补其在局部寻优性能上的不足，如正交设计全局搜索性能高但通过结果分析只可获得"理论较优解"，均匀设计精度较高但结果分析的复杂程序往往远大于试验本身的操作。另外，试验设计一般都是批次性试验，即按设计表安排完表中的所有试验后便进行分析、推算，这无法保证获得的结果收敛于最优解，而用数学计算试验中迭代方法代替试验设计批次性试验应是更为合理的做法，这也是二者集成的切入点，如引入遗传算法中的进化方法可望提高传统试验优化设计的收敛性。

3.1.3 试验设计与遗传算法耦合研究进展

由上述分析可知，将试验设计的方法应用于数学计算试验（如遗传算法）是可行的，近年来许多研究者将试验设计的思想与方法引入现代优化算法领域，取得了很多可喜的成果。例如，Leung 等（1997）注意到遗传算法的一些主要步骤实际上也是部分试验，如杂交操作是从父代群体中产生子代群体，因此这种操作也可视为样本的试验操作，这开创了试验设计与遗传算法相集成的先河。Zhang 等（1999）对于连续型的全局优化问题设计了一种称之为量化正交遗传算法的优化方法——量化正交遗传算法（OGA/Q），使用量化技术来完善正交设计处理连续型的优化问题，结果表明这种算法能找到最优解或者很接近最优解。Leung 等（2001）提出将试验设计和遗传算法结合，从而使得遗传算法具有更好的寻优效果，他们将正交设计引入到杂交操作中来以解决 0-1 整数规划问题，并称这种算法为正交遗传算法（OGA），大量的仿真试验表明正交试验设计能大大提高遗传算法的寻优效率。邹亮等（2003）指出由于遗传算法的交叉机制完全依赖于初始种群，其多样性对于遗传算法的收敛性相当重要，并在遗传算法中运用了均匀设计产生初始种群的方法，算例验证了运用均匀设计产生初始种群能够增强遗传算法的收敛性。何大阔等（2003）通过对遗传算法各操作参数的作用与意义的分析，认为可以将遗传算法的参数设定描述为一个多因素、多水平的优化设计问题，考虑到参数设定方法的可行性，提出应用解决多因素、多水平优化设计问题的均匀设计方法设定遗传算法的操作参数，应用实例的结果验证了这种方法的可行性、有效性。针对多目标优化中的各目标相互冲突且不可公度性，王宇平等（2003）将均匀设计、正交设计与遗传算法相结合，提出了解多目标优化的一种新方法——均匀正交遗传算法（uniform and orthogonal genetic algorithm，UOGA），并证明了其全局收敛性，数值试验说明该方法全局优化效果良好。这些研究结果表明，把试验设计方法与 GA 相结合，用前者进行 GA 初始种群的分布与进化迭代搜索，对多目标遗传算法有很好的改进效果。赵曙光等（2004）提出一种多目标遗传算法，将均匀设计技术应用于适应度函数合成和交叉算子构造，以提高遗传算法的空间搜索均匀性、子代质量和运算效率，分析和试验结果表明该方法可缩短算法运行时间，得到分布较均匀的 Pareto 有效解集。程健等（2006）则把正交试验设计和元胞自动机模型结合使用，提出一种改进的加速并行遗传算法（acceleration parallel genetic algorithm，APGA），由于利用了正交试验设计确定的较好初始种群，以及元胞自动机模型固有的并行计算能力，APGA 较好地解决了遗传算法的早熟收敛问题，并较大地提高其搜索效率和解的精度。

以上研究为试验设计与遗传算法的耦合做了初步的探索性工作，然而，就二者进行交叉集成的理论基础及优劣背景问题，目前尚无文献进行全面综合地探讨。同时，在两者耦合过程不能忽视二者间的显著差异，只有相互取长补短、权衡利弊才能达到预期效果。例如，在利用试验设计改进遗传算法过程中，一般文献均采用查固定正交表或均匀设计表的手段，或根据特定的研究问题按规定的因素数、水平数由计算程序构造正交表，这种利用固定或半固定设计表改进遗传算法的方法，显然不具有普遍适用性，也给试验设计和遗传算法的真正有机结合带来了困难。基于此，本章在前人研究工作的基础上，对试验设计与遗传算法相结合的理论背景、应用基础和存在问题进行了深入的分析和探讨，构成本章方法研究的指导思想和理论前提，并以此为基础，给出了二者交叉集成的具体实现技术与途径，即首次提出基于遗传算法的试验设计方法，基于试验设计的遗传算法的改进方案。

3.2　基于遗传算法的试验设计

如前所述，传统的试验设计常以纯随机方法或固定形式构造样本分布空间，其表达的精度完全依赖于随机数的均匀性和独立性。较小的正交表可通过手工即时排列获得，但较大的表则须通过查阅相关文献，这对仅进行若干次试验的实物试验尚可接受，但对要运行大量数值计算的数学试验（如遗传算法）来说则显得极不方便，缺乏灵活性。构造试验设计的过程实质上可视为一个求解某测度函数指标极值的优化问题，因此本节研究一种计算机自动构造正交设计和均匀设计的方法，并运用遗传算法优化该过程，以改进传统试验设计在使用上的经验性和主观性，这就是本节将讨论的基于遗传算法试验设计的基本思想。这里研究一种基于遗传算法的计算机自动构造正交表的方法，即遗传正交设计（genetic algorithms based orthogonal design，GAOD）。

3.2.1　基于遗传算法的正交试验设计

复杂系统的全局优化一直是现代系统工程领域的热点和难点问题，尤其随着系统复杂度的增加，绝大部分系统优化问题都难以用解析法获得，而一般只能通过数值算法近似得到"最优"解。事实上，目前关于解决超过 30 维优化问题的优化方法尚不多见（Stybinski，et al.，1990；Siarry，et al.，1997），主要因为在求系统全局优化问题过程中，任何数值算法都要同等地面临易陷入局部最优解这一难题。试验选优是进行变量维数高、局部最优解多的复杂大系统优化的一种常用方法，其中以正交设计和均匀设计应用最为广泛，其基本原理和实现方法简介如下。

3.2.1.1　正交设计基本原理及方法

在进行正交设计智能构造之前，先简要讨论正交设计构成的基本原理与方法。

正交设计实质上是对试验进行一种满足一定特性的试验安排方法，一般以正交设计表来表达。为便于说明，这里用一个简单的例子来阐述正交设计方法的基本思想。更为详尽的介绍请参见有关文献（Wu，1978；Montgomery，1991），如某灌区水资源的灌排规划设计主要需考虑 3 个要素：①灌溉保证率；②除涝标准；③排渍标准。这 3 个量可以称之为试验因素，设每个因素拟取 3 个水平试验设计（表 3.1）。

表 3.1　3 个水平试验设计

水平	因素		
	灌溉保证率/%	除涝标准	排渍标准
1	90	15 年一遇	3d 排至允许线
2	80	10 年一遇	4d 排至允许线
3	70	5 年一遇	5d 排至允许线

为了找出使灌区规划总体效益最大（或总费用最小）的组合条件，我们可以对每一种组合做一个试验（即进行具体设计计算）。对于这个试验，它有 3×3×3=27 种组合，即要做 27 个试验，也称为全面试验。一般来说，如果一个试验有 N 个因素，每个因素有 Q 个水平，那么全面试验就有 Q^N 个，随着 Q 和 N 的增大，试验次数呈指数级增长。因此，我们需要一种组合次数少、代表性好的试验方法，正交设计正是基于这种思想发展起来的。正交表对不同的因素 N 和水平数 Q 提供一组数列，我们记 N 因素 Q 水平的正交表为 $L_M(Q^N)$，其中 "L" 代表拉丁方，

$M=Q^J$，代表组合数，J 是正交表的基本列数量，该正交表有 M 行，每行代表一种组合。用数学方法表达，即正交表 L_M（Q^N）$=[a_{i,j}]_{M \times N}$，其中的第 j 个因素在第 i 个组合的水平为 $a_{i,j}$ 并且 $a_{i,j} \in \{1, 2, \cdots, Q\}$。下面两个即是正交表示例。

$$L_4(2^3) = \begin{bmatrix} 1 & 1 & 1 \\ 1 & 2 & 2 \\ 2 & 1 & 2 \\ 2 & 2 & 1 \end{bmatrix} \quad L_9(3^4) = \begin{bmatrix} 1 & 1 & 1 & 1 \\ 1 & 2 & 2 & 2 \\ 1 & 3 & 3 & 3 \\ 2 & 1 & 2 & 3 \\ 2 & 2 & 3 & 1 \\ 2 & 3 & 1 & 2 \\ 3 & 1 & 3 & 2 \\ 3 & 2 & 1 & 3 \\ 3 & 3 & 2 & 1 \end{bmatrix}$$

在 L_4（2^3）表中，有 3 个因素，每个因素有 2 个水平，正交表共有 4 种组合方式。在第一个组合中，3 个因素的水平数都是 1，第二个组合中，3 个因素的水平数分别为 1、2、2 等。类似地，L_9（3^4）有 4 个因素，每个因素有 3 个水平，正交表有 9 种组合方式。按上述讨论，该问题的全面试验共有 27 种组合方式，我们选用 L_9（3^4）型的正交表选取 9 个具有代表性的点来做试验，这些试验点的组合方式见表 3.2。

表 3.2　根据正交表 L_9（3^4）选取的试验点组合方式

组合	因素		
	灌溉保证率/%	除涝标准	排渍标准
1	90	15 年一遇	3d 排至允许线
2	90	10 年一遇	4d 排至允许线
3	90	5 年一遇	5d 排至允许线
4	80	15 年一遇	4d 排至允许线
5	80	10 年一遇	5d 排至允许线
6	80	5 年一遇	3d 排至允许线
7	70	15 年一遇	5d 排至允许线
8	70	10 年一遇	3d 排至允许线
9	70	5 年一遇	4d 排至允许线

我们用正交表选择的代表点是均匀地分布在整个可行解空间上的，如图 3.1 所示。正交表选择的代表点已被证明很好地代表了可行解空间的各种组合（Wu，1978；任露泉，2003），关于正交试验的优良性，王希文等做了深入讨论（北京大学数学力学系数学专业概率统计组，1976）。

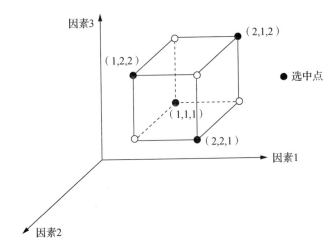

图 3.1　$L_4(2^3)$ 正交表的正交性

一般来说，$L_M(Q^N)$ 型正交表有如下基本性质。

（1）正交性。这是均衡分布的数学思想在正交表中的实际体现，其主要内容有：①任何因素所对应的那一列，每个水平都出现 M/Q 次；②任何两个因素所对应的那两列，每种组合出现的次数为 M/Q^2。

（2）均衡分散性。这已隐含于正交表的正交性中：①任何一列的各水平都出现，使得部分试验中包含所有因素的所有水平；②任何两列间的所有组合都出现，使得任何两因素间都是全面试验。

（3）综合可比性。这也是隐含在正交表的正交性中：①任何一列各水平出现的次数都相等；②任何两列间所有可能的组合出现的次数都相等，因此任何一因素各水平的试验条件相同。

正交表的 3 个基本性质中，正交性是核心和基础，均衡分散性和综合可比性是正交性的必然结果。因此，正交表可保证其所有因素的所有水平信息及两两因素间的所有组合信息无一遗漏，这样，虽然正交表安排的只是部分试验，但却能够了解到全面试验的情况。均衡分散性可以带来试验"冒尖性"，即用正交表安排试验容易出现好结果，所谓"冒尖性"指的是靠近最优值的能力，它是优化能力高低的一种反映。综合可比性保证了每列因素各个水平的效果比较中，其他因素的干扰相对最小，从而能最大限度地反映该因素不同水平对试验指标的影响。

为简便起见，这里所说的基本方法是指那些适于解决各因素的水平数相等、因素间的交互作用均可忽略的试验问题的方法，这样就可以选用标准表和非标准表进行试验设计，这是最简单、最基本的情况。正交设计的基本程序是设计试验方案和处理试验结果，其主要步骤如下。

（1）明确试验目的，确定试验指标（或目标函数）。

（2）确定需要考察的因素（自变量），选取适当的水平（自变量离散化）。

（3）选用合适的正交表，并进行表头设计。

（4）编制试验（计算）方案，按方案进行试验（计算）并获得试验结果。

（5）对试验结果按一定的方法（如极差法、方差法、回归等）进行分析处理，得出试验结论。

由上述可见，正交试验的基本程序是：设计+分析，设计是试验方案的安排；分析是对试验结果的处理或试验数据的整理，也包括对方案设计的最优化分析，二者相互关联，缺一不可。

对试验设计的试验结果进行充分有效地分析是试验优化技术不可缺少的组成部分，只有通过科学的数据处理和综合辨析，才能从有限的试验结果中获得合理、可信的推断。正交设计的结果分析主要有极差分析和方差分析。极差分析能通过非常简便的计算和判断就可以求得试验的优化成果——主次因素、优水平、优搭配及最优组合，但极差分析不能估计试验误差的大小，故无法确定试验的优化成果的可信度。大量实际应用表明，由于极差分析直观形象、简单易懂，在试验误差不大、精度要求相对不高的场合中应用颇为广泛。方差分析是数理统计的基本方法之一，是科研与生产分析试验数据的一种重要有效的工具，方差分析对正交设计的结果分析同样也是十分有效的。方差分析的目的在于区别不同方差，计算其值并进而寻求它们之间的关系与规律。将方差分析应用于正交设计主要为了解决如下问题：①估计试验误差并分析其影响；②判断试验因素及其交互作用的主次与显著性；③给出所得出的结论的置信度；④确定最优组合及其置信区间。正交设计的方差分析可以在正交表上直接进行而不必另列分析表，但与极差分析相比，计算量大，操作过程复杂。因此，具体采用哪种分析方法进行正交设计的结果分析，应视具体条件和要求来定。

3.2.1.2 一种正交设计表的构造方法

众所周知，对于不同的试验优化问题一般需要不同类型的正交表。虽然有很多类型的正交表已出现在各种文献（任露泉，2003；陈魁，2005）中，但是由于研究问题的复杂性，任何文献都不可能给出所有类型的正交表。这里我们仅就各试验因素间相互独立的特定正交表 $L_M(Q^N)$ 进行研究与应用，其中 Q 为奇数，$M = Q^J$，J 是正交表的基本列数量，N 为满足下式的正整数：

$$N = \frac{Q^J - 1}{Q - 1} \tag{3.1}$$

Leung 等（2001）介绍了一种简单的排列方法来构造这种类型的正交表，简述如下。

以 $a_{i, j}$ 表示正交表第 i 试验第 j 列元素取值，$i = 1, 2, \cdots, M$；$j = 1, 2, \cdots, N$，

详细构造过程如以下算法描述。

算法：构造正交表

步骤 1：构造正交表基本列，即

FOR　k=1　TO　J　DO

　BEGIN

$$j = \frac{Q^{k-1}-1}{Q-1}+1\,;$$

FOR　　i=1　TO　Q^J　DO

$$\boldsymbol{a}_{i,\,j} = \left[\frac{i-1}{Q^{J-k}}\right]\mathrm{mod}(Q)\,;$$

END

步骤 2：构造正交表非基本列，即

FOR　k=2　TO　J　DO

　BEGIN

$$j = \frac{Q^{k-1}-1}{Q-1}+1\,;$$

FOR　s=1　TO　j−1 DO

FOR　t=1　TO　Q−1 DO

$$a_j+（s-1）（Q-1）+1 = （\boldsymbol{a}_s×t+\boldsymbol{a}_j）\,\mathrm{mod}（Q）;$$

END

步骤 3：则各行各列生成的 $a_{i,\,j}$（$1\leqslant i\leqslant M$，$1\leqslant j\leqslant N$）构造成一正交表。

例 3.1　我们以 Q=3，J=2 和 N=4 为例来说明构造 L_3^2（3^4）型正交表的构造过程。执行算法 1 的过程如下。

步骤 1：构造基本列 $\boldsymbol{a}_1$、$\boldsymbol{a}_2$。当 k=1 时，j=1，则可以得到 $\boldsymbol{a}_1$= [0 0 0 1 1 1 2 2 2]$^\mathrm{T}$，k=2 时，j=2，同理可得 $\boldsymbol{a}_2$= [0 1 2 0 1 2 0 1 2]$^\mathrm{T}$。

步骤 2：构造非基本列 $\boldsymbol{a}_3$、$\boldsymbol{a}_4$。因 J=2，故 k=2，则可以得出 j=2，s=1。

当 t=1 时，可得

$$\boldsymbol{a}_3=（\boldsymbol{a}_1×1+\boldsymbol{a}_2）\,\mathrm{mod}（3）=[0\ 1\ 2\ 1\ 2\ 3\ 2\ 3\ 4]^\mathrm{T}\mathrm{mod}（3）=[0\ 1\ 2\ 1\ 2\ 0\ 2\ 0\ 1]^\mathrm{T}$$

当 t=2 时，可得

$$\boldsymbol{a}_4=（\boldsymbol{a}_1×2+\boldsymbol{a}_2）\,\mathrm{mod}（3）=[0\ 1\ 2\ 2\ 3\ 4\ 4\ 5\ 6]^\mathrm{T}\mathrm{mod}（3）=[0\ 1\ 2\ 2\ 0\ 1\ 1\ 2\ 0]^\mathrm{T}$$

步骤 3：对每个 $a_{i,\,j}$（$1\leqslant i\leqslant 9$，$1\leqslant j\leqslant 4$），将 $\boldsymbol{a}_1\sim\boldsymbol{a}_4$ 组合成正交表 L_3^2（3^4）。也就是将每个 $a_{i,\,j}$ 的元素加上 1。

3.2.1.3 基于遗传算法的正交优化设计

设要进行的试验有 s 个因素，各因素离散水平相等为 Q（一般为奇数），由前述知该设计最多可考察 N（$s \leqslant N$）个因素，共须进行 $M=Q^J$ 次试验，正交试验设计表达为 $L_M(Q^N)$。该设计方案可用一个 M 行 N 列的矩阵表示，并称这一矩阵为正交设计的方案阵，该阵的每一行代表一次试验，每一列代表一个因素。在对该正交表的使用过程中，分以下 3 种情况。

（1）当 $s=N$ 时，试验须严格按正交表的安排顺序进行试验。

（2）当 $s=J$ 时，试验须按正交表的基本列安排顺序进行试验。

（3）当 $J<s<N$ 时，试验须在保证选择基本列的前提下，对非基本列则可有较大的选择空间，即在保证基本列不变的情况，非基本列可互为置换。设非基本列数为 J_n（$J_n=N-J$），非基本列的选择共有 $C_{J_n}^{s-J}$ 个方案，且各组合仍保持正交性。以上各方案选择不同，试验的效果也不一样，常以试验结果的评价函数值或特定的度量指标来表征。如果用均匀度函数表征各方案的差异，则称为正交均匀设计（orthogonal uniform design）。均匀度越小表示方案的均匀性越好，常用的均匀度函数有：偏差 D，L_2-偏差 D_2，中心化 L_2-偏差 CD_2 和对称 L_2-偏差 SD_2 等。这种情况下的正交设计过程，实际是可视为一个等价于以某种函数为目标的组合优化问题。

考虑如下全局优化问题，即

$$\min f(x) \quad (l \leqslant x \leqslant u) \tag{3.2}$$

式中，$x=(x_1, x_2, \cdots, x_s)$ 是欧几里得空间中 s 维向量；$f(x)$ 是目标函数；$l=(l_1, l_2, \cdots, l_s)$ 和 $u=(u_1, u_2, \cdots, u_s)$ 定义了目标函数可行解区域，则 x 表示可行域中 $[l, u]$ 的可行解。

在一个优化问题未被解决之前，一般没有这个问题全局最优点的任何信息。这就要求各变量要尽量均匀分散地分布在可行解空间上，只有这样才能保证算法在整个可行解空间上进行探索，而正交表具有这样的重要性质，因此 x 也可视为正交试验的含有 s 个因素的试验个体，且这些因素是连续变化的，但是正交设计只能处理离散型的因素。为解决这一问题，借鉴文献（Leung，et al.，2001）的做法将每一因素进行一定水平数的离散化，如把 x_i 的变化区间 $[l_i, u_i]$ 离散成 Q 个水平 $a_{i,1}, a_{i,2}, a_{i,3}, \cdots, a_{i,Q}$，其中参数 Q 为奇数，$a_{i,j}$ 由下式给出：

$$a_{i,j} = \begin{cases} l_i & (j=1) \\ l_i + (j+1)\left(\dfrac{u_i - l_i}{Q-1}\right) & (2 \leqslant j \leqslant Q-1) \\ u_i & (j=Q) \end{cases} \tag{3.3}$$

可以看出，离散后的任意两个相邻水平的变化是相同的。为方便起见，称 $a_{i,j}$ 为第 i 个因素的第 j 个水平。离散后 x_i 可以取 Q 个值 $a_{i,1}$，$a_{i,2}$，$a_{i,3}$，…，$a_{i,Q}$，因此可行域包含 Q^s 个点，可按正交设计表从中选择均匀分布在可行域中的点。

如上所述方法可构造 $L_M(Q^N)$ 型正交表，其中 $M=Q^J$。J 是满足 $(Q^J-1)/(Q-1)=N$ 的正整数。如果待优化问题的维数 s 给定后，可能并不存在合适的 Q 和 J 满足此条件，则可选择最小的 J 使得满足下式：

$$\frac{Q^J-1}{Q-1} \geqslant N \tag{3.4}$$

如果构造的正交表含有 $N'=(Q^J-1)/(Q-1)$ 个因素，这样正交表就有 N' 列，可通过删除 $(N'-s)$ 个非基本列得到新的正交表，即满足试验因素的要求。但如何选择 $(s-J)$ 个非基本列才能使正交试验取得最好的效果，实际是一个优化问题，用基于整数编码的 GA 求解步骤如下。

步骤 1：个体编码。由于 GA 是对 J_n 个非基本列的组合进行优选，令正整数集合 $J_b=\{1, 2, …, J_n\}$ 为非基本列集，其中任一个子集构成的正整数升序数列 $p=(j_k | j_k \in J_b, k=1, 2, …, s-J)$，即为遗传算法的一个个体，$j_k$ 为该个体的第 k 个基因段，借此使 GA 对非基本列的组合问题，转换为对个体 x 的基因段进行各种遗传操作过程。例如：$Q=51$、$J=2$、$s=5$ 时，$J_n=Q+1-J=50$，则 $J_b=\{1, 2, 3, …, 49, 50\}$，对第 1、2 因素取正交表 $L_{2601}(51^{52})$ 中的前 2 列即基本列，后 3 个因素则从中选择，共有 $C_{50}^3 =19600$ 个可能，如 $p_1=(2, 4, 9)$，$p_2=(7, 22, 43)$ 等，它们亦是 GA 的个体编码。

步骤 2：父代群体初始化。设群体规模为 M，利用均匀随机数产生 $(s-J)$ 个不大于 J_n 且互异的正整数并将其按升序排列，即得到一个 GA 个体，这样的个体共产生 M 个以作为 GA 父代群体。

步骤 3：父代群体适应度评价。查得各个体正交表对应列中的 $a_{i,j}$，并按式（3.2）解码为优化问题的解变量，将其代入式（3.5）GA 的适应度函数中，即

$$F=\frac{1}{f(x)^2+0.001} \tag{3.5}$$

式中：0.001 是为了避免 $f(x)$ 值为零时出错而设的经验值。F 值越大表示对应的非基本列越优秀，其被 GA 遗传给后代的概率越大。

步骤 4：选择操作。对父代群体按适应度进行依概率 P_s 选择和依概率 P_{ex} 精英保留，共获得 M_s 个子代个体。

步骤 5：杂交操作。即在 M 个父代个体中依杂交概率 P_c 任取两个体进行单点（或多点）交叉操作，杂交后新个体内的基因应保持互异并按基因值以升序排列。

步骤 6：变异操作。对 M 个父代个体进行依概率 P_m 变异操作，同样应保持新个体的基因互异并对基因值按升序排列。

步骤 7：演化迭代。由步骤 4～步骤 6 得到 M_s+2M 个子代个体，按适应度降序排列，并取前 M 个个体作为新的父代群体，算法进入步骤 3，进入下一轮次的演化，直到指定的演化代数 N_p。

以上构成了 GAOD 优化设计的全过程，我们称为基于整数编码遗传算法的正交试验设计方法，简称遗传正交设计。

3.2.2　基于遗传算法的均匀试验设计

均匀设计自王元等于 1981 年提出以来，无论在理论上还是在实践中得到了充分的研究和发展，并在我国的航空、航天、电子、医药、化工、纺织、冶金等领域取得了丰硕的成果和巨大的社会经济效益，得到了国内外同行的高度重视。均匀设计方法基于数论中的一致分布理论，借鉴了"近似分析中的数论方法"这一领域的研究成果，将数论和多元统计相结合，是属于蒙特卡罗方法的范畴。虽然均匀设计与正交设计一样同属部分试验方法（正交试验法编写组，1978），但其更着重在试验范围内考虑试验点散布均匀以通过最少的试验来获得最多的信息，因而试验次数比正交设计法明显减少，这使得均匀设计特别适合于多因素多水平的试验和系统模型完全未知的情况，它已成为统计试验设计的重要方法之一。

然而在使用均匀设计进行工程优化时，由于一般文献所给的均匀设计表数量不多，且各表的水平数和因素数都较小，试验者大多只能在有限的均匀设计表及其使用表中查用，不仅无法得到任意试验点数 n、因素数 s 和水平数 q 的均匀设计表 $U_n(q^s)$（$q\leqslant n$），而且使用起来极为不便，更不利于试验设计的程序化运行，这极大地制约了均匀设计这一优良设计方法在更广阔应用领域的拓展。鉴于此，有必要根据均匀设计原理和方法进行均匀设计表的自动构造。目前常用的构造方法有方幂生成向量法（prime power generating-vectors method，PP-GVM）、正交设计扩展法（extended orthogonal designs，EOD）、拉丁方法（latin hypercube，LH）和门限接受法（threshold accepting，TA）等（Hua，et al.，1992；方开泰，1994；Fang，et al.，2003，2004），这些方法各有优点及不足。构造均匀设计过程实质上是一个求解某均匀度指标极值的优化问题，因此可以考虑将寻优能力很强的基于整数编码遗传算法与生成向量法（GVM）相结合进行均匀设计表的构造，形成基于遗传算法的均匀设计构造法（genetic algorithm based uniform design，GAUD），简介如下（张礼兵等，2005c）。

3.2.2.1　均匀设计基本原理及方法

在进行均匀设计智能构造之前，先简要讨论均匀设计构成的基本原理与方法。均匀设计是以均匀性为基本性质的试验设计方法，所谓均匀性，即试验点在因素空间中的均匀散布性，保证试验因素的每个水平在试验因素空间中都出现，且只出现一次。如上所述，正交设计具有正交性、均衡分散性和综合可比性，如果不考虑整齐可比性而完全保证均匀性，则不仅可大大减少试验点，并且能得到反映试验体系主要特征的试验结果。例如，对于 5^3 试验，利用正交表 L_{25}（5^6）安排正交试验，至少要做 25 次试验，其中每个因素的每个水平都重复做了 5 次。如果每个水平只做 1 次，那么同样做 25 次试验，则每个因素可在试验范围内离散成 25 个水平，也就使得试验点分布更趋均匀，同时也提高了试验的精度。图 3.2（方开泰，1994）给出了二维变量下正交设计与均匀设计的区别。

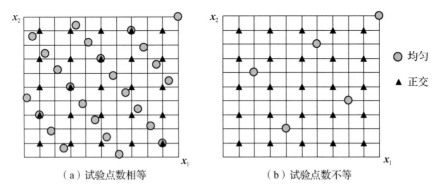

（a）试验点数相等　　　　　　　（b）试验点数不等

图 3.2　二维变量下正交设计与均匀设计的区别

正交设计只取 5 个水平，每个水平重复 5 次；而均匀设计取 25 个水平，每个水平仅做 1 次。显然，均匀设计的试验点散布得更均匀，具有更强的代表性，而且当因素较多时，均匀设计的这个优点更为突出。如果某项试验由于试验费用很昂贵或其他原因希望减少试验次数，均匀设计在使各因素水平数不小于 5 的前提下，可以很方便地安排试验次数为 n（$5 \leqslant n \leqslant 25$）的均匀试验。可见，由于均匀设计充分利用了试验点分布的均匀性，所获得的适宜条件虽然不一定是全面试验中的最优结果，但至少在某种程度上接近最优，这也为深入研究各因素的变化规律和进一步寻优创造了良好的前提条件。

均匀设计的最大优点就是可以节省大量的试验工作量。若在一项试验中有 c 个因素，每个因素各有 b 个水平，基本列数取最小的 2，则用正交表安排至少需要 b^2 次试验，当 b 较大时，试验次数将以平方数增长，会使实际操作难以接受。而采用均匀设计则只需 b 次试验。实际上，均匀设计最初就是我国为了解决飞航导弹试验问题而提出的有效方法，其使整个设计周期大大缩短，同时节省了大量的费用（方开泰等，2001）。

为了便于进行均匀试验，一般根据数论在多维数值积分中的应用原理，与正交表一样需要构造许多各因素各水平的均匀设计表。设一个要进行 n 次试验，含

s 个因素，它们各自取 q（$q \leq n$）个水平，则均匀设计表为 $U_n(q^s)$ 或 $U_n^*(q^s)$，（$q \leq n$），为方便，这里取等水平 $q = n$，则设计方案 $U_n(n^s)$ 可用一个 n 行 s 列的矩阵表示，并称这一矩阵为均匀设计的方案阵。方案阵的每一行代表一次试验，每一列代表一个因素，各列是 $\{1, 2, \cdots, n\}$ 的一个置换（即 $1, 2, \cdots, n$ 的重新排列），每个元素代表在每次试验中对应因素所取的水平值。从几何角度看，如果我们将每个因素用一个坐标轴表示，因素的水平值变为对应的坐标值，则一个 s 因素 n 水平的均匀设计方案又可用散布在 s 维欧氏空间中 $[1, n]^s$ 立方体内的 n 个点表示。均匀设计方法的目的就是在试验区域内生成均匀散布的信息样本，使试验者能有效地实现对搜索空间进行信息提取，从而得到 s 维空间（C^s）上的具有统计意义的最大概率点。

表 3.3 是一张简单的均匀设计表，利用该表可安排 5 水平 4 因素试验，仅做 5 次试验即可。

表 3.3 均匀设计表 $U_5(5^4)$

试验号	列号			
	1	2	3	4
1	1	2	3	4
2	2	4	1	3
3	3	1	4	2
4	4	3	2	1
5	5	5	5	5

均匀设计表具有如下性质。

（1）每个因素的每个水平只做 1 次试验。

（2）任意两个因素的试验在平面格子点上时，每行每列恰好有且只有一个试验点。

（3）与正交设计表不同，均匀设计表任意两列之间不一定是平等的。

（4）水平数为奇数的表与偶数表之间具有确定的关系，即后者可由前者划去最后一行获得。

（5）对于等水平均匀设计表，其试验次数与该表的水平数相等，因此其试验次数与水平数作等量增加。

（6）均匀设计表中各列的因素水平不能如正交表那样可以任意改变次序，而只能按照原来的顺序进行平滑移动。

均匀设计中每个因素的水平较多而试验次数又较少，分析试验结果时不能采用一般的方差分析法，而且由于均匀设计表不具有正交性，试验数据的处理也比较复杂。如果试验的目的是为了寻找一个较优的控制方案或工艺条件，而又缺乏计算工具时，则可以采用与正交设计类似的直观分析法，即从已做的试验点中挑一个指标最优的，相应的因素组合即为欲选的较优控制方案。由于试验点充分均匀分散，试验点中最优的控制方案离在试验范围内通过全面试验寻求的最优方案不会很远，这个方法看起来粗糙，但经大量试验证明却是十分有效的。当然，在条件允许的情况下，均匀设计的结果分析最好采用较严格的数学统计法——回归分析方法进行，如线性回归或逐步回归的方法。

3.2.2.2　一种均匀设计表的构造方法

设一个要进行 n 次试验，含 s 个因素，它们各自取 q（$q \leqslant n$）个水平，则均匀设计表为 $U_n(q^s)$（$q \leqslant n$），为方便，这里取等水平 $q = n$。该设计方案 $U_n(n^s)$ 可用一个 n 行、s 列的矩阵表示，并称这一矩阵为均匀设计的方案阵。方案阵的每一行代表一次试验，每一列代表一个因素，各列是 $\{1, 2, \cdots, n\}$ 的一个置换（即 $1, 2, \cdots, n$ 的重新排列），每个元素代表在每次试验中对应因素所取的水平值。从几何角度看，如果我们将每个因素用一个坐标轴表示，因素的水平值变为对应的坐标值，则一个 s 因素 n 水平的均匀设计方案又可用散布在 s 维欧几里得空间中 $[1, n]^s$ 立方体内的 n 个点表示。均匀设计方法的目的就是在试验区域内生成均匀散布的信息样本，使试验者能有效地对搜索空间进行信息提取，从而得到 s 维空间（C^s）上的具有统计意义的最大概率点。过去的 20 多年中，生成向量法一直是构造均匀设计表的常用方法之一（方开泰，1994；Fang, et al., 2003, 2004），其构造过程简述如下。

由数论的知识可知，对于给定的正整数 n，小于 n 且与 n 互素的自然数共有 $m = \varphi(n)$ 个，这里 $\varphi(n)$ 是著名的欧拉（Euler）函数，即任一正整数 n 存在唯一的素数分解 $n = p_1^{r_1}, p_2^{r_2}, \cdots, p_t^{r_t}$，则 $\varphi(n)$ 由下式确定，即

$$\varphi(n) = n\left(1 - \frac{1}{p_1}\right)\left(1 - \frac{1}{p_2}\right)\cdots\left(1 - \frac{1}{p_t}\right) \tag{3.6}$$

令 $N_n = \{h_1, h_2, \cdots, h_m\}$ 为一个包含 m 个元素的正整数集合，其中任一元素 $h_j < n$，且 h_j 和 n 的最大公约数为 1。同时，令 $u_{ij} = ih_j \pmod{n}$，这里（$\mathrm{mod}\ n$）是同余运算，则 $U = (u_{ij})$ 是一个大小为 $n \times m$ 的均匀矩阵——U-矩阵。给定 $s < m$，则 U-矩阵取任意 s 列组成的矩阵仍为 U-矩阵，共有 $\binom{m}{s}$ 个大小为 $n \times s$ 这样的子阵，各子阵组成的向量 $\boldsymbol{h}_j = (h_{jv_1}, h_{jv_2}, \cdots, h_{jv_s})$，$v_1, v_2, \cdots, v_s \in \{1, 2, \cdots, m\}$ 称为该均匀设计的生成向量。

由于对给定的因素数 n 和水平数 s，可产生 C_m^s 种均匀设计方案的 U-矩阵，而方案的选择不同，试验的效果也大不一样，因此有必要给出评价各设计方案好

坏的指标,即均匀性度量指标,也称均匀度函数。均匀度越小表示方案的均匀性越好,常用的均匀度函数有:偏差 D,L_2-偏差 D_2,修正 L_2-偏差 MD_2,中心化 L_2-偏差 CD_2,对称 L_2-偏差 SD_2 和可卷 L_2-偏差 WD_2 等(方开泰,1994;张润楚等,1996;马长兴,1997;孙先仿等,2001),方开泰(1994)对这 6 个偏差值进行了分析比较,认为 MD_2、CD_2、SD_2 和 WD_2 较为合理,不失一般性,取 CD_2 为度量指标,将 u_{ij} 变换到 $x_{ij}=(2u_{ij}-1)/2n$,则 CD_2 可由下面简化式获得

$$CD_2(\boldsymbol{h}) = \left[\left(\frac{13}{12} \right)^s - \frac{2^{1-s}}{n} \sum_{k=1}^{n} \prod_{i=1}^{s} \left(2 + \left| x_{ki} - \frac{1}{2} \right| - \left| x_{ki} - \frac{1}{2} \right|^2 \right) \right.$$

$$\left. + \frac{1}{n^2} \sum_{k=1}^{n} \sum_{j=1}^{n} \prod_{i=1}^{s} \left(1 + \frac{1}{2} \left| x_{ki} - \frac{1}{2} \right| + \frac{1}{2} \left| x_{ji} - \frac{1}{2} \right| - \frac{1}{2} \left| x_{ki} - x_{ji} \right| \right) \right]^{\frac{1}{2}} \quad (3.7)$$

如上所述,由于一个生成向量 h_j 只能唯一地确定一个 n 水平的均匀设计方案 $U_n^*(h)$,故构造均匀设计实质就是以 h_j 作为自变量,在共有 C_m^s 个组合中寻找均匀度函数最好的子阵 $U_n^*(n^s)$,就得到最优均匀设计的一个近似解,因此它是一个组合优化问题。当 m、s 较大,如 $n=31$,$s=14$ 时,$m=\varphi(31)=30$,则比较 $C_{30}^{14} \approx 1 \times 10^9$(原文献为 3×10^{21},有误)个设计的工作量还是非常巨大的。为此方开泰(2001)通过寻找 U-矩阵生成元 a 的方法以减少需考察的生成向量数,即方幂生成向量法(PP-GVM)。但 PP-GVM 的向量选取过程较复杂,同时在生成元 a 对 n 的次数判断上耗费大量计算时间,甚至可能由于幂乘数值过大造成内存溢出,因此有较大的局限性。

3.2.2.3 基于遗传算法的均匀试验设计

如上所述,均匀设计过程实际是一个等价于以某种均匀度函数为目标的组合优化问题,因此可以引入寻优能力很强的基于整数编码遗传算法(IGA)来求解。关于 GA 算法的优良性已有许多研究,这里不再赘述。下面简述 GAUD 构造均匀设计表步骤。

目标函数即求均匀设计方案中心偏差 $CD_2(\boldsymbol{h})$ 最小,即

$$\min CD_2(\boldsymbol{h}), \quad \boldsymbol{h} \in N_n \quad (3.8)$$

步骤 1:优化个体编码。由前知,生成向量集合 $N_n=\{h_1,\ h_2,\ \cdots,\ h_m\}$ 由 n 唯一确定,令正整数集合 $J=\{1,\ 2,\ \cdots,\ m\}$,J 的元素与 N_n 中元素一一对应,则每个生成向量 $\boldsymbol{h}_j=(\boldsymbol{h}_{j_{v1}},\ \boldsymbol{h}_{j_{v2}},\ \cdots,\ \boldsymbol{h}_{j_{vs}})$,$v_1$,$v_2$,$\cdots$,$v_s \in \{1,\ 2,\ \cdots,\ m\}$ 对应于 J 的一个子集构成的正整数数列 $p=(j_k | j_k \in J,\ k=1,\ 2,\ \cdots,\ s)$,$p$ 即为遗传算法的一个个体,则 j_k 为该个体的第 k 个基因段,通过这样的编码,使得遗传算法对生成向量集合 $N_n=\{h_1,\ h_2,\ \cdots,\ h_m\}$ 的各种组合,转换为对个体 x 的基因段进行各种遗传操作过程。

步骤 2：父代群体初始化。设群体规模为 M，利用均匀随机数易产生 s 个不大于 m 且互异的正整数并将其按升序排列，即得到一个个体，这样的个体共产生 M 个以作为父代群体。

步骤 3：父代群体适应度评价。将个体解码为相应的生成向量 $\boldsymbol{h}_j$，并利用 $u_{ij}=ih_j$（mod n）和 $x_{ij}=(2u_{ij}-1)/2n$ 得到该个体的分布矩阵 x_{ij}，将其代入式（3.7）即得该个体的均匀度函数 $CD_2(\boldsymbol{h})$，个体的 $CD_2(\boldsymbol{h})$ 值越小，表示该个体的适应值越高，基于此，将遗传算法的适应度函数定义为

$$F = \frac{1}{[CD_2(\boldsymbol{h})]^2 + 0.001} \tag{3.9}$$

式中：0.001 是为了避免 $CD_2(\boldsymbol{h})$ 值为零时出错而设的经验值。

步骤 4：选择操作。对父代群体按适应度进行依概率 P_s 选择和依概率 P_{ex} 精英保留（倪长健，2003），共获得 M_s 个子代个体。

步骤 5：杂交操作。即在 M 个父代个体中依杂交概率 P_c 任取两个体进行单点（或多点）交叉操作，杂交后新个体内的基因应保持互异并按基因值以升序排列。

步骤 6：变异操作。对 M 个父代个体进行依概率 P_m 变异操作，同样应保持新个体的基因互异并对基因值按升序排列。

步骤 7：演化迭代。由步骤 4～6 得到 M_s+2M 个子代个体，按适应度降序排列，并取前 M 个个体作为新的父代群体，算法进入步骤 3，进入下一轮次的演化，直到指定的演化代数 N_p。

以上构成了 GAUD 求解均匀设计表优化的全过程，我们称为基于整数编码遗传算法的均匀试验设计方法，简称遗传均匀设计。

3.2.2.4　遗传均匀设计结果分析

现试用 GAUD 进行均匀设计表的优化构造，这里取群体规模 $M=100$，进化代数 $N_p=10$，精英个体保留概率 $P_{ex}=0.1$，选择概率 $P_s=0.8$，杂交概率 $P_c=1$，即采用全体杂交，变异概率 $P_m=0.05$，经试验获得了任意 n、s 组合的最优生成向量，表 3.4 给出了部分试验结果。为方便比较，将文献（方开泰，1994）的设计方案也一同列入表内。

表 3.4　不同方法构造 $U_n(n^s)$ 的中心化偏差 CD_2 值及生成向量

n	$s=4$		$s=5$	
	PP-GVM	GAUD	PP-GVM	GAUD
21	0.0917（1 5 8 19）	0.0912（2 5 8 20）	0.1310（1 4 10 13 16）	0.1309（2 5 8 17 20）
22	0.0808（1 5 7 13）	0.0761（6 8 10 22）	0.1157（1 3 5 7 13）	0.1052（2 13 14 15 17）
23	0.0745（1 7 18 20）	0.0744（3 5 16 22）	0.1088（1 4 7 17 18）	0.1086（2 7 14 15 22）
24	0.0679（1 11 17 19）	0.0631（1 13 18 23）	0.1422（1 5 7 13 23）	0.1422（1 5 11 17 19）

续表

n	$s = 4$		$s = 5$	
	PP- GVM	GAUD	PP- GVM	GAUD
25	0.0672（1 6 11 16）	0.0671（3 13 18 23）	0.0946（1 6 11 16 21）	0.0946（3 8 13 18 23）
26	0.0700（1 5 11 17）	0.0699（1 11 17 19）	0.1049（1 3 5 11 17）	0.1048（3 5 7 17 25）
27	0.0670（1 8 20 22）	0.0670（2 13 17 19）	0.1013（1 8 20 22 23）	0.1013（4 10 11 14 26）
28	0.0703（1 9 11 15）	0.0703（13 17 19 27）	0.0993（1 9 11 15 23）	0.0993（1 11 15 23 25）
29	0.0606（1 8 17 18）	0.0605（8 9 14 17）	0.0901（1 7 16 20 24）	0.0900（4 5 13 22 28）
30	0.0559（1 17 19 23）	0.0531（15 18 19 21）	0.1301（1 7 11 13 29）	0.1188（1 6 13 14 27）

由表 3.4 的试验结果可知：①GAUD 能够以较小的群体规模 M 和较少的进化代数 N_p 得到不劣于 PP-GVM 的均匀设计表，计算快速、结果稳定，并且通过适当增大 N_p、M 可进一步提高计算精度，当然计算时间相应有所增加；②PP-GVM 的向量选取过程较复杂，在生成元对 n 的次数判断上耗费大量计算时间，甚至由于幂乘数值过大造成内存溢出，而 GAUD 无须进行生成元判断，且理论上可以生成 $s \leq n$ 的均匀设计表，当 n 较大（如 $n > 50$ 时），该法的优越性体现更明显；③因为具有等价均匀性的设计表往往不唯一，而过去文献中一般仅给出一个，且多含有不可实施的试验点、因子与水平组合，GAUD 可以同时获得若干个等价试验方案（这里仅示例一个），给试验者以更大的备择空间。

大量的实践经验说明，遗传算法的搜索效率与其初始样本点的分布有很大的关系，而一般遗传算法的初始样本均匀布点依赖于随机数的均匀性。为了比较均匀设计分布与随机均匀分布的差异，这里给出了不同维数 s，不同水平数 n 时的 GAUD 与均匀随机数的布点结果，见图 3.3 和图 3.4。

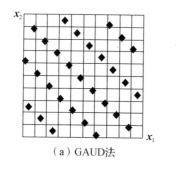
（a）GAUD法

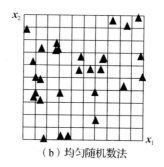
（b）均匀随机数法

图 3.3　二维变量下两种方法分布结果对比（$s=2$，$n=29$ 时）

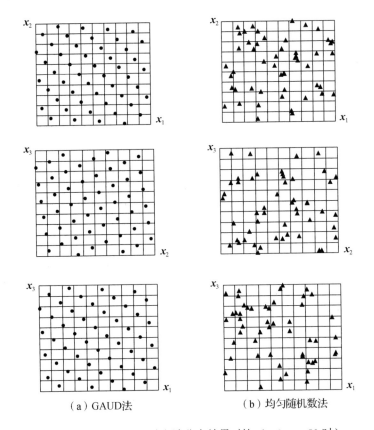

（a）GAUD法　　　　　　（b）均匀随机数法

图 3.4　三维变量下两种方法分布结果对比（s=3，n=50 时）

s=9，n=50 时，见文献（张礼兵，2007）。

由图 3.3 和图 3.4 可知：①GAUD 分布点群充分体现了均匀分散性，且不会产生重复试验点，而均匀随机数的分布则相对杂乱、缺乏均匀性；②GAUD 的每个样本点集不仅有一维和二维投影空间上的均匀性，还有任意 s 维投影空间上的均匀性。与均匀随机数相比，在固定样本大小的前提下 GAUD 使样本的经验分布能很好地整体逼近样本空间总体的分布。试验同时说明随着 n、s 增大，GAUD 均匀性明显好于均匀随机数的分布。

由上述可见，均匀设计的核心问题是均匀设计表的合理构造，其实质是一个以某类均匀度为目标的优化问题，即将寻优能力极强的遗传算法引入该构造过程使均匀设计表的自动构造成为可能。研究结果表明，与方幂生成向量法、正交设计扩展法、拉丁方法以及门限接受法等常用方法相比，基于整数编码遗传算法的均匀设计表构造法可获得各种混合水平 n 较大的 $U_n(q^s)(q \leqslant n)$ 表，且计算精度高、速度快、稳定性好，并易与其他智能算法相结合等优点，具有较高的应用价值。

由试验结果可知如下结果。

（1）GAUD 能够以较小的群体规模 M 和较少的进化代数 N_p 得到不劣于 PP-GVM 的均匀设计表，计算快速、结果稳定，并且通过适当增大 N_p、M 可进一步提高计算精度，当然计算时间相应有所增加。

（2）PP-GVM 的向量选取过程较复杂，在生成元对 n 的次数判断上耗费大量计算时间，甚至由于幂乘数值过大造成内存溢出，而 GAUD 无须进行生成元判断，且理论上可以生成一切 $s \leqslant n$ 的均匀设计表，当 n 较大（如 $n>50$）时该法的优越性体现更明显。

（3）因为具有等价均匀性的设计表往往不唯一，而过去文献中一般仅给出一个，且多含有不可实施的试验点、因子与水平组合，GAUD 可以同时获得若干个等价试验方案（这里仅示例一个），给试验者以更大的备择空间。

3.2.3　遗传试验设计的性能分析

上述研制的基于遗传算法的正交设计方法和均匀设计方法，为计算机自动智能生成试验设计表提供了有效途径，也为试验设计与现代智能计算方法的无缝集成奠定了技术基础。为了考察不同方法对复杂问题优化效果，这里分别用 GAOD、GAUD 以及均匀随机数对一系列测试函数进行优化求解。

有两点需要特别指出：①与其他文献不同，为了减小自变量取值对求解结果（尤其是 GAOD）的影响，这里皆取非对称变化区间；②由于 GAOD 的样本数量是其离散数的平方，即 $m=Q^2$，故当 $Q>10$ 时试验数将超过 100，为了保证各方法的样本相同而具有可比性，这里只给出 GAOD 求解变量维数 $n \leqslant 10$ 的函数问题。

（1）$f_1 = \min \sum_{i=1}^{n} [x_i^2 - 10\cos(2\pi x_i) + 10]$，$x_i \in [-8.9, 10]$。函数 f_1 的局部最小点数随着维数增大而快速增加，而全局最优解皆为 0，3 种方法计算结果详见表 3.5。

表 3.5　正交设计、均匀设计和均匀随机数求解函数 f_1 计算结果

n	最优解	GAOD		GAUD		均匀随机数	
		计算值	绝对误差	计算值	绝对误差	计算值	绝对误差
3	0	7.3104	7.31	4.7776	4.78	8.1916	8.19
5	0	7.3104	7.31	6.2594	6.26	7.5554	7.56
6	0	7.3104	7.31	9.4916	9.49	11.4520	11.45
7	0	8.1703	8.17	12.7580	12.76	14.3945	14.39
9	0	8.3865	8.39	13.5956	13.60	13.3415	13.34
10	0	8.2520	8.25	11.8796	11.88	13.3456	13.35
15	0	—	—	15.3222	15.32	15.9903	15.99
20	0	—	—	15.4585	15.46	16.4508	16.45
22	0	—	—	13.5291	13.53	19.0819	19.08

n	最优解	GAOD		GAUD		均匀随机数	
		计算值	绝对误差	计算值	绝对误差	计算值	绝对误差
23	0	—	—	17.3990	17.34	21.1200	21.12
25	0	—	—	15.5726	15.57	20.3819	20.38
27	0	—	—	17.4358	17.44	19.7918	19.79
28	0	—	—	17.5366	17.54	18.1816	18.18
29	0	—	—	18.5597	18.56	21.2934	21.29
30	0	—	—	18.4960	18.50	20.1738	20.17

表 3.5 显示了不同算法的优化结果。可以看出，在较高维情况下 GAOD 稍好于 GAUD，这是由于 GAOD 在方差分析的作用下能获得样本中没有进行的更优"试验"，而 GAUD 方法只能从已做的试验中得到其优化解。但与纯随机数优化结果相比，GAUD 的绝对误差明显较小，且相对较为稳定，后者随着维数增加，绝对误差增长较快。

（2）Rastrigin 函数 $f_2 = \min \sum_{i=1}^{n} [x_i^2 - \cos 18x_i]$，$x_i \in [-8.7, 10]$。该函数有无穷多局部最小点，全局最优解为维数的负值，计算结果见表 3.6。

表 3.6　正交设计、均匀设计和均匀随机数求解函数 f_2 计算结果

n	最优解	GAOD		GAUD		均匀随机数	
		计算值	绝对误差	计算值	绝对误差	计算值	绝对误差
3	−3	−1.8080	1.19	−0.4250	2.58	2.9026	5.90
4	−4	−2.4107	1.59	4.2384	8.24	6.4608	10.46
5	−5	−3.0133	1.99	9.0942	14.09	5.0686	10.07
6	−6	−0.6878	5.31	10.9130	16.91	13.9998	20.00
8	−8	18.4174	26.42	14.5507	22.55	35.6179	43.62
9	−9	38.1253	47.13	16.3695	25.37	40.2799	49.28
10	−10	84.1263	94.13	18.1884	28.19	71.3289	81.33
15	−15	—	—	27.2826	42.28	76.0176	91.02
20	−20	—	—	36.3768	56.38	153.0826	173.08
22	−22	—	—	40.0145	62.01	163.7736	185.77
23	−23	—	—	41.8333	64.83	186.2766	209.28
25	−25	—	—	45.4710	70.47	235.1144	260.11
27	−27	—	—	49.1087	76.11	248.7532	275.75
29	−29	—	—	52.7463	81.75	266.3012	295.30
30	−30	—	—	54.5652	84.57	283.8895	313.89

表 3.6 显示了不同算法的优化结果。可以看出，由于函数复杂的提高，三者的优化效果被进一步拉开，尤其在高维情况下 GAUD 比纯随机数优化结果更为稳定。

（3）$f_3 = \min\left\{\dfrac{1}{n}\sum\limits_{i=1}^{n}[x_i^4 - 16x_i^2 + 5x_i]\right\}$，$x_i \in [-7.9,\ 5.1]$。此函数的局部最小点

数为 2^N，全局最优解为-78.33236，各方法求解结果如表 3.7 所示。

表 3.7 正交设计、均匀设计和均匀随机数求解函数 f_3 计算结果

n	最优解	GAOD		GAUD		均匀随机数	
		计算值	绝对误差	计算值	绝对误差	计算值	绝对误差
3	-78.33236	-62.3879	15.94	-59.9923	18.34	-64.6668	13.67
4	-78.33236	-62.3879	15.94	-53.1715	25.16	-56.7622	21.57
5	-78.33236	-61.2505	17.08	-57.4402	20.89	-48.7094	29.62
6	-78.33236	-61.4401	16.89	-39.6484	38.68	-57.1738	21.16
7	-78.33236	-60.3568	17.98	-41.8350	36.50	-30.8996	47.43
8	-78.33236	-59.5444	18.79	-37.0583	41.27	-46.8457	31.49
9	-78.33236	-59.5444	18.79	-37.0583	41.27	-42.8603	35.47
10	-78.33236	-54.3969	23.94	-38.0747	40.26	-44.5139	33.82
20	-78.33236	—	—	-37.0583	41.27	30.7950	109.13
21	-78.33236	—	—	-37.0583	41.27	19.0749	97.41
23	-78.33236	—	—	-37.0583	41.27	-1.7223	76.61
25	-78.33236	—	—	-37.0583	41.27	75.1566	153.49
27	-78.33236	—	—	-37.0583	41.27	56.3578	134.69
29	-78.33236	—	—	-37.0583	41.27	44.7001	123.03
30	-78.33236	—	—	-37.0583	41.27	2.6503	80.98

由表 3.7 结果对比易知，纯随机数求解更高复杂度问题时，优化效果极不稳定，且维数越高表现得越明显，而 GAUD 算法则相对稳健得多。

综上数值计算试验可知，基于遗传算法的试验设计方法，相对于纯随机数方法而言，计算结果更为稳定，获得的解也更优，即对不同的试验函数均可用较少的计算量求出一组在最优解集合中分布均匀且数量充足的较优解，其中 GAOD 由于结合了试验设计中的方差分析而寻优效果比 GAUD 稍胜一筹。但是，在试验次数受到限制的情况下（如 GA 的部分父代或子代个体由试验设计给出时），由于 GAOD 的试验数为其离散水平的平方，其离散数不能太大，进而影响 GAOD 的优化精度。而 GAUD 的试验数只为其离散数的一次方，即在相同的试验次数条件下，GAUD 比前者的变量离散更为精细。同时，GAUD 能根据均匀设计原理和方法自动生成任意因素水平的均匀设计表，这为均匀设计方法拓展更大的应用空间提供可能。因此，在进行试验设计与遗传算法集成过程中，UD 与 GA 的结合有助于降低 GA 的种群规模，且更多的变量离散水平能保证算法有较高的精度。

3.3　基于试验设计的遗传算法

本章 3.1 节讨论的数学试验方法构成了试验设计与遗传算法集成的理论平台，而 3.2 节提出的应用遗传算法实现试验设计智能优化生成技术，为二者的无缝结合提供了方法基础。本节将着重介绍基于试验设计的遗传算法改进方法（张礼兵，程吉林等，2007a）。

遗传算法（GA）由于具有全局概率搜索性、隐含并行性及广泛通用性等优点，在各种问题的求解过程中获得了广泛应用。其中，标准遗传算法（SGA）在实际应用中最多，然而由于在理论和应用技术上的不足，SGA 常常受早熟、收敛慢、易陷入局部极小点等问题的困扰，一些学者从算法的各个方面用不同方法对其加以改进，GA 结合试验设计就是其中之一。如上所述，GAOD 由于结合了试验设计中的方差分析而寻优效果比 GAUD 稍胜一筹，然而，在试验次数受到限制的情况（如计算机内存容量有限）下，由于 GAOD 的试验数为其离散水平的平方，其变量离散水平不能太大，而 GAUD 的试验数只为其离散数的一次方，即在相同的试验次数条件下，GAUD 比前者的变量离散更为精细，同时，GAUD 能根据均匀设计原理自动生成多个任意因素水平的均匀设计表，这为其与遗传算法的结合提供了方便。因此，在进行试验设计与遗传算法集成过程中，这里把基于整数编码遗传算法的均匀设计（GAOD）与遗传算法相结合，提出一种新的改进遗传算法——试验遗传算法（EGA）。其基本思路是：以亚遗传算法获得的均匀设计引导遗传算法进行初始种群分布和变量区间投点搜索，同时引入调优试验操作和摄动试验操作以改进算法性能。EGA 是在 SGA 的基础上增加了均匀性、随机性和摄动性 3 个试验操作算子：①对初始种群的均匀性分布；②进化过程中对变量空间均匀性投点搜索；③应用均匀设计进行调优试验，同时还增加了正态随机和摄动调优等试验操作技术，以上形成了基于试验设计、具有自适应能力的试验遗传算法。数值试验结果表明，由于 EGA 利用均匀试验设计形成子代群体能较大程度地保障群体多样性而不易陷入局部极值点，并能以较少的进化代数得到较为满意的全局最优解，尤其在高维优化问题中可明显提高遗传算法的搜索效率，同时具有自动适应算法对搜索精度要求的能力，增强了算法寻优性能。

3.3.1　试验遗传算法方法步骤

在 3.2 节中，我们运用整数编码算法进行了试验设计表的自动优化构造，这里则将其引入遗传算法的改进方面。由于正交设计中，试验次数是以设计变量数的平方增长，而均匀设计只随其成线性增加，为了减少算法对内存的存储量，这里只引用均匀设计方法嵌入遗传算法的优化过程。同时，为区别起见，将用于构造均匀设计的遗传算法称为亚遗传算法，并把该构造过程定义为以 s 和 n 为输入、以 $U_n^*(k, j)$（$k=1\sim n$；$j=1\sim s$）为输出的一个子程序。理论上该法可以生成一切 $s \le n$ 的均匀设计表，当 n 较大（如 $n>50$）时其较传统方法更具明显的优越性。同时，由于具有等价均匀性的设计表往往不唯一，此法可以同时获得 N_u 个等价试验方案，给试验者以更大的选择空间。

仍以式（2.1）优化问题为例，则 EGA 的具体操作步骤如下（张礼兵，程吉林，2005b）。

步骤 1：实数编码。SGA 一般采用二进制编码，其全局搜索能力较强但需要频繁进行变量的编码与解码工作，计算量大且精度有限，而基于实数编码则可使计算量大大减少，而且解空间在理论上为连续。

步骤 2：产生初始群体。这里除了采用传统的均匀随机数分布方法外，同时按上节获得的 N_u 个均匀设计表对变量空间进行均匀性分布，最大限度地使初始分布具有均匀分散性，以减小高维空间数据分布中"维数祸根"的影响。

步骤 3：父代适应度评价。把父代个体代入式（2.9），得相应的目标函数适应度值 f，并对其按从小到大排序，值越小表示该个体的适应度越高。

步骤 4：选择操作。对父代群体按适应度进行依概率 P_s 选择和依概率 P_{ex} 精英保留。

步骤 5：杂交操作。从父代群体中随机提取两个个体作为双亲进行线性组合，杂交生成新的两个个体，在实数编码遗传算法中杂交概率 P_c 一般常取 0.6~1.0（金菊良，丁晶，2002）。

步骤 6：变异操作。对父代群体依概率 P_m（变异率，一般取 0.05）对个体个别基因进行突变，这在进化的中后期能有效地提高 GA 跳出局部最小点的能力。

步骤 7：均匀调优试验操作。一方面，对步骤 4~6 产生的最优及最差群体所张成的变量空间，利用上节获得的 N_u 个均匀设计表 $U_n^*(k, j)$，将各变量按表中所给顺序进行不同水平组合，生成子代群体；另一方面，借鉴试验优化设计中调优运算（EVOP）的思想与方法（任露泉，2003），在前述步骤获得的 N_{ex} 个优秀个体周围 $\sigma^{t+1}(j)n$ 范围内按式（3.10）进行确定性均匀分布搜索，即

$$x^{t+1}(k, j) = x^t(i, j) + \sigma^{t+1}(j)nU_n(k, j) \quad (k = 1\sim n) \qquad (3.10)$$

式中：t 为进化代数；$x^{t+1}(k, j)$（$j=1\sim s$）为第 k 个子代个体第 j 个分量；$x^t(k, j)$（$i=1\sim N_{ex}$）为第 i 个父代优秀个体的第 j 个分量；$\sigma^{t+1}(j)=\sigma\varepsilon+\sigma^0(j)\times10^{-h^t(j)}$，其中 $\sigma^{t+1}(j)$、$\sigma^t(j)$ 分别为子代、父代个体第 j 个分量的标准差，$\sigma\varepsilon$、$\sigma^0(j)$ 分别为标准差基数和第 j 个分量的初始标准差，应用中常取 $\sigma\varepsilon=0$，$\sigma^0(j)\in[1, 3]$；$h^t(j)$ 为第 t 代个体 j 分量的搜索敏感系数，在迭代过程中就是通过它自动适应算法对搜索精度的要求，$h^t(j)=h_0+t$，h_0 为初始搜索敏感系数，h_0 一般取 0~3。

步骤 8：随机调优试验操作。此为随机性正态分布搜索，借鉴了免疫遗传算法（IGA）中的免疫生殖操作方法（倪长健，2003），即在 N_{ex} 个优秀个体上叠加一个服从正态分布的随机变量 N（0，1）以产生新的子代群体，即

$$x^{t+1}(k, j) = x^t(i, j) + \sigma^{t+1}(j) \cdot N(0,1) \qquad (k = 1 \sim M/N_{ex}) \qquad (3.11)$$

式中：N（0，1）为服从标准正态分布的随机数；其他符号意义同前。

步骤 9：摄动调优试验操作。这里借鉴传统的坐标轮换法思想，依次序每次只对某一变量进行试探性搜索而固定其他变量不变，其实质是把一个多维问题转化为一系列单变量问题的降维法。试验说明这对算法跳出局部最优解很有效，也可把它视为一种特殊的变异操作。

步骤 10：进化迭代。至步骤 9 就可得到若干新的子代群体，算法转入步骤 3。如此循环往复，优秀个体所对应的优化变量将不断进化，与最优点的距离越来越近，直至最优个体的适应度函数值小于某一设定值或达到预定循环迭代次数 N_{ac}，便可结束整个算法的运行。

3.3.2　试验遗传算法数值试验

为检验 EGA 的性能，本书作者选取若干常用的数学测试函数进行数值试验。

（1）Camel 函数 $f_1 = \min[(4 - 2.1x_1^2 + x_1^4/3)x_1^2 + x_1x_2 + (4x_2^2 - 4)x_2^2]$，$x_i \in [-10, 10]$。

（2）Rosenbrock 函数 $f_2 = \min[100(x_1^2 - x_2)^2 + (1 - x_1)^2]$，$x_i \in [-10, 10]$。

（3）$f_3 = \min\left\{\dfrac{1}{n}\sum\limits_{i=1}^{n}[x_i^4 - 16_i^2 + 5x_i]\right\}$，$x_i \in [-10, 10]$，$n=5$。

（4）$f_4 = \min\sum\limits_{i=1}^{n}[x_i^2 - 10\cos(2\pi x_i) + 10]$，$x_i \in [-10, 10]$，$n=7$。

（5）$f_5 = \min\sum\limits_{i=1}^{n}\left(\sum\limits_{j=1}^{i}x_j\right)^2$，$x_i \in [-10, 10]$，$n=11$。

（6）Rastrigin 函数 $f_6 = \min\sum\limits_{i=1}^{n}[x_i^2 - \cos 18x_i]$，$x_i \in [-10, 10]$，$n=15$。

（7）$f_7 = \sum\limits_{i=1}^{n}|x_i| + \prod\limits_{i=1}^{n}|x_i|$，$x_i \in [-10, 10]$，$n=30$。

均匀设计表构造完成后，对自动生成的优化表 N_u 取前 5 个备用。EGA 的父代个体数目取 300、N_{ex} 取 10、杂交概率 0.8、变异概率 0.05，取计算精度 10^{-6}，各函数的维数 n 在试验过程中取若干小于 50 的正整数，为节省篇幅，这里只给出部分函数的维数的计算结果比较，见表 3.8。为比较性能，表中同时给出了 SGA、UGA（uniform genetic algorithms）和 IGA 的结果，其中各算法的父代个体数目、选择概率、杂交概率及变异概率皆相同，SGA 与 UGA 最大进化代数 N_{ac} 取 100，而 IGA 与 EGA 取 30（个别复杂函数取较大值）。

表 3.8 各函数维数全局最优值及不同算法优化计算结果比较

函数	维数	全局最优值	SGA		UGA		IGA		EGA	
			迭代	最优值	迭代	最优值	迭代	最优值	迭代数	最优值
f_1	2	-1.031628	100	-1.031075	83	-1.031075	10	-1.031628	7	-1.031628
f_2	2	0	100	0.019527	100	0.000292	27	0.000000	18	0.000000
f_3	5	-78.33236	47	-78.332340	25	-78.332340	9	-78.332340	8	-78.332340
f_4	7	0	100	0.000023	71	0.000023	13	0.000000	7	0.000000
f_5	11	0	100	0.167565	100	0.167565	89	0.000000	67	0.000000
f_6	15	-15	100	-14.999620	100	-14.999620	18	15.000000	19	-15.000000
f_7	30	0	100	0.003180	100	0.003180	30	0.000001	30	0.000000

由表 3.8 可知：SGA 随着函数维数和复杂度的增大极易早熟而陷入局部较优解，如各测试函数（除函数 f_3 外）经过 100 代进化后仍无法获得全局最优解。UGA 是在 SGA 的基础上增加了初始种群的均匀性分布，因而比 SGA 有较大的性能改善，这也验证了邹亮和汪国强（2003）的试验结论：运用均匀设计产生初始种群能够增强遗传算法的收敛性，不过这种改善效果却随着优化函数复杂度和维数的增加而受到限制。IGA 是基于免疫生殖操作的改进遗传算法，测试函数（f_5 除外）一般经过小于 30 次的进化都能获得全局最优解，性能较之 SGA、UGA 有了很大改进。EGA 由于在 IGA 的基础上增加了初始种群的均匀性分布、变量区间内的均匀性搜索及同时对多个较优解进行均匀调优试验，它的搜索效率和解的精度较 IGA 更胜一筹。从该表测试函数的结果可知，EGA 的进化代数普遍小于 IGA，说明所提出的改进遗传算法的有效性。

值得一提的是，通过 EGA 控制参数对算法性能的敏感性研究（如 P_c=0.6～1.0，P_m=0.01～0.05）表明，参数对算法的搜索效率和优化精度影响是很小的，这是由于 EGA 主要应用 3 个试验操作算子及精度敏感系数进行整体和局部的寻优搜索，传统遗传算法中的控制参数的作用相对弱化。以上在对 7 个数学测试函数的不同维数的进行试验时，EGA 皆取相同的父代个体数目、选择概率、杂交率和变异率，说明 EGA 具有较好的鲁棒性、稳健性，由于影响有限，参数的选择较简便，也减少了传统遗传算法在控制参数选择时对经验的依赖。

为进一步全面比较 EGA 与 IGA 的寻优效率，图 3.5～图 3.8 给出了两种算法分别求解 f_3～f_6 的结果（以各函数的维数 n_d 为横坐标、以遗传算法解的精度达到 10^{-6} 时的进化代数 n_{ac} 为纵坐标），由于 SGA 和 UGA 都难以得到全局最优解而与 IGA、EGA 失去可比性，图中未绘出。

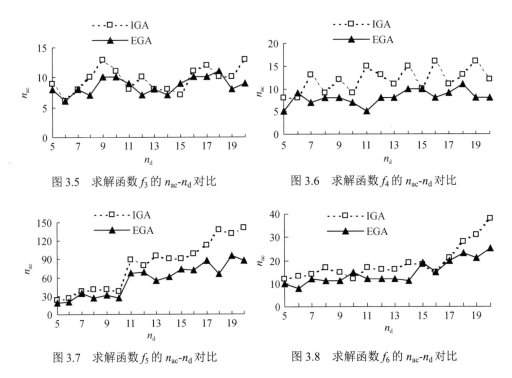

图 3.5　求解函数 f_3 的 n_{ac}-n_d 对比　　　　图 3.6　求解函数 f_4 的 n_{ac}-n_d 对比

图 3.7　求解函数 f_5 的 n_{ac}-n_d 对比　　　　图 3.8　求解函数 f_6 的 n_{ac}-n_d 对比

由图 3.5～图 3.8 可知，EGA 的进化代数（除个别点外）一般比 IGA 要少，虽然随着函数复杂度的升高、维数的增大，二者的进化代数都有较大增加，但 EGA 增加的幅度明显小于 IGA，且这种优势有与函数维数成正比的趋势。由此可知，在相同参数设置条件下，由于试验设计方法的引入而使 EGA 比 IGA 具有更好的收敛效率。

3.3.3　试验遗传算法特性

通过以上分析、计算，可得以下结论。

（1）基于遗传算法的均匀设计表构造方法可获得不同因素水平的均匀设计，为试验优化技术与遗传算法的有机结合提供新途径。

（2）自适应试验遗传算法（EGA）是传统优化方法、计算智能算法和试验设计方法的综合集成新方法，它采用随机性正态搜索和确定性均匀分布搜索，同时考虑变量的连续性与离散化，保证了算法较高的寻优性能。

（3）EGA 参数设置简便，计算效率高，通用性强，对复杂系统中的非线性、非凸及组合优化等问题的求解具有较强的适应性，因此 EGA 在复杂系统优化问题中具有推广应用价值。

3.4　试验遗传算法在灌区工程优化设计中的应用

众所周知，农田水利工程的核心工作是通过灌溉、排水工程措施来调节区域内的水分状况，水量的输送、分配任务主要由灌溉渠道系统承担，而多余水量的排出则主要通过各级排水沟或埋于地下的排水暗管来完成。由于灌溉渠道及排水沟管的投资在整个农田水利工程总投资中占有相当大的比重，其设计的科学与否将直接影响到灌区水资源利用效率的高低，以及农田水利工程在农业生产中效益的发挥（郭元裕，1988；Swamee，1995；程吉林等，1997b）。

任何工程设计问题实际上都可归结为一个系统优化问题（金菊良，丁晶，2002），同样，渠道沟管设计问题一般也能转化为以求极小（或极大）值为目标的高阶隐函数形式。目前针对这种多维、非线性的复杂优化问题，传统的求解方法如试算法、图解法、查图表法等往往计算量大、重复工作多，且计算精度易受设计人员主观影响而略显粗糙。现代优化技术中常用的抽样法，即系统抽样法（包括均匀网络法、单因子法、双因子法、最陡梯度法等）和随机抽样法等，在解决实际问题时也具有较大的局限性。本节应用试验遗传算法（experimental genetic algorithm，EGA）的参数设置简便、计算效率高，对于水利工程方案设计中的非线性、非凸及组合优化等问题的求解适应能力强，具有全局概率搜索性、自适应性、隐含并行性及广泛通用性等优点，将其引入农业水利工程的优化设计问题取得了较为满意的效果（张礼兵，程吉林等，2005b），叙述如下。

3.4.1　试验遗传算法在斜角 U 形渠道断面优化设计中的应用

斜角 U 形断面渠道由于接近水力最优断面，具有优良的输水输沙性能，且占地较少、省工省料、整体性好，抵抗基土冻胀破坏能力较强等，因而在灌区中小型灌溉渠道设计中采用 U 形渠道越来越多，一般采用混凝土现场浇筑。现行的 U 形断面渠道设计多以正坡明渠均匀流公式为基础。比较直角 U 形渠，斜角 U 形渠道断面设计参数多了一个，如图 3.9 所示。其中，a、a_1 是与设计流量有关的常数项，因此真正需要确定的只有 3 个，分别是渠道圆底半径 r（m）、直线段外倾角 α（°）和切点以上水深 h_2（m），其余参数均可由它们导出，详见文献（郭元裕，1999）。渠道设计参数的确定应同时满足技术可行性和工程经济性要求，而郭元裕（1999）只是根据经验进行简单设计而没有考虑工程的经济性，齐宝全（1996）考虑了经济约束，但令 $\alpha=0°$ 简化了结构稳定性的技术要求，因此都是不合适的，而且两者在设计过程中都只是根据设计者的经验采用试算，计算量大、过程繁杂且精度较低。

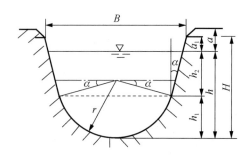

图 3.9 斜角 U 形渠道横断面示意图

本节综合文献（齐宝全，1996；郭元裕，1999）建立了以单位渠段渠道总费用最小为目标函数，且满足流量、流速以及渠道稳定性等约束的优化设计模型，其目标函数为

$$\min E = \sum_{j=1}^{3} K_j W_j (r, \ \alpha, \ h_2) \tag{3.12}$$

式中：K、W 分别表示工程单方造价（元/m³）和工程量（m³）；$j=1\sim3$ 分别表示挖方项、衬砌项和占地项，经过简单几何推导可得其计算式分别为

$$W_1 = 2a[r\cos\alpha + (a_1 + h_2)\tan\alpha] + 0.5r^2\left[\pi\frac{1-\alpha}{90°} - \sin 2\alpha\right] + h_2(2r\cos\alpha + h_2\tan\alpha)$$

$$\tag{3.13}$$

$$W_2 = \pi r\left(1 - \frac{\alpha}{90°}\right) + \frac{2a_1}{\cos\alpha} \tag{3.14}$$

$$W_3 = 2[r\cos\alpha + (a_1 + h_2)\tan\alpha] + a \tag{3.15}$$

需满足的约束有

流量约束：

$$Q_c = \frac{1}{n}AR^{\frac{2}{3}}i^{\frac{1}{2}} = Q_d \tag{3.16}$$

流速约束：

$$v_{cd} < \frac{Q_c}{A} < v_{cs} \tag{3.17}$$

渠道稳定约束：

$$5° \leqslant \alpha \leqslant 20° \tag{3.18}$$

$$0.6 \leqslant H/B \leqslant 1.0 \tag{3.19}$$

其他约束：$r \geqslant 0$；$h_2 \geqslant 0$；α 为离散整数。

下面以文献（郭元裕，1999）为例说明该模型的应用情况。

例 3.2 某斗渠采用混凝土 U 形断面，$Q_d = 0.8\text{m}^3/\text{s}$，$n=0.014$，$i=1/2000$，求过水断面尺寸。为便于优化设计，这里增加设计参数有：挖方单价 $K_1=10.5$ 元/m³，衬砌单价 $K_2=145$ 元/m³，占地单价 $K_3=12.5$ 元/m²，另有不冲流速 $v_{cs}=10.0\text{m/s}$，不淤流速 $v_{cd}=0.5\text{m/s}$。

$$\min E = 10.5W_1 + 145.0W_2 + 12.5W_3$$

$$+M\left|0.8 - \frac{\left\{0.5r^2\left[\pi r\left(1-\dfrac{\alpha}{90°}\right) - \sin 2\alpha\right] + h_2(2r\cos\alpha + h_2\tan\alpha)\right\}^{5/3}}{0.014\sqrt{2000}\left[\pi r\left(1-\dfrac{\alpha}{90°}\right) + \dfrac{2h_2}{\cos\alpha}\right]^{2/3}}\right| \quad (3.20)$$

式中：E 为单位渠段总费用，元/m；M 为数值较大的惩罚量，以保证满足渠道的设计流量约束，其他约束在遗传操作过程中保证满足。

EGA 的父代个体数目 M、优秀个体 N_{ex} 分别取 500 和 50，试验搜索 10 次，见表 3.9。为比较优化设计效果也给出文献（郭元裕，1999）的设计结果，同时给出当 $\alpha=10°$ 时 EGA 优化 r 与 h_2 的结果，同列于表 3.9 中。

表 3.9 经验试算法与 EGA 求解结果比较

优化方法	h_2/m	r/m	α/（°）	v/（m/s）	Q_d/（m³/s）	H/B	E/（元/m）
经验试算法	0.311	0.657	10	0.843	0.795	0.715	58.77
EGA	0.5153	0.4855	10	0.9656	0.7996	0.924	49.60
	0.5733	0.4466	13	1.0012	0.8000	0.876	48.54

文献（郭元裕，1999）根据经验判断 $r = 60\sim80\text{cm}$，并取 $\alpha=10°$，试算 1 次恰巧同时满足各约束条件，相应的单位渠段总费用为 58.77 元/m，算法终止，可见这对设计人员的经验有较高的要求，而用 EGA 对 $\alpha=10°$ 时优化所得的 U 形渠道较文献（郭元裕，1999）所述要窄而深，流速稍大，但费用较原文献可节省 15.6%。若对 $\alpha\in$（5°，20°）范围寻优，还可使费用进一步降低，可见 EGA 的结果更接近于渠道水力最佳断面，且计算精度都能达到 10^{-4}m，完全满足工程设计要求。

3.4.2 试验遗传算法在控制大田地下水位的排水沟优化设计中的应用

与灌溉供水具有同等重要地位的是田间排水问题，尤其在我国长江中下游地区、淮河中游淮北平原和珠江流域的低洼地区，为了保证作物生长、控制地下水位以及防止土壤发生盐碱化，一般通过排水沟（管）对地下水水位加以控制。

控制地下水的明沟排水系统（图 3.10）的主要任务是在设计降雨条件下设计排水沟间距，使它能在给定的排水时间内将地下水位降至作物生长允许的深度，这是典型的非完整沟排水沟间距设计问题。

根据不透水层位于有限深度非恒定流计算公式，先以完整沟公式计算初始沟间距（中华人民共和国水利部，1990；郭元裕，1999），即

$$L = \pi \sqrt{\frac{k\bar{H}t}{\left(\mu \ln \dfrac{4h_0}{\pi h_1}\right)}} \qquad (3.21)$$

式中：L 为排水沟间距，m；k 为土壤渗透系数，m/d；$\bar{H}$ 为透水层厚度，m；t 为排水时间，d；μ 为未饱和土壤孔隙率；h_0 为沟内水位离地面高差，m；h_1 为相邻排水沟间距中心处（$L/2$）地下水位与沟内水位高差，m。因其为非完整沟，故对透水层厚度 $\bar{H}$ 乘以修正系数 α，即

$$\bar{H}' = \alpha \bar{H}, \quad \alpha = \frac{1}{1 + \dfrac{8\bar{H}}{\pi L} \ln \dfrac{2\bar{H}}{\pi D}}$$

式中：D 为沟内水面宽，m；其他符号意义同前，将 $\bar{H}'$ 代入式（3.21）重新计算修正后的排水沟间距 L'，如 $|L'-L| \leqslant \delta$（要求的计算精度），则 L'（或 L）即为所求，否则以 L' 为新的初始间距再代入式（3.21）修正，直至满足计算精度要求。

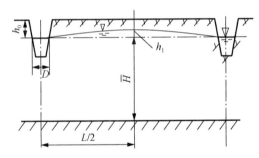

图 3.10　控制地下水的明沟排水系统

例 3.3　某排水地区排水沟深 1.8m，沟内水深 0.2m，沟内水面宽 0.4m，地下水位在地面以下 1.6m 处，不透水层埋深 11.6m。降雨后，地下水位上升趋近于地面。降雨停止后，地下水位逐步回落。根据农作物生长要求，在降雨停止后 4d，地下水位下降 0.8m。$k=1$m/d，$\mu=0.05$，试计算排水沟间距。文献（郭元裕，1999）采用试算法经过 6 次反复迭代，求得 $\alpha=0.473$，$L=63.14$m。而应用 EGA 求解，则可将所求问题归结为以 L 为变量的最优化问题，即

$$\min f = \left| L - \pi \sqrt{\frac{k\bar{H}t}{\left[\mu \ln \dfrac{4h_0}{\pi h_1} \left(1 + \dfrac{8\bar{H}}{\pi L} \ln \dfrac{2\bar{H}}{\pi D} \right) \right]}} \right| \qquad (3.22)$$

用 EGA 求解很简单，父代个体数目 M 取 200、初步搜索代数 N_0 和优秀个体 N_{ex} 都取 20，EGA 试验搜索 2 次即得 $\alpha=0.4727982$，$L=63.1966400$m。相比之下 EGA

具有更高的计算精度和更快的寻优效率。

试验遗传算法是一种结合传统优化方法、现代智能算法及试验设计理论方法的新的智能算全局优化法，且算法参数设置简便、计算效率高、通用性强，对于农田水利工程设计中的非线性、非凸及组合优化等问题的求解具有很强的适应性。与渠道设计中的一般优化方法相比，EGA 搜索效率及求解精度高、通用性强，因此 EGA 在农田水利工程设计中有着广泛的应用前景。

3.5　试验遗传算法在圩区排水工程优化规划中的应用

随着科学技术的迅猛发展和人类知识经验的积累，现代灌溉排水工程的研究对象和研究范围得到了空前的拓展，表现为综合性越来越强，复杂程度也越来越高。例如，由多水源多用户构成的蓄、引、提联合运行的大型灌溉系统；湖泊、河网、排水闸、内外抽排泵站以及排洪截流沟联合工作、蓄泄兼筹的除涝排水系统；区域地面水与地下水联合运用供水系统等（郭元裕等，1994）。采用传统处理方法解决该类高维、非线性复杂系统显然已力不从心，而现代优化技术中常用的非线性优化方法、抽样法（包括系统抽样法和随机抽样法）、动态规划法等，在解决该类问题时也存在着这样或那样的局限性。近年来，系统工程技术与现代智能方法如神经网络、遗传算法等逐渐被应用于农田灌排系统的规划、设计与运行管理中，取得了良好的社会经济效益。例如，郭元裕等（1996）利用大系统分解-协调模型对提排区除涝排水设计标准进行经济论证和优化选取，郑玉胜等（2004）应用改进的神经网络方法对灌溉用水量进行了预测研究，周祖昊等（2000）在解决圩区除涝排水系统实时优化调度问题中也应用了神经网络算法，宋松柏等（2004）利用遗传算法对灌溉渠道轮灌配水进行了优化计算，付强等（2003a）将遗传算法与动态规划相结合并用于水稻非充分灌溉下最优灌溉制度的推求，以上工作都取得了许多有益的成果，也为解决和处理传统的农业水土工程问题增添了新的活力。然而，将遗传算法用于现代灌区除涝排水的优化设计国内外尚罕有报道，这可能与简单遗传算法本身在解决高维复杂问题存在着搜索效率低、易早熟等不足有关。这里应用前述研究的试验遗传算法，该算法参数设置简便、计算效率高，对于水利工程方案设计中的非线性、非凸及组合优化等问题的求解适应能力强，具有全局概率搜索性、自适应性、隐含并行性及广泛通用性等优点，将其引入平原圩区除涝排水系统最优规划问题取得了较为满意的结果（张礼兵等，2006a；2007d），叙述如下。

3.5.1　平原圩区除涝排水系统最优规划模型

为解决地势低洼、容易渍涝的平原地区除涝排水问题，一般采取联合运用河道（网）疏排和排水闸自排、河湖蓄涝、抽水泵站抽排以及高地截流沟排水等多种工程措施，这些工程组成一个除涝排水系统共同承担圩区除涝排水任务。在达到除涝设计标准的条件下，如何确定各项工程的规模从而使系统总投资最小，是平原圩区治理规划中经常遇到的现实问题（郭元裕，1994）。下面以图 3.11 所示的除涝排水系统为例，简要介绍我国南方平原圩区圩垸内部除涝排水系统最优规划数学模型。

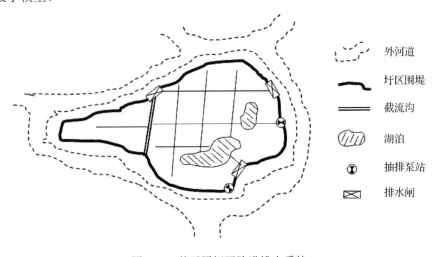

图 3.11　某平原圩区除涝排水系统

3.5.1.1　目标函数

设满足一定除涝设计标准的排水系统包括 N 项工程，其总投资费用 F 包括工程一次性投资（固定投资）和工程运行管理费用，考虑到各工程运行管理费用的不同，所以一般以工程年均总费用最小为优化目标。同时，由于具体工程投资主要取决于其规模的大小，而工程规模通常与该工程所承担的设计排（蓄）水量 x_i（若工程规模以排水面积率表示，如河网水面率，则可转化为相应设计蓄水量值）之间存在着某种线性或非线性的函数关系，选取 x_i 为优化变量，则各工程系统目标函数可由式（3.23）概化表示，即

$$\min F = \sum_{i=1}^{N} \{ f_{1i}(x_i)[A/P, k_i, n_i] + f_{2i}(x_i) \} \tag{3.23}$$

式中：x_i 为第 i 项工程的设计排（蓄）水量，万 m³；f_{1i} 为第 i 项工程的固定投资费用，万元；$[A/P, k_i, n_i]$ 为工程 i 的固定投资年均折算因子，其贴现率为 k_i（%），

使用寿命为 n_i（a）；f_{2i} 为第 i 项工程的年运行管理费用，万元。

3.5.1.2 约束条件

（1）水量平衡约束，即各项工程设计承担排水总量等于排水区设计暴雨径流量，即

$$W = \sum_{i=1}^{N} x_i \tag{3.24}$$

式中：W 为排水区设计暴雨径流量，万 m^3，其与排水面积 A（km^2）、设计暴雨 R（mm）及排水历时 T（h）有关。

（2）排水闸水力约束，即需满足自排水闸的水力计算基本方程，即

$$Q_t = \varphi(z_{1t}, \ z_{2t}, \ B_s) \tag{3.25}$$

式中：Q_t 为排水闸 t 时刻自排流量，m^3/s；z_{1t} 和 z_{2t} 分别为 t 时刻排水闸上、下游水位，m；B_s 为排水闸净宽，m。

（3）排水闸输水约束，即

$$B_s \leqslant B_c \tag{3.26}$$

式中：B_c(m)为排水闸闸址处河道断面底宽。

（4）资源约束，受到 M 种资源可供量的限制，包括资金、劳动力及设备等，即

$$0 \leqslant g_{i,j} \leqslant c_j \quad (j = 1, \ 2, \ \cdots, \ M) \tag{3.27}$$

式中：$g_{i,j}$ 为工程 i 占用 j 资源量；c_j 为资源 j 的总量。

（5）非负约束，即

$$x_i \geqslant 0 \quad (i = 1, \ 2, \ \cdots, \ N) \tag{3.28}$$

以上构成了平原圩区圩垸内部除涝排水系统最优规划数学模型，一般而言，目标函数式（3.23）、约束式（3.25）和式（3.27）应为复杂的非线性函数甚至是隐函数形式，因此它是典型的具有约束的非线性优化问题。

3.5.2 平原圩区除涝排水系统规划模型求解

3.5.1 节所构造的非线性最优规划模型的求解是非常困难的，常见的做法是对非线性函数进行线性化处理，如对可分离变量采用"可分规划法"进行线性变换（刘肇祎，1998），再利用已经日臻成熟的线性优化方法进行优化，这种做法在计算过程中需要引入一定数量的中间变量，因而其维数会有较大增加，同时计算结果的精度一般难以令人满意。还有一种常见的处理方法是把原问题转化为动态规划模型，但其也会随着问题复杂度的增大而面临着"维数灾"的困惑。利用具有全局优化功能的遗传算法求解该问题是很自然的，然而由于搜索效率低、易早熟等不足，SGA 在求解高维复杂优化问题时显得力不从心。由上述研究改进的遗传

算法 EGA 具有参数设置简便、自适应能力强、计算效率高、全局收敛性稳定和通用性强等特点，对求解复杂系统问题效果较好，简述如下。

3.5.3　应用实例——某滨海圩区除涝排水最优规划

现以文献（刘肇祎，1998）中某滨海圩区除涝排水最优规划问题为例，说明应用 EGA 优化求解该问题的有效性。

3.5.3.1　基本资料

该圩区为地面高程接近平均潮位的易涝区，系统组成如图 3.11 所示。圩区总除涝排水面积 A=100km^2，设计净雨深 R=140mm（10 年一遇 24h 降雨），湖泊计划滞蓄水深 H_L 及河网计划滞蓄水深 H_R 皆为 0.8m，骨干河网总长度 L_R=100km，抽水泵站设计内水位 Z_0=5.5m，2d 内总抽排时间 T_1=17h。

3.5.3.2　优化模型

文献（刘肇祎，1998）考虑工程实际，将截流沟、湖泊和抽水泵站的投资函数均简化为线性函数，河网和排水闸投资函数则根据已整理出的工程投资曲线拟合成二次抛物线公式，并以除涝排水系统静态总投资最小为目标函数构建优化模型如下，即

$$\min F = \sum_{i=1}^{5} f_{1i}(x_i) = 36x_1 + 200x_2 + 14x_3 + 5(x_4 + 11)x_4 + (0.05x_5 + 11.5)x_5 \quad （3.29）$$

$$\text{s.t} \quad 14x_1 + 80x_2 + 12.24x_3 + 120x_4 + 360x_5^{0.63} = 1414 \quad （3.30）$$

$$x_4 - 0.07x_5 \geqslant 1.05 \quad （3.31）$$

$$\begin{cases} 0 \leqslant x_1 \leqslant 5 \\ 0 \leqslant x_2 \leqslant 5 \\ 0 \leqslant x_3 \leqslant 10 \\ 0 \leqslant x_4 \leqslant 5 \\ 0 \leqslant x_5 \leqslant 20 \end{cases} \quad （3.32）$$

式中：x_1 为截流面积率，%；x_2 为湖泊水面率，%；x_3 为抽排泵站设计流量，m^3/s；x_4 为河网水面率，%；x_5 为自排水闸净宽，m。

3.5.3.3　优化结果与分析

文献（刘肇祎，1998）根据目标函数和每项约束条件恰好都是可分离的单变量函数，采用非线性规划中的"可分规划法"，将模型中 3 个非线性项各用 5 个离散点进行线性分割，从而将原优化模型中变换为 12 个变量、9 个约束的线性规划模型，再用"两步法"迭代试算求解，不同优化方法计算结果见表 3.10。

表 3.10 不同优化方法计算结果

优化方法	x_1/%	x_2/%	x_3/（m³/s）	x_4/%	x_5/m	约束式（3.30）	约束式（3.31）	F^*/万元
可分变量法	0	0	0	1.42	7.31	不满足	不满足	176.45
SGA	0.007	0.066	0.026	1.600	6.907	满足	满足	209.509
EGA	0.000	0.000	0.000	1.589	6.790	满足	满足	182.588

由表 3.10 可知，原文献以增加优化模型维数和降低计算精度为代价，操作过程复杂，计算结果粗糙，故只能获得"近似"最优解，而且不难验证其解不满足约束式（3.30）和式（3.31），即经变换后的线性规划模型与原问题不等价，因此该解是不可行解。而采用 EGA 求解则相对很简单，将约束式（3.30）以罚函数的形式加入原问题目标函数构成 EGA 的适应度函数，在杂交、变异及试验搜索等遗传操作过程中注意变量约束式（3.31）的满足，而约束式（3.32）则被视为优化变量的初始变化区间。EGA 的控制参数依经验分别为种群规模 $M=300$，精英保留 $N_{ex}=30$，杂交率 $P_c=0.2$，变异率 $P_m=0.6$，进化代数取 20，优化计算结果见表 3.10。为增加不同优化方法的对比分析，本书作者同时应用简单遗传算法（SGA）求解该问题，其控制参数与 EGA 相同，优化结果同样见表 3.10。SGA 与 EGA 结果相比，两者虽然皆为可行解，但 SGA 经过 16 次进化迭代后目标值不再发生改进，即基本陷入了问题的局部最小点，造成 SGA 的 x_1、x_2 和 x_3 取值处于接近 0 却取不到边界点 0 的尴尬，而 EGA 在试验设计的指导下能轻易地搜索到边界点，从而使总投资比 SGA 降低 12.85%。EGA 与原文献的优化结果相比，虽然二者的 x_1、x_2、x_3 皆为 0，即圩区除涝排水系统取消截流沟、蓄滞湖泊和抽排泵站工程，但在确定河网水面率 x_4 及自排水闸净宽 x_5 时，EGA 给出了更加科学精确的设计参数，以较低的工程总投资满足了圩区除涝排水设计任务的要求。

本节建立了以平原圩区除涝排水系统年均投资费用最小为目标，以工程规模、资源及设计排水标准等为约束的非线性优化规划模型，并研制了改进遗传算法 EGA 进行该问题的优化求解，取得了良好的技术经济效果。实例说明，EGA 是一种具有自适应性、种群多样性和全局收敛性的新的智能算法，为水利水电工程中常见的高维、非线性优化问题提供了新的求解思路与解决途径。

3.6 试验遗传算法在灌区水电站管道优化设计中的应用

3.6.1 水电站加劲压力埋管优化设计模型

大型灌区的源头骨干水库一般来水丰富、坝高库大，因此从水利工程综合利用的角度考虑，水库不仅承担农业灌溉、灌区防洪等主要任务，有时也可根据较大的水位落差和水库泄放水量进行水力发电的开发利用。地下埋管是水电站中应用较多的一种压力管道，由于在承受内水压力时，围岩被视为承载结构的一部分与钢管联合作用，据此设计的钢管壁厚一般较薄以达到经济和安全的双重目的；同时，由于运行可靠，不受气候条件影响以及良好的防空条件等优点，目前我国较大型的引水式、混合式电站基本上都采用这种形式的压力管道。国外已建的装机容量为 1000MW 以上的常规水电站中，也有将近一半采用地下埋管（王树人等，1992）。虽然地下埋管承受内压的潜在安全度相当高，但管道放空时所受外压力的值可能远远大于大气压力（如放空内水检修或施工中压力灌浆），所以薄壳结构的光面埋管常常难于满足抗外压失稳的要求。根据国内外有关地下埋管运行实践来看，其破坏大都是由受外压失稳所致，因此地下埋管的外压失稳问题比内压问题更需注意（马善定等，1996）。针对管壁较薄的埋管用加大壁厚或提高钢材强度的办法是不经济、不合理的，且给钢管制作和施工带来很大的困难，采用加劲环是常用的手段，同时也有利于运输和施工时增加钢管的刚性。在加劲压力埋管设计过程中，随着钢管壁厚、加劲环间距、断面形状和尺寸的改变，钢管的受力分布和加劲环处的局部应力情况也明显不同，当局部应力过大时，必须对管壁进行局部甚至整体加厚，但这会增加钢材用量和施工难度，所以上述设计过程的实质是一个以钢管的经济性为目标、以结构安全性和技术可行性为约束的一种水电工程优化问题；同时，由于其设计变量较多、目标函数和约束条件皆为非线性形式、可行域为复杂的非凸结构等，它又是一个高维非线性复杂优化问题，常规的优化方法解决这类问题有很大困难。随着现代电子计算机的飞速发展和智能优化理论的不断完善，优化设计思想与方法已被广泛地应用于各个领域包括水电站压力钢管的设计，如优化压力钢管结构尺寸（Barr，1968）、钢管经济直径优化分析（Sarkaria，1979）、分岔钢管的内加强板优化设计（Zhou, et al.，1992）及考虑水击约束条件下压力管道管径序列优化（徐关泉等，1992）等。然而，关于加劲压力埋管的结构优化研究，国内外却报道较少（刘宪亮等，1998），本书作者以加劲压力埋管结构分析方法为理论基础，建立了地下埋管的优化设计模型，并引入改进的遗传算法——试验遗传算法进行该问题的求解，应用实例说明技术经济效果良好（张礼兵等，2006b），现介绍如下。

如上所述，加劲压力埋管结构优化设计的过程是：在保证压力埋管整体及局部稳定、结构强度、制造与施工等均满足要求的前提下，根据设计内水压力 H_d（m）和拟定的适宜管径 r（mm），通过优化钢管壁厚 t（mm）、加劲环的间距 l（mm）、加劲环腹板宽度 a（mm）和高度 h（mm），以使整体（或单位管长）加劲压力钢管的用钢量最少或造价最低，压力钢管优化设计结构模型（图 3.12）可描述如下。

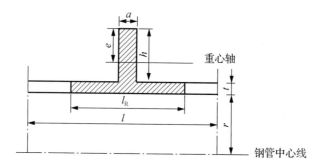

图 3.12 压力钢管优化设计结构模型

1）目标函数

$$f = \min \{ V_p + V_s \} \qquad (3.33)$$

式中：$V_p = \pi (t^2 + 2rt)$ 为单位长度埋管管身钢材用量，mm³；$V_s = \pi a[h^2 + 2 (r+t) h]/l$ 为单位长度埋管加劲环钢材用量，mm³。加劲压力埋管与加劲压力明管一样，对加劲环管段和环间光滑管段都要进行稳定校核计算，设 p_0 为压力埋钢管的设计外压力（MPa），K_p 为安全系数，一般取 1.1～2.0。

2）稳定约束条件

加劲压力埋管稳定问题包括整体结构的外压稳定和加劲环的局部稳定。

（1）加劲环间管壁的临界外压。一般采用 Mises 公式计算，即要求

$$p_{cr1} = \frac{Et}{(n^2 - 1)\left(1 + \frac{n^2 l^2}{\pi^2 r^2}\right)^2 r} + \frac{E}{12(1 - \mu^2)}\left(n^2 - 1 + \frac{2n^2 - 1 - \mu}{1 + \frac{n^2 l^2}{\pi^2 r^2}}\right)\frac{t^3}{r^3} \geqslant K_p p_0 \qquad (3.34)$$

式中：E 为钢管的弹性模量，一般采用 2.1×10^5MPa；μ 为钢管泊松比，一般取 0.3，n 为相应于最小临界压力的屈曲波数，可先用下式取整估算：

$$n = 2.74 \left(\frac{r}{l}\right)^{\frac{1}{2}} \left(\frac{r}{t}\right)^{\frac{1}{4}} \qquad (3.35)$$

再以 $n+1$、$n-1$ 连同 n 分别代入式（3.34）求 p_{cr1}，取最小值即为所求的临界外压（王树人等，1992）。

（2）加劲环的临界外压。《水电站压力钢管设计规范》（SL 281—2003）建议采用短柱强度公式计算加劲环的临界外压，即

$$p_{cr2} = \frac{\sigma_s F}{rl} \geqslant K_p p_0 \qquad (3.36)$$

式中：σ_s 为屈服应力，MPa；F 为加劲环有效截面积（包括管壁等效翼缘部分），mm²；如图 3.12 所示。

国内外实际工程的埋管失稳破坏和模型试验失稳破坏的实例说明，Amstutz 假定的屈曲波形是比较符合实际的，与 Vaughan 公式和 Borot 公式相比，Amstutz 公式的计算结果也比较接近模型试验值（马善定等，1996），故为安全计这里同时应用 Amstutz 理论公式分析计算加劲环的临界外压。

$$p_{cr3} = \frac{\sigma_N F}{r\left[1 + 0.175\left(\dfrac{r}{e}\right)\dfrac{\sigma_s' - \sigma_N}{E'}\right]} \geqslant K_p p_0 \tag{3.37}$$

其中

$$\sigma_s' = \frac{\sigma_s}{\sqrt{1 - \mu + \mu^2}}, \quad E' = \frac{E}{1 - \mu^2}$$

式中：e 为加劲环肋板外缘至管重心轴距离，mm。

σ_N 由下式迭代试算获得：

$$\left(\sigma_N + E'\frac{\Delta}{r}\right)\left(\frac{r}{i}\right)^3\left(\frac{\sigma_N}{E'}\right)^{\frac{3}{2}} = 1.73\left(\frac{r}{e}\right)(\sigma_s' - \sigma_N)\left[1 - 0.225\left(\frac{r}{e}\right)\frac{\sigma_s' - \sigma_N}{E'}\right] \tag{3.38}$$

其中

$$i = \sqrt{\frac{J_R}{F_R}}$$

式中：Δ 为管壁与围岩间总缝隙，根据工程实际取值；i 为钢管回转半径；J_R 为有效断面惯性矩。

3）强度约束条件

均匀内水压力和其他荷载产生的各种应力分析，现行《水电站压力钢管设计规范》（SL281—2003）均有相应的计算方法和公式，限于篇幅这里不作介绍。钢管各点的强度均按第四强度理论进行校核，加劲环主要承受的环向应力采用锅炉公式计算，按膜应力区进行强度校核。

4）其他约束条件

考虑加劲压力钢管的实用性和合理性，即在制造、运输、施工等方面的技术要求，应对各设计变量进行附加约束为

$$\begin{cases} 0 \leqslant l \leqslant L \\ 6 \leqslant t \leqslant 60 \\ 6 \leqslant a \leqslant \min\{60, l\} \\ 0 \leqslant h \leqslant h_{max} \end{cases} \tag{3.39}$$

式中：t、a 取标准离散值，如 6～8mm、…30mm、32mm、34mm、…60mm，而 l、h 则是连续型变量，故这是一个混合变量优化问题。对腹板高度，其最大值应为 $h_{max} = 50a\sqrt{240/\sigma_s}$。

另外，由于灌浆压力和流态混凝土压力一般对钢管稳定不起控制作用，校核这些外压稳定时如不满足条件可考虑临时支撑。

上面建立的加劲压力埋管结构优化设计模型是一个多维非线性优化问题，采用现代智能算法——遗传算法求解比较方便。但由于搜索效率低、易早熟等不足，标准遗传算法（SGA）在求解高维复杂优化问题时显得力不从心。本书作者结合传统优化方法、遗传算法和试验设计方法，采用随机性正态搜索和确定性均匀分布搜索，提出基于试验设计的改进遗传算法——试验遗传算法（EGA），数值试验说明经过上述方法改进的遗传算法 EGA 具有参数设置简便、自适应能力强、计算效率高、全局收敛性稳定和通用性强等特点，对求解复杂系统问题效果较好。

3.6.2 应用实例——某水电站加劲压力埋管优化设计

例 3.4 西洱河二级水电站，其地下压力管道钢衬内径 4.2m，根据内水压力设计选择 16Mn 钢 10mm 厚管壁，σ_s =330MPa，外水压力为 20m 水头，K_p 取 1.8，试进行该加劲环埋管的最优化设计。

此例 t 已由设计内压定为 8mm（扣除钢管锈蚀厚度 2mm），因此其优化目标函数可简化为

$$f = \min\left\{\frac{\pi a[h^2 + 4216h]}{l}\right\} \tag{3.40}$$

同时满足约束条件式（3.34）、式（3.36）、式（3.37）和式（3.39）。

王树人等（1992）在设计时，先根据管壁厚度和外压荷载，查曲线得出管壁不失稳的允许加劲环间距 l=1200mm，然后根据经验初步假定加劲环断面尺寸 a=24mm，h=100mm，计算出临界外压力 p_{cr2} 和 p_{cr3} 值分别为 0.5513MPa 和 0.5081MPa，皆大于 0.36MPa 的材料允许应力，故该加劲环设计合适，钢管满足抗外压稳定性要求。可见，传统的设计方法具有较强的主观经验性，同时对工程的经济性有欠考虑。另经本书作者验算 p_{cr1} =0.3361MPa≤0.36MPa，即加劲环间管壁不满足抗外压稳定，将 l 试算调整为 1120mm 可满足条件，相应的加劲环钢材用量有略微增加。

在采用 EGA 求解该优化问题时，先调用亚遗传算法获得若干 U_{100}（100^3）均匀设计，并取 5 个均匀性较满意的试验设计表备用，即 N_u=5。EGA 的参数设置为 M=300，N_{ex}=10，杂交率 0.2，变异率 0.6，进化代数取 30 代，优化设计结果对比见表 3.11。为方便比较，文献（王树人等，1992）的设计结果也列于表 3.11 中。

表 3.11　加劲压力埋管优化设计结果对比

方法	设计变量/mm			临界外压/MPa			平均临界外压 f/MPa	V_s /（mm³/m）
	l	a	h	p_{cr1}	p_{cr2}	p_{cr3}		
经验法	1200	24	100	0.3361	0.5513	0.5081	0.4652	271399.2
	1120	24	100	0.3626	0.5906	0.5444	0.4992	290552.4
EGA	386	6	47	0.3767	1.1682	0.8020	0.7823	97842.4
	1126	9	122	0.4321	0.3618	0.4578	0.3602	132893.4

由表 3.11 可知，由于良好的寻优性能和全局收敛性，EGA 获得的最优设计值在满足各约束的前提下皆比原文献的经验法要小很多，单位管长用材量较之节省约 66.3%，效益明显。值得一提的是，由于该优化设计方案的肋板宽度 a 很小，造成了加劲环处产生较大的局部应力集中，p_{cr2} 为 p_{cr1} 的 3 倍，平均临界外压也达到了 0.7823MPa，显然这种沿管长应力的不均匀性对钢管的长期安全运行将有不利影响，同时 a 太小也会使加劲环数目过多而增加不少焊接工作。因此，本书作者又以平均临界外压最小为目标函数进行优化，即 $f = \min\left\{\sum_{j=1}^{3} p_{crj}/3\right\}$，结果见

表 3.11，相对于以钢管用材量最少为目标得到的结果而言虽然用材量有所增加，但钢管整体应力分布要均匀、合理，而且钢材用量也比文献（王树人，董毓新，1992）少 54.3%，这也为设计决策者提供一个更多的可选方案。

传统加劲压力钢管设计方法对设计者的知识经验有较高的要求，且一般只以钢管安全稳定为目标而较少考虑其经济性，这与我国现在大力倡导的"建立节约型社会"的理念显然相悖。本节建立了以钢管的经济性为目标、以结构安全性和技术可行性为约束的优化设计模型，并研制了改进的遗传算法 EGA 进行该问题的优化求解，取得了良好的技术经济效果。实例说明，EGA 是一种具有自适应性、种群多样性和全局收敛性的新的智能算法，对水利水电工程中常见的高维非线性优化问题适用性很强，有较高的推广应用价值。

3.7　本　章　小　结

水资源系统优化方法是水资源系统工程的核心内容之一，各种复杂优化问题的求解是当前水资源系统工程理论与实践中的重点和难点。本章应用第 2 章研制的试验遗传算法（EGA），开展了其在水资源系统优化问题中的应用研究，主要包括以下内容。

（1）在灌区农田水利工程中，输配水渠道设计一直是灌溉工程系统规划设计

中的重要内容。本章首次把传统的灌溉供水渠道横断面设计转化为非线性优化问题，建立了相应的优化设计数学模型，并以梯形渠道断面和 U 形渠道断面为例，应用试验遗传算法进行渠道底宽和设计水深等参数的优化，取得了优于传统方法的工程设计方案。

（2）排水沟（管）设计也是灌区农田水利工程中的不可或缺的重要组成部分。对传统的控制大田地下水位的排水沟设计问题，本章首次构造了以工程量最省的无约束优化模型；对控制稻田渗漏量的排水暗管设计问题，建立了以工程造价最小的系统优化问题，同时考虑最大渗漏量和平均渗漏量较小、最小渗漏量等约束条件，采用试验遗传算法对两个模型的求解结果令人满意。

（3）针对灌区水电站压力埋管结构设计问题，首次建立了以钢管的经济性为目标、以结构安全性和技术可行性为约束的优化设计模型，并应用改进的遗传算法 EGA 进行该问题的优化求解，优选的设计方案明显好于传统设计方法。

以上应用实例说明，试验遗传算法是一种具有自适应性、种群多样性和全局收敛性的新的智能算法，对灌区农田水利工程、给水排水工程和水利水电工程中常见的高维非线性优化问题适用性很强，为复杂水资源系统优化问题提供了新的求解思路与解决途径。

4　智能计算在灌区水资源系统预测中的应用

4.1　水资源系统预测概述

系统预测是系统工程领域重要组成部分，它是根据研究系统或类似系统发展变化的实际数据、历史资料，以及各种经验、判断和知识等，充分分析和理解系统发展变化的规律，运用一定的科学原理和方法，对研究系统在未来一定时期内的可能变化进行推测、估计、分析和评价，以减少对系统未来状况认识的不确定性，指导系统的决策分析以减少决策的盲目性（金菊良等，2002）。系统预测是近代系统工程学、社会学、经济学、现代数学等学科发展的产物，其目的是了解掌握系统行为模式，为优化控制系统运行提供决策依据，在系统工程领域具有重要的理论意义和工程价值。系统预测作为一种技术已广泛应用于社会各个领域，如经济预测、洪水预测、粮食生产预测、人口预测、能源预测、资源与环境预测等，可以预见，随着技术与方法的普及与发展，系统预测必将显示出它越来越重要的作用。

在水资源系统规划、设计及运行管理过程中，一项重要的工作是进行水资源的质与量的预测分析，如流域洪水峰量预测、地区需水量预测和区域可供水量预测等。但是，由于受复杂的社会、政治、经济、科学技术、气象、地理等多方面因素的综合影响，现代水资源系统具有明显的非线性、高维性、随机性、模糊性、混沌性和不确定性等众多复杂特征，水资源系统预测问题至今仍是自然科学和技术科学领域内的世界性难题，吸引着无数国内外专家学者投身其中，就目前研究状况而言，水资源系统预测仍处于积极探索和不断发展阶段。

任何学科研究都必须有坚实的科学理论基础，进行系统预测应遵循的理论包括以下两方面的基础：一是预测对象所属学科领域的理论，这些理论主要用以揭示系统发展的规律、指导预测方法的选择和预测结果的分析检验，如自然科学系统的预测与社会经济系统的预测有着不同理论基础；二是预测方法的理论，主要包括数理统计理论、算法理论以及近年来兴起的智能性预测方法理论等（刘豹等，1987；韦鹤平，1993；金菊良等，2002）。目前系统预测的基本理论依据主要有（陈玉祥等，1985）：①系统惯性原理，即任何系统的发展都与其过去的行为有联系；②系统相关性原理，即在系统发展变化过程中，系统内部要素之间、系统与环境之间具有关联性；③系统类推性原理，即存在预测对象的相似对象；④系统发展的不确定性原理；⑤系统反馈修正的演进性原理。

目前，用于解决水资源系统预测问题的方法已有很多，且从不同的角度可以分为很多种类。例如，按水资源系统预测的范围可分为枯水预测、洪水预测、水质预测、水环境容量预测、农业灌溉需水量预测等；按水资源预测的时间尺度，可分为实时预测、短期预测、中期预测和长期预测等；按水资源预测的空间尺度，又可分为小尺度的行政区域性预测、大尺度的流域性预测、国家性预测、世界性预测等；按水资源预测方法的性质，则可分为定性分析预测法、定量分析预测法和定性定量相结合预测分析法等。综合起来，根据水资源系统预测的对象、预测的时间尺度、预测的空间尺度、预测精度的要求以及预测方法的性质，可把水资源系统预测方法大致分为如下几类（顾凯平等，1992；夏安邦等，2001；金菊良等，2002）。①定性分析方法。主要是依据人们对系统和现在的经验、判断和直觉，通过现场调查、专家打分、主观评价等对系统进行预测，如集思广益法、德尔菲（Delphi）法、主观概率法和交叉概率法等，其中，德尔菲法也称专家经验统计判断法，主要程序是向专家发调查表，然后统计、综合专家的反馈意见以做出结论，具有较高的可操作性和实用价值。②时间序列分析预测法。这是纯数学的定量分析类预测方法，其中单变量时间序列和多变量的数理统计方法是其主要技术，它根据水资源系统随时间变化的历史资料，通过系统时间序列的自相关分析、谱分析等，对系统发展趋势进行外推，如经验统计法、回归分析方法、自回归滑动平均模型方法、趋势分析法、方差分析、概率转移、切贝雪夫多项式、判别和聚类分析、序相关、序相似、均生函数、各种改进的经验正交函数展开、多层递阶等。③因果关系预测方法，这是一种基于机理模拟的定量预测方法。主要是根据系统内部要素变化存在的因果关系，通过识别影响系统发展的主要变量，建立数学模型，然后根据系统自变量的变化预测系统因变量，较典型的因果关系预测方法有一元及多元线性回归方法、非线性回归方法、系统动力学方法、经济计量法、投入产出法等。应用因果关系预测方法的难点在于系统各要素之间的因果关系的准确量化，需要深入了解系统状态变量、速率变量和控制变量等因素间的定量关系，以及它们之间可能存在的复杂耦合关系，而这完全依赖于系统建模人员对系统的认识水平和认知程度。④人工智能分析方法。将人工智能技术应用于系统预测问题近年来获得了快速发展，为预测这一古老又前沿的科学领域注入了新的活力。人工智能预测分析方法主要包括人工神经网络法、遗传演化算法、分形几何方法、模式识别法、模糊数学方法、马尔可夫链分析法、灰色预测方法、混沌分析方法等，其中，人工神经网络是基于模仿人类大脑的结构和功能而构成的一类信息处理系统或计算机，它具有很多与人类智能相类似的特点和很强的非线性映射能力，对非线性系统预测问题适用性好。近些年来，国内外的许多学者相继将混沌理论、小波变换理论等研究成果引入水资源系统预测领域中，开辟了一条不同于确定性和随机性方法的新途径（唐小我，1997；赵永龙等，1998）。⑤组合预测方法。基于单种预测方法（定性或定量）的局限性和近似性，通过对多种不同的预测方法进行线性或非线性结合，以便综合利用各种预测方法所提供的信息，从而提高预测的精度和可靠度。组合预测方法是建立在最大信息利用的基础上，综合多种单一模型所包含的信息进行最优组合，因此在多数情况下，通过组合预测可达到改善预测结果的目的，成为目前预测科学领域很有前途的分支。

受天文、气候气象、植被土壤、地形地貌、水文地质以及人类活动等众多因子的综合影响，水资源系统一般具有高维性、随机性、模糊性、混沌性等诸多复杂特征，导致水资源系统预测至今仍是自然科学和技术科学领域的一项世界性难题（金菊良等，2002）。同时，上述不同预测方法在复杂性、数据要求以及准确程度上各有不同，因此不同的水资源系统预测问题应采用和系统自身相适应的预测方法（程昳，2002；黄国如等，2004）。总体上看，水资源系统预测问题多采用纯数学模型的系统预测方法，但各方法的预测效果对相同的问题有较大差异，有些方法虽可以采取各种方式进行改进，从而使历史拟合达到十分理想，但实际预测效果不够稳定、精度不够理想。影响预测效果的原因主要来自两方面：一是建立数学模型所选择的因子质量不高，缺乏物理概念，或没有挑选到存在因果关系的因子，而使方法基础不牢；二是有些数学表达式不太满足系统实测序列，建模过程中处理细节的方法也可能影响到模型的预测效果。选择有清楚物理概念的因子，同时改进数学表达式中不符合系统变化的项是提高水资源系统预测效果的有效途径（陈桂英，2000）。

本章重点研究现代人工智能计算方法之一的人工神经网络方法在水资源系统预测问题上的应用，在详细介绍反向传播的人工神经网络（BP-ANN）基本原理与方法的基础上，探讨了基于试验遗传算法改进的人工神经网络模型，并开展了改进模型在河川径流中长期预测中的应用，取得了较为满意的效果。

4.2　基于试验遗传算法的混合人工神经网络建模方法

4.2.1　BP 人工神经网络基本原理与方法

从神经生理学和神经解剖学的研究证明（史忠植，1993；王伟，1995），人类思维是通过大脑完成的，而组成人脑复杂结构的最基本单元则是神经元。人脑的神经元数量极为庞大，有 $10^{10} \sim 10^{12}$ 个。人类的学习思维过程主要由神经元通过许多"树突"的精细结构收集来自其他神经元的信息，又通过"轴突"的一条长而细的神经索发出电活性脉冲，轴突分裂成数千条分支，每条分支末端的"突触"结构把来自轴突的电活性变为电作用，从而抑制或兴奋相连的各神经元中的活性（Hinton，1993）。当一个神经元收到兴奋输入，而兴奋输入又比神经元的抑制输入足够大时，神经元把电活性脉冲向下传到它的轴突，改变突触的有效性，使一个神经元对另一个神经元的影响发生改变，从而产生学习行为。生物学的研究表明，任何大量复杂的脑神经细胞活动实际上只是大量乘法、累加和判别（是否达到激活值）的简单运算的并行与复合。人工神经网络（ANN）就是基于模仿人类大脑的结构和功能而构成的一类信息处理系统或计算机，它用工程技术手段模拟上述人脑神经网络的结构和功能特征的一类人工系统。ANN 用非线性处理单元来模拟人脑神经元，用处理单元之间可变连接强度（权重）来模拟突触行为，构成一个大规模并行的非线性动力系统。ANN 中每个神经元，从邻近于该神经元的其他神经元接受信息，也向邻近于该神经元的其他神经元发出信息。整个网络的信息处理是通过神经元之间的相互作用来完成的（John，1992）。知识与信息的存储，表现为神经元的相互连接关系，网络的学习与识别，取决于各神经元连接权的动态演化过程。因此，ANN 具有很多与人类智能相类似的特点，诸如结构与处理的并行性、智能存储的分布性、很强的容错性、通过训练学习对外部环境适应性、模式识别能力以及综合推理能力等（周继成等，1993）。

不同的神经网络结构，由于网络连接模型、输入信息的离散性或连续性、有无监督训练、神经元的作用函数和动态特性等的不同，相应的学习算法也随之不同，其中，应用最为广泛的是基于反向传播学习算法（back-propagation algorithm，BP 算法）训练的 BP 人工神经网络，它是一种多层前馈型非线性映射网络，其中各神经元接受前一级的输入，并输出到下一级，网络中没有反馈连接。BP 神经网络通常可以分为不同的层（级），第 j 层的输入仅与第 j–1 层的输出连接。由于输入层节点和输出层节点可与外界相连，直接接受环境的影响，称为可见层，而其他中间层则称为隐层（hidden layer）。决定一个 BP 神经网络性质的要素有 3 个，即网络结构、神经元作用函数和学习算法，对这 3 个要素的研究构成了丰富多彩的内容，尤其是后者被研究得最多。BP 神经网络利用梯度搜索技术（gradient search technique）使代价函数（cost function）最小化，与传统的基于符号推理的人工智能相比较，BP 神经网络具有如下特点（John，1992；周继成等，1993）：①对于所要解决的问题，BP 神经网络并不需要预先编排出计算程序来计算，而只需给它若干训练实例，它就可以通过自学习来完成，并且有所创新，这是它的一个显著特点；②具有自适应和自组织能力，可从外部环境中不断地改变组织、完善自己；③具有很强的鲁棒性，即容错性，当系统接受了不完整信息时仍能给出正确的解答；④具有较强的分类、模式识别和知识表达能力，善于联想、类比和推理。正是由于这些显著特点，自 20 世纪 80 年代以来，BP 神经网络已逐渐成为高技术研究领域中的一门令人瞩目的新兴学科分支，其在模式识别、知识处理、非线性优化、传感技术、智能控制、生物工程、机器人研制等方面得到广泛应用和研究。同时，由于 BP 算法解决了多层前馈网络的学习问题，从而使该网络在复杂非线性系统工程领域中的建模、预测、优化、模拟等方面也获得了大量应用。

　　神经网络是以"样本训练"学习而不是用程序指令来完成某一特定任务的。网络学习某一任务是通过调节其神经元连接权强度，以便根据事先定义的学习规则响应所提供的训练样本。神经网络模型有许多种类型，每一种形式的神经网络适用于某类特定的问题。作为多层前向网络典型代表的 BP 网络，通常是由输入层、若干隐层和输出层组成的，其拓扑结构如图 4.1 所示。

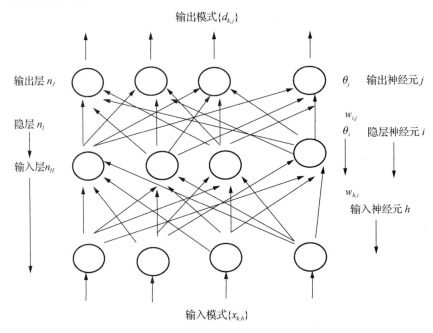

图 4.1　BP 神经网络的拓扑结构

　　如果输入层的节点数目为 n，输出层的节点数目为 m，则网络是从 n 维欧几里得空间到 m 维欧几里得空间的映射。Hecht-Nielsen（史忠植，1993）证明了具有 n 个输入神经元、$2n+1$ 个隐层神经元和 m 个输出神经元的前向三层神经网络可以任意精度逼近任何紧致子集上的连续函数 $f: I^n \rightarrow R^m$，其中，I 为闭单位区间[0, 1]，即若网络所表达的映射为 $Y=F(X)$，对一组样本 $\{X_i, Y_i | i=1, 2, \cdots, k\}$，可以认为存在某一映射 G，使得

$$Y_i = G(X_i) \qquad (i=1, 2, \cdots, k) \tag{4.1}$$

式中：X 是 n 维向量；Y 是 m 维向量。F 可一致逼近 G。Hecht-Nielsen 又证明了在一定条件下，对于任意 $\varepsilon > 0$，存在一个三层神经网络，它能以 ε 均方误差的精度逼近任意平方可积非线性连续函数。

BP 神经网络是通过对简单的非线性函数，例如 Sigmoid 函数

$$y_i = 1/(1 + e^{-x_i}) \tag{4.2}$$

的复合来实现这一映射的，只要经过少数几次复合，就可得到极复杂的函数，从而可以模拟现实世界的复杂现象。由于对 m 和 n 的大小没有什么限制，许多实际系统预测和综合评价问题都可化成用 BP 神经网络来解决。BP 神经网络的这种函数拟合功能，就是它在系统预测和综合评价中应用的理论依据。BP 网络的结构由网络层数、各层节点数和节点作用函数所决定。网络的学习，就是利用样本资料根据一定的目标函数来优化网络的参数（权值和阈值）的过程。目前，网络学习算法较多，其中反传学习算法（BP 算法）方便、直观且训练有效，现被广为采用。

为便于说明问题，以图 4.2 所示的三层 BP 神经网络为例，说明单样本点基于 BP 算法的 ANN 的实现过程（Hinton，1993；王伟，1995）。设输入层神经元为 h，隐层神经元为 i，输出层神经元为 j，n_H、n_I、n_J 分别为三层的节点数目，θ_i、θ_j 分别为隐层节点 i、输出层节点 j 的阈值，$w_{h,i}$、$w_{i,j}$ 分别为输入层节点 h 与隐层节点 i 间、隐层节点 i 与输出层节点 j 间连接线的权值，各节点的输入为 x，输出为 y。

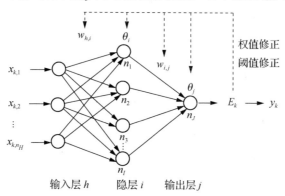

图 4.2　三层 BP 神经网络

步骤 1：初始化。设已归一化的输入、输出样本为 $\{x_{k,h}, d_{k,j} \mid k=1, 2, \cdots, n_K;$ $h=1, 2, \cdots, n_H; j=1, 2, \cdots, n_J\}$，并给各连接权 $\{w_{h,i}\}$、$\{w_{i,j}\}$ 和阈值 $\{\theta_i\}$、$\{\theta_j\}$ 赋予（-0.1，0.1）区间上的随机值。

步骤 2：置 $k=1$，把样本（$x_{k,h}$，$d_{k,j}$）提供给网络（$h=1, 2, \cdots, n_H; j=1, 2, \cdots,$ n_J）。

步骤 3：计算隐层各节点的输入 x_i、输出 y_i（$i=1, 2, \cdots, n_I$）

$$x_i = \sum_{h=1}^{n_h} w_{h,i} \cdot x_{k,h} + \theta_i , \qquad y_i = \frac{1}{1+e^{-x_i}} \tag{4.3}$$

步骤 4：计算输出层各节点的输入 x_j、输出 y_j（j=1，2，…，n_J）

$$x_j = \sum_{i=1}^{n_i} w_{i,j} \cdot y_i + \theta_j , \qquad y_j = \frac{1}{1+e^{-x_j}} \tag{4.4}$$

步骤 5：计算输出层各节点所收到的总输入变化时单样本点误差 E_k 的变化率

$$\frac{\partial E_k}{\partial x_j} = y_j(1-y_j)(y_j - d_{k,j}) \qquad (j=1，2，…，n_J) \tag{4.5}$$

其中

$$E_k = \sum_{j=1}^{n_j} \frac{(y_j - d_{k,j})^2}{2}$$

式中：E_k 为第 k 个单样本点的误差。

步骤 6：计算隐层各节点所收到的总输入变化时单样本点误差的变化率

$$\frac{\partial E_k}{\partial x_i} = y_i(1-y_i)\sum_{j=1}^{n_j}\left(\frac{\partial E_k}{\partial x_j} \cdot w_{i,j}\right) \qquad (i=1，2，…，n_I) \tag{4.6}$$

步骤 7：修正各连接的权值和阈值

$$w_{i,j}^{t+1} = w_{i,j}^{t} - \eta \frac{\partial E_k}{\partial x_j} y_i + \alpha(w_{i,j}^{t} - w_{i,j}^{t-1}) , \qquad \theta_j^{t+1} = \theta_j^{t} - \eta \frac{\partial E_k}{\partial x_j} + \alpha(\theta_j^{t} - \theta_j^{t-1}) \tag{4.7}$$

$$w_{h,i}^{t+1} = w_{h,i}^{t} - \eta \frac{\partial E_k}{\partial x_i} x_{k,h} + \alpha(w_{h,i}^{t} - w_{h,i}^{t-1}) , \qquad \theta_i^{t+1} = \theta_i^{t} - \eta \frac{\partial E_k}{\partial x_i} + \alpha(\theta_i^{t} - \theta_i^{t-1}) \tag{4.8}$$

式中：t 为修正次数，学习速率 $\eta \in$（0，1），动量因子 $\alpha \in$ [0，1]。当 η 较大时，则算法收敛快，但可能出现不稳定的振荡现象，而 η 较小则算法收敛缓慢；α 的作用恰好与 η 相反（王伟，1995）。

步骤 8：置 $k=k+1$，取学习样本对（$x_{k,h}$，$d_{k,j}$）转步骤 3，直至全部 n_K 个样本对训练完毕。

步骤 9：重复步骤 2～8，直至网络全局误差函数

$$E = \sum_{k=1}^{n_k} E_k = \sum_{k=1}^{n_k}\sum_{j=1}^{n_j} \frac{(y_j - d_{k,j})^2}{2} \tag{4.9}$$

小于预先设定的某较小值或学习次数大于预先设定的迭代值 M_p 时结束以上拟合学习过程（Hinton，1993；王伟，1995）。

在以上步骤中，步骤 3 和步骤 4 为输入学习模式的"正向传播过程"；步骤 5～步骤 7 为网络误差的"反向传播过程"；步骤 8 和步骤 9 则完成训练和收敛过程（金菊良等，2002）。

4.2.2 基于试验遗传算法的混合人工神经网络模型

BP 算法为 BP 神经网络提供了切实可行的学习算法，它使 BP 神经网络走向实际应用成为可能，这是 BP 算法的巨大贡献，而且 BP 算法理论依据坚实，推导过程严谨，所得公式形式对称优美，物理概念清晰（误差的反向传播）和通用性好。所有这些优点使它至今仍是 BP 网络学习的主要算法，然而，BP 算法也存在许多明显的不足之处，主要有：①学习速度慢；②由于网络误差平方和函数可能有局部极小点出现，BP 算法本质上是一种梯度法，不可避免存在局部极小值问题，也影响了网络的容错性能。加速 BP 算法的训练速度的典型方法是用传统优化技术来修正 BP 算法或其中的学习参数，例如用梯度法与共轭梯度法相结合的联合梯度法训练网络。梯度法的前几步收敛速度快，而接近极小点时收敛速度慢，而一般网络全局误差函数在极小点附近的性态近似于二次函数，共轭梯度法正是利用了二次正定函数的性质而导出的，其收敛较快。因此，在网络训练早期用梯度法，当接近极小点时改用共轭梯度法，从而加速训练。显然，这种方法仍不可避免地存在局部极小问题，另外，何时启用共轭梯度法具有较大的经验性（金菊良等，2002）。

张铃等（1994）指出 BP 算法的这些缺点是算法本身固有的，并建议从以下几个方面来研究新的学习算法：①新算法必须从全局观点来考察整个学习过程，必须将网络的某个性能的优劣作为新算法追求的目标之一进行考虑；②为了避免局部极小点的产生，新算法需有全局优化能力。因此，这里将具有全局优化性能的试验遗传算法（EGA）与人工神经网络相耦合，形成一种改进的算法——基于试验遗传算法的混合神经网络算法 EGA-ANN，即在 BP 算法训练网络出现收敛速度缓慢时启用 EGA 来优化此时的网络参数，把 EGA 的优化结果作为 BP 算法的初始值再用 BP 算法训练网络，如此交替运行 BP 算法和 EGA，就可望能加快网络的收敛速度，同时在一定程度上可望改善局部最小问题。

对图 4.2 所示的 BP 网络，它的参数包括 $w_{h,i}$、$w_{i,j}$、θ_i 和 θ_j，所谓 BP 网络的参数优化问题是指估计这些参数，使式（4.9）网络全局误差函数极小化。用于优化 BP 网络参数的试验遗传算法包括如下 11 个步骤。

步骤 1：BP 网络的参数变化区间的构造。设 c_j 是在 BP 算法训练网络出现收敛速度缓慢时 BP 网络的参数值，则它的变化区间可构造为 $[a_j, b_j]$，其中

$$a_j = c_j - r|c_j|, \quad b_j = c_j + r|c_j| \tag{4.10}$$

式中：r 为一正的常数。

步骤 2：网络参数的编码。设编码长度为 e，区间 $[a_j, b_j]$ 等分成 2^e-1 个子区间，则网络参数的变化空间被离散成 $(2^e)^p$ 个参数网格点，其中，$p = n_H \cdot n_I + n_I + n_I \cdot n_J + n_J$。

EGA 中称每个网格点为个体，它对应网络 p 个参数的一种可能取值状态，并用 p 个 e 位二进制数表示。这样，网络 p 个参数、网格点、个体、p 个二进制数一一对应。EGA 的直接操作对象是这些二进制数。

步骤 3：初始父代的生成。从上述 $(2^e)^p$ 个网格点中随机选取 n 个点作为初始父代，同时按遗传算法获得的均匀设计表进行均匀性分布，最大限度地使初始分布具有均匀分散性以提高初始种群代表性。

步骤 4：父代个体的适应能力评价。把第 i 个个体代入式（4.9）优化准则函数得相应的网络全局误差函数值 E_i，E_i 越小则该个体的适应能力越强。

步骤 5：父代个体的选择。把父代个体按优化准则函数值 E_i 从小到大排序。称排序后最前面 n 个个体为优秀个体。构造与 E_i 成反比的函数 p_i 且满足 $p_i>0$ 和 $p_1+p_2+\cdots+p_n=1$，从这些父代个体中以概率 p_i 选择第 i 个个体，这样共选择两组各 n 个个体。

步骤 6：父代个体的杂交。由步骤 5 得到的两组个体随机两两配对成为 n 对双亲。将每对双亲的二进制数的任意一段值互换，得到两组子代个体。

步骤 7：子代个体的变异。任取步骤 6 中的一组子代个体，将它们的二进制数的随机两位值依某概率（即变异率）进行翻转（原值为 0 的变为 1，反之变为 0）。

步骤 8：均匀调优试验操作。对步骤 5～步骤 7 产生的最优及最差群体所张成的变量按某均匀表进行不同水平组合，同时在选择的优秀个体周围一定范围内进行确定性均匀分布搜索。

步骤 9：随机调优试验操作，即在优秀个体上叠加一个服从正态分布的随机变量产生新的子代群体。

步骤 10：摄动调优试验操作，即依次序每次只对某一变量进行试探性搜索而固定其他变量不变，其实质是把一个多维问题转化为一系列单变量问题的降维法。

步骤 11：进化迭代。由步骤 7 得到的 n 个子代个体作为新的父代，算法转入步骤 4，进入下一次进化过程。以上步骤构成 EGA-ANN 的混合算法。

如此循环往复，优秀个体所对应的优化变量将不断进化，与最优 BP 网络结构形式越来越近，直至最优个体的适应度函数值小于某一设定值或达到预定加速循环次数，结束整个 EGA-ANN 算法的运行。

4.3　基于混合人工神经网络的组合预测模型及其应用

4.3.1　基于混合人工神经网络的组合预测模型原理与方法

基于单种预测方法（定性或定量）的局限性和近似性，众多学者提出将各预测模型适当地结合起来形成组合预测模型（combination forecasting model，CFM），从而较大限度地综合利用各种模型所提供的有效信息，以提高整体预测精度（Bates，et al.，1969；Granger，1989；唐纪等，1999）。通过对多种不同的预测方法进行线性的或非线性结合，形成组合预测方法。组合预测方法具体操作有两种：一是指将几种预测方法所得的预测结果，选取适当的权重进行加权平均的一种预测方法；二是指在几种预测方法中进行比较，选择拟合优度最佳或标准离差最小的预测模型作为最优模型进行预测。组合预测方法是建立在最大信息利用的基础上，它综合多种单一模型所包含的信息进行最优组合，因此在多数情况下，通过组合预测可达到改善预测结果的目的。组合预测成为目前水资源系统预测科学领域很有前途的分支，如 1998 年长江特大洪水的成功预测，就是对各种交叉学科的多因子科学、客观地予以集成做出了综合预报，并注意区别大水年与一般多雨年、大旱年与一般少雨年在预报物理模型中判据因子上的差异，为成功防汛度汛提供了科学依据，取得了巨大的社会经济效果（汪纬林等，1999）。

　　应用 CFM 进行预测的关键是各模型权重的确定，一般把随着序列变化的权重称为变权重，否则称为定权重。因后者易于理解，计算过程简单，在早期组合预测模型中应用较多。但由于变权重组合方式更能充分提取不同预测模型在不同条件下的有效信息，具有更好的合理性和精确性，然而因其计算量较大，操作过程复杂，目前研究尚少。在各模型的组合方式上用非线性方法是新趋势，如近年来有通过模糊（陈守煜，1998）、小波变换（衡彤等，2002）或人工神经网络（林锦顺等，2005）等方法建立模型的非线性联系，计算精度和预测效果较前者有了很大的改善。不过，一般建模过程复杂而影响其推广应用，其中基于人工神经网络的组合预测模型（artificial neural networks based combination forecasting model，ANN-CFM）研究较为活跃，取得了大量可喜的成果（陈秉钧等，1997；张青，2001；徐小力等，2003），然而由于 ANN 固有的缺点，如学习速度缓慢、易陷入局部极小点等，极大地限制了其与组合预测模型的无缝结合。基于此，应用试验遗传算法（EGA）优良的全局优化能力求解 ANN-CFM，不仅能有效避开传统组合预测模型权重的烦琐计算，同时具有概念清晰、计算简便的特点。此外，将混合 ANN-CFM 应用于某河流年径流预测问题，也取得了较为满意的结果（张礼兵等，2006f；张礼兵，2007b），介绍如下。

4.3.2　应用实例——ANN-CFM 在河流中长期年径流预测中的应用

　　中长期年径流预测对合理开发和优化利用水能资源、更好地制定区域能源规划具有十分重要的现实意义。在现代预测实践中，对同一预测问题基于建模机制与出发点的不同，可以建立不同的预测模型。由于问题的不确定性，各预测方法

在不同的条件下具有不同的预测精度，单项预测模型一般存在着预测效果不稳定的局限。现将 ANN-CFM 应用于文献（陈守煜，1998）中关于新疆伊犁河雅马渡站年径流预测问题。该站 23 年实测径流系列 $\{f_k | k=1, 2, \cdots, 23\}$ 资料见表 4.1，相应的 4 个预测因子 $\{x_{k,h} | k=1, 2, \cdots, 23; h=1, 2, 3, 4\}$ 的系列数据详见原文献（金菊良等，2002）。取前 17 年资料为建模样本，后 6 年为测试样本，基于加速遗传算法分别建立了该站年径流的门限回归（threshold regressive - TR）模型和 Shepard 相似插值模型（SP）。同时，笔者建立了 $x_{k,h} \sim f_k$ 映射关系的基于人工神经网络（ANN）单预测模型，其网络拓扑结构 $n_H : n_I : n_J = 4 : 5 : 1$，学习速率 $\eta = 0.85$，动量因子 $\alpha = 0.2$，训练次数 $M_p = 30000$，用 EGA 对网络参数加以优化，最后总误差 $E = 0.000063$。不同预测模型的拟合/预测误差如表 4.1 所示，其中 ANN 模型由于预测效果较差而拟合效果却远远优于 TR 模型和 SP 模型，为避免在网络训练中其对后二者的抑制，故在这里的待组合预测模型中将 ANN 剔除，而利用 ANN-CFM 模型来综合 2 个单项预测模型 TR 和 SP 时，取 $n_J = 2$，应用 $\hat{f}_{k,j} \sim f_k$ 映射关系建立了基于神经网络的组合预测模型 ANN-CFM，其网络拓扑结构 $n_H : n_I : n_J = 2 : 3 : 1$，学习速率 $\eta = 0.60$，动量因子 $\alpha = 0$，训练次数 $M_p = 10000$，总误差 $E = 0.000594$，ANN-CFM 计算结果同时列入表 4.1。

表 4.1　不同预测模型的拟合/预测误差

样本	序号	实测值 / (m^3/s)	绝对误差/ (m^3/s)				相对误差/%			
			TR	SP	ANN	ANN-CFM	TR	SP	ANN	ANN-CFM
拟合样本	1	346	36.1	38.8	0.0	25.0	10.43	11.21	0.00	7.23
	2	410	20.4	19.4	0.0	29.5	4.98	4.73	0.00	7.20
	3	385	16.8	1.3	0.0	3.5	4.36	0.34	0.00	0.91
	4	446	1.0	27.7	0.1	1.9	0.22	6.21	0.02	0.43
	5	300	69.2	34.1	0.3	32.4	23.07	11.37	0.10	10.80
	6	453	0.4	25.8	0.1	7.0	0.09	5.70	0.02	1.55
	7	495	16.8	19.9	2.3	1.6	3.39	4.02	0.46	0.32
	8	478	16.5	7.3	0.2	1.9	3.45	1.53	0.04	0.40
	9	341	27.7	16.4	0.0	8.7	8.12	4.81	0.00	2.55
	10	326	27.0	1.3	0.1	7.0	8.28	0.40	0.03	2.15
	11	364	30.8	27.8	0.2	31.6	8.46	7.64	0.05	8.68
	12	456	83.2	56.9	0.1	32.1	18.25	12.48	0.02	7.04
	13	300	9.9	26.0	0.2	8.5	3.30	8.67	0.07	2.83
	14	433	29.5	24.1	0.2	7.0	6.81	5.57	0.05	1.62
	15	336	3.0	26.8	0.1	10.8	0.89	7.98	0.03	3.21
	16	289	4.1	53.6	0.1	2.5	1.42	18.55	0.03	0.87
	17	483	45.0	28.4	0.2	12.0	9.32	5.88	0.04	2.48

续表

样本	序号	实测值/（m³/s）	绝对误差/（m³/s）				相对误差/%			
			TR	SP	ANN	ANN-CFM	TR	SP	ANN	ANN-CFM
预测样本	18	402	41.8	32.7	114.9	54.5	10.40	8.13	28.58	13.56
	19	384	2.4	44.9	17.8	51.4	0.63	11.69	4.64	13.39
	20	314	34.1	12.9	62.0	18.0	10.86	4.11	19.75	5.73
	21	401	11.9	50.2	74.0	39.8	2.97	12.52	18.45	9.93
	22	280	52.0	21.9	137.1	51.1	18.57	7.82	48.96	18.25
	23	301	40.5	1.2	112.3	30.8	13.46	0.40	37.31	10.23
平　均		379	27.0	26.1	22.7	20.4	7.53	7.0	6.91	5.72

表 4.1 的统计结果说明：①由于综合提取 TR 模型和 SP 模型的长处，在拟合过程中 ANN-CFM 的精度明显好于前二者；②ANN-CFM 的预测误差相较于 TR、SP 偏大，只能属于乙等预报方案（李慧珑，1993），这再次说明 BP-ANN 在预测问题中普遍存在的拟合优于预测的痼疾。从表 4.1 中可以很清楚地看出 ANN-CFM 对 TR 和 SP 的优化组合过程。

为方便对比，TR、SP 和 ANN-CFM 对该水文站年径流的拟合及预测的误差见图 4.3。

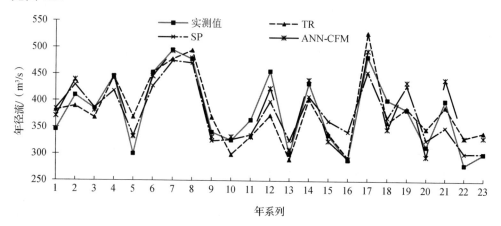

图 4.3　TR、SP 和 ANN-CFM 对水文站年径流的拟合及预测误差

由图 4.3 可知，ANN-CFM 拟合及预测效果在总体上好于前两种方法，说明基于试验遗传算法的 ANN-CFM 的计算是更为有效、稳健的。

本节避开传统组合预测模型权重的烦琐计算，采用非线性映射能力较强的混合 BP 人工神经网络方法进行该问题的求解，取得了较为满意的结果。这种新的确定变权重的方法实质上是一个黑箱映射过程，具有概念清晰、计算简便的特点，为变权重组合预测方法提供了新的思路与解决途径。

4.4　基于混合人工神经网络的模型择优预测方法及其应用

　　如上所述，应用 CFM 进行预测的关键和难点是各模型权重的确定，一般把随着序列变化的权重称为变权重，否则称为定权重，它是变权重的一种特殊形式，因后者易于理解，计算过程简单，在早期组合预测模型中应用较多。但由于变权重组合方式更能充分提取不同预测模型在不同条件下的有效信息，具有更好的合理性和精确性，只是因其计算量大，操作过程复杂，目前研究尚少。另外，在模型的组合方式上有线性与非线性之分，其规划方法在优化问题的求解中一般存在较大的困难，而递归组合预测方法的过程又较为烦琐。在 4.3 节我们建立了基于人工神经网络的组合预测模型，取得较为满意的成果。然而该计算结果同时说明，ANN-CFM 方法实际只利用各模型输出信息而没有考虑系统预测因子的输入，致使系统有效信息发生缺失；而且以模型输出值与系统实测值误差最小为目标函数，也会造成神经网络产生"过拟合"而预测能力却大大降低，甚至失去了实用价值。

　　研究表明：某组合预测方法的预测误差平方和小于参加组合的各单项预测方法的预测误差平方和之最小者，可认为该方法为理想的；并不是参与组合预测的方法越多其精度就越高，相反，有些单项预测方法的加入反而降低预测的结果，即在不同条件下有单项预测方法存在冗余的可能（陈秉钧等，1997；张青，2001）。基于此，同时受现代控制理论中模式识别思想的启发，本节提出择优预测方法，其基本思想是：对各模型进行"择优取用"，即从各模型对某个样本的拟合（预测）值中，挑选其中与实测值最贴近的作为该样本预测模型的输出，也就是把最优预测模型权重赋为 1 而其余模型权重置为 0，从而将组合预测命题巧妙地转化为 0、1 异或的模式识别问题，并采用非线性映射能力很强的改进 BP 人工神经网络（improved BP artificial neural networks，IBP-ANN）方法进行该问题的求解，称之为基于神经网络的择优预测模型（artificial neural networks based selecting-best forecasting model，ANN-SFM）。这种新的确定变权重的方法实质上是一个模型优选过程，而在应用 BP-ANN 训练学习过程中，不是以各模型的预测值与实测值间的误差最小，而是以最优模型权重趋近于 1 和其余模型权重趋于 0 为网络训练目标。这种根据"择优取用"原则的特殊组合预测方法不仅有效避开了传统组合预测模型权重的烦琐计算，而且由于对每个样本都是取用各单个预测中最优者，能在现有预测水平下保证模型"总是最好"，同时具有概念清晰、计算简便的特点。将 ANN-SFM 应用于某河流年径流预测问题（张礼兵等，2007c），取得了满意的结果。

4.4.1 基于混合人工神经网络的模型择优预测方法

下面以图 4.4 所示的三层 BP 神经网络为例，说明单样本点是基于 BP 算法的 ANN-SFM 的实现过程。设输入神经元为 h，隐层神经元为 i，输出神经元为 j，n_H、n_I、n_J 分别为三层的节点数目，θ_i、θ_j 分别为隐层节点 i、输出层节点 j 的阈值，$w_{h,i}$、$w_{i,j}$ 分别为输入层节点 h 与隐层节点 i 间、隐层节点 i 与输出层节点 j 间连接线的权值，网络输入为 $x_{k,h}$（$k=1$，2，$\cdots$，n_K，$h=1$，2，$\cdots$，n_H），输出为 $D_k=\{d_{k,j}|k=1$，2，$\cdots$，n_K，$j=1$，2，$\cdots$，$n_J\}$，主要步骤如下。

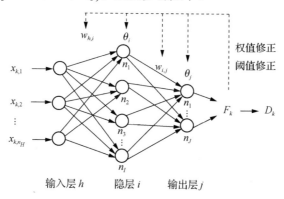

图 4.4　三层 BP 神经网络（ANN-SFM）

步骤 1：期望输出向量构造。设有 n_K 个样本对 $\{x_{k,h}; y_k | k=1$，2，$\cdots$，n_K; $h=1$，2，$\cdots$，$n_H\}$，其中 $x_{k,h}$ 为预测因子，即为 ANN 的输入神经元，共有 n_H 个，y_k 为待预测量的实测值。若对样本 k 有 n_J 个预测模型预测值为 $\hat{y}_{k,j}$，$j=1$，2，$\cdots$，n_J，其绝对预测误差 $F_k=\{e_{k,j}=|\hat{y}_{k,j}-y_k|, j=1$，2，$\cdots$，$n_J\}$。令 $e_k=\min\{e_{k,1}, e_{k,2}, \cdots, e_{k,n_J}\}$，则模型期望输出 $D_k=\{d_{k,j}|j=1$，2，$\cdots$，$n_J\}$，$d_{k,j}$ 即为 ANN 输出神经元，由式（4.11）确定为

$$d_{k,j}=\begin{cases} 0 & e_{k,j} > e_k \\ 1 & e_{k,j} = e_k \end{cases} \quad (j=1, 2, \cdots, n_J) \tag{4.11}$$

当有 l 个预测误差相同时可以两种方式处理：①总体误差最小法，即令 $E_j=\sum\limits_{k=1}^{n_K} e_{k,j}$ 最小者相应的 $d_{k,j}=1$；②平均分配法，即误差相同者期望输出皆取 $1/l$。这里采用前者，则期望输出 $d_{k,j}$ 成为只有一个元素为 1、其余元素为 0 的单位向量，这里称期望择优向量。

以下步骤 2～步骤 10 同 4.2.2 节的步骤 1～步骤 9。

4.4.2　应用实例——ANN-SFM 在河流中长期年径流预测中的应用

现仍以 4.4.1 节河流径流预测为例，以文献（金菊良等，2002）建立的 TR 模

型、SP 模型和 4.4.1 节本书作者建立的 ANN-CFM 模型为待选择模型库。然而，由于 ANN-CFM 模型拟合效果远优于 TR 模型和 SP 模型而预测效果却太差，为避免在网络训练中其对后二者的抑制，在这里的待组合预测模型中将 ANN 剔除。应用本节提出的 ANN-SFM 模型来综合 2 个单项预测模型 TR 和 SP，则 n_J=2，由两模型的绝对误差或相对误差的大小直接构造期望输出向量 $d_{k,j}$，再将 $x_{k,h} \sim d_{k,j}$ 映射关系代入基于 EGA 改进的人工神经网络，拓扑结构 $n_H : n_I : n_J$=4：7：2，学习速率 η=0.60，动量因子 α=0，训练次数 M_p=10000，经过循环往复计算网络总误差 E=0.000113，计算结果如表 4.2 所示。

表 4.2　不同预测模型拟合/预测误差及 ANN-SFM 模型择优向量

样本	序号	实测 /(m³/s)	绝对误差/（m³/s）					相对误差/%					ANN-SFM			
			TR	SP	ANN	ANN-CFM	ANN-SFM	TR	SP	ANN	ANN-CFM	ANN-SFM	$d_{k,1}$	$d_{k,2}$	$y_{k,1}$	$y_{k,2}$
拟合样本	1	346	36.1	38.8	0.0	25.0	36.1	10.43	11.21	0.00	7.23	10.43	1	0	1.000	0.000
	2	410	20.4	19.4	0.0	29.5	19.4	4.98	4.73	0.00	7.20	4.73	0	1	0.002	0.998
	3	385	16.8	1.3	0.0	3.5	1.3	4.36	0.34	0.00	0.91	0.34	0	1	0.003	0.997
	4	446	1.0	27.7	0.1	1.9	1.0	0.22	6.21	0.02	0.43	0.22	1	0	0.998	0.002
	5	300	69.2	34.1	0.3	32.4	34.1	23.07	11.37	0.10	10.80	11.37	0	1	0.000	1.000
	6	453	0.4	25.8	0.1	7.0	0.4	0.09	5.70	0.02	1.55	0.09	1	0	0.999	0.001
	7	495	16.8	19.9	2.3	1.6	16.8	3.39	4.02	0.46	0.32	3.39	1	0	0.997	0.003
	8	478	16.5	7.3	0.2	1.9	7.3	3.45	1.53	0.04	0.40	1.53	0	1	0.002	0.998
	9	341	27.7	16.4	0.0	8.7	16.4	8.12	4.81	0.00	2.55	4.81	0	1	0.004	0.996
	10	326	27.0	1.3	0.1	7.0	1.3	8.28	0.40	0.03	2.15	0.40	0	1	0.002	0.998
	11	364	30.8	27.8	0.2	31.6	27.8	8.46	7.64	0.05	8.68	7.64	0	1	0.004	0.996
	12	456	83.2	56.9	0.1	32.1	56.9	18.25	12.48	0.02	7.04	12.48	0	1	0.001	0.999
	13	300	9.9	26.0	0.2	8.5	9.9	3.30	8.67	0.07	2.83	3.30	1	0	1.000	0.000
	14	433	29.5	24.1	0.2	7.0	24.1	6.81	5.57	0.05	1.62	5.57	0	1	0.002	0.998
	15	336	3.0	26.8	0.1	10.8	3.0	0.89	7.98	0.03	3.21	0.89	1	0	0.994	0.007
	16	289	4.1	53.6	0.1	2.5	4.1	1.42	18.55	0.03	0.87	1.42	1	0	0.998	0.002
	17	483	45.0	28.4	0.2	12.0	28.4	9.32	5.88	0.04	2.48	5.88	0	1	0.001	0.999
平均		391	25.7	25.6	0.3	13.1	17.0	6.76	6.89	0.06	3.55	4.38				
预测样本	18	402	41.8	32.7	114.9	54.5	32.7	10.40	8.13	28.58	13.56	8.13	0	1	0.000	1.000
	19	384	2.4	44.9	17.8	51.4	2.4	0.63	11.69	4.64	13.39	0.63	1	0	0.997	0.003
	20	314	34.1	12.9	62.0	18.0	12.9	10.86	4.11	19.75	5.73	4.11	0	1	0.169	0.832
	21	401	11.9	50.2	74.0	39.8	11.9	2.97	12.52	18.45	9.93	2.97	1	0	0.999	0.001
	22	280	52.0	21.9	137.1	51.1	21.9	18.57	7.82	48.96	18.25	7.82	0	1	0.155	0.845
	23	301	40.5	1.2	112.3	30.8	1.2	13.46	0.40	37.31	10.23	0.40	0	1	0.160	0.840
平均		347	30.5	27.3	86.4	40.9	13.8	9.48	7.45	26.28	11.85	4.01				

表 4.2 同时给出期望输出向量 $d_{k,j}$ 和择优向量 $y_{k,1}$ 的结果，由表可知，在拟合过程中 $y_{k,1}$ 能非常精确地选出最好的模型（$y_{k,1} \approx d_{k,j}$），而在预测时出现了较小偏差，

但如果依据"择优"的原则也能很好地选择最好的预测模型。表 4.2 很清楚地显示了 ANN-SFM 对待组合预测模型 TR 和 SP 预测结果的择优挑选过程。

为比较，本书作者同时应用 $\hat{f}_{k,j} \sim f_k$ 映射关系建立了基于神经网络的组合预测模型 ANN-CFM，其网络拓扑结构 $n_H : n_I : n_J = 2 : 3 : 1$，学习速率 $\eta = 0.60$，动量因子 $\alpha = 0$，训练次数 $M_p = 10000$，总误差 $E = 0.000594$。为方便对比分析，ANN-CFM 和 ANN-SFM 的计算结果同样列于表 4.2 中。ANN-CFM 与 ANN-SFM 对该水文站年径流的拟合及预测情况见图 4.5。

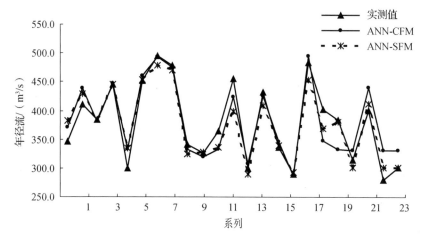

图 4.5　ANN-CFM 与 ANN-SFM 对水文站年径流的拟合及预测情况

由图 4.5 可知，前 17 年的拟合效果两种方法相差不多，但在后 6 年的预测精度上后者明显好于前者，说明 ANN-SFM 的计算是更为有效、稳健的。

为综合比较不同方法的计算效果，表 4.3 分别给出 TR、SP、ANN-CFM 和 ANN-SFM 的预测误差统计情况，同时文献（陈守煜，1998）基于模糊聚类模型 (fuzzy clustering model，FCM) 的预测结果也列于表 4.3 内。

表 4.3　不同预测模型拟合/预测误差统计

项目	模型	绝对误差 / (m³/s)	相对误差 /%	相对误差绝对值落于下列区间的百分比			
				[0, 5]	[0, 15]	[0, 20]	[0, 30]
拟合	TR	25.74	6.76	52.94	88.24	94.12	100.00
	SP	25.63	6.89	35.29	94.12	100.00	100.00
	ANN-CFM	13.12	3.54	70.59	100.00	100.00	100.00
	ANN-SFM	16.96	4.38	64.71	100.00	100.00	100.00
预测	TR	30.45	9.48	33.33	83.33	100.00	100.00
	SP	27.31	7.45	33.33	100.00	100.00	100.00
	FCM	31.17	9.28	16.57	100.00	100.00	100.00
	ANN-CFM	40.93	11.85	0.00	83.33	100.00	100.00
	ANN-SFM	13.83	4.01	66.67	100.00	100.00	100.00

表4.3的统计结果说明：①由于综合提取 TR 模型和 SP 模型的长处，ANN-SFM 的计算精度在二者的基础上有了明显改善；②ANN-SFM 在拟合及预测中都能 100%使相对误差绝对值小于 15%，根据水文预报方案精度的评定标准和检验标准（李慧珑，1993），ANN-SFM 的评定（拟合）合格率为 100.00%，属甲等预报方案，其检验（预测）合格率也为 100.00%，推断该模型预报检验结果应为优等；③与 ANN-CFM 相比，ANN-SFM 的拟合精度和预测精度具有相当一致性，显示其稳健的预测性能和较高的可信度。

4.5　基于近邻估计的年径流预测动态联系数回归模型

在当前用水日趋紧张的情况下，准确可靠的年径流预测对合理开发和优化利用水资源、区域水资源安全管理，以及更好地制定区域社会经济规划具有十分重要的指导意义（范钟秀，1999；陈守煜，1997，1998）。年径流是一个涉及水文、气象及下垫面等诸多因素的复杂过程，它既受确定性因素的作用，又受随机性等不确定性因素的作用，因而变化十分复杂，对其未来的描述也非常困难。目前，国内外对年径流的预测尚处于积极探索阶段（金菊良等，2000；2001b；金菊良等，2002）。目前常用的年径流预测方法大致可分为两类：一是成因预测方法，它是基于大气环流、天气过程的演变规律和流域下垫面物理状况的复杂成因动力学模型，是年径流预测的一个重要发展方向。但由于年径流具有时间上和空间上的复杂特性，目前成因动力预测仍然十分困难。二是统计预测方法，它是基于年径流及其影响因子的成因、统计关系建立的统计模型，因其可操作性强而被广为采用（金菊良等，2000；Grossi，et al.，2004；Giorgio，et al.，2006；Soren，et al.，2008）。常用的预测统计模型为回归模型，但是由于年径流过程的自相依性不强，年径流与其影响因子之间存在不确定的非线性关系，只用单一的统计回归模型往往得不到令人满意的结果，而集对分析（set pair analysis method，SPA）为研究确定、不确定系统提供了新的研究途径（赵克勤，2000；Wang，et al.，2009；Cao，et al.，2008）。冯利华等根据集对分析的理论方法提出了年径流预测的联系数回归模型，并取得了令人满意的结果（冯利华，张行才，2004）。在回归模型中，相关性高的预测因子不能在每次预测中都表现出相对重要性，而相关性低的预测因子也不是在每次预测中都表现出相对不重要。实际上在每次预测中，模型中所有预测因子的相对重要性都是不断变化的，一些预测因子在某次预测中表现出相对重要，但是在其他的预测中可能变得相对次要，甚至起副作用，因而预测模型中预测因子的结构应该是动态的。薛根元和王国强等计算各预测因子的变异系数，划分各预测因子的强势和弱势，在预测模型中充分发挥强势因子的作用，消除弱势因子的作用，并使其作用由其他的强势因子取代，据此提出了天气预报的联系数回归模型，取得非常好的预测效果，明显提高了预测精度（薛根元，王国强，2003）。薛根元和王国强（2003）在计算各预测因子的变异系数时，为估计点 x 在样本中找到最为相邻的 k 个样本 x_i，y_i 为与之对应的年径流量，其中 $i=1, 2, \cdots, k$。此时 k 个近邻的 x_i 是一组初始场，k 个 y_i 是一组预测值。如果这 k 个近邻的 x_i 对应的 y_i 分布越集中，则表示用此自变量 x 去预测 y 的效果越好，也就是自变量 x 的预测能力越强，自变量 x 关于 y 的不确定性越小，称此 x 为强势因子；反之，这 k 个 y_i 分布越分散，则表示用 x 去预测 y 的效果越差，也就是 x 的预测能力越弱，自变量 x 关于 y 的不确定性大，称此 x 为弱势因子。该方法分别用单一的预测因子去分析预测量的分布，确定因子的强弱，忽视了各个预测因子之间的相互作用，在某次预报中各预测因子的变异系数不是对应于同一预测值 y_i，没有可比性，无法完全表达出各个预测因子与预测量之间的真正联系。为此在本节中，为估计点 y 在样本中找到最为相邻的 k 个样本 y_i，x_{ij} 为与之对应的影响因子，其中 $i=1,2,\cdots,$ k，$j=1, 2, \cdots, n$（n 为预测因子的数目）。如果这 k 个近邻 y_i 对应的 x_{ij} 分布越集中，则表示用此自变量 x_j 去预测 y 的效果越好，也就是该自变量 x_j 预测能力越强，自变量 x_j 关于 y 的不确定性越小，称此 x_j 为强势因子；反之，这 k 个近邻的 y_i 对应的 x_{ij} 分布越分散，则表示此自变量 x_j 去预测 y 的效果越差，也就是 x_j 的预测能力越弱，自变量 x_j 关于 y 的不确定性大，称此 x_j 为弱势因子。据此建立基于近邻估计的年径流预测动态联系数回归模型（nearest neighbor estimate based dynamic connection number regression model for predicting annual runoff，NNE- DCNR），它是在同样的对应值 y 的基础上，同时考虑所有的 n 个预测因子的分布情况来定其预测能力的强弱，既考虑了各个因子与预测值的联系，又考虑到了各个预测因子之间的相互作用，能较全面地体现了预测因子与预测值之间的联系（蒋尚明等，2013a）。

4.5.1　NNE-DCNR 的建立

步骤 1：预测因子的不确定性分析，即计算各预测因子的变异系数来判断预测因子在某次预测中的预测能力的强弱。近邻估计方法是（陈希孺，1993）：在 p 维自变量空间中，各次观测值 X_i 与估计点 x_0 的距离为 $\rho_i(x)$，按距离的近远排列，其中有最近的 k 个观测值，记第 k 个最近观测值与 x 的距离为 $\rho_0(x)$。在本节中采用统计距离（Grossi，et al.，2004）为

$$\rho_i(x) = \left| \frac{(x_{01} - X_{i1})^2}{s_{11}} + \frac{(x_{02} - X_{i2})^2}{s_{22}} + \frac{(x_{03} - X_{i3})^2}{s_{33}} \right|^{1/2} \tag{4.12}$$

式中：$s_{ii}(i=1, 2, \cdots, p)$为自变量的标准差。当自变量为一维时，有

$$\rho_i(x) = \frac{|x_0 - X_i|}{\sqrt{s_{11}}} \tag{4.13}$$

　　根据式（4.12）或者式（4.13）在样本中找估计点 y 的最为相邻的 k 个样本点 y_i，x_{ij} 为与之对应的影响因子，其中 $i=1, 2, \cdots, k$，$j=1, 2, \cdots, n$（n 为预测因子的数目）。如果这 k 个近邻 y_i 对应的 x_{ij} 分布越集中，则表示用此自变量 x_j 去预测 y 的效果越好，也就是该自变量 x_j 的预测能力越强，自变量 x_j 关于 y 的不确定性越小，称此 x_j 为强势因子；反之，这 k 个近邻的 y_i 对应的 x_{ij} 分布越分散，则表示用此自变量 x_j 去预测 y 的效果越差，也就是 x_j 的预测能力越弱，自变量 x_j 关于 y 的不确定性大，称此 x_j 为弱势因子。这 k 个近邻的 y_i 对应的 x_{ij} 分布的集中或者分散程度称为离散度，可采用变异系数来表示为

$$C_{\mathrm{v}} = \frac{s}{\bar{x}} \tag{4.14}$$

　　在计算变异系数时，要用所有的预测因子的变异系数比较得出在某次预测中因子的强弱，需要对预测因子 X_j（$j=1, 2, \cdots, n$）进行一致无量纲化处理（金菊良等，2008）

$$x_{ij}^* = \frac{x_{ij} - x_{\min j}}{x_{\max j} - x_{\min j}} \tag{4.15}$$

　　由式（4.15）得到一致无量纲化的预测因子 X_j^*（$j=1, 2, \cdots, n$）。根据式（4.14）和式（4.15）可以在每一组样本中，对 n 个预测因子可以计算出 n 个变异系数。根据计算得到的所有因子的变异系数，当 $C_{\mathrm{v}} \geqslant C_{\mathrm{vm}}$ 时，则认为该因子的预测能力较差，可判定该因子为弱势因子（C_{vm} 为变异系数的临界值）。

　　步骤 2：确定各预测因子 X_j（$j=1, 2, \cdots, n$）关于预测值 Y 的联系数。在集对分析的基本理论中，将已知两个集合 A 和集合 B 建立集对 H（A，B），并就这两个集合的特性进行同异反定量比较分析，设它们共有 N 个特性，其中 S 为两集合所共有的特性个数，P 为两集合所相对立的特性个数，F 为两集合表现为既不对立又不同一的特性个数，则联系度 μ 可表示（赵克勤，2000）为

$$\mu = \frac{S}{N} + \frac{F}{N}I + \frac{P}{N}J \tag{4.16}$$

或者表示为

$$\mu = a + bI + cJ \tag{4.17}$$

其中

$$a = \frac{S}{N}, \ b = \frac{F}{N}, \ c = \frac{P}{N}$$

　　在本节中，对于普遍存在的随机变量 y_i（$i=1, 2, \cdots, m$）和相应的某一自变

量 x_i（$i=1$，2，$\cdots$，m），其中最大值为 $x_{\max}$。把第 i 个样本 x_i 与 $x_{\max}$ 组成集对，并取第 i 个样本 x_i 与 $x_{\max}$ 进行对比分析可知，当因子处于强势时，表示因子的预测能力较强，它对于预测量的不确定性较少，此时它对预测量的确定性占主导地位，对预测量的不确定性占从属地位，因此同一度 $a=S/N=x_i/x_{\max}$，对立度 $c=P/N=(x_{\max}-x_i)/x_{\max}$，差异度 $b=F/N=0$。当因子处于弱势时，自变量对因变量的预测"状况"有含糊状态，表示此时因子的预测能力较弱，它对预测量的不确定性占主导地位，对预测量的确定性占从属地位，因此同一度 $a=S/N=0$，对立度 $c=P/N=0$，差异度 $b=F/N=1$。具体表示（薛根元等，2003）为

$$a_{ij} = \begin{cases} \dfrac{x_{ij}}{x_{\max j}} & (x_{ij}\text{处于强势}) \\ 0 & (x_{ij}\text{处于弱势}) \end{cases} \tag{4.18}$$

$$b_{ij} = \begin{cases} 0 & (x_{ij}\text{处于强势}) \\ 1 & (x_{ij}\text{处于弱势}) \end{cases} \tag{4.19}$$

$$c_{ij} = \begin{cases} \dfrac{x_{\max j} - x_{ij}}{x_{\max j}} & (x_{ij}\text{处于强势}) \\ 0 & (x_{ij}\text{处于弱势}) \end{cases} \tag{4.20}$$

差异度 $b_{ij}=F/N$ 表示在 N 个特性中有 F 个特性表现为既不同一又不对立，即该因子处于弱势，预测能力较弱，与其让其勉强参与预测，还不如让其弃权，把预测结论的决定权让给其他强势因子。基于此，可令差异度系数

$$I = \frac{\sum\limits_{j=1}^{n} a_{ij}}{\sum\limits_{j=1}^{n} a_{ij} + \sum\limits_{j=1}^{n} c_{ij}} + \frac{\sum\limits_{j=1}^{n} c_{ij}}{\sum\limits_{j=1}^{n} a_{ij} + \sum\limits_{j=1}^{n} c_{ij}} J \tag{4.21}$$

式中：n 为预测因子的数目；i 为相应的样本数。式（4.21）的含义是，当因子处于弱势时，它的差异度 b 按一定比例分配给它的同一度和对立度，这个比值就是其他几个强势因子的平均同一度与平均对立度之比。将式（4.21）代入式（4.17）（薛根元等，2003）得

$$\mu_{ij} = a_{ij} + b_{ij} \frac{\sum\limits_{j=1}^{n} a_{ij}}{\sum\limits_{j=1}^{n} a_{ij} + \sum\limits_{j=1}^{n} c_{ij}} + \left(c_{ij} + b_{ij} \frac{\sum\limits_{j=1}^{n} c_{ij}}{\sum\limits_{j=1}^{n} a_{ij} + \sum\limits_{j=1}^{n} c_{ij}} \right) J \tag{4.22}$$

根据集对分析理论，一般取对立度系数 $J = -1$，则式（4.21）可改写为

$$\mu_{ij} = (a_{ij} - c_{ij}) + \frac{b_{ij}\left(\sum_{j=1}^{n} a_{ij} - \sum_{j=1}^{n} c_{ij}\right)}{\sum_{j=1}^{n} a_{ij} + \sum_{j=1}^{n} c_{ij}} \tag{4.23}$$

步骤 3：以各预测因子的联系数为自变量，年径流值为应变量，建立联系数回归模型为

$$\hat{Y}_i = \sum_{j=1}^{n} B_j \mu_{ij} + B_0 \tag{4.24}$$

式中：$i=1$，2，…，m，m 为预测的样本容量；$j=1$，2，…，n，n 为预测因子的数目；B 为模型的回归参数。

步骤 4：根据当前年的预测因子集 $\{x_{(m+1)j}|j=1, \cdots, n\}$ 和步骤 2 可以得到当前年的因子的联系数，据式（4.24）可得当前年的年径流的预测值。

4.5.2　应用实例

现以新疆伊犁河流域雅马渡站年径流预测为例，进一步说明基于近邻估计的年径流预测动态联系数回归模型的应用过程。该流域三面环山向西开敞的地形使该流域成为新疆及亚洲中部干旱区的温和湿润的独特区域，水资源已成为流域经济社会可持续发展的主要保障力和最稀缺性资源。这里选取近代人类活动影响相对较小的 1953～1975 年的年径流 y_i 和初选的 4 个物理因子：x_{i1} 为某年 8 月欧亚地区 500hPa 月平均纬向环流指数；x_{i2} 为某年 5 月欧亚地区 500hPa 月平均径向环流指数；x_{i3} 为某年 6 月 2800MHz 太阳射电流量，10^{-22}W/（$m^2 \cdot$ Hz）；x_{i4} 为某年 11 月至翌年 3 月伊犁气象站的总降雨量，mm；$i=1\sim23$（陈守煜，1997）。

根据式（4.15）对各预测因子 X_j（$j=1$，2，…，n）进行一致无量纲化，得一致无量纲化的预测因子 X_j^*（$j=1$，2，…，n）。先选取 17 年（1953～1969 年）的样本，在运用近邻估计时，经过多次程序调试，取 $k=4$。然后根据式（4.12）和式（4.14）可得到各预测因子的变异系数 $C_{v_{ij}}$ 及联系数 μ_{ij}，结果见表 4.4。经统计运算和反复调试程序，在某次预测中，当某因子的变异系数大于 1.00 时，该因子将干扰模型做出正确的预测结论的可能性比较大。因此在某次预测中，当某因子 $C_{v_{ij}} > 1.00$ 时，则可判定其为弱势因子。得出因子的强弱分势后，则可对各预测因子进行 SPA 同异反分析，根据式（4.18）～式（4.23）可得到各预测因子的联系数 μ_{ij}，结果见表 4.4。

表 4.4 各预测因子的变异系数 $C_{v_{ij}}$ 及联系数 μ_{ij}

年份	$C_{v_{i1}}$	$C_{v_{i2}}$	$C_{v_{i3}}$	$C_{v_{i4}}$	μ_{i1}	μ_{i2}	μ_{i3}	μ_{i4}
1953	0.262	0.349	0.681	0.462	0.849	1.000	-0.325	-0.078
1954	0.624	0.395	1.615	0.323	0.630	0.521	0.406	0.065
1955	0.321	0.485	1.125	0.392	0.613	0.859	0.435	-0.167
⋮	⋮	⋮	⋮	⋮	⋮	⋮	⋮	⋮
1966	0.637	0.234	1.492	0.335	0.748	0.380	0.451	0.224
1967	0.261	0.637	0.778	0.617	0.815	0.521	-0.238	-0.348
1968	0.215	0.945	0.882	0.610	0.395	0.380	-0.048	-0.760
1969	0.896	0.158	0.595	0.380	0.328	0.408	0.167	1.000

根据表 4.4 中的联系数和年径流值建立的回归模型，得到的模型参数如表 4.5 所示，同时列出了其他常规回归模型的参数。由表 4.5 可知：本节基于近邻估计的动态联系数回归模型的复可决系数 R^2=0.87，相对常规回归方法的 R^2=0.81 有所提高，而本节模型的方程显著性检验值 F=19.82，相对常规回归方法的 F=13.04 也有明显提高，这说明本节基于近邻估计的动态联系数回归模型很好地改善了预测因子与预测值之间的线性相关性。把表 4.5 中的参数代入式（4.24）联系数回归模型，可得到 1953～1969 年的年径流值拟合值和误差分析结果，见表 4.6。表 4.6 中同时列出了文献（金菊良等，2000）中门限回归模型的年径流拟合值和误差分析结果以便比较分析。

表 4.5 不同线性回归方法的回归系数

不同的回归方法	B_0	B_1	B_2	B_3	B_4	复可决系数 R^2	F 值
NNE-DCNR	413.98	-90.48	51.32	39.22	84.00	0.87	19.82
直接回归	320.90	-129.43	173.45	0.05	0.79	0.81	13.04

根据当年（1970 年）的年径流 y_{m+1} 的主要物理因子集 $\{x_{(m+1)j}|\, j=1\sim4\}=\{0.59,$ $0.50，167，64.9\}$，由式（4.23）得到相应的联系数，代入式（4.24），得到 1970 年的年径流预测值为 408.28m³/s。为充分发挥预测因子结构的动态性，当预测 1971 年的年径流时，将选取 1953～1970 年的样本重复上述步骤，并得到新的模型参数，来预测 1971 年的年径流值，依次类推，可得到 1971～1975 年的年径流预测值，各次预测的模型参数和年径流预测值见表 4.7。对得到的 1971～1975 年的年径流预测值进行误差分析，见表 4.8。表 4.8 中同时列出了陈守煜（1997）和金菊良（2002）的相应年径流预测值的结果。

表 4.6　NNE-DCNR 拟合结果分析和比较

年份	实际年径流/ (m³/s)	NNE-DCNR			门限回归模型		
		拟合值/ (m³/s)	绝对误差/ (m³/s)	相对误差/%	拟合值/ (m³/s)	绝对误差/ (m³/s)	相对误差/%
1953	346	369.19	23.19	6.70	382.14	-36.14	-10.45
1954	410	405.08	-4.92	-1.20	389.61	20.39	4.97
1955	385	405.58	20.58	5.34	368.17	16.83	4.37
1956	446	449.15	3.15	0.71	444.97	1.03	0.23
1957	300	329.23	29.23	9.74	369.25	-69.25	-23.08
1958	453	441.36	-11.64	-2.57	453.36	-0.36	-0.08
1959	495	463.55	-31.45	-6.35	478.17	16.83	3.40
1960	478	507.08	29.08	6.08	461.48	16.52	3.46
1961	341	361.44	20.44	6.00	368.74	-27.74	-8.13
1962	326	296.32	-29.68	-9.10	299.05	26.95	8.27
1963	364	339.26	-24.74	-6.80	333.19	30.81	8.46
1964	456	414.63	-41.37	-9.07	372.80	83.20	18.25
1965	300	300.61	0.61	0.20	290.06	9.94	3.31
1966	433	402.29	-30.71	-7.09	403.51	29.49	6.81
1967	336	328.37	-7.63	-2.27	338.96	-2.96	-0.88
1968	289	332.03	43.03	14.89	293.11	-4.11	-1.42
1969	483	495.83	12.83	2.66	527.96	-44.96	-9.31
	平均误差		21.43	5.69		25.74	6.76

表 4.7　预测 1970～1975 年的模型参数和年径流预测值

预测年份	k	$C_{v_{ijm}}$	B_0	B_1	B_2	B_3	B_4	年径流的预测值
1970	4	1.00	413.98	-90.48	51.32	39.22	84.00	408.28
1971	4	1.00	413.46	-88.36	56.84	27.06	85.45	397.33
1972	4	1.00	408.44	-79.46	64.10	24.05	84.75	338.38
1973	4	0.96	399.28	-96.87	80.69	61.62	43.73	422.72
1974	4	0.95	392.11	-92.00	81.27	67.77	40.97	333.70
1975	4	0.95	392.84	-75.97	71.64	56.70	65.08	328.12

表 4.8　不同年径流预测模型的预测结果分析

年份	实际年径流/ (m²/s)	NNE-DCNR		模糊集回归模型		门限回归模型	
		预测值/ (m³/s)	相对误差/%	预测值/ (m³/s)	相对误差/%	预测值/ (m³/s)	相对误差/%
1970	402	408.28	-1.56	361.00	10.20	360.20	10.40
1971	384	397.33	-3.47	354.00	7.81	381.60	0.62
1972	314	338.38	-7.76	337.00	-7.32	348.10	-10.86
1973	401	422.71	-5.41	416.00	-3.74	412.90	-2.97
1974	280	333.70	-19.18	321.00	-14.64	332.00	-18.57
1975	301	328.12	-9.01	338.00	-12.29	341.50	-13.46
	平均误差		7.73		9.34		9.48

表 4.5~表 4.8 说明：①根据对各预测因子和年径流之间的同异反联系数信息分析建立的年径流预测模型，比直接利用预测因子建立的年径流回归模型能明显改善预测结果；②本节中利用近邻估计，通过计算各个预测因子的变异系数，来动态地判断预测因子在某次预测中处于强势或者弱势，并在此基础上进行集对分析的同异反联系数分析，充分发挥强势因子的预报功能，减少、消除弱势因子对预测的负面影响，进而建立起以预测因子联系数为自变量，年径流为因变量的回归模型，NNE-DCNR 在 1953~1969 年的 17 年的年径流值拟合过程中，相对误差都在 15%以内，且平均相对误差为 5.69%，与金菊良（2002）相比较拟合值稳定且相对误差小；③NNE-DCNR 在 1970~1975 年的年径流预测过程中，相对误差都在 20%以内，且平均相对误差为 7.73%，预测精度相对于陈守煜（1997）和金菊良（2002）的方法有明显提高。

4.5.3　结论

（1）年径流是一个涉及水文、气象及力学等诸多因素的复杂过程，它既受确定性因素的作用，又受不确定的随机性等因素的作用，影响年径流的预测因子的结构是动态复杂的。集对分析理论为处理确定、不确定系统提供了新的途径，根据集对分析理论建立起来的预测联系数回归模型可以明显改善回归模型的预测精度。对于预测因子结构具有的动态性，本节中利用近邻估计，通过计算各个预测因子的变异系数，来判断预测因子在某次预测中处于强势或者弱势，进而动态地选择预报功能大的强势因子，消除对预报起负面作用的弱势因子的作用，这样很好地体现了预测因子结构中具有的动态性，本节据此建立了基于近邻估计的年径流预测动态联系数回归模型（NNE-DCNR）。

（2）NNE-DCNR 在伊犁河流域年平均流量预测中的应用结果说明：用 NNE-DCNR 预测年径流量，思路清晰、概念明确，预测精度比目前常用的预测模型方法有显著提高，在水文水资源的预测中具有推广应用价值。

4.6　本章小结

系统预测是一门技术性要求很强的工作，也是一项艺术性水平很高的课题，它既要求预测者掌握多种系统预测方法与技术，又要求预测者具有灵活运用这些技术方法的能力。由于所研究水资源系统的行为模式极其复杂，而水系统所处的环境因素众多也交织错综，进行水资源系统预测工作既没有统一格式也没有固定的方法，全靠系统预测者的知识、经验和能力的充分发挥与创造性运用。本章在详细介绍 BP 人工神经网络原理方法的基础上，针对其在水资源系统预测问题中的不足，做了以下 4 方面工作。

（1）BP 人工神经网络是现代水资源系统工程常用的系统建模方法之一，但在实际应用过程中也存在着诸多不足，如收敛速度慢、难以获得全局最优解等。本章针对 BP-ANN 易陷入局部最小点这一问题，研制了基于试验遗传算法改进的 BP 人工神经网络方法，提高了 BP-ANN 的全局优化能力。

（2）非线性组合预测模型面临的主要难题是变权重的合理确定，采用非线性映射能力较强的 BP 人工神经网络方法进行该问题的求解，能有效避免传统组合预测模型权重的烦琐计算。组合预测模型的实例结果说明，基于 EGA 的 BP 人工神经网络组合预测方法能集各预测模型所长，拟合精度高，预测效果好。这种确定变权重的方法实质上是一个黑箱映射过程，具有概念清晰、计算简便的特点，是变权重组合预测方法的重要方法之一。

（3）针对组合预测中各模型权重难以科学确定的难题，另辟蹊径，根据"择优取用"原则首次将预测模型的组合问题巧妙地转化为 0、1 异或的模式识别问题，并采用非线性映射能力很强的改进 BP 人工神经网络方法进行该问题的求解，取得了令人满意的结果。这种新的确定变权重的方法实质上是一个模型优选过程，由于对每个样本都是取用各单个预测中最优者，能在现有预测水平下保证模型"总是最好"，同时具有清晰易懂、简便易操作的优点。作为变权重组合预测方法的一个特例，在组合预测领域有较高的实用价值。

（4）对于预测因子结构具有的动态性，本章中利用近邻估计，通过计算各个预测因子的变异系数，来判断预测因子在某次预测中处于强势或者弱势，进而动态地选择预报功能大的强势因子，消除对预报起负面作用的弱势因子的作用，这样很好地体现了预测因子结构中具有的动态性，本节据此建立了基于近邻估计的年径流预测动态联系数回归模型（NNE-DCNR）。NNE-DCNR 在伊犁河流域年平均流量预测中的应用结果说明：用 NNE-DCNR 去预测年径流量，思路清晰、概念明确，预测精度比目前常用的预测模型方法有显著提高，在水文、水资源的预测中具有推广应用价值。

5 智能计算在灌区水资源系统评价中的应用

5.1 水资源系统评价概述

系统评价既是系统分析的后续工作，同时又是系统决策分析的前期基础，因此系统评价是系统分析和系统决策的结合点，作为系统工程体系中承上启下的重要环节具有"枢纽"作用，在各种应用系统工程领域具有广泛的应用价值。水资源系统评价，就是对所研究的水资源系统各要素在总体上进行分类排序（金菊良等，2004），其实质就是如何最佳地把多层次多维系统评价指标转换为单层次单维指标，该过程既要反映评价对象的主要特征信息，又要反映评价者的价值判断，两者的合理平衡过程是一个既需要综合集成定性信息与定量信息，也需要综合集成主观信息与客观信息的复杂过程，它既要求所使用的评价方法具有客观性、合理性、公平性、科学性和可操作性，又要求评价过程具有再现性，以促进决策进一步科学化。它包含基于定性分析和定量计算综合集成的数学模型构造与求解的实用方法、计算机程序设计、系统评价模型的灵敏度分析与反馈控制等丰富而复杂的研究内容（王浩等，2002；魏一鸣等，2002；程吉林，2002；金菊良，2002）。

从应用方法的角度，水资源系统综合评价方法可分为9类（陈衍福等，2004），即定性评价方法、技术经济分析方法、多属性决策方法、数据包络分析方法、统计分析方法（如主成分分析、因子分析、聚类分析、判别分析等）、系统工程方法（包括评分法、关联矩阵法、层次分析法等）、模糊数学方法、交互式评价方法和基于人工神经网络的评价方法。从评价标准和评价者目的的角度，可将水资源系统评价可归结为4类（金菊良等，2002）：①聚类评价，即没有评价标准下的评价；②等级评价，是在已知评价标准下的评价，又称模式识别方法；③以单个决策者的可行方案集为评价对象的评价，称为决策分析；④以两个或两个以上决策者的可行方案集为评价对象的评价，称为对策分析。其中，前两类着重于评价水资源系统的客观状态，其主要目的在于认识系统；而后两类则着重于评价针对水资源系统面临的各种状况所需采用的各种行动方案，其主要目的在于管理系统。另外，随着学科交叉与综合，一些新的综合评价方法也不断产生，如系统模拟评价方法、信息熵方法、灰色综合评价方法、物元分析方法与可拓评价方法、动态综合评价方法、集对分析法、属性识别方法、投影寻踪方法等。不同方法之间相互结合，又可以得到新的评价方法，如模糊聚类方法、灰色层次决策方法、模糊信息熵方法等。

金菊良等（2006）从数学变换角度探讨了水资源系统评价方法论的数学表达形式，即评价过程可归纳为 7 个步骤：①确定评价对象生成函数 $f_1(X)$，这是对评价对象的采样问题，一般要求有代表性、可比性和可测性；②确定评价指标生成函数 $f_2(X)$，评价指标体系既是判断评价对象价值标准的方式，也是实现系统总目标的具体途径；③确定指标测度函数 $f_3(X)$，评价指标的含义界定了评价对象不同方面的价值标准，据此定量或半定量、半定性地测度评价指标值的定量差异程度或定性差异程度；④确定定性指标定量化函数 $f_4(X)$，定性指标往往具有模糊性、随机性、粗糙性、灰色性、混沌性、未确知性等，这些指标的定量化方法是目前正在快速发展、但远未成熟的不确定性数学的主要研究内容（朱剑英，2001；王清印等，2001）；⑤确定指标一致无量纲化函数 $f_5(X)$，各指标对评价结果的作用都有方向，如正向型、负向型，中间型或区间型等，各指标值的量纲、数量级的差异和尺度转换方式都将对评价结果产生重要影响；⑥确定指标权重函数 $f_6(X)$，指标权重既是指标之间重要性差异程度的反映，也是评价对象之间整体价值差异程度的体现，合理确定指标权重的过程，就是充分挖掘评价问题中各种丰富的客观信息和主观信息的过程；⑦确定综合评价指标函数 $f_7(X)$，也称评价模型，它是在给定评价指标样本集下的一维实值函数，其实质就是如何平衡各单指标评价值的多样性、差异性、不相容性和不可公度性。以上 $f_1(X) \sim f_7(X)$ 构成了水资源系统评价方法论的 7 个基本步骤，揭示水资源系统评价过程的实质，其中 $f_5(X)$ 是单指标评价函数，$f_6(X)$ 是一种指标间评价函数，其核心是评价模型 $f_7(X)$ 的建立。

随着水资源系统问题在深度和广度方面的展开，水资源系统评价问题必须把水资源与环境、经济、人口、社会组织在同一个复杂大系统下进行综合研究，这给水资源系统评价理论与应用研究带来了重大机遇和挑战（金菊良等，2006）。目前，水资源系统评价问题的复杂性突出表现在评价模型如何合理构造和如何有效优化，以最佳地反映评价对象与评价目标之间的复杂关系。基于常规的建模和优化技术的综合评价方法偏向于经典数学方法，用于处理实际水资源系统综合评价问题已日趋困难（史海珊等，1994；朱剑英，2001），只有打破学科、部门、行业界线，把系统科学的理论和方法，以及计算机、人工智能等现代科学技术中的最新成果进一步引入水资源系统评价研究中，并进行相应改造和创新，采用多学科交叉融合和综合集成的研究方法，才能系统地探讨和研究现代水资源复杂系统综合评价的各种复杂性问题，才能有助于人们用更宽阔、缜密、新颖和简便有效的方法（钱学森，2001）去研究实际水资源系统评价的各种复杂问题。陈崇德和黄永金等（2010）以漳河水库灌区水资源优化配置和运用的实际情况为依据，利用水资源系统的熵值与水资源利用潜力和水资源利用效率之间的关系，提出了基于熵变原理的水资源优化配置成果合理性分析方法，以及基于来用水随机模拟的水资源优化配置风险分析方法，并对漳河水库灌区水资源配置模型效果进行了风险分析。孟春红等（2013）建立了基于马氏距离[①]的模糊物元分析模型，并应用于河南省人民胜利渠灌区的水资源配置综合评价中。申思（2016）以濮阳渠村灌区为例，使用蒙特卡罗模拟方法进行风险分析并引入敏感性分析对不同效益风险的敏感性因子进行分析，结合风险分析的结果，引入敏感性分析方法对水资源配置方案进行风险评价。

在前人大量工作的基础上，本章将现代智能计算技术应用于水资源系统综合评价方法中，提出了基于试验遗传算法改进的投影寻踪模型、基于数据驱动技术和非线性测度函数的改进属性识别模型，分别用于农业灌溉用水水质和淮河水质的综合评价过程，较好地解决了传统综合评价方法存在的评价结果不相容性、难以客观反映水质的真实属性等问题，同时原理直观、计算简便，在水质综合评价中具有较广的实用性。

5.2 基于试验遗传算法的投影寻踪综合评价模型及应用

水质评价是现代水资源系统综合评价的重要组成部分，也是进行水资源有效管理的基础依据和实现途径。现代社会倡导的"绿色农业"对农田灌溉用水的水质提出了更高的要求。水资源系统的农业水质评价问题就是根据灌溉水源的水质指标值，通过按一定方法建立的评价模型对该水质等级进行综合评判，为水源的科学管理和污染防治提供决策依据（郭宗楼，2000）。目前常用的评价方法有苏联灌溉系数法、美国钠吸附比值法及国内提出的盐碱度评价法等，这些方法的共同特点是在给出单项指标分类界限后，通过对单项指标的计算，确定水质的类别归属。由于这些方法的评价结果易产生不相容性而令评价者常常遭遇困惑，因而人们又相继提出层次分析法（金菊良等，2004）、模糊综合评判法（刘晖等，1990；宋尚孝等，1998）、理想区间法（杨晓华等，2004a）、灰色聚类法（王艳芳，1997）、神经网络评价法（胡明星等，1998）和多元统计分析（任若恩等，1998）等多种评价方法，但这些方法的评价结果都是离散、半定量化值，因此难以反映水质的连续实数性，即无法准确刻画属于同一等级的水体各水质指标值间的差异。

---

① 马氏距离，是由印度统计学家马哈拉诺比斯（P. C. Mahalanobis）提出的，表示数据的协方差距离。

如上所述，灌溉水源水质综合评价的核心问题就是如何科学、客观地将一个多指标（高维）问题综合成一个单指数（一维）的形式。20 世纪 70 年代，Friedman 提出了多元数据分析的投影寻踪（projection pursuit，PP）方法（Friedman，1974；李祚泳，1997）用以分析和处理非正态高维数据的基于数据驱动的新兴统计方法，其基本思想是把高维数据按照一定的方向投影到低维（1～3 维）子空间上，以投影指标函数值来衡量投影所反映出的原始数据结构特征，并从不同投影中寻找出使投影指标函数达到最优的投影值，再根据该投影值与研究系统的输出值之间的数据关系构造数学模型，最后以该数学模型预测系统的输出。这种探索性数据分析方法能在一定程度上解决多指标样本分类等非线性问题，在环境、农业、水利等复杂工程系统的优化、预测及评价过程中都得到了成功应用。例如，邓新民等（1997）采用投影寻踪回归（PPR）技术预测环境污染状况，金菊良等（2001；2002）利用基于加速遗传算法投影寻踪模型（accelerate genetic algorithms based projection pursuit，AGA-PP）进行农业生产力综合评价和洪水灾情评价，付强等（2002；2003）应用投影寻踪分类模型对水稻灌溉制度和农业机械选型等优化问题进行了研究，王顺久等（2003）和杨晓华（2004b）分别使用 PP 技术对区域水资源承载能力进行了分析等，以上研究与应用都取得了令人满意的成果。应用 PP 的关键是如何对投影指标函数寻求最优投影值的优化问题，而该优化问题可以应用现代智能算法加以解决。鉴于此，这里应用基于免疫遗传算法的灌溉水质投影寻踪模型（immuned genetic algorithms based projection pursuit，IGA-PP），为灌区水质评价问题提供了一种新的思路（张礼兵等，2006c）。

5.2.1 基于试验遗传算法的投影寻踪综合评价模型

IGA-PP 主要步骤简述如下。

步骤 1：生成评价标准样本。根据灌溉水质评价标准产生若干虚拟水质样本，得到其经验灌溉水质等级和水质指标值分别为 $\boldsymbol{y} = (\boldsymbol{y}_1, \boldsymbol{y}_2, \cdots, \boldsymbol{y}_n)^{\mathrm{T}}$ 及 $\boldsymbol{x}'_i = (\boldsymbol{x}'_{i1}, \boldsymbol{x}'_{i2}, \cdots, \boldsymbol{x}'_{ip})$，$i=1, 2, \cdots, n$，其中，$n$、$p$ 分别为水质样本个数和灌溉水质指标数。

步骤 2：构造投影指标函数。考虑一般性，把 $\boldsymbol{x}'_i$（$i=1, 2, \cdots, n$），标准化为 $\boldsymbol{x}_i = (\boldsymbol{x}_{i1}, \boldsymbol{x}_{i2}, \cdots, \boldsymbol{x}_{ip})$ 以消除量纲和变化范围的影响。再根据 PP 方法把 p 维数据 $\boldsymbol{x}_i$ 变换成以 $\boldsymbol{\alpha} = (\boldsymbol{\alpha}_1, \boldsymbol{\alpha}_2, \cdots, \boldsymbol{\alpha}_p)$ 为投影方向的一维投影值，即 $z = \boldsymbol{x} \cdot \boldsymbol{\alpha}^{\mathrm{T}}$，其中 $\boldsymbol{z} = (\boldsymbol{z}_1, \boldsymbol{z}_2, \cdots, \boldsymbol{z}_n)^{\mathrm{T}}$，$\boldsymbol{\alpha}$ 为单位长度向量。据此将 $\boldsymbol{y}$-$\boldsymbol{x}$ 复杂的多元关系转换为 $\boldsymbol{y}$-$\boldsymbol{z}$ 一一对应关系。为了表征各投影向量不同的投影效果，定义投影指标函数

$$Q(\boldsymbol{\alpha}) = S(\boldsymbol{z}) |R(\boldsymbol{z}\boldsymbol{y})| \tag{5.1}$$

式中：$S(\boldsymbol{z})$ 为 $\boldsymbol{z}$ 的标准差；$|R(\boldsymbol{z}\boldsymbol{y})|$ 为 $\boldsymbol{z}$ 与 $\boldsymbol{y}$ 相关系数的绝对值。

步骤 3：优化投影指标函数。对给定的 y 及 x，$Q(\alpha)$ 只是 α 的函数，在综合投影时应使 z 的标准差 $S(z)$ 越大越好，以尽可能提取 x 中的变异信息，同时要求 z 与 y 相关系数的绝对值 $|R(zy)|$ 尽量大（李祚泳，1997），即寻求最佳投影方向 α 以使式（5.2）达到最大（金菊良，丁晶，2002）

$$\max Q(\alpha) = S(z)\,|R(zy)| \qquad (5.2)$$
$$\text{s.t.} \quad \alpha\alpha^{\mathrm{T}} = 1 \qquad (5.3)$$

式（5.2）和式（5.3）构成了一个等式约束的 p 维非线性优化问题，用 IGA 求解该问题比常规方法更方便有效。为便于遗传算法的编码及求解，对单位向量 α 采用如下广义球面坐标变换：

$$\begin{cases} \alpha_1 = \cos\theta_1 \\ \vdots \\ \alpha_{p-1} = \sin\theta_1\sin\theta_2\cdots\sin\theta_{p-3}\sin\theta_{p-2}\cos\theta_{p-1} \\ \alpha_p = \sin\theta_1\sin\theta_2\cdots\sin\theta_{p-2}\sin\theta_{p-1} \end{cases} \qquad (5.4)$$

这样就转为 IGA 直接对向量 $\theta = (\theta_1, \theta_2, \cdots, \theta_{p-1})$，$\theta \in (-\pi/2, \pi/2)$ 进行各种优化操作。

步骤 4：建立评价模型。将由式（5.2）和式（5.3）获得的最佳投影向量 α^* 代入 $z = x\cdot\alpha^{\mathrm{T}}$ 得到第 i 个水样最优投影值的计算值 $z^* = (z_1, z_2, \cdots, z_n)^{\mathrm{T}}$，根据 z^*-y 即可建立相应的数学模型。根据金菊良和张欣莉等（2002）等的研究，用 Logistic 曲线（Logistic curve）作为水质综合评价模型较为合适。

$$y_i^* = \frac{N}{1 + \mathrm{e}^{c_1 - c_2 z_i^*}} \qquad (5.5)$$

式中：y_i^* 为第 i 个水样水质等级的模型计算值；最大水质等级 N 为该曲线的上限值；c_1、c_2 为待定参数。则建立 z^*-y 数学函数变换为寻求 y^* 与 y 最佳拟合的 c_1、c_2 值，可通过求解式（5.6）最小化问题来确定，即

$$\min F(c_1, c_2) = \sum_{i=1}^{n}(y^* - y_i)^2 \qquad (5.6)$$

同样该式也可用 IGA 进行优化求解 c_1 和 c_2。

5.2.2　应用实例——IGA-PP 在水源水质综合评价中的应用

王艳芳（1997）给出宁夏平罗县前进乡灌溉水源 10 个水质样本评价问题的实例，该文献选取 3 个水质评价指标，即盐度（表示 $NaCl$、Na_2SO_4 的危害）、碱度（反映 Na_2CO_3、$NaHCO_3$ 的危害）和总矿化度（表示 $CaCl_2$、$MgCl_2$ 等其他有害成分与盐害、碱害一起对农作物和土壤产生的危害），并将灌溉水质分为好水、中等水、盐碱水和重盐碱水 4 级，见表 5.1。

表 5.1　灌溉用水水质评价标准[①]

评价指标	1 级（好水）	2 级（中等水）	3 级（盐碱水）	4 级（重盐碱水）
盐度[②]/（me/L）	<15	15～25	25～40	>40
碱度[③]/（me/L）	<4	4～8	8～12	>12
总矿化度/（g/L）	<2	2～3	3～4	>4

① 参考我国相关农田灌溉水质标准，由西北盐碱土地区的水域背景值调整制定。

② 碱度为 0 时的盐度。

③ 盐度小于 10 时的碱度。

应用 IGA-PP 解决上述水质评价问题时，首先由水质评价标准产生虚拟样本序列 $\{x'_{ij}\,|\,j=1\sim3,\,i=1\sim40\}$，即在表 5.2 中各级水质等级取值区间内随机产生 10 个水质样本，与对应的水质经验等级一起组成样本系列，如表 5.2 中 2 列、3 列、4 列和 6 列所示。考虑到表 5.2 的适用条件以及盐碱度的关联性，所以每级中有 5 个样本的碱度取 0，另 5 个样本的盐度则取小于 10，同时为了增加其代表性，将水质处于临界值的水样定义为中间水质等级，如样本 41～样本 43。

表 5.2　灌溉用水虚拟水质样本、经验等级和 IGA-PP 模型拟合评价值

经验样本序列	盐度/（me/L）	碱度/（me/L）	总矿化度/（g/L）	z^*	水质评价值（级）		
					经验等级 y	IGA-PP 拟合等级 y^*	绝对误差
1	9.8721	0.0000	0.7490	−1.4523		1.1217	0.1217
2	0.5625	0.0000	1.1315	−1.5018		1.0822	0.0822
3	2.2905	0.0000	0.2110	−1.8944		0.8012	0.1988
4	5.6501	0.0000	0.8655	−1.5017		1.0823	0.0823
5	14.6767	0.0000	0.2815	−1.5546	1	1.0411	0.0411
6	4.8293	−13.3316	1.1259	−2.1607		0.6441	0.3559
7	2.8808	−9.4033	0.1556	−2.4433		0.5055	0.4945
8	6.2582	3.8022	1.0142	−1.1991		1.3370	0.3370
9	7.4175	2.0482	0.9663	−1.2933		1.2545	0.2545
10	6.6860	−15.2636	0.3195	−2.6065		0.4378	0.5622
11	19.6838	0.0000	2.1419	−0.5508		1.9593	0.0407
12	18.1832	0.0000	2.0092	−0.6507		1.8596	0.1404
13	18.1561	0.0000	2.3080	−0.5100		2.0000	0.0000
14	18.7576	0.0000	2.3874	−0.4576		2.0524	0.0524
15	15.9985	0.0000	2.9540	−0.2578	2	2.2508	0.2508
16	9.8544	5.0591	2.7202	−0.2314		2.2769	0.2769
17	8.5625	7.6698	2.0215	−0.4447		2.0653	0.0653
18	8.8564	5.0886	2.7772	−0.2274		2.2807	0.2807
19	0.8874	5.3526	2.6705	−0.4600		2.0500	0.0500
20	6.5841	6.7412	2.9215	−0.1210		2.3842	0.3842

续表

经验样本序列	盐度/（me/L）	碱度/（me/L）	总矿化度/（g/L）	z^*	水质评价值（级）		
					经验等级 y	IGA-PP 拟合等级 y^*	绝对误差
21	25.2993	0.0000	3.5299	0.2447		2.7208	0.2792
22	39.6927	0.0000	3.3603	0.5206		2.9482	0.0518
23	37.6195	0.0000	3.9474	0.7470		3.1141	0.1141
24	38.0274	0.0000	3.3943	0.4955		2.9286	0.0714
25	39.4442	0.0000	3.2395	0.4573	3	2.8984	0.1016
26	9.3862	11.2185	3.6681	0.5573		2.9763	0.0237
27	2.6379	9.3302	3.9412	0.4116		2.8615	0.1385
28	6.4693	10.5195	3.4198	0.3278		2.7920	0.2080
29	3.4148	9.2142	3.0565	0.0058		2.5046	0.4954
30	5.4421	9.8967	3.7317	0.4142		2.8636	0.1364
31	55.2489	0.0000	4.9241	1.6452		3.5846	0.4154
32	50.4997	0.0000	6.3380	2.1964		3.7496	0.2504
33	46.2364	0.0000	5.1616	1.5345		3.5416	0.4584
34	41.5508	0.0000	4.2471	0.9860		3.2679	0.7321
35	44.8705	0.0000	4.6125	1.2410	4	3.4083	0.5917
36	5.3390	15.3039	6.2622	1.9175		3.6756	0.3244
37	5.3020	21.4337	4.4134	1.3925		3.4807	0.5193
38	3.1985	23.7153	6.2543	2.3414		3.7816	0.2184
39	1.1327	16.2770	4.8575	1.2047		3.3898	0.6102
40	2.0492	23.6907	4.3758	1.4231		3.4944	0.5056
41	15.0000	4.0000	2.0000	-0.5052	1.5	2.0048	0.5048
42	25.0000	8.0000	3.0000	0.4438	2.5	2.8875	0.3875
43	40.0000	12.0000	4.0000	1.5165	3.5	3.5342	0.0342

将表 5.2 中的虚拟数据化为标准序列 $\{x_{ij} \mid j=1\sim3, i=1\sim43\}$ 后，与 $\{y_i \mid i=1\sim43\}$ 一起代入式（5.1），得到投影指标函数，并用 IGA 优化获得最佳投影方向 $\boldsymbol{a}^* =$ （0.3988，0.4685，0.7883），该投影方向实际上反映了各指标权重值的大小，因此 PP 不仅能准确找出高维空间数据的内在结构，而且可以确定各水质评价指标对其所属级别的贡献大小。图 5.1 给出了 y_i-z^*_i 及 y^*_i-z^*_i 散点关系图，点群基本达到局部凝聚、整体分散的效果，表明 $\boldsymbol{a}^*$ 所获得的投影指标函数 z^*_i 能够很好地描述水质样本级别。

把 z^*_i 代入式（5.5），本例 $N=4$，再通过 IGA 优化式（5.6）得到 c_1、c_2 分别为-0.5100 和 1.0000，于是获得本例灌溉用水水质评价的投影寻踪模型

$$y_i = \frac{4}{1 + \mathrm{e}^{-0.5100 - 1.0000 z_i}} \qquad (5.7)$$

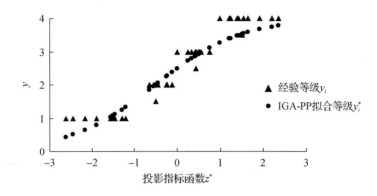

图 5.1　各水样投影值 z^*_i 与经验水质等级 y_i 及 IGA-PP 拟合评价等级 y^*_i 的散点关系图

　　水质样本的 IGA-PP 评价值 y^*_i 如表 5.2 中第 7 列所示,IGA-PP 的评价结果基本上集中在经验等级值左右较小范围内,其拟合的平均绝对误差 0.2615 级,相对误差为 13.79%。为进一步检验该 IGA-PP 模型的水质评价效果,在相同条件下随机生成 80 个样本(每级 20 个)进行评价,结果其拟合的平均绝对误差为 0.2532 级,相对误差为 11.76%,说明 IGA-PP 模型的评价结果达到水质评价的精度要求,因此可用式(5.7)对实测水质样本进行综合评价。如文献(王艳芳,1997)中的 10 个灌溉水质实测样本,将该样本分别代入式(5.7)即得各水样的等级值,结果见表 5.3。另外,文献(王艳芳,1997)根据灰色系统理论,首先对分类标准做出不同灰类的白化函数,并由各水样指标值及其对应的白化函数获得白化函数值,再根据分类标准构造标准权,计算聚类系数及聚类向量,最后统计归类评价结果,为方便比较同样列于表 5.3 中。

表 5.3　某灌溉用水水质实测样本及不同评价方法评价结果

样本	盐度 /(me/L)	碱度 /(me/L)	总矿化度 /(g/L)	IGA-PP 评价值	灰色聚类法聚类向量及聚类级别				聚类级别
					1 级	2 级	3 级	4 级	
1	29.91	−2.35	2.932	2.4442	0	0.418	0.592*	0	3
2	6.54	0.89	0.946	1.1721	0.999*	0	0	0	1
3	19.85	−0.85	2.164	1.9253	0.457	0.607*	0	0	2
4	3.87	−0.23	0.725	0.9875	0.999*	0	0	0	1
5	32.46	−10.24	3.674	2.4091	0	0	0.808*	0.187	3
6	73.3	−28.31	7.112	3.5311	0	0	0	0	4
7	17.54	0.00	1.977	1.8286	0.780*	0.215	0	0	1
8	80.92	−28.42	7.525	3.6663	0	0	0	0	4
9	21.12	−6.08	2.527	1.8299	0.176	0.985*	0.052	0	2
10	10.96	−2.03	2.12	1.6216	0.492*	0.137	0	0	1

*为隶属度最大值。

　　由表 5.3 可知,灰色聚类法由于受灰色系统本身理论的限制,导致白化函数无法体现水质级别内的变化，而且采用最大聚类向量法判定水质级别存在着较大的潜在风险，而 IGA-PP 模型的评价结果都是连续实数，因此能精确刻画各水质指标值间的差异。例如水样 1，文献（王艳芳，1997）评价其属于 2 级和 3 级的聚类向量值差别并不显著，据此判定其为 3 级水有失片面，而 IGA-PP 判定其综合评价值为 2.4442，即介于 2 级、3 级之间而稍偏于 2 级，这为管理者对该水质的真实情况给以更直观清晰的了解提供了可能。又例如水样 2 与水样 4，虽然两种方法都判断为 1 级水，但 IGA-PP 评价值却能反映二者间细微的差别。另外对水样 7，对照灌溉水质评价标准表可知该水质从盐害角度应为 2 级水，从碱害角度考虑为 1 级，但从综合危害考虑其更应接近 2 级水，因此 IGA-PP 计算的评价值 1.8286 更能表达该水质趋于 2 级水的实际情况,而灰色聚类法评价其为 1 级水，这易让灌溉管理部门忽略该水体较高的盐度和总矿化度，如果长期用于灌溉将可能造成危害。

由本应用实例可知如下几点。

（1）投影寻踪技术是用来分析和处理非正态高维数据的一类新兴探索性统计方法，但传统的 PP 操作过程复杂、计算困难，而免疫遗传算法能在高维空间中全面、快速地搜索反映高维数据特征结构的最佳一维投影方向，为 PP 方法的实际应用开辟了新的有效途径。

（2）利用 IGA-PP 建立的水质评价模型能充分提取评价标准中的客观信息，通过投影向量反映和综合各个因子的影响作用，由此建立的水质评价模型反映了水质类别与投影值之间存在的非线性对应关系，揭示多种指标情形下的标准水质数据的结构特征，将标准水质较明显地区分开来。

（3）IGA-PP 较好地解决了系统综合评价中的片面性和不相容性问题，与传统的灌溉水质综合评价方法相比，该法概念清晰、数学推理严谨、结果客观合理，可在农业系统工程的综合评价问题中推广应用。

值得一提的是，评价模型式（5.7）的适用性前提是同一水质评价标准（即表 5.1），这是由于本节得到的模型是建立在评价标准数据基础之上的，该标准本身定得科学与否对 PP 模型的准确性也有很大影响，二者之间的相互关系值得进一步深入研究。

5.3 非线性测度函数的属性识别模型及应用

如上所述，我国水环境持续恶化的状况对水资源量的日趋短缺有加剧之势。根据 2002 年中国水资源公报水质评价结果,我国七大水系 741 个重点监测断面中,只有 29.1%的断面满足Ⅰ～Ⅲ类水质要求，30.0%的断面属Ⅳ、Ⅴ类水质，而有 40.9%的断面属劣Ⅴ类水质，其中，污染最为严重的是淮河流域，据 2004 年对流域 46 个省界断面 535 次监测及评价结果显示（王飞，2006），Ⅰ类水仅占 0.2%，Ⅱ类水占 8.4%，Ⅲ类水占 17.6%，Ⅳ类水占 26.9%，Ⅴ类水占 8.4%，而劣Ⅴ类水达 38.5%。由此可见，我国目前水资源管理工作任务的艰巨性和紧迫性。水质评价是水环境质量评价的简称，即根据水体的用途，按照一定的评价参数、质量标准和评价方法，对水体质量进行定性或定量评定的过程（中华人民共和国水利部水政水资源司，1996）。水质评价是水资源保护重要工作内容之一，对我国日益严峻的水污染的监测、控制与管理有极为重要的现实意义。

目前国内外对河流水质环境质量进行综合评价的方法已有很多，如层次分析法、模糊综合评判法、理想区间法和未确知测试法等，它们各有一定的不足，评价结果较难客观地反映水环境质量的真实属性，给环境监测管理部门的工作带来较大不便。水环境质量综合评价的核心问题就是如何科学、客观地确定从高维空间到低维空间的映射，并要求这种映射能尽可能反映评价对象样本在原高维空间中的分类信息和排序信息（金菊良等，2002）。我国数学家程乾生（1997a，1997b；1998）于 1996 年提出了属性集理论和属性测度的概念，并创立了属性数学这一数学分支。属性识别理论在有序分割类和属性识别准则的基础上，能对事物进行有效识别和比较分析，较好地克服了其他识别方法如模糊识别理论的某些不足（程乾生，1997a，1997b），已在水环境及水土资源系统的预测、评价、决策等问题中得到了成功应用（陈志航等，1998；甄苓等，2000）。然而在实际应用属性识别模型（attribute recognition model，ARM）进行综合评价过程中，对评价指标权重的确定尚有欠妥之处，本书作者根据近年兴起的数据挖掘原理与方法，提出基于数据驱动的改进属性识别模型，并应用于淮河干流 3 个河段的水质综合评价问题中，取得较为满意的效果。

系统综合评价的核心问题就是如何科学、客观地确定从高维空间到低维空间的映射，并要求这种映射尽可能反映评价对象样本在原高维空间中的分类信息和排序信息。水质综合评价就是根据某些水质指标值，通过所建立的数学模型，对某水体的水质等级进行综合评判，为水环境安全管理提供决策依据。作为水安全评价问题的重要组成部分，水质综合评价的复杂性主要表现在评价模型的合理构造及其有效优化，以最佳地反映评价对象与评价目标之间的复杂关系。基于常规方法的综合评价模型多偏向于经典数学方法，在用于处理实际水问题综合评价问题时已日趋掣肘，如传统水质综合评价方法的评价结果难以处理不相容性等问题，为此，人们相继提出了灰色聚类模型、模糊综合评判模型、人工神经网络模型、未确知测度模型等，然而这些方法的评价结果大多都是离散、半定量化值，无法准确刻画属于同一等级的水体各水质指标值间的差异，因此难以客观地反映水质的真实属性，给环境监测管理部门的工作带来较大不便。近年来，一些能准确量化水质属性的新方法，如投影寻踪模型、信息熵方法、属性识别模型等被成功用于水质综合评价问题，在水质评价量化方面取得了新进展。其中，属性识别理论是建立在有序分割类和属性识别准则的基础上，因此属性识别模型能对事物进行有效识别和比较分析，较好地克服了其他识别方法，如模糊识别理论的一些不足，ARM 已在水环境及水土资源系统的预测、评价、决策等问题中得到了成功应用。

然而，研究结果表明（张礼兵等，2006d；2006e；Zhang, et al., 2006），ARM在实际应用过程中仍存在一些问题有待改进，如本节中对等权重假设检验法停止准则随意性的改进。再如：①在应用属性识别模型对虚拟样本进行综合评价时，基于线性属性测度函数的属性识别模型（LMF-ARM）的评价结果往往存在较大误差，使其对实测样本评价结果的可信度降低；②在虚拟评价样本构造中，单纯采用均匀随机抽样存在样本的代表性不足问题；③样本综合评分准则的定义缺乏直观性，使评分值与评价类别间联系不强。针对上述不足，这里提出基于非线性属性测度函数的改进属性识别模型（non-linear measure function based attribute recognition model，NLMF-ARM），同时将改进属性识别模型应用于淮河干流 3 个河段的水质综合评价问题中（张礼兵等，2008）。

5.3.1 基于非线性测度函数的属性识别模型综合评价方法

5.3.1.1 单指标属性测度改进

利用属性识别模型进行综合评价的关键是计算每个样本的属性测度，即求 $x_{i,j}$ 具有属性 C_k 的程度 $\mu_{i,j,k}=\mu(x_{i,j}\in C_k)$。为方便不妨假定 $a_{j,1}<a_{j,2}<\cdots<a_{j,K}$，对单指标的属性测度函数，程乾生（1997）定义的线性函数如图 5.2 所示。

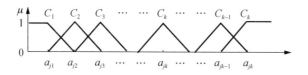

图 5.2 单指标属性测度函数

为了改进属性测度函数更符合一般性规律，这里采用如图 5.3 所示的单指标非线性属性测度函数。

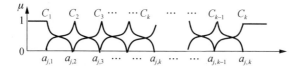

图 5.3 单指标非线性属性测度函数

其数学表达形式为

当 $x_{i,j} \leqslant a_{j,1}$ 时，取 $\mu_{i,j,1}=1$，$\mu_{i,j,2}=\mu_{i,j,3}=\cdots=\mu_{i,j,K}=0$。

当 $x_{i,j} \geqslant a_{j,K}$ 时，取 $\mu_{i,j,K}=1$，$\mu_{i,j,1}=\mu_{i,j,2}=\cdots=\mu_{i,j,K-1}=0$。

当 $a_{j,l} \leqslant x_{i,j} \leqslant a_{j,l+1}$ 时，则取 $\mu_{i,j,l}=0.5+\dfrac{1}{2c}\ln\left(\dfrac{1-x'_{i,j}}{x'_{i,j}}\right)$，$\mu_{i,j,l+1}=0.5-\dfrac{1}{2c}\ln\left(\dfrac{1-x'_{i,j}}{x'_{i,j}}\right)$，

其他 $\mu_{i,j,k}=0$，$i=1,2,\cdots,n$，$j=1,2,\cdots,m$，$k=1,2,\cdots,K$，其中，$x'_{i,j}=\dfrac{x_{i,j}-a_{j,l}}{a_{j,l+1}-a_{j,l}}$

为去量纲的样本指标相对值，$x'_{i,j} \in (0,1)$，c 为反映曲线增长率的待定常量。
端点处理如下，当 $x'_{i,j}$ 接近 0 时，$\mu_{i,j,l}=1$，$\mu_{i,j,l+1}=0$；$x'_{i,j}$ 接近 1 时，$\mu_{i,j,l}=0$，$\mu_{i,j,l+1}=1$。

以上构成了所谓的基于非线性属性测度函数的属性识别模型（NLMF-ARM）。

5.3.1.2　基于正交设计的抽样

为了进一步提高评价标准抽样的代表性，这里提出运用第 2 章提出的计算机自动智能生成正交设计方法，在每个等级里按 $L_M(Q^N)$ 正交表进行抽样，其中，M 为各等级总的抽样数目，Q 为两等级间均匀离散数量，N 为最大允许安排的指标数。由于正交表能在各指标间按整齐可比和均匀分散的方式进行组合，同时能保证抽样提取到等级区间端点值及其最优最劣组合，相较单一的随机抽样法，它可使抽样的代表性获得很大提升，也进一步提高了评价的可信度。

5.3.1.3　类别识别与比较分析

对样本的评分，这里采用不同于文献（程乾生，1997）的更直观的准则，即

$$q_{x_i}=\sum_{k=1}^{K}ku_{i,k} \tag{5.8}$$

至此，则可根据 q_{x_i} 的大小对 x_i 进行比较和排序。

5.3.2　应用实例——NLMF-ARM 在河流水质综合评价中的应用

现用基于以上方法改进的非线性测度函数的属性识别模型对实例（张礼兵等，2008）进行研究。由水环境质量标准抽样产生虚拟样本序列 $\{x_{i,j}|i=1\sim845,j=1\sim5\}$，即在每个等级取值范围内按均匀随机取 169 个样本，同时为了提高虚拟样本的代表性，每个等级里再按 $L_{169}(13^{14})$ 正交设计表产生 169 个样本，与上述 3 个河段实测值一起组成样本系列进行属性识别模型综合评价，曲线的待定常量 $C=3$，迭代停止误差取 10^{-6}，迭代计算 5 次得指标权重向量为 $w_j=(0.1997,0.2006,0.2003,0.2001,0.1993)$，取置信度 $\lambda=0.65$，由式（5.8）置信度准则判别各样本类别，不同的抽样方法 LMF-ARM 和 NLMF-ARM 的对虚拟样本综合评价的准确率比较见表 5.4。

表 5.4　不同方法对虚拟样本综合评价的准确率比较

抽样方法	均匀随机	正交设计
LMF-ARM	89.70%	82.01%
NLMF-ARM	92.31%	85.33%

由表 5.4 可知，NLMF-ARM 对随机虚拟样本的评价准确率超过 90%，高于 LMF-ARM。另外，在各指标组合上，由于正交设计考虑了各指标间均匀搭配和整齐可比，且能提取到各类别区间的端点值及它们的最不利组合，相较均匀随机抽样，NLMF-ARM 和 LMF-ARM 的评价准确率均有所下降，但前者仍高于后者。

LMF-ARM 和 NLMF-ARM 对不同样本的综合测度、评判分及评价类别见表 5.5。限于篇幅，这里只给出两种方法的评价出现不同时的部分（第 I 类别均无误未列出，其他类别只取 1 例）结果。

表 5.5　水质样本和改进属性识别模型综合评价值

抽样方法	抽样类别	评价指标/（mg/L）					评价方法	属性综合测度分布矩阵 $\mu_{i,k}$					评判分 q_{x_i}	评价类别
		D_w	COD_{Mn}	NH_3-N	ROH	CN^-		C_1	C_2	C_3	C_4	C_5		
均匀随机	II	0.117	2.463	0.191	0.001	0.012	①	0.659	0.341	0.000	0.000	0.000	1.341	I
							②	0.606	0.394	0.000	0.000	0.000	1.394	II
	III	0.183	4.916	0.294	0.002	0.061	①	0.000	0.681	0.319	0.000	0.000	2.319	II
							②	0.000	0.643	0.357	0.000	0.000	2.359	III
	IV	0.271	6.361	0.685	0.006	0.152	①	0.000	0.000	0.676	0.324	0.000	3.324	III
							②	0.000	0.000	0.638	0.362	0.000	3.362	IV
	V	0.386	9.818	1.629	0.022	0.322	①	0.000	0.000	0.000	0.670	0.330	4.330	IV
							②	0.000	0.000	0.000	0.645	0.355	4.355	V
正交设计	II	0.116	3.833	0.053	0.001	0.024	①	0.650	0.350	0.000	0.000	0.000	1.350	I
							②	0.628	0.372	0.000	0.000	0.000	1.372	II
	III	0.172	4.500	0.300	0.003	0.075	①	0.000	0.667	0.333	0.000	0.000	2.333	II
							②	0.000	0.625	0.375	0.000	0.000	2.375	III
	IV	0.211	7.833	0.583	0.006	0.142	①	0.000	0.000	0.650	0.350	0.000	3.350	III
							②	0.000	0.000	0.628	0.372	0.000	3.372	IV
	V	0.333	8.500	1.917	0.055	0.375	①	0.000	0.000	0.000	0.650	0.350	4.350	IV
							②	0.000	0.000	0.000	0.637	0.363	4.363	V
实测样本		0.270	8.600	1.600	0.008	0.012	①	0.169	0.031	0.175	0.545	0.080	3.336	IV
							②	0.156	0.044	0.183	0.519	0.099	3.359	IV
		0.176	9.000	2.750	0.028	0.029	①	0.093	0.252	0.055	0.260	0.340	3.501	IV
							②	0.096	0.237	0.067	0.246	0.354	3.526	V
		0.196	8.900	2.620	0.075	0.035	①	0.067	0.158	0.176	0.166	0.434	3.744	V
							②	0.077	0.157	0.166	0.175	0.425	3.714	V

① 代表评价方法 LMF-ARM。

② 代表评价方法 NLMF-ARM。

由表 5.5 可以看出,在对虚拟样本综合评判得分上(除第 Ⅰ 类外),NLMF-ARM 的分布较集中于类别的中间值,而 LMF-ARM 则由于评分散布较宽致使其增加了误判的风险,换言之,即前者的评价结果比后者具有更好的可信度。两种方法对该河流 3 个河段水质实测样本的综合评价结果同列入表 5.5 中。

LMF-ARM 和 NLMF-ARM 对鲁台子、淮南及蚌埠的水质排序是相同的,即由前至后逐渐恶劣,但 LMF-ARM 把淮南河段的水质类别评判为Ⅳ级则值得商榷,而 NLMF-ARM 对实测样本的综合评价类别与模糊评判法(胥冰等,1998)完全一致,但后者由于不能得到样本的综合评判分,无法指出同一类别水质间的差别,而属性识别模型由于概念清晰、数学理论严谨,能给出各样本综合评分值便于排序与比较,其评价结果更能客观地反映水环境质量的实际属性,如实测样本中淮南河段与蚌埠河段虽同属于 Ⅴ 类水,但 NLMF-ARM 通过综合评判分指出它们的差异,为水质管理部门更准确地了解各水质的实际情况提供了方便。

属性识别理论模型是建立在属性空间基础上,以最小代价原则、最大测度准则、置信度准则和评分准则为基础的新型综合评价方法,但在应用中仍存在一定的问题有待完善,如单指标属性测度函数的定义、置信度的选择等都具有较大的随意性。由于基于线性属性测度函数的传统属性识别模型对虚拟样本的评价结果误差较大,其对实测样本评价的可靠性降低,提出基于非线性属性测度函数的改进属性识别模型(NLMF-ARM)。均匀随机和正交设计两种抽样的评价试验显示,改进属性识别模型评价结果准确度明显好于传统模型,说明指标的属性测度函数对属性识别模型的综合评价结果有重要影响。非线性属性测度函数能更准确地描述各指标的实际隶属程度,因而改进属性识别模型具有较高的评价准确度。该模型不仅能对水环境质量进行准确合理的识别分类,还可以对各个水质进行打分排序,为环境管理决策部门进行定量分析提供依据。同时,该模型也适用于流域水资源承载力评价、区域环境质量评价以及大气环境质量评价等领域,为系统评价方法的研究提供了一种新的思路和途径。

必须指出的是,置信度对属性识别模型的综合评价结果有较大影响,如将置信度 0.65 改为 0.70 和 0.60,则对均匀抽样 NLMF-ARM 的评价准确率可由 92.31% 分别提高到 96.22% 和下降至 83.67%,对正交抽样也有类似的规律。因此,置信度对属性识别模型具有较强的敏感性,它的合理确定问题有待进一步深入探讨。

5.4 云模型在灌区农业干旱灾害分析评价中的应用

干旱是全球广泛存在的持续时间长、发生范围广、灾害损失重的主要自然灾害之一，对社会经济，尤其对农业生产影响重大（徐启运等，2005；景毅刚等，2006；金菊良等，2016；Cook，et al.，2014；赵秀兰，2010）。旱灾发生的频率和灾损程度随着人口和经济的增长呈增加趋势。近年来，我国旱灾不断加剧，干旱风险（简称旱灾）管理研究发展迅猛（刘代勇等，2011；金菊良等，2016）。旱灾风险评估作为旱灾风险管理的核心，能为区域的抵抗干旱、减少灾害提供了决策依据和指导（Wilhite，et al.，2000；屈艳萍等，2015）。目前针对农业旱灾评估的研究日趋丰富，而将不确定性与评价紧密结合的却很少。秦越等（2013）提出以层次分析和模糊评判为基础的区域农业旱灾风险评估方法。黄崇福等（1998）引入信息扩散的模糊数学方法，研究了基于不足的灾情数据的风险评估方法。刘宪锋等（2015）从灾害形成机理角度出发，构建了农业旱灾风险评估框架，并将之应用于河南省。本节在已有研究基础（杜云，2013）上，引入正态云模型，利用云模型实现评语与评估指标间的不确定映射，实现定性与定量相互转换，建立了基于正态云模型的安徽省淮河流域农业旱灾风险评估模型（董涛等，2017）。

5.4.1　正态云模型理论

5.4.1.1　云模型的基本概念及数字特征

1）基本概念

云模型（cloud model）是李德毅院士（2014）构建的转换模型，主要用来处理定性概念中的随机性和模糊性（Li，1997；1998；李德毅等，2000）。经过多年的发展完善，正态云模型理论的普适性得到了验证（李德毅等，2004），逐渐被应用于数据挖掘、风险评估等领域（龚艳冰，2012；张仕斌等，2013；张杨等，2013；张秋文等，2014；成琨等，2015）。

云和云滴：设 U 是一个精确数值量表示的论域，C 是论域 U 中的模糊集合，对 U 中的任意元素 x，都有一个稳定倾向的随机数 $\mu(x) \in (0, 1)$，称之为 x 对 C 的可确定度，那么 x 在 U 这个论域上的分布被称为云（cloud），每一个点 $(x, \mu(x))$ 都是一个云滴（李德毅等，2014）。

2）数字特征

正态云用期望 Ex、熵 En 和超熵 He 来表征定性概念及其定量特征：期望 Ex 表示云滴在 U 上分布的期望，最能代表定性概念的点；熵 En 是定性概念的不确定性的度量，既能表示定性云概念的离散程度，又能反映论域空间中能够被定性概念接受的取值范围；超熵 He 是对熵 En 不确定性的衡量，也就是熵的熵，反映的是云滴凝聚的程度（李德毅等，2014）。

5.4.1.2　正向正态云发生器算法

根据已知的三个云数字特征（Ex，En，He）产生正态云模型的二维点（x_i，μ_i），这时的云发生器称为正向云发生器（李德毅等，2014）。正向正态云发生器通过输入三个数字特征值形成满足条件的云滴，从而将一个定性概念通过不确定性转换模型定量地表达出来，其具体算法为：由给出的熵 En 和超熵 He，随机生成一个以 En 为期望、He 为标准差的正态分布的数 $En' \sim N(En, He^2)$，并与 x 和期望值 Ex 一起代入式（5.9），求得可确定度

$$\mu(x) = \exp\left\{-\frac{(x - Ex)^2}{2En'^2}\right\} \tag{5.9}$$

5.4.2　基于正态云模型的安徽省淮河流域农业旱灾风险评估模型

基于正态云模型的安徽省淮河流域农业旱灾风险评估模型的建立步骤如下。

步骤 1：分别建立评估对象的因素论域 $U = \{u_1, u_2, \cdots, u_n\}$ 和评语论域 $V = \{v_1, v_2, \cdots, v_m\}$。

步骤 2：计算安徽省淮河流域农业旱灾风险评估指标权重 $W = \{w_1, w_2, \cdots, w_n\}$。

步骤 3：构建在因素论域 $U = \{u_1, u_2, \cdots, u_n\}$ 与评语论域 $V = \{v_1, v_2, \cdots, v_m\}$ 上的模糊矩阵 R。因素 $U = \{u_1, u_2, \cdots, u_n\}$ 中因素 u_i 属于评语 $V = \{v_1, v_2, \cdots, v_m\}$ 中的等级 v_j 的程度，也就是隶属度，用 R 中元素 r_{ij} 表示。已知因素 i（$i = 1, 2, \cdots, n$）对应的等级 j（$j = 1, 2, \cdots, m$）的上、下边界值分别为 $x_{ij}^{(1)}$，$x_{ij}^{(2)}$，则可以用正态云模型表达因素 i 对应的等级 j 这一定性概念（李德毅等，2014），其中

$$E_{x_{ij}} = \frac{x_{ij}^{(1)} + x_{ij}^{(2)}}{2} \tag{5.10}$$

由于边界值是从一个等级过渡到另一个等级的值，含有模糊成分，应同时属于对应两种等级，即两种等级的隶属度相等，则有

$$\exp\left\{-\frac{(x_{ij}^{(1)} - x_{ij}^{(2)})^2}{8(E_n)^2}\right\} = 0.5 \tag{5.11}$$

即

$$E_{n_{ij}} = \frac{x_{ij}^{(1)} - x_{ij}^{(2)}}{2.355} \tag{5.12}$$

超熵 He_{ij} 表征的是不确定度的凝聚程度，是表示熵 En 不确定性的数值，该数值可以由试验或者经验获得，本节根据经验（贺颖等，2014）确定。

步骤 4：将收集的各农业旱灾风险指标值代入正向云发生器，得出各个风险评估指标对应每个风险等级的隶属度矩阵。为使评价结果合理可信，反复运行正

向云发生器 N 次，计算得到平均评价值。

$$z_{ij} = \frac{1}{N} \sum_{k=1}^{N} z_{ij}^{k} \tag{5.13}$$

步骤 5：模糊转换得模糊子集 B。

$$B = W \cdot Z = (b_1, \ b_2, \cdots, \ b_m) \tag{5.14}$$

式中：$b_j = \sum_{i=n}^{n} w_i z_{ij} (j = 1, 2, \cdots, m)$ 表示评估对象对第 j 风险等级的隶属度。通常采用最大隶属度原则进行最终的等级评判。为进一步提高评判结果的合理性，这里采用属性识别方法（程乾生，1998）。

$$h = \min_{g^*} \left\{ \frac{g^* | \sum\limits_{g=1}^{g^*} b_g}{\sum\limits_{j=1}^{m} b_j > \lambda} \right\} \tag{5.15}$$

式中：h 为最终评判的等级，置信度 λ 可在[0.50，0.70]内取值（程乾生，1997），本节 λ 取 0.5。

5.4.3 安徽省淮河流域农业旱灾风险评估

5.4.3.1 安徽省淮河流域农业旱灾风险评估指标体系

指标体系的建立是农业旱灾风险评估过程中的关键环节，与评价结果可信度有关。为科学准确地反映区域农业旱灾风险的本质特征，本节借鉴已有研究经验（杜云，2013），在指标选取时，遵循资料选取的可获得性、系统性、代表性等原则，从危险性、暴露性、灾损敏感性和抗旱能力 4 个子系统选择指标建立安徽省淮河流域农业旱灾风险评估的指标体系，并根据指标值大小确定评估指标标准（表 5.6）。

表 5.6 农业旱灾风险评估指标标准（杜云，2013）

评估子系统	评估指标	风险等级			
		1（微险）	2（轻险）	3（中险）	4（重险）
危险性子系统	$x_{1,1}$ 降雨距平百分率/%	0~10	10~20	20~30	30~40
	$x_{1,2}$ 年均降雨量/mm	1200~900	900~800	800~700	700~600
	$x_{1,3}$ 相对湿润度指数/%	0~−0.05	−0.05~−0.18	−0.18~−0.31	−0.31~−0.44
	$x_{1,4}$ 单位面积水资源量占有量/（m³/hm²）	7500~6000	6000~4500	4500~3000	3000~1500
	$x_{1,5}$ 土壤类型	0~1	1~2.5	2.5~3	3~4
	$x_{1,6}$ 土壤相对湿度/%	78~75	75~72	72~69	69~64

续表

评估子系统	评估指标	风险等级			
		1（微险）	2（轻险）	3（中险）	4（重险）
暴露性子系统	$x_{2,1}$ 人口密度/（人/hm^2）	200～400	400～600	600～800	800～1000
	$x_{2,2}$ 耕地率/%	20～30	30～40	40～50	50～60
	$x_{2,3}$ 复种指数/%	170～180	180～190	190～200	200～250
	$x_{2,4}$ 农业占地区生产总值比例/%	10～20	20～30	30～40	40～50
灾损敏感性子系统	$x_{3,1}$ 农业人口比例/%	40～55	55～70	70～85	85～100
	$x_{3,2}$ 水田面积比/%	0～10	10～35	35～60	60～85
	$x_{3,3}$ 万元 GDP 用水量/（m^3/万元）	100～500	500～650	650～800	800～2000
	$x_{3,4}$ 森林覆盖率/%	35～20	20～15	15～10	10～0
抗旱能力子系统	$x_{4,1}$ 人均 GDP/（元/人）	6000～5000	5000～4000	4000～3000	3000～2000
	$x_{4,2}$ 水库调蓄率/%	60～30	30～20	20～10	10～0
	$x_{4,3}$ 单位面积现状供水能力/（10^{4}m^3/hm^2）	10000～4000	4000～2000	2000～1200	1200～0
	$x_{4,4}$ 灌溉指数	1.3～0.9	0.9～0.8	0.8～0.7	0.7～0.5
	$x_{4,5}$ 单位面积应急浇水能力/（10^{4}m^3/km^2）	13000～9000	9000～6000	6000～3000	3000～0
	$x_{4,6}$ 监测预警能力	3.5～4.5	3.5～2.5	2.5～1.5	1.5～0
	$x_{4,7}$ 节水灌溉率/%	70～40	40～30	30～20	20～0

5.4.3.2　农业旱灾风险计算

根据建立的安徽省淮河流域农业旱灾风险评估指标体系，利用式（5.10）～式（5.12）用正态云模型来表示各个指标对应的等级标准（表5.7）。

表 5.7　农业旱灾风险评估指标正态云标准

评估指标	风险等级			
	1（微险）	2（轻险）	3（中险）	4（重险）
$x_{1,1}$	（5，4.246，0.5）	（15，4.246，0.5）	（25，4.246，0.5）	（35，4.246，0.5）
$x_{1,2}$	（1050，127.389，8）	（850，42.463，8）	（750，42.463，8）	（650，42.463，8）
$x_{1,3}$	（-0.025，0.021，0.01）	（-0.115，0.055，0.01）	（-0.245，0.055，0.01）	（-0.375，0.055，0.01）
$x_{1,4}$	（6750，639.943，100）	（5250，639.943，100）	（3750，639.943，100）	（2250，639.943，100）
$x_{1,5}$	（0.5，0.425，0.1）	（1.75，0.637，0.1）	（2.75，0.212，0.1）	（3.5，0.425，0.1）
$x_{1,6}$	（76.5，1.274，0.2）	（73.5，1.274，0.2）	（70.5，1.274，0.2）	（66.5，2.123，0.2）
$x_{2,1}$	（300，84.926，20）	（500，84.926，20）	（700，84.926，20）	（900，84.926，20）
$x_{2,2}$	（25，4.246，0.5）	（35，4.246，0.5）	（45，4.246，0.5）	（55，4.246，0.5）
$x_{2,3}$	（175，4.246，0.5）	（185，4.246，0.5）	（195，4.246，0.5）	（225，21.231，0.5）
$x_{2,4}$	（15，4.246，0.5）	（25，4.246，0.5）	（35，4.246，0.5）	（45，4.246，0.5）
$x_{3,1}$	（47.5，6.369，1）	（62.5，6.369，1）	（77.5，6.369，1）	（92.5，6.369，1）
$x_{3,2}$	（5，4.246，1.5）	（22.5，10.616，1.5）	（47.5，10.616，1.5）	（72.5，10.616，1.5）
$x_{3,3}$	（300，169.85，10）	（575，63.694，10）	（725，63.694，10）	（1400，509.554，10）
$x_{3,4}$	（27.5，6.369，0.5）	（17.5，2.123，0.5）	（12.5，2.123，0.5）	（5，4.246，0.5）

续表

评估指标	风险等级			
	1（微险）	2（轻险）	3（中险）	4（重险）
$x_{4,1}$	(5500, 424.628, 50)	(4500, 424.628, 50)	(3500, 424.628, 50)	(2500, 424.628, 50)
$x_{4,2}$	(45, 12.739, 0.5)	(25, 4.246, 0.5)	(15, 4.246, 0.5)	(5, 4.246, 0.5)
$x_{4,3}$	(7000, 2547.771, 80)	(3000, 849.257, 80)	(1600, 339.702, 80)	(600, 509.554, 80)
$x_{4,4}$	(1.1, 0.170, 0.008)	(0.85, 0.042, 0.008)	(0.75, 0.042, 0.008)	(0.6, 0.085, 0.008)
$x_{4,5}$	(11000, 1698.514, 250)	(7500, 1273.885, 250)	(4500, 1273.885, 250)	(1500, 1273.885, 250)
$x_{4,6}$	(4, 0.425, 0.05)	(3, 0.425, 0.05)	(2, 0.425, 0.05)	(0.75, 0.637, 0.05)
$x_{4,7}$	(55, 8.493, 0.5)	(35, 4.246, 0.5)	(25, 4.246, 0.5)	(10, 8.493, 0.5)

以降雨距平百分率指标为例，根据确定度计算式（5.9）和云矩阵（表 5.7）建立评估指标标准的正态云隶属度函数（图 5.4），其他指标可类似求得。

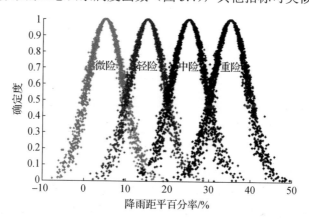

图 5.4　降雨距平百分率指标标准的正态云隶属度函数

本节云点数目取 $N=100$，由指标值和正向云发生器计算得隶属度矩阵，以淮北市为例，将收集到的淮北市指标数值代入正向云发生器，根据步骤 4 得平均隶属度值（表 5.8）。

表 5.8　淮北市正态云平均隶属度

评估指标	风险等级			
	1（微险）	2（轻险）	3（中险）	4（重险）
$x_{1,1}$	0.0004	0.1614	0.8207	0.0176
$x_{1,2}$	0.1760	0.6933	0.1298	0.0009
$x_{1,3}$	0.0000	0.0389	0.8634	0.0976
$x_{1,4}$	0.8274	0.1718	0.0008	0.0000
$x_{1,5}$	0.0000	0.1193	0.2847	0.5960
$x_{1,6}$	0.0000	0.0000	0.0003	0.9997

续表

评估指标	风险等级			
	1（微险）	2（轻险）	3（中险）	4（重险）
$x_{2,1}$	0.0000	0.0167	0.6863	0.2969
$x_{2,2}$	0.0004	0.0395	0.8718	0.0883
$x_{2,3}$	0.0000	0.0000	0.0000	1.0000
$x_{2,4}$	0.9769	0.0231	0.0000	0.0000
$x_{3,1}$	0.1665	0.8083	0.0252	0.0000
$x_{3,2}$	0.8015	0.1980	0.0005	0.0000
$x_{3,3}$	0.0074	0.5304	0.2263	0.2360
$x_{3,4}$	0.1272	0.3992	0.4127	0.0609
$x_{4,1}$	0.8040	0.1956	0.0005	0.0000
$x_{4,2}$	0.0045	0.0000	0.0135	0.9820
$x_{4,3}$	0.0709	0.1804	0.6637	0.0850
$x_{4,4}$	0.0642	0.0064	0.4790	0.4503
$x_{4,5}$	0.9890	0.0110	0.0000	0.0000
$x_{4,6}$	0.9413	0.0587	0.0000	0.0000
$x_{4,7}$	0.0129	0.4652	0.4624	0.0594

根据安徽省淮河流域评估指标量化数据，文献（杜云，2013）采用遗传模糊层次分析法计算各子系统及其指标的权重，得其所有评估指标权重结果为 $W=\{0.0692，0.0572，0.0493，0.0569，0.0442，0.0522，0.0468，0.0555，0.0426，0.0461，0.0598，0.0678，0.0616，0.0518，0.0305，0.0533，0.0381，0.0457，0.0278，0.0250，0.0187\}$。根据步骤 5，得到安徽省淮河流域农业旱灾风险评估的最后结果，并将其与集对分析法进行对比（表 5.9）。

表 5.9　农业旱灾风险评估结果

评价区域	1（微险）	2（轻险）	3（中险）	4（重险）	风险等级	
					云模型-属性识别法判断	集对分析法
淮北	0.2552	0.2105	0.2933	0.2409	3	3
亳州	0.1306	0.1284	0.2835	0.4576	3	3
宿州	0.2078	0.1183	0.3637	0.3101	3	4
蚌埠	0.1275	0.3230	0.3946	0.1549	3	2
阜阳	0.1314	0.1976	0.2555	0.4307	3	3
淮南	0.3575	0.3139	0.1485	0.1802	2	2
六安淮河流域	0.4054	0.2079	0.1881	0.1986	2	1
合肥淮河流域	0.2106	0.3074	0.1778	0.3041	2	2
滁州淮河流域	0.2032	0.3191	0.2250	0.2527	2	2

通过正态云模型与集对分析法确定出的风险等级作对比（表 5.9）分析可知，

两者结果基本一致，用集对分析法确定的蚌埠、六安淮河流域风险等级略微偏低，而宿州的风险等级略微偏高。这一结果产生的原因与云模型随机产生评价结果有关，云模型评估过程体现了旱灾风险评估过程中含有的不确定性，考虑了评估指标的模糊性和随机性。此外，属性数学理论在解决多个模糊属性问题的评估上得到了很好的应用，其中置信度准则考虑了评价集的有序性这一特点，因而正态云模型与属性识别方法相结合的评估方法可使评估结果更为可靠、合理。

同理，可得危险性、暴露性、灾损敏感性、抗旱能力子系统和旱灾风险评估系统的评估结果见表 5.10。

表 5.10 安徽省淮河流域农业旱灾各子系统风险

评价区域	危险性	暴露性	灾损敏感性	抗旱能力	旱灾风险评估
淮北	中险	中险	轻险	中险	中险
亳州	中险	重险	轻险	重险	中险
宿州	中险	中险	微险	重险	中险
蚌埠	轻险	中险	中险	中险	中险
阜阳	中险	重险	轻险	重险	中险
淮南	轻险	轻险	轻险	轻险	轻险
六安淮河流域	轻险	微险	重险	轻险	轻险
合肥淮河流域	轻险	中险	重险	轻险	轻险
滁州淮河流域	轻险	轻险	重险	中险	轻险

根据农业旱灾各子系统风险评估结果可知：安徽省淮河流域农业旱灾风险属中等偏上等级；从危险性风险等级看，淮北、亳州、宿州、阜阳风险较高，为中险（3 级），蚌埠、淮南、六安淮河流域、合肥淮河流域、滁州淮河流域风险等级为轻险（2 级）；从暴露性风险等级来看，亳州、阜阳等级很高，为重险（4 级），淮北、宿州、蚌埠、合肥淮河流域风险等级较高，为中险（3 级），淮南、滁州淮河流域风险等级为轻险（2 级），六安淮河流域风险等级较低，为微险（1 级）；从灾损敏感性风险等级来看，六安淮河流域、合肥淮河流域、滁州淮河流域风险等级很高，为重险（4 级），蚌埠为中险（3 级），淮北、亳州、阜阳、淮南为轻险（2 级），宿州为微险（1 级）；从抗旱能力风险等级来看，亳州、宿州、阜阳风险等级较高，为重险（4 级），淮北、蚌埠、合肥淮河流域等级为中险（3 级），淮南、六安淮河流域、滁州淮河流域风险等级较低，为轻险（2 级）。

5.4.4 安徽省淮河流域农业旱灾风险评估结论

（1）农业旱灾是一种渐发性的自然灾害，也是影响因素众多的具有一定结构和功能的复杂系统。致灾因子的不确定性和孕灾环境的复杂性使得农业旱灾风险系统具有明显的不确定性。为有效识别和描述农业旱灾风险评估过程中含有的不确定性，考虑评估指标的模糊性和随机性，本节将定性定量之间转换的正态云模型用于农业旱灾风险评估研究中。

（2）根据正态云模型正向云发生器算法，计算了安徽省淮河流域农业旱灾风险的云模型特征值和隶属度，结果表明，淮北、亳州、宿州、蚌埠、阜阳旱灾风险较高，为中险，而淮南、六安淮河流域、合肥淮河流域、滁州淮河流域相对较低，为轻险。中险区域多集中在淮北平原，其主要原因是淮北平原属半湿润带，土壤主要是砂姜黑土，不宜耕作，易旱涝。轻险区域则主要为江淮丘陵区和皖南山区，其主要原因是区域降水量和地表水资源量较大，属丰水湿润区，土壤主要是棕壤土和水稻土，节水灌溉力度大，抗旱能力强。根据云模型评估模型得到的结果和相应的原因分析，建议降雨丰富的山区加强蓄水工作，做好水土保持，降水少的丘陵区提高节水意识、发挥水利设施功能，丰水的平原区加大节水力度，提高水利用效率。总体而言，评价结果符合实际情况，评价模型具有可行性，可为安徽省淮河流域农业旱灾风险防控决策提供参考。

（3）云模型已广泛应用于系统评价、智能控制等诸多领域，而在水旱研究中应用尚不多，基于正态云模型的评价模型可为农业旱灾风险评估提供一种新的研究思路，值得今后进一步的系统深入探索。

5.5　基于经验模态分解和集对分析的粮食单产波动影响分析

粮食问题是关系国计民生和经济安全的重大战略性问题，国以民为本，民以食为天（胡文海，2008）。作为人口大国，中国的粮食生产与粮食安全不仅事关社会稳定和国家安全，也影响着世界粮食安全形势（韩荣青等，2012）。新中国成立以后，中国粮食生产取得了举世瞩目的成就，用全球 7%的耕地解决了 22%人口的吃饭问题（党安荣等，1999），但随着中国人口增长及人均耕地资源不断下降，能否保障国家粮食生产安全和维持社会稳定，引起众多专家学者的广泛关注（樊闽等，2006；刘忠等，2012a；2012b）。自 1952 年以来，我国粮食总产的增加，基本可以完全归结为粮食单产的提高（林毅夫，1995），粮食单产水平及其波动状况直接影响粮食产量及其稳定性（程叶青，2009）。目前，众多学者在粮食单产波动性研究方面开展了大量研究工作（钟甫宁等，2004；殷培红等，2010；卢布等，2005），但研究中多数关于粮食单产波动的变化规律、阶段特征、空间区域差异及单产潜力分析，很少涉及粮食单产波动的影响因素分析，进行波动性影响因素分析研究的也仅是粮食单产对气候、自然灾害或者化肥施用量等的单因素分析，缺乏量化研究成果。粮食单产的波动是多因素共同作用的结果，波动呈非线性和非平稳性。Huang 等（1998）提出的经验模态分解法（empirical mode decomposition，EMD），能够对非线性、非平稳信号逐级进行线性化和平稳化处理，把不同尺度的波动分离出来，最后得到趋势分量，并在分解的过程中保留了数据本身的特征，不同尺度的波动定义为本征模态函数（intrinsic mode function，IMF），所分解出的 IMF 分量分别包含了原信号的不同时间尺度的局部特征信息。由于 EMD 分析是自适应的，在快速有效地分析出信号本身特征的同时，能真实地提取数据序列的趋势，相较传统的波动测定方法具有明显优势（刘会玉等，2005；张明阳等，2005；Klionsky，et al.，2009）。

江淮丘陵区界于长江淮河之间，西起大别山麓，东迄高邮湖畔，多年平均粮食产量为 1200 万～1400 万 t，占安徽省粮食总产量的 45%左右，是安徽省粮油的主产区。但由于地处特定的气候条件、地理环境、地域特征及人类活动的影响，历史上干旱灾害频发。特别是江淮分水岭易旱区，地势高亢，骨干沟河较少，且远离大江、大河、湖泊及大中型水库，基本无引外水条件，灌溉保证率较低，饱受干旱灾害的侵扰，存在大量易旱耕地，属安徽省最旱的地区之一。通过对易旱耕地的综合治理，提高粮食单产水平是保障该区粮食生产安全的主要途径和重要的战略任务。因此，如何充分挖掘该区耕地增产潜力，稳定提高粮食单产显得尤为重要。基于此，本节中将采用 EMD 提取粮食单产序列和相应影响因子序列的趋势和不同时间尺度的波动分量，并运用集对分析理论（set pair analysis method，SPA）（赵克勤，2000；王文圣等，2008；Cao，et al.，2008；Wang，et al.，2009），对粮食单产及其影响因子的不同时间尺度的波动分量进行同异反分析，进而求取影响因子在不同时间尺度上对粮食单产波动的影响程度，并探明干旱对粮食单产波动的影响程度，为区域干旱灾害治理及粮食可持续生产提供科学依据（蒋尚明等，2013b）。

5.5.1 研究区概况与粮食单产影响因子的选取

5.5.1.1 研究区概况

江淮分水岭易旱区贯穿安徽省整个中部，主要包括合肥市的长丰县、肥东县、肥西县，滁州市的定远县、凤阳县、明光市，以及六安市的金安区和裕安区。国土面积约 1.75 万 km^2，占全省的 12.6%，2010 年末耕地面积约 796.7 万亩，人口 681.7 万，粮食总产量 513.3 万 t，占全省的 16.7%。但是由于特殊的地理位置和复杂的自然条件，这里在历史上就是干旱缺水比较严重的地区，不仅旱灾频繁，而且旱灾造成的损失严重，特别是在重旱、特旱年份，往往形成区域性的大幅度减产和绝收。1994 年特大干旱，因旱成灾面积 770 万亩，占总耕地面积的 89%，其中绝收面积 230 万亩，重灾面积 260 万亩。一些旱情特别严重的乡镇，如定远县的蒋集乡、肥东县的王城乡等，粮食生产几乎绝收。1995 年大旱，该区 147 万亩绝收，170 万亩重灾。频繁而严重的干旱灾害，威胁着该区粮食生产，成为区域经济持续发展的瓶颈。

5.5.1.2　粮食单产影响因子的选取

考虑到江淮分水岭易旱区特定的地理、流域特性，选取如下影响粮食单产的影响因子：①自然灾害受灾率，指区域农作物自然灾害受灾面积与农作物播种面积的比值，由于江淮分水岭易旱区特定的地理、流域特征，历史上经常遭受旱灾、洪涝灾害以及虫灾等自然灾害的危害，自然灾害是影响该区粮食生产的重要因素，是粮食波动的主要因子之一；②有效灌溉率，指区域有效灌溉面积与耕地面积的比值，其综合反映了区域农田灌溉条件的优劣；③粮资比，指历年粮食价格指数与农业生产资料价格指数的比值，其综合反映种粮收入的多少，直接影响着农民种粮的积极性，但由于其对农民种粮的积极性将在第二年表现出来，对粮食单产波动的影响有滞后性，本节中将统计的粮资比值滞后一年来分析对粮食单产波动的影响；④单位耕地化肥施用量（折纯量），指区域化肥施用总量与耕地面积的比值，其是反映区域农业投入大小的一个指标，在一定程度上影响着粮食单产的波动；⑤单位耕地农药施用量，指区域农药施用总量与耕地面积的比值，其是反映某地区农业投入大小的一个指标，也在一定程度上影响着粮食单产的波动；⑥单位耕地农用机械总动力，指区域农用机械总动力与耕地面积的比值，其反映区域农业机械化程度以及农业投入的多少，在一定程度上影响着粮食的生产。

5.5.2　粮食单产及其影响因子的 EMD 波动分解分析

5.5.2.1　粮食单产的 EMD 分解分析

粮食单产是各种因素共同作用的结果，在多因素的影响下，其波动变化不是以一种固定的周期在运动，而是包含着各种时间尺度（周期）的变化和局部波动，使其变化在时域中存在着多层次的时间尺度和局部化特征。经验模态分解（EMD）方法，对非线性、非平稳信号逐级进行线性化和平稳化处理，把不同尺度的波动逐级分离出来，产生一系列包含原信号不同时间尺度局部特征信息的本征模量（IMF），最后得到趋势量（R），并在分解的过程中保留了数据本身的特性。根据统计的江淮分水岭易旱区粮食单产序列进行 EMD 分解分析，具体实现步骤参见文献（Huang, et al., 1998），在本节中采用镜像对称延伸法对边界进行处理，该方法比较好地解决了边界对于 EMD 分解过程中的上冲和下冲现象（殷培红等，2010；Lei, et al., 2009），具体分解得到 3 个 IMF 分量及 1 个趋势量，如图 5.5 所示。

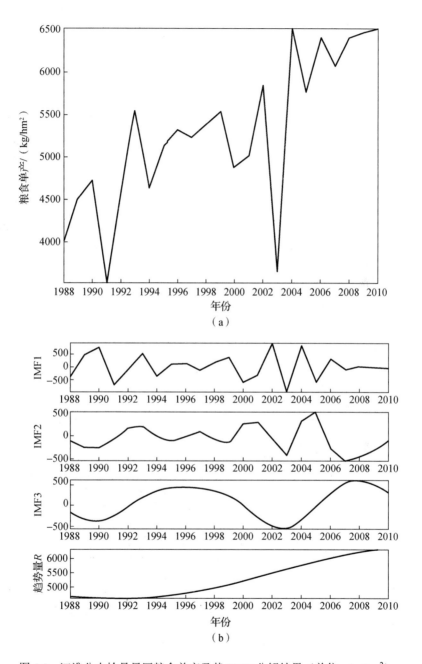

图 5.5　江淮分水岭易旱区粮食单产及其 EMD 分解结果（单位：kg/hm²）

由图 5.5 可知，IMF1 反映的是一个 2～4 年尺度的波动，IMF2 反映的是一个 4～6 年尺度的波动，IMF3 反映的是约 10 年的波动，趋势量 R 反映的是区域粮食单产系列历年总体变化趋势。各 IMF 的方差贡献分别为 55.76%、14.52% 和 29.72%。

江淮分水岭易旱区粮食单产 EMD 分解结果说明：①2～4 年尺度的波动即 IMF1 分量，在整个尺度周期波动中振荡都较为均匀，相邻年份间波峰波谷相继出现，说明短周期的粮食单产波动较普遍发生，且该尺度波动带来的粮食单产增减周期性明显；②4～6 年尺度的波动即 IMF2 分量，振荡频率较慢，振幅相对稳定且较小，波动较为平缓，说明该尺度的粮食产量波动强度较轻；③10 年左右尺度的波动即 IMF3 分量，周期长，振幅较大，说明该尺度的粮食产量波动不常发生，但强度较大；④从趋势量 R 来看，粮食单产的整体趋势是不断增加的，特别是 2000 年后粮食产量增幅明显，这与政府农业政策改革和重视粮食生产密切相关。

5.5.2.2　粮食单产影响因子的 EMD 分解分析

对统计的江淮分水岭易旱区粮食单产各影响因子序列分别进行 EMD 分解，具体分解结果如图 5.6 及表 5.11 所示。

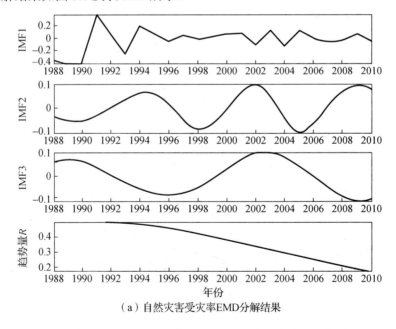

（a）自然灾害受灾率EMD分解结果

图 5.6　江淮分水岭易旱区粮食单产影响因子 EMD 分解结果

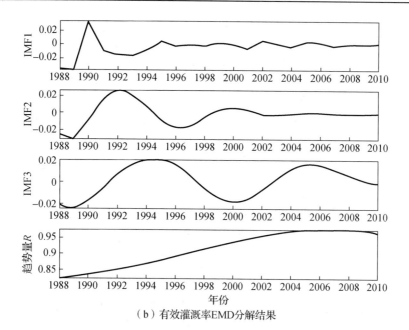

（b）有效灌溉率EMD分解结果

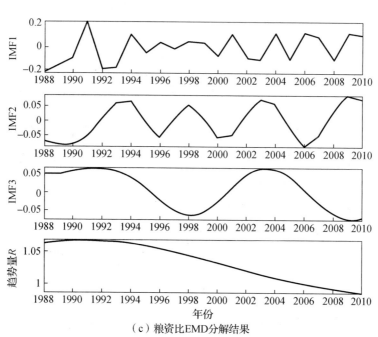

（c）粮资比EMD分解结果

图 5.6（续）

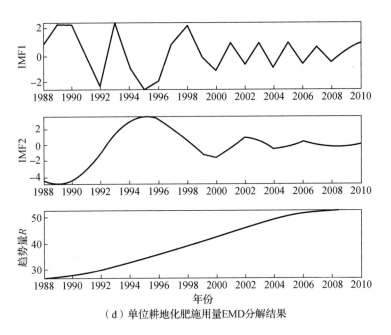

（d）单位耕地化肥施用量EMD分解结果

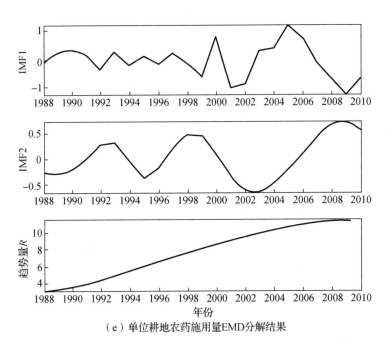

（e）单位耕地农药施用量EMD分解结果

图 5.6（续）

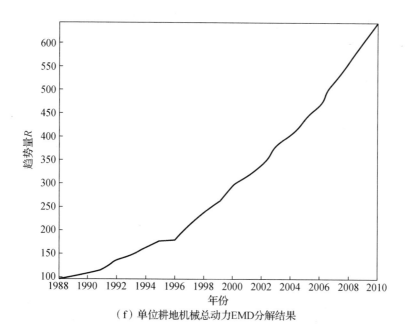

（f）单位耕地机械总动力EMD分解结果

图 5.6（续）

表 5.11   江淮分水岭易旱区粮食单产影响因子 EMD 分解结果

影响因子	IMF 分量	时间尺度	方差贡献率/%	影响因子	IMF 分量	时间尺度	方差贡献率/%
自然灾害受灾率	IMF1	2~4 年	76.78	有效灌溉率	IMF1	2~4 年	33.15
	IMF2	6 年左右	10.15		IMF2	6 年左右	30.40
	IMF3	10 年左右	13.07		IMF3	10 年左右	36.45
粮资比	IMF1	2~4 年	71.08	单位耕地农药施用量	IMF1	2~4 年	66.23
	IMF2	6 年左右	16.37		IMF2	10 年左右	33.77
	IMF3	10 年左右	12.55				
单位耕地化肥施用量	IMF1	2~4 年	28.00	单位耕地机械总动力	无 IMF 分量	—	—
	IMF2	10 年左右	72.00				

　　由图 5.6 及表 5.11 可知，自然灾害受灾率 IMF1、有效灌溉率 IMF1、单位耕地农药施用量 IMF1、单位耕地化肥施用量 IMF1 及粮资比 IMF1 的波动周期均为 2~4 年，这与粮食单产的 IMF1 相同，可认为是影响粮食单产周期为 2~4 年波动的影响因子；自然灾害受灾率 IMF2、有效灌溉率 IMF2 及粮资比 IMF2 的波动周期均为 6 年左右，与粮食单产 IMF2 相同，可认为是影响粮食单产周期为 6 年左右波动的影响因子；自然灾害受灾率 IMF3、有效灌溉率 IMF3、单位耕地农药施用量 IMF2、单位耕地化肥施用量 IMF2 及粮资比 IMF3 的波动周期均为 10 年左右，与粮食单产 IMF3 相同，可认为影响粮食单产周期为 10 年左右波动的影响因子；

而单位耕地农用机械总动力在 1988 年到 2010 年间基本呈增长趋势，无明显波动现象，可认为对粮食单产趋势量有影响，这与前述 5 个因子的趋势量共同影响粮食单产的趋势量。

5.5.3　粮食单产的波动影响分析

由上述粮食单产及其影响因子的 EMD 分解结果可知粮食单产各 IMF 波动分量及其对应影响因子的 IMF 分量。为此将分别对粮食产量的 3 个 IMF 波动分量与其对应的影响因子 IMF 波动分量，运用集对分析理论（SPA）进行同异反分析，进而求取各影响因子对粮食单产波动的影响率。

5.5.3.1　粮食单产波动影响的 SPA 分析模型

集对分析（SPA）的基本理论是根据已知 2 个集合 A 和集合 B 建立集对 $H(A,$ $B)$，并就这 2 个集合的特性进行同异反定量比较分析，设它们共有 N 个特性，其中 S 为两集合所共有的特性个数，P 为两集合所相对立的特性个数，F 为两集合表现为既不对立又不同一的特性个数，则联系度 μ 可表示（赵克勤，2000；王文圣等，2008；Wang，et al.，2009；Cao，et al.，2008）为

$$\mu = \frac{S}{N} + \frac{F}{N}i + \frac{P}{N}j \tag{5.16}$$

式中：i 为差异度系数，在区间[-1，1]视不同情况取值，有时仅起差异性标记作用；j 为对立度系数，在计算中一般取-1，有时仅起对立性标记作用。

粮食单产波动影响的 SPA 分析模型的具体步骤如下。

步骤 1：为消除单位量纲的影响，将粮食单产及其影响因子的 IMF 波动分量作如下无量纲化处理：

$$X_{kl} = \frac{x_{kl}}{\max_l |x_{kl}|} \tag{5.17}$$

式中：x_{kl} 为第 k 条 IMF 波动分量的第 l 年值；X_{kl} 为无量纲化后的第 k 条 IMF 波动分量的第 l 年值。

步骤 2：由式（5.17）可得各 IMF 波动分量的无量纲化后值，用后一年的值减去前一年值可得逐年变化量值，具体计算公式如下：

$$\Delta X_{kl} = X_{kl+1} - X_{kl} \tag{5.18}$$

步骤 3：由式（5.18）可得所有 IMF 波动分量的逐年变化量，分析发现各 IMF 波动分量的逐年变化量的均值为零，而方差很大，且在区间[-2，2]内取值。本节将粮食产量的不同 IMF 波动分量分析都划分为 5 个等级，等级划分依据是使得 $k \times l$ 个数在 5 个等级分布基本均匀，通过多次程序调试来得出相应的等级区间。

步骤 4：由步骤 3 中具体等级区间划分值，则可计算得所有 IMF 分量的逐年变化量等级区间值，将粮食单产 IMF 波动分量的逐年变化量等级区间值构成集合 A_i（$i=1,2,\cdots,m$），将与粮食单产 IMF 波动分量相对应的影响因子的逐年变化量等级区间值构成集合 B_{ij}（$i=1,2,\cdots,m;j=1,2,\cdots,n$）。然后把集合 A 和集合 B 构成集对 $H(A,B)$，在此基础上统计状态等级相同、差异和对立的数目，求出联系度表达式。在本节中分别划分集合 A 和 B 为 5 个等级区间，称处于同一等级的为相同，其个数记为 S；称相差一级的，如Ⅱ与Ⅰ、Ⅱ与Ⅲ、Ⅳ与Ⅲ等，为差异一，其个数记为 F_1；称相差二级的，如Ⅲ与Ⅰ、Ⅲ与Ⅴ等，为差异二，其个数记为 F_2；称相差三级及以上的，如Ⅴ与Ⅰ、Ⅳ与Ⅰ等，为对立，其个数记为 P。从而得联系度（王文圣等，2008）为

$$\mu_{ij}=\frac{S}{N}+\frac{F_1}{N}I_1+\frac{F_2}{N}I_2+\frac{P}{N}J \tag{5.19}$$

式中：I_1 为差异一系数；I_2 为差异二系数；J 为对立度系数（一般情况下取值-1）；N 为集合 A 和 B 共有的特性个数，$N=S+F_1+F_2+P$。

步骤 5：根据式（5.19）可得相应的联系度表达式，通过对联系度表达式的差异度系数 I_1 和 I_2 的取值分析，可得相应的联系数 μ_{ij}，联系数的取值区间为[-1,1]，为了后面的规范化计算得到相应的影响率，对联系数进行如下线性变换，即

$$U_{ij}=0.5\times\mu_{ij}+0.5 \tag{5.20}$$

得到模糊集"影响显著"的相对隶属度值 U_k，其取值区间为[0,1]。

步骤 6：对由式（5.20）得到的相对隶属度值 U_k，进行归一化处理，即

$$\eta_{ij}=\frac{U_{ij}}{\displaystyle\sum_{j=1}^{n}U_{ij}} \tag{5.21}$$

式中：n 为影响因子的数目；η_{ij} 为影响粮食产量第 i 个 IMF 波动分量的第 j 个影响因子的影响率。

步骤 7：由式（5.21）得到的粮食单产各 IMF 对应的影响因子 IMF 的影响率 η_{ij} 和各 IMF 波动分量的方差贡献率，则可求得粮食产量各 IMF 对应的影响因子 IMF 的综合影响率 β_{ij}，将各影响因子所有的 IMF 综合影响率求和并规范化后，则可得各影响因子对粮食单产波动的综合影响率。

5.5.3.2　粮食单产波动影响的实例分析

根据江淮分水岭易旱区粮食单产各 IMF 波动分量及其对应影响因子的 IMF 波动分量，分别通过 5.5.3.1 节中步骤 1～步骤 4 的运算，可得粮食单产各 IMF 与相应影响因子 IMF 之间的联系度表达式 μ_{ij} 为

$$\mu_{ij}=\begin{vmatrix} 0.45+0.45I_1+0.10I_2 & 0.14+0.41I_1+0.27I_2+0.18J & 0.50+0.41I_1+0.09I_2 \\ 0.23+0.36I_1+0.23I_2+0.18J & 0.18+0.36I_1+0.23I_2+0.23J & 0.27+0.37I_1+0.18I_2+0.18J \\ 0.09+0.32I_1+0.32I_2+0.27J & 0.23+0.27I_1+0.09I_2+0.41J & 0.32+0.41I_1+0.18I_2+0.09J \\ 0.23+0.27I_1+0.05I_2+0.45J & & 0.23+0.41I_1+0.18I_2+0.18J \\ 0.41+0.18I_1+0.14I_2+0.27J & & 0.09+0.14I_1+0.36I_2+0.41J \end{vmatrix}$$

式中：i 为粮食单产 IMF 波动分量数目；j 为对应第 i 个 IMF 波动分量的影响因子 IMF 数目。

对联系度表达式 μ_{ij}，根据均分原则（刘会玉，林振山，2005）取 I_1=0.5，I_2=-0.5，J=-1，则可得相应的联系数，再根据式（5.20）则可得相对隶属度 U_{ij} 为

$$U_{ij}=\begin{vmatrix} 0.82 & 0.51 & 0.83 \\ 0.56 & 0.51 & 0.59 \\ 0.41 & 0.45 & 0.67 \\ 0.44 & & 0.58 \\ 0.58 & & 0.28 \end{vmatrix}$$

由式（5.21）对 U_{ij} 进行规范化处理，得到粮食单产各 IMF 对应的影响因子 IMF 的影响率 η_{ij} 为

$$\eta_{ij}=\begin{vmatrix} 0.291 & 0.346 & 0.281 \\ 0.198 & 0.346 & 0.200 \\ 0.146 & 0.308 & 0.227 \\ 0.158 & & 0.196 \\ 0.206 & & 0.096 \end{vmatrix}$$

由粮食单产各 IMF 对应的影响因子 IMF 的影响率 η_{ij} 以及粮食单产及其影响因子各 IMF 波动的方差贡献率，则可求得粮食产量各 IMF 对应的影响因子 IMF 的综合影响率 β_{ij}，如表 5.12 所示。

表 5.12　江淮分水岭易旱区粮食单产各 IMF 分量对应影响因子 IMF 的综合影响率 β_{ij}

粮食单产 IMF	方差贡献率	影响因子 IMF	方差贡献率	IMF 影响率 η_{ij}	IMF 综合影响率 β_{ij}
粮食单产 IMF1	0.5576	自然灾害受灾率 IMF1	0.7678	0.291	0.1248
		有效灌溉率 IMF1	0.3315	0.198	0.0367
		单位耕地农药施用量 IMF1	0.6620	0.146	0.0538
		单位耕地化肥施用量 IMF1	0.2800	0.158	0.0247
		粮资比 IMF1	0.7108	0.206	0.0818
粮食单产 IMF2	0.1452	自然灾害受灾率 IMF2	0.1015	0.346	0.0051
		有效灌溉率 IMF2	0.3040	0.346	0.0153
		粮资比 IMF2	0.1637	0.308	0.0073

续表

粮食单产 IMF	方差贡献率	影响因子 IMF	方差贡献率	IMF 影响率 η_{ij}	IMF 综合影响率 β_{ij}
粮食单产 IMF3	0.2972	自然灾害受灾率 IMF3	0.1307	0.281	0.0109
		有效灌溉率 IMF3	0.3645	0.200	0.0217
		单位耕地农药施用量 IMF2	0.3380	0.227	0.0228
		单位耕地化肥施用量 IMF2	0.7200	0.196	0.0420
		粮资比 IMF3	0.1255	0.096	0.0036

由表 5.12 中粮食单产各 IMF 对应影响因子 IMF 的综合影响率 β_{ij}，将各影响因子所有的 IMF 综合影响率求和并规范化处理后，可求取各影响因子对粮食产量波动的综合影响率，包括自然灾害受灾率、有效灌溉率、单位耕地农药施用量、单位耕地化肥施用量及粮资比分别为 31.26%、16.35%、17.01%、14.79% 及 20.59%。这表明影响江淮分水岭易旱区粮食单产波动的主要因子是自然灾害受灾率，其次是粮资比，为稳定该区粮食产量，减少粮食单产的波动性，应加大水利投入，增强抵御农业自然灾害的能力，同时，还要稳定粮食价格和农业生产资料的价格，保持农民种粮的积极性。

5.5.4 干旱对粮食单产波动影响分析

由上述分析可知，影响江淮分水岭易旱区粮食单产波动的主要因子是自然灾害受灾率，其对粮食单产波动的综合影响率达 31.26%，可见自然灾害对该区粮食单产有巨大影响。自然灾害包括有洪涝灾害、干旱灾害以及虫灾等。由于江淮分水岭易旱区岗冲交错的地形地貌，具备修建大水的地形不多，难以大规模拦蓄天然降雨，主要依靠塘坝和小型水库蓄水，人均、亩均地表水资源量低。由于水资源供给不足，干旱灾害频繁，作物受旱减产损失严重。因此，干旱灾害是影响该区粮食单产波动的重要因素。

基于数据的可获性与代表性，本节中以作物旱灾受灾率来综合反映该区旱灾对粮食单产的危害程度，并与自然灾害受灾率比较分析，来求取该区旱灾占自然灾害对粮食单产危害的比例，结合前述作物自然灾害受灾率对粮食单产的波动影响分析结果，求取该区干旱灾害对粮食单产波动的影响率。统计江淮分水岭易旱区干旱灾害及自然灾害受灾面积与受灾率情况，具体如图 5.7 所示。

由图 5.7 可知，江淮丘陵易旱区自然灾害受灾面积与旱灾受灾面积，以及自然灾害受灾率与旱灾受灾率之间具有较强的相关性与一致性。作物受灾面积与受灾率可综合反映灾害对粮食生产的危害程度。因此，计算旱灾受灾面积与自然灾害受灾面积的比值，可作为旱灾对粮食生产危害程度占自然灾害对粮食生产危害程度的比例。计算得历年旱灾受灾面积占自然灾害受灾面积的比值为 0.5479，即江淮分水岭易旱区旱灾对粮食生产的危害占自然灾害总危害的 54.79%。前述已求取自然灾害受灾率对粮食单产波动的综合影响率为 31.26%，即可得旱灾对粮食单产波动的综合影响率为 17.13%。这表明江淮分水岭易旱区旱灾对粮食单产波动的影响很大，其占自然灾害对粮食单产波动影响的 54.79%，占所有影响粮食单产波动因子的 17.13%。因此，在江淮分水岭易旱区加大水利投入，完善农田水利灌溉体系，增强抵御干旱的能力，降低旱灾对粮食生产的危害，具有重要的现实意义与战略意义，可保障该区粮食生产安全，促进区域经济社会持续发展。

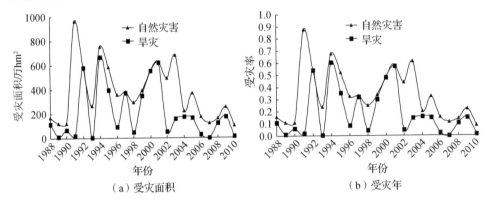

图 5.7　江淮分水岭易旱区旱灾及自然灾害受灾面积与受灾率

5.5.5　干旱对粮食单产波动影响结论

（1）应用经验模态分解方法对江淮分水岭易旱区的粮食单产及其影响因子进行多尺度分解，可更合理地描述粮食单产及其影响因子波动的复杂性、非线性和非平稳的特点，以及波动在时间域中的多层次时间尺度和局部化特征。

（2）运用集对分析理论，合理地分析了江淮分水岭易旱区粮食单产波动分量与相应影响因子之间的相关性，求取各影响因子对粮食单产波动的影响率。

（3）通过分析江淮分水岭易旱区的自然灾害和旱灾对粮食单产波动的危害程度，实现旱灾从自然灾害中的分离，并求取旱灾对粮食单产波动的综合影响率。

（4）本节基于 EMD 和 SPA 的分析模型在江淮分水岭易旱区的分析结果表明：该方法分析思路清晰，很好地结合了 EMD 和 SPA 理论，实现了对粮食单产波动的不同时间尺度、定量化的多因子综合分析，找出了粮食单产波动及其影响因子的内在联系，可为江淮分水岭易旱区干旱综合治理与粮食生产决策提供科学依据，具有一定的推广应用价值。

5.6　本章小结

基于常规建模和优化技术的综合评价方法大多偏向于经典数学方法，用于处理实际水资源系统综合评价问题时日益困难，难以胜任水资源复杂系统中涉及多因子、多层次的综合评价要求。只有把系统科学的理论、方法及计算机、人工智能等现代科学技术中的最新成果进一步引入水资源系统评价研究中，并进行相应的改造和创新，才能系统地探讨和研究流域水安全复杂系统综合评价的各种复杂性问题。本章结合水资源系统评价中的实际问题和不足，提出以下改进的水资源系统综合评价方法。

（1）针对农业灌溉用水水质综合评价过程中存在的评价结果不相容性，以及难以客观反映水质的真实属性等问题，应用基于数据探索的投影寻踪综合评价模型，并采用改进遗传算法进行模型优化求解。与传统水质评价方法如灰色聚类法相比，该方法数学概念清晰，评价结果更精确合理，较好地解决了系统综合评价中的片面性和不相容性问题。

（2）传统属性识别模型对水质评价标准随机抽样的评价结果存在较大误差，使其对实测样本评价的可信度降低，为此首次提出了基于非线性属性测度函数的改进属性识别模型，并第一次将基于计算机自动智能构造正交设计技术应用于评价虚拟样本生成过程。均匀随机和正交设计两种抽样的评价试验显示，改进属性识别模型评价结果准确度明显好于传统模型，说明指标的属性测度函数对属性识别模型的综合评价结果有重要影响。实例说明，由于非线性测度函数比线性测度函数能更好地描述评价指标的实际隶属度，基于此改进的属性识别模型具有更高的评价可信度，在水质综合评价中具有更广泛的适用性。

（3）根据正态云模型正向云发生器算法，计算了安徽省淮河流域农业旱灾风险的云模型特征值和隶属度，结果表明，淮北、亳州、宿州、蚌埠、阜阳旱灾风险较高，为中险，而淮南、六安淮河流域、合肥淮河流域、滁州淮河流域相对较低，为轻险。中险区域多集中在淮北平原，其主要原因是淮北平原属半湿润带，土壤主要是砂姜黑土，不宜耕作，易旱涝。轻险区域则主要为江淮丘陵区和皖南山区，其主要原因是区域降水量和地表水资源量较大，属丰水湿润区，土壤主要是棕壤土和水稻土，节水灌溉力度大，抗旱能力强。根据云模型评估模型得到的结果和相应的原因分析，建议降雨丰富的山区加强蓄水工作，做好水土保持，降水少的丘陵区提高节水意识、发挥水利设施功能，丰水的平原区加大节水力度，提高水利用效率。总体而言，评价结果符合实际情况，评价模型具有可行性，可为安徽省淮河流域农业旱灾风险防控决策提供参考。

（4）采用 EMD 提取粮食单产序列和相应影响因子序列的趋势和不同时间尺度的波动分量，并运用集对分析理论对粮食单产及其影响因子的不同时间尺度的波动分量进行同异反分析，进而求取影响因子在不同时间尺度上对粮食单产波动的影响程度，并探明干旱对粮食单产波动的影响程度，为区域干旱灾害治理及粮食可持续生产提供科学依据。

6 基于系统仿真的小型灌区塘坝工程水资源系统分析

6.1 系统仿真与灌区塘坝工程概述

系统仿真是一种用数学方法尽可能真实地描述系统的各种重要特性和系统行为的模型技术，由于计算量大，其一般是在计算机上通过数值模型做计算试验以间接研究实际系统，网络图、统计试验法（Monte Carlo，MC）、系统动力学（system dynamics，SD）模型等都是典型的系统仿真方法。仿真模型能描述在给定的系统输入、运行规则和政策下系统的响应，其优点在于不管系统多么错综复杂，只要事先确定调度原则，选择好有较佳代表性的输入信息就能顺利得出分析结果，缺点是难以确定完整的可行域的边界，靠枚举进行方案比选，计算工作量大且不能保证结果的最优性。仿真模型是实现模拟的一种工具，应用它能够观察和了解已有或虚拟系统对给定输入的响应，便于在系统规划和运行中正确决策，从而避免实际决策的失误或节省物理模拟的大量费用。典型的水资源模拟模型，是在给定的系统结构和参数以及系统运行规则下，对水资源系统进行逐时段的调度操作，然后得出水资源系统的供需平衡结果。Morteza 等（2013）对试验结果运用 Cal-SIMETAW 建立了加州作物土壤腾发量的仿真计算模型。许迪和李益农等（2004）应用仿真模型研究了黄河上游惠农引黄灌区的灌溉需求与渠系输配水状况，设计了 8 种用于改善农田与输配水系统的模拟方案以研究模型各类效用值随时间变化的趋势。徐建新等（2008）运用 SD 对南水北调中线工程河南受水区水资源系统动力学特征进行了分析研究。Shahbaz 等（2009）运用 SD 模型分别建立了水稻田间水平衡系统及灌域范围地表水地下水动态转换关系的模拟模型，并将二者耦合以分析复杂的灌区水资源系统动态变化。何力和刘丹等（2010）在综合考虑水资源需求与供给、非常规水源利用、南水北调供水等因素的情况下，利用 SD 方法对邯郸市水资源供需系统进行了仿真与预测。Evan 等（2011）综合考虑全球气候、碳循环、经济、人口以及农业等子系统，运用 SD 建立了全球水循环仿真及评价模型。李维乾等（2013）基于系统动力学的闭环反馈建立了水资源优化配置模型，并开展了某实证区域系统缺水量的仿真计算。

塘坝是在山区或丘陵地区修筑的一种小型蓄水工程，拦截和储存当地地表径流的蓄水量不足 10 万 m^3 的蓄水设施，用来积聚附近的雨水、泉水以灌溉农田。塘坝作为一种小型的水利设施，多修建在山地以及非平原地区，因其所拦蓄或储存的地表径流量非常小，所以多用于灌溉工程，主要通过汇集该设施附近范围内的雨水及河水来达到灌溉的目的。塘坝根据不同的划分标准有不同的划分方式：一种是按照其库容的多少分为大塘、中塘和小塘；另一种是根据拦蓄水的过程以及所蓄水水源的不同分为孤立塘和反调节塘。在降雨量及由于其他原因产生较大地表径流的情况下，塘坝可以起到分散、减小其他水利建筑物设计流量的作用，大大减少了工程量和经济的投入。塘坝采取就近灌溉，可以减少因水量长距离调配所引起的损失，节约了灌溉用水。塘坝也可以比较及时地供水，运营管理也比较方便，这样就提高了灌水效率，同时可以缓洪减峰，防止地表土壤受到水力侵蚀，减轻由于夏季雨水过多导致的农田洪涝灾害。

由于溧史杭灌区特定的自然地理条件，塘坝在历史上一直是作为水源工程的主体，但塘坝的汇水面积和塘容之间不协调的情况仍然比较普遍，解决该问题的一种行之有效的办法就是实行塘坝联合调节运用。采用小水库、塘坝联合运用对提高灌溉效率、缓解灌溉水供需矛盾、提高水资源利用保证程度作用非常明显，其原因是除了小水库、塘坝各自都有自己的比较完整的灌溉系统外，群众也有着成功的灌溉方法和习惯。实行库塘联合水资源调配后，可以保证塘坝水源及时达到或补充，从而促进灌溉水的快捷运行，提高灌溉质量。灌溉速度加快，能够及时腾空库容、塘容，并有利于降雨径流拦蓄，提高调蓄次数。小水库与塘坝联合运用，还能够缩短水库渠系长度，减少输水渗漏损失，节省土方工程量和水利配套工程投资，同时也便于灌区灌溉管理，故该种灌溉形式深受农民群众欢迎。

6.2 基于 SCS 模型的江淮丘陵区塘坝复蓄次数计算

塘坝复蓄次数是指塘坝年内有效利用水量与塘坝容量的比值，是反映塘坝供水能力的重要特征值，也是塘坝供水量估算和区域塘坝容量确定的重要参数，它在区域塘坝规划和水资源调蓄灌溉中均具有重要的指导意义。目前，国内外学者在雨水集蓄利用方面开展了大量的研究工作，取得了丰硕的研究成果（刘小勇等，2000；Scott 等，2001；朱强等，2004；王红雷等，2012），而复蓄次数的确定大多采用经验取值（郭元裕，1965；付国岩，1999；李少斌，2000），仇锦先等（2009）结合新沂市山丘区雨水利用规划实例，提出蓄水设施复蓄次数的确定方法与步骤，但关于丘陵区塘坝复蓄次数推算的相关成果尚较少。丘陵地区塘坝具有单体塘坝工程规模小、蓄水量小、控制灌溉面积小，但分布面广、数量庞大、群体容量大的特点。对于此类小型蓄水设施，一般都没有水文及径流观测点，基本无实测水文与径流观测资料。对于塘坝灌溉系统这类无实测径流资料区域的径流计算，一般采用简化的计算方法，主要有降雨径流系数法、降雨统计参数等值线图查算法、水文比拟法、面积比法等，这些方法由于缺乏严格的理论推导，缺少降雨径流的物理成因分析，常常作了过多的简化，从而导致计算结果误差较大（周振民等，2004）。无资料或缺乏资料区域的水文预测问题（predictions in ungauged basins，PUB）一直是水文学研究的重点和难点问题之一，得到了国内外众多学者的广泛关注（黄国如，2007；Sivapalan, et al.，2003；Yu, et al.，2002）。径流曲线数模型（soil conservation service，SCS）是美国农业部水土保持局在 20 世纪 50 年代提出的小流域设计洪水模型，具有计算过程简单、所需参数较少、资料易于获取，尤其适用于无资料或缺资料地区，在流域工程规划、水土保持及防洪、城市水文及无资料流域的多种水文问题等诸多方面得到了广泛应用，取得了较好的效果（洪林等，2009；甘衍军等，2010；Mishra, et al.，2003；Mishra, et al.，2004）。基于此，本节选取江淮丘陵典型塘坝灌区为例，依据 SCS 模型构建塘坝灌溉系统降雨径流仿真模型，在对塘坝灌溉系统进行水量平衡计算的基础上，推算了研究区塘坝不同降水频率下的复蓄次数，以期为区域塘坝规划整治提供理论依据（蒋尚明等，2013c）。

6.2.1　研究区概况

杨店乡、八斗镇及陈集乡位于安徽省肥东县北部岗丘区，地处江淮分水岭脊地区，均属安徽省江淮分水岭综合治理重点乡镇。地面海拔高程 45～90m，为拱形隆起岗地，土壤比较瘠薄，降雨量少于南部，水利条件较差，灌溉水利设施的主体为塘坝，灌溉保证率低，缺水易旱，属江淮丘陵低产区域。其种植以水稻（中稻或一季晚稻）、油菜、小麦及玉米为主，统计杨店乡、八斗镇及陈集乡塘坝灌区灌溉系统概况及主要农作物播种面积，见表 6.1 和表 6.2。

表 6.1　研究区各乡镇塘坝灌溉系统概况

乡/镇	塘坝容量/（$10^4 m^3/km^2$）	耕地率	灌溉面积/（hm^2/km^2）		
			水田	旱地	合计
杨店乡	10.33	0.578	32.5	25.3	57.8
八斗镇	9.32	0.561	28.7	27.5	56.2
陈集乡	13.04	0.561	34.0	22.1	56.1

表 6.2　研究区各乡镇农作物种植面积　　　　　　　　（单位：hm^2）

乡/镇	总播种面积	农作物种植面积							
		水稻	小麦	玉米	豆类	花生	油菜	棉花	其他
杨店乡	557	192	56	40	15	19	178	2	55
八斗镇	1229	348	75	52	78	99	333	42	202
陈集乡	538	192	56	40	15	32	178	15	10

6.2.2　基于 SCS 模型的降雨径流模拟

1）研究区降雨频率分析

研究区各乡镇均位于合肥市肥东县。为确保选择典型站点降雨、气温、相对湿度、日照及风速等气象资料序列的质量与完备性，本研究中选取合肥站作为水文代表站点。依据合肥站 1952～2011 年的降雨序列资料进行频率分析，均值为997mm、C_v=0.22、C_S/C_v=3.05，P=50%、P=75%及P=95%的降雨量分别为971mm、839mm 及 685mm。据此选取 P=50%、P=75%及P=95%的典型年分别为1999年、1979 年及 1966 年。

2）SCS 模型

SCS 模型能反映不同土壤类型、不同土地利用方式及前期土壤含水量对降雨径流的影响，是基于流域的实际入渗量与实际径流量之比等于流域该场降雨前的最大可能入渗量（或潜在入渗量 S）与最大可能径流之比的假定基础上建立的，其降雨径流基本关系（Mishra，et al.，2004；洪林等，2009）为

$$R = \begin{cases} \dfrac{(P-\lambda S)^2}{P+(1-\lambda)S} & (P \geqslant \lambda S) \\ 0 & (P < \lambda S) \end{cases} \tag{6.1}$$

在美国的试验农业小流域一般取 λ=0.2，但由于其降雨年内分布较均匀，约有 70%的降水通过入渗进入土壤；而我国的降雨季节变化很大，且有集中性的大暴雨，仅有约 40%的降水通过入渗进入土壤，因此，在运用该模型的时候，取值小于 0.2，一般在 0.05 以下，具体取值根据流域水文资料加以率定，或移用水文相似区的取值（周玉良，刘丽等，2012）。本项目研究中取 λ=0.01。

由于 S 值的变化范围很大，不便于取值，引入无因次参数 CN，其取值范围为[0，100]，定义经验关系为

$$S = \frac{25400}{CN} - 254 \tag{6.2}$$

式中：CN 是一个无量纲参数，反映流域前期土壤湿润度（antecedent moisture condition，AMC）、植被、坡度、土壤类型及土地利用现状的综合特性，可较好地反映下垫面条件对产汇流的影响。

SCS 模型根据该次降雨前 5d 降雨量，把前期土壤湿润程度分为干燥（AMC Ⅰ）、中等湿润（AMC Ⅱ）和湿润（AMC Ⅲ）3 种湿润状态级别，且不同湿润状况的 CN 值有如下相互转换关系（周玉良等，2012）：

$$CN_1 = CN_2 - \frac{20 \times (100 - CN_2)}{100 - CN_2 + \exp[2.533 - 0.0636(100 - CN_2)]} \tag{6.3}$$

$$CN_3 = CN_2 \times \exp[0.00673(100 - CN_2)] \tag{6.4}$$

3）SCS 模型参数的确定

研究区内土壤分布主要以黄褐土与黄棕壤为主，其演化而来的耕作土壤为马肝土，该土质地黏重，土壤多为黏壤至黏土，按 SCS 土壤定义分类属于 C 类土壤。SCS 模型根据前期降雨指数（前 5 日降雨量之和）的大小将土壤前期水分划分为干燥（AMC Ⅰ）、中等湿润（AMC Ⅱ）、湿润（AMC Ⅲ）三个等级，根据研究区试验观测资料与实践经验，前期土壤湿润程度等级划分标准如表 6.3 所示。

表 6.3　研究区前期土壤湿润程度等级划分标准

前期土壤湿润程度等级	前 5 日降雨总量/mm	
	休眠季节	生长季节
AMC I	<10	<30
AMC II	10~25	30~50
AMCIII	>25	>50

依据研究区各乡镇不同土地利用类型的比例,结合水文土壤组特征及前期湿润程度条件,查美国农业部水土保持局提出的 CN 值表,确定 AMC II 条件下的 CN_2 值,而 CN_1 值和 CN_3 值分别由式(6.3)和式(6.4)确定,CN 值计算结果见表 6.4。

表 6.4　研究区各乡镇不同湿润程度的 CN 值

CN 值	杨店乡	八斗镇	陈集乡
CN_1	67.6	67.0	67.8
CN_2	83.4	83.0	83.5
CN_3	93.3	93.0	93.3

由合肥站各典型年逐日降雨量为 SCS 模型的输入,结合上述 SCS 模型的参数值,则可计算各典型年的逐日产流量。为满足后续塘坝体系水量平衡计算的需要,将逐日产流量累加为逐月产流量,结果见表 6.5。

表 6.5　研究区各乡镇不同典型年逐月产流仿真结果 　　　　（单位：mm）

月份	杨店乡			八斗镇			陈集乡		
	P=50%	P=75%	P=95%	P=50%	P=75%	P=95%	P=50%	P=75%	P=95%
1	0.5	3.4	4.0	0.4	3.3	5.4	0.5	3.4	4.0
2	0.8	1.0	1.9	0.8	1.0	1.9	0.8	1.0	2.0
3	4.5	8.7	7.2	4.4	8.5	9.6	4.5	8.7	7.3
4	12.4	20.2	14.0	12.4	21.8	14.6	12.4	20.3	14.0
5	8.9	7.8	11.4	11.3	9.6	11.1	8.9	7.8	11.4
6	119.3	47.2	28.8	117.6	46.3	28.2	119.5	47.3	28.9
7	4.3	48.2	10.3	4.2	55.5	10.0	4.3	48.4	10.3
8	52.5	7.3	0.0	51.6	8.7	0.0	52.6	7.3	0.0
9	5.7	18.9	1.4	5.5	18.4	1.4	5.7	19.0	1.4
10	35.2	0.0	3.4	34.4	0.0	3.3	35.3	0.0	3.4
11	2.1	1.2	23.5	2.0	1.1	23.0	2.1	1.2	23.5
12	0.0	3.9	3.8	0.0	4.3	4.3	0.0	3.9	3.8
合计	246.2	167.8	109.7	244.6	178.5	112.8	246.6	168.3	110.0

由表 6.5 可知,研究区各乡镇 P=50%年情全年产流量为 244.6~246.6mm、P=75%年情全年产流量为 167.8~178.5mm、P=95%年情全年产流量为 109.7~

110.0mm。这与该区水文试验站试验成果及工程实践经验相符，说明用 SCS 模型模拟降雨径流是可行的。

6.2.3 作物灌溉需水量计算

1）作物需水量计算

作物各阶段的需水量 ET_c 可通过下式求取：

$$ET_{ci}=ET_{0i}\times K_{ci} \tag{6.5}$$

式中：ET_{0i} 和 K_{ci} 分别为作物第 i 生长阶段的参照作物蒸腾量和作物系数。ET_0 采用彭曼-蒙蒂斯（Penman-Monteith）公式计算为

$$ET_0 = \frac{0.408\Delta(R_n - G) + \gamma\dfrac{900}{T + 273}U_2(e_a - e_d)}{\Delta + \gamma(1 + 0.34U_2)} \tag{6.6}$$

式中：ET_0 为参考作物蒸发、蒸腾量，mm/d；Δ 为温度-饱和水气压关系曲线在 T 处的切线斜率，kPa/℃；R_n 为净辐射，MJ/（m²·d）；G 为土壤热通量，MJ/（m²·d）；γ 为湿度表常数，kPa/℃；T 为平均气温，℃；U_2 为 2m 高处风速，m/s；e_a 为饱和水气压，kPa；e_d 为实际水气压，kPa。

本节依据安徽省主要作物需水量等值线图研究成果，参照 FAO 推荐的 84 种作物的标准作物系数和修正公式，结合安徽省淠史杭和肥东八斗灌溉试验站历年灌溉试验成果，来综合确定各典型种植作物逐月需水量 ET_c 计算结果（表 6.6）。

表 6.6 研究区典型种植作物逐月需水量 ET_c 计算结果

| 作物 | 生育时期/（月.日） | 典型来水保证率 | 需水量 ET_c | | | | | | | | | | | | 全生育期 |
			1月	2月	3月	4月	5月	6月	7月	8月	9月	10月	11月	12月	
水稻	6.10 ~ 9.25	P=50%	—	—	—	—	—	31.4	108.7	138.4	97.2				375.7
		P=75%	—	—	—	—	—	35.5	122	158.1	82.9				398.5
		P=95%	—	—	—	—	—	35.3	146.5	183.9	118.7				484.4
小麦	11.1 ~ 5.25	P=50%	43.5	60.8	60.3	81.6	77.4	—	—	—			48.1	61.7	433.3
		P=75%	34.5	38.4	69.8	77.2	73.8						64.3	41.9	399.8
		P=95%	27.9	40.7	64.7	74.8	71.3						51.6	46.9	377.9
油菜	10.20 ~ 5.15	P=50%	36.4	58.1	59.2	88.8	35.8	—	—	—		14.4	43.9	60.4	396.9
		P=75%	28.8	36.7	68.5	84	34.1					15.7	58.8	41	367.6
		P=95%	23.3	38.9	63.6	81.5	32.9					15.5	47.1	46	348.8
玉米	4.20 ~ 8.20	P=50%	—	—	—	15.1	93.3	102.4	99.9	52.5	—	—	—	—	363.2
		P=75%				14.3	88.9	115.6	112.2	60					391
		P=95%				13.9	85.8	114.9	134.7	69.8					419.1

2）农田有效降雨计算

鉴于研究区内没有完整的地表径流观测资料，本节中选用在生产实践中被广泛常采用的简化方法计算不同频率典型年降雨的有效降雨量，其具体公式为

$$P_e=\sigma P \tag{6.7}$$

式中：σ 为降雨有效利用系数，它与降雨总量、降雨强度、降雨延续时间、土壤性质、作物生长、地面覆盖和计划湿润层深度等因素有关。本节依据安徽省试验研究成果来确定研究区水旱作物的降雨有效系数。

3）水稻的育苗、泡田及渗漏耗水

水稻的育苗、泡田和渗透耗水量均依据江淮丘陵区的淠史杭灌区及八斗灌溉试验站试验成果求取。此外，江淮丘陵区多为岗丘地带，地下水埋藏一般较深，作物一般不考虑地下水的利用。

综上可计算研究区各乡镇作物逐月的灌溉需水量，具体计算结果见图 6.1（限于篇幅，只列出杨店乡的作物逐月灌溉需水量）。

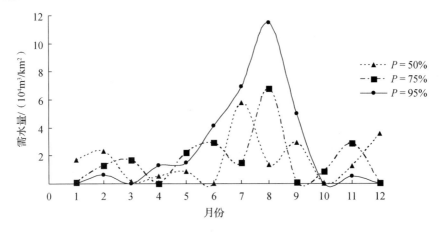

图 6.1 杨店乡农作物不同降水频率的逐月灌溉需水量

6.2.4 塘坝灌溉系统水量平衡分析

塘坝灌溉系统的蓄水灌溉主体是塘坝，根据水量平衡原理，可得

$$V_i = V_{i-1} + W_i - Q_i - S_i - X_i \tag{6.8}$$

式中：V_i 为塘坝灌溉系统第 i 时段末的塘坝蓄水量，也即该时段塘坝灌溉系统可灌溉的总水量；W_i 为塘坝灌溉系统第 i 时段的来水量，也即该时段塘坝灌溉系统的降雨产流量；Q_i 为塘坝灌溉系统第 i 时段的灌溉水量；S_i 为塘坝灌溉系统第 i 时段的损失量；X_i 为塘坝灌溉系统第 i 时段的泄水量。

$$Q_i = \sum_{j=1}^{n} \frac{M_{ij}}{\alpha_i} \qquad (6.9)$$

式中：M_{ij} 为塘坝灌溉系统第 j 种农作物在 i 时段的灌溉需水量；α_i 为塘坝灌溉系统 i 时段的灌溉水利用系数。

$$S_i = E_i + L_i \qquad (6.10)$$

式中：E_i 为塘坝 i 时段的水面蒸发量；L_i 为塘坝 i 时段的渗漏量。

本研究中以月为时段进行塘坝水量兴利调节计算，具体计算过程如下。

（1）当 $V_{i-1} + W_i - QX_i > V_m$（$QX_i$ 为农作物 i 时段的灌溉需水量，V_m 为塘坝的蓄水容量）时，即来水量把塘坝系统蓄满至 V_m 之后，多余的水量将被塘坝系统排泄，产生弃水。

（2）当 $0 \leqslant V_{i-1} + W_i - QX_i \leqslant V_m$ 时，$V_i = V_{i-1} + W_i - Q_i - S_i$，塘坝系统正常灌溉。

（3）当 $V_{i-1} + W_i - QX_i - S_i < 0$ 时，塘坝系统供水不能满足作物灌溉需求，塘坝所有蓄水均用来灌溉，塘坝蓄水 $V_i = 0$，缺水量 $N_i = QX_i - V_{i-1} - W_i + S_i$，而实际灌溉水量 $Q_i = QX_i - N_i$。

在进行调节计算时，取塘坝的初始蓄水量 $V_0 = 0.3V_m$，具体调节计算结果如表 6.7～表 6.9 及图 6.2 所示。

表 6.7　杨店乡塘坝系统调节计算结果　　　（单位：$10^4 \mathrm{m}^3/\mathrm{km}^2$）

月份	P=50%					P=75%					P=95%				
	W_i	V_i	Q_i	N_i	X_i	W_i	V_i	Q_i	N_i	X_i	W_i	V_i	Q_i	N_i	X_i
1	0.05	1.74	1.27	0.00	0.00	0.34	3.23	0.08	0.00	0.00	0.40	3.37	0.00	0.00	0.00
2	0.08	0.00	1.66	0.07	0.00	0.10	2.22	0.96	0.00	0.00	0.19	2.94	0.46	0.00	0.00
3	0.45	0.05	0.13	0.00	0.00	0.87	1.56	1.25	0.00	0.00	0.72	3.39	0.00	0.00	0.00
4	1.24	0.54	0.39	0.00	0.00	2.02	3.21	0.00	0.00	0.00	1.40	3.46	0.97	0.00	0.00
5	0.89	0.31	0.63	0.00	0.00	0.78	1.86	1.64	0.00	0.00	1.14	2.98	1.12	0.00	0.00
6	11.93	9.82	0.00	0.00	1.40	4.72	1.57	4.50	0.00	0.00	2.88	0.00	5.36	0.98	0.00
7	0.43	0.86	8.85	0.00	0.00	4.82	3.53	2.32	0.00	0.00	1.03	0.00	0.48	10.18	0.00
8	5.25	3.54	2.05	0.00	0.00	0.73	0.00	3.74	6.66	0.00	0.00	0.00	0.00	17.67	0.00
9	0.57	0.00	3.72	0.79	0.00	1.89	1.37	0.13	0.00	0.00	0.14	0.00	0.00	7.66	0.00
10	3.52	3.20	0.00	0.00	0.00	0.00	0.41	0.65	0.00	0.00	0.34	0.02	0.00	0.00	0.00
11	0.21	2.25	0.95	0.00	0.00	0.12	0.00	0.31	1.86	0.00	2.35	1.75	0.40	0.00	0.00
12	0.00	0.00	2.09	0.58	0.00	0.39	0.18	0.05	0.00	0.00	0.38	1.97	0.00	0.00	0.00
合计	24.62	—	21.74	1.44	1.40	16.78	—	15.62	8.51	0.00	10.97	—	8.79	36.50	0.00

表6.8 八斗镇塘坝系统调节计算结果 （单位：$10^4 \text{m}^3/\text{km}^2$）

月份	P=50%					P=75%					P=95%				
	W_i	V_i	Q_i	N_i	X_i	W_i	V_i	Q_i	N_i	X_i	W_i	V_i	Q_i	N_i	X_i
1	0.04	1.49	1.23	0.00	0.00	0.33	2.93	0.07	0.00	0.00	0.54	3.21	0.00	0.00	0.00
2	0.08	0.00	1.42	0.26	0.00	0.10	1.96	0.93	0.00	0.00	0.19	2.81	0.45	0.00	0.00
3	0.44	0.07	0.12	0.00	0.00	0.85	1.34	1.22	0.00	0.00	0.96	3.53	0.00	0.00	0.00
4	1.24	0.61	0.37	0.00	0.00	2.18	3.20	0.00	0.00	0.00	1.46	3.72	0.94	0.00	0.00
5	1.13	0.73	0.56	0.00	0.00	0.96	2.17	1.55	0.00	0.00	1.11	3.35	1.04	0.00	0.00
6	11.76	8.86	0.00	0.00	2.71	4.63	1.96	4.38	0.00	0.00	2.82	0.00	5.71	0.42	0.00
7	0.42	0.41	8.38	0.00	0.00	5.55	4.88	2.14	0.00	0.00	1.00	0.00	0.51	9.62	0.00
8	5.16	3.40	1.71	0.00	0.00	0.87	0.00	5.28	4.42	0.00	0.00	0.00	0.00	16.90	0.00
9	0.55	0.00	3.60	0.20	0.00	1.84	1.49	0.00	0.00	0.00	0.14	0.00	0.00	6.78	0.00
10	3.44	3.15	0.00	0.00	0.00	0.00	0.58	0.63	0.00	0.00	0.33	0.04	0.00	0.00	0.00
11	0.20	2.24	0.92	0.00	0.00	0.11	0.00	0.50	1.60	0.00	2.30	1.75	0.39	0.00	0.00
12	0.00	0.00	2.09	0.50	0.00	0.43	0.24	0.05	0.00	0.00	0.43	2.04	0.00	0.00	0.00
合计	24.46	—	20.41	0.96	2.71	17.86	—	16.74	6.02	0.00	11.27	—	9.04	33.72	0.00

表6.9 陈集乡塘坝系统调节计算结果 （单位：$10^4 \text{m}^3/\text{km}^2$）

月份	P=50%					P=75%					P=95%				
	W_i	V_i	Q_i	N_i	X_i	W_i	V_i	Q_i	N_i	X_i	W_i	V_i	Q_i	N_i	X_i
1	0.05	2.56	1.23	0.00	0.00	0.34	4.01	0.07	0.00	0.00	0.40	4.15	0.00	0.00	0.00
2	0.08	0.75	1.68	0.00	0.00	0.10	2.99	0.93	0.00	0.00	0.20	3.70	0.45	0.00	0.00
3	0.45	0.74	0.12	0.00	0.00	0.87	2.30	1.22	0.00	0.00	0.73	4.08	0.00	0.00	0.00
4	1.24	1.15	0.37	0.00	0.00	2.03	3.86	0.00	0.00	0.00	1.40	4.08	0.94	0.00	0.00
5	0.89	0.77	0.66	0.00	0.00	0.78	2.39	1.64	0.00	0.00	1.14	3.48	1.13	0.00	0.00
6	11.95	12.08	0.00	0.00	0.00	4.73	2.01	4.47	0.00	0.00	2.89	0.00	5.72	0.57	0.00
7	0.43	3.05	8.77	0.00	0.00	4.84	3.83	2.33	0.00	0.00	1.03	0.00	0.34	10.19	0.00
8	5.26	5.49	2.17	0.00	0.00	0.73	0.00	3.91	6.46	0.00	0.00	0.00	0.00	17.36	0.00
9	0.57	0.82	4.75	0.00	0.00	1.90	1.01	0.40	0.00	0.00	0.14	0.00	0.00	7.87	0.00
10	3.53	3.95	0.00	0.00	0.00	0.00	0.58	0.61	0.02	0.00	0.34	0.00	0.00	0.00	0.00
11	0.21	2.96	0.92	0.00	0.00	0.12	0.00	0.00	2.10	0.00	2.35	1.69	0.39	0.00	0.00
12	0.00	0.17	2.60	0.00	0.00	0.39	0.14	0.05	0.00	0.00	0.38	1.87	0.00	0.00	0.00
合计	24.67	—	23.27	0.00	0.00	16.83	—	15.63	8.58	0.00	11.01	—	8.98	35.98	0.00

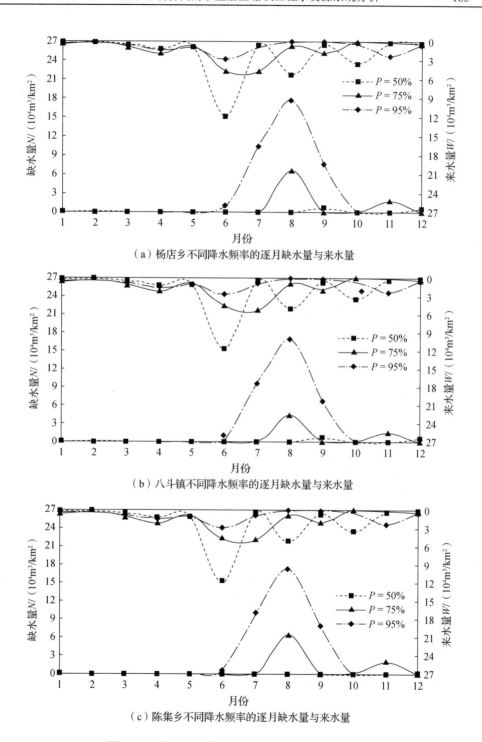

（a）杨店乡不同降水频率的逐月缺水量与来水量

（b）八斗镇不同降水频率的逐月缺水量与来水量

（c）陈集乡不同降水频率的逐月缺水量与来水量

图 6.2　研究区不同降水频率的逐月缺水量与来水量

　　由表 6.7 及图 6.2 可知，杨店乡在 P=50%年情下，有 1.40 万 m³/km² 的弃水，但同年塘坝灌溉系统仍不能满足作物灌溉需求，缺水量为 1.44 万 m³/km²。此外，在 P=75%和 P=95%年情下，塘坝系统灌溉缺水量分别为 8.51 m³/km² 和 36.5 m³/km²。这表明杨店乡塘坝灌溉系统现状 10.33 万 m³/km² 的塘容偏小，且由于耕地率和水稻种植比例大，导致在 P=95%年情下缺水量比较大。为此，该区应进行塘坝清淤扩挖增大塘坝容量，同时，在枯水年份适时地降低水稻种植比例，以期缓解该区枯水年灌溉缺水的矛盾。

　　由表 6.8 及图 6.2 可知，八斗镇在 P=50%年情下，有 2.71 万 m³/km² 的弃水，但同年塘坝灌溉系统仍不能满足作物灌溉的需求。此外，在 P=75%和 P=95%年情下，塘坝系统灌溉缺水量分别为 6.02 m³/km² 和 33.72m³/km²。这表明八斗镇塘坝灌溉系统现状 9.32 万 m³/km² 的塘容偏小，且由于耕地率和水稻种植比例大，在 P=95%年情下缺水量比较大。为此，应适度新建塘坝和进行塘坝清淤扩挖，扩大塘坝容量，增大塘坝系统蓄水能力，同时，在枯水年份适时地降低水稻种植比例，以降低枯水年份的干旱缺水量。

　　由表 6.9 及图 6.2 可知，陈集乡在计算的三种年情下，塘坝系统均无弃水，但在 P=75%和 P=95%年情下，塘坝系统灌溉缺水量分别为 8.58m³/km² 和 35.98m³/km²。这表明陈集乡塘坝灌溉系统现状 13.04 万 m³/km² 的塘容能保证在 P=50%年情下没有弃水，但由于耕地率和水稻种植比例大，在 P=75%和 P=95%年情下均有很大程度的缺水。为此，该区主要应通过调整枯水年的作物种植比例，适当地降低水稻种植面积，来缓解枯水期塘坝系统水量供需矛盾。

6.2.5　塘坝灌溉系统复蓄次数计算

　　塘坝复蓄次数是指塘坝年内有效利用水量与塘坝容量的比值，是反映塘坝供水能力的重要特征值，也是塘坝供水量估算的重要参数。具体计算公式为

$$n = \frac{V_{末} - V_0 + \sum Q_i}{V_m} \qquad (6.11)$$

式中：n 为塘坝复蓄次数；$V_{末}$ 为塘坝年末蓄水量；V_0 为塘坝年初蓄水量；Q_i 为塘坝 i 时段的实际灌溉水量；V_m 为塘坝蓄水容量。由表 6.8～表 6.10 可得塘坝系统调节灌溉过程，依据式(6.11)可计算研究区各乡镇塘坝的复蓄次数，计算结果见表 6.10。

表 6.10　研究区各乡镇不同降水频率下的塘坝复蓄次数

乡/镇	降水频率		
	P=50%	P=75%	P=95%
杨店乡	1.80	1.23	0.74
八斗镇	1.89	1.52	0.89
陈集乡	1.50	0.91	0.53

　　由表 6.10 可知，研究区各乡镇塘坝复蓄次数 n 随降水频率的增大而减少，这主要由塘坝集水径流与蓄水量均随降水频率的增大而减少，导致塘坝可利用水量逐渐减少，这与该区长期工程实践经验相符；研究区各乡镇的耕地率与种植结构基本相同，但因塘坝容量不同而导致塘坝复蓄次数 n 有差异，塘坝复蓄次数随塘坝容量的增大而减少。不同降水频率的塘坝复蓄次数推算确定后，结合区域塘坝工程规模可合理计算塘坝灌溉系统不同降水频率下的供水总量，进而可对塘坝灌溉体系进行农业灌溉水量平衡分析，为区域塘坝工程规划、种植结构调整以及灌溉制度的确定提供理论依据，具有重大的指导意义。

6.2.6　塘坝灌溉系统复蓄次数计算结论

　　（1）应用 SCS 模型建立了研究区各乡镇的降雨径流模拟模型，有效地解决了无资料区水文模拟问题；运用彭曼-蒙蒂斯公式求取研究区参照作物的蒸腾量，结合该区灌溉试验站成果，合理地计算了不同作物不同生长期的需水量 ET_c；在综合考虑农田有效降雨以及水稻的育苗、泡田和渗漏耗水的基础上，对研究区塘坝灌溉系统进行水量平衡分析计算，求取了不同降水频率下塘坝复蓄次数，进而构建了基于 SCS 模型和彭曼-蒙蒂斯公式的江淮丘陵区塘坝复蓄次数计算模型。

　　（2）基于 SCS 模型和彭曼-蒙蒂斯公式的江淮丘陵区塘坝复蓄次数计算模型的应用结果表明：该模型分析思路清晰，很好地利用了 SCS 模型解决无资料区水文计算问题的优势，实现了对江淮丘陵区塘坝灌溉体系的兴利调节计算，找出了研究区塘坝工程现状规模中存在的问题，合理地推算了塘坝复蓄次数，可为区域塘坝工程规划、种植结构调整以及灌溉制度的确定提供重要计算参数，具有明显的实际指导意义。

6.3　塘坝灌溉系统对农业非点源污染负荷的截留作用分析

　　巢湖位于安徽省中部，地处江淮两大水系之间，巢湖流域面积 1.35 万 km²，涵盖合肥市辖区、肥西、肥东、庐江、舒城、居巢、无为、和县及含山等县（区），是我国著名的五大淡水湖泊之一（阎伍玖等，1998；肖永辉，2011）。自 20 世纪80 年代起，随着巢湖流域内人口、工业、农业及城市化进程的快速发展，巢湖中氮、磷等营养负荷增加，水质指标高居不下，富营养化程度日趋严重，甚至出现全湖水质劣 V 类的严重状况（王晓辉，2006；金菊良等，2007）。水生物多样性遭受严重破坏，整个湖泊以蓝藻为优势群落，鱼类资源面临枯竭之危。蓝藻水华频繁暴发，降低了水体使用功能，给沿湖城镇的生产和生活用水带来重大影响，以巢湖为水源的合肥市第四、第五自来水厂被迫关闭或另寻水源（李如忠等，2004）。巢湖水体富营养化已成为制约流域经济社会可持续发展的瓶颈。因此，恢复和改善巢湖水质，治理富营养化，尽快实现巢湖生态系统修复已成为流域可持续发展的关键。

　　巢湖流域上游丘陵地区远离大江、大河、湖泊及大中型水库，灌溉基本无外引水条件。此外，由于地形破碎、植被稀少、调蓄性能很差，不具备修建大水库的地形，难以大规模拦蓄天然降雨，主要依靠塘坝蓄水灌溉。该区塘坝灌溉具有悠久的历史，东汉建安十五年，扬州刺史刘馥驻合肥时，广修塘坝、发展灌溉，有些古塘历经沧桑而沿用至今，如肥西的肖家大塘、枯草塘等十余处古塘，灌田都在百亩以上，灌溉效益显著。塘坝具有工程小型分散、面广量大、简便易行、管理简便、成效显著等特点，是保水抗旱的基础（王庆等，2012；金菊良，原晨阳等，2013）。塘坝同时兼有拦泥保土、拦截农业非点源污染，改善环境质量，促进生态平衡及改善农村水环境等作用，在减少农业非点源污染排放、缓解下游湖泊富营养化压力中发挥着不可估量的作用。然而，安徽省农村塘坝清淤扩挖整治工作多年来严重滞后，淤积造成塘体断面缩小、塘底高程抬高，导致塘坝蓄水量锐减，时常出现塘坝"遇雨就满、一抽即干"的现象，农村水环境不仅没有得到改善，反而呈恶化趋势。为此，本节选取巢湖上游典型塘坝灌溉区域为研究背景，依据 SCS 模型（model of soil conservation service）构建塘坝灌溉系统降雨径流模拟模型，估算研究区逐月总氮、总磷的流失量；在通过对塘坝灌溉系统调蓄灌溉平衡分析计算的基础上，估计塘坝系统逐月总氮、总磷的截留量，揭示研究区塘坝灌溉系统对农田氮磷流失的截留作用，以期为巢湖流域农业非点源污染控制与塘坝生态系统修复提供理论依据（蒋尚明，2013d）。

6.3.1　基于 SCS 模型的农业非点源污染负荷估算

　　1）研究区 SCS 模型

　　以安徽省肥东县八斗镇为例，依据八斗镇不同土地利用类型的比例，结合水文土壤组特征及前期湿润程度条件，调查美国农业部水土保持局提出的 CN 值表，确定 AMC II 条件下的 CN_2 值，而 CN_1 和 CN_3 分别由式（6.3）和式（6.4）确定，计算结果分别为 $CN_1=67.0$、$CN_2=83.0$、$CN_3=93.0$，建立八斗镇 SCS 模型。

　　再由肥东站 1990～2012 年逐日降雨量为 SCS 模型的输入，结合上述 SCS 模型的参数值，则可计算 1990～2012 年的逐日产流量。为满足后续塘坝灌溉系统对农业非点源污染负荷的截留作用分析的要求，将逐日产流量累加为逐月产流量，结果如图 6.3 所示。

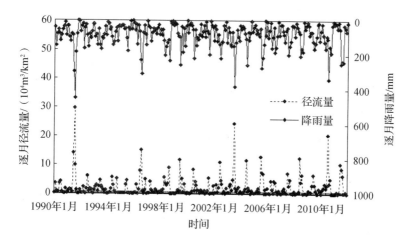

图 6.3 肥东站 1990～2011 年逐月径流量计算结果

由图 6.3 可知,肥东站 1990～2011 年全年径流量为 25.45 万 m³/km²,这与该区水文试验站试验成果及工程实践相符,说明用 SCS 模型模拟降雨径流是可行的。

2) 农业非点源污染负荷估算

农业非点源污染负荷包含两大类:一类是由泥沙吸附的吸附态污染负荷(颗粒态氮、磷污染负荷),它随泥沙一起被输送到塘坝库中或迁移至下游断面处;另一类是溶解态的污染负荷,这类污染负荷是溶解在水中随径流输送至塘坝库中或下游断面处。关于农田氮、磷养分径流流失规律与特征研究多采用典型农田试区径流流失试验推求,目前,众多学者在巢湖流域的六叉河(孙璞,1998;晏维金等,1999)、塘西地区(阎伍玖等,1998)、小柘皋河(程红,2010)及南淝河上游(王静,郭熙盛等,2012)等封闭小试区开展农田非点源污染负荷流失规律与特征研究,取得了丰硕的研究成果。本节在上述研究成果的基础上,采用平均浓度法求农田氮磷养分的径流流失量,径流总氮(TN)的平均浓度为 3.52mg/L,溶解态氮是氮素径流流失的主要形态,约占 TN 的 84%;径流总磷(TP)的平均浓度为 0.21mg/L,颗粒态磷是磷素径流流失的主要形态,约占 TP 的 62%,具体计算如式(6.12)所示,即

$$W_i = 10\overline{C}Q_i \tag{6.12}$$

式中:W_i 为第 i 时段 TN、TP 径流流失量,kg/km²;$\overline{C}$ 为径流氮磷的平均浓度,mg/L;Q_i 为第 i 时段径流量,万 m³/km²。由式(6.13)及图 6.3 可求取研究区逐年流失量,结果见图 6.4。

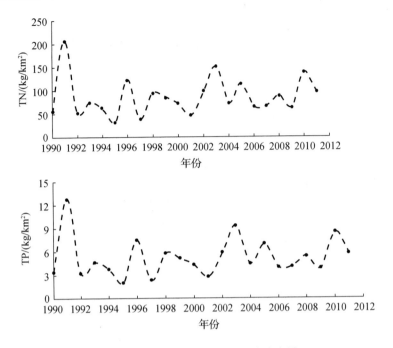

图 6.4　研究区 TN、TP 逐年径流流失量

6.3.2　塘坝灌溉系统对农业非点源污染负荷的截留作用分析

1）作物月均灌溉水量计算

农作物生长过程的耗水十分复杂，包括作物生长所需蒸发、蒸腾量及水稻的育苗、泡田和渗漏等。为简化计算，本节中依据研究区内的肥东八斗农水灌溉试验站的历年作物需水灌溉试验成果，统计得出研究区现状作物种植结构下的月均灌溉水量，结果见图 6.5。

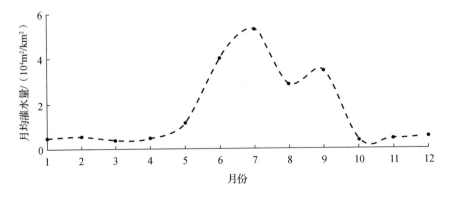

图 6.5　研究区农作物月均灌溉水量

2）塘坝灌溉系统水量平衡分析

塘坝灌溉系统的蓄水灌溉主体是塘坝，根据水量平衡原理，可得

$$V_i = V_{i-1} + Q_i - S_i - X_i \qquad (6.13)$$

式中：V_i 为塘坝灌溉系统第 i 时段末的塘坝蓄水量，也即该时段塘坝灌溉系统可灌溉的总水量；Q_i 为塘坝灌溉系统第 i 时段的来水量，也即该时段塘坝灌溉系统的降雨产流量；S_i 为塘坝灌溉系统第 i 时段的灌溉水量；X_i 为塘坝灌溉系统第 i 时段的泄水量。

本研究中以月为时段进行塘坝水量兴利调节计算，具体计算过程如下。

（1）当 $V_{i-1} + Q_i - S_i > V_m$ 时（V_m 为塘坝的蓄水容量），即来水量把塘坝系统蓄满至 V_m 之后，多余的水量将被塘坝系统排泄，产生弃水。

（2）当 $0 \leqslant V_{i-1} + Q_i - S_i \leqslant V_m$ 时，$V_i = V_{i-1} + Q_i - S_i$，塘坝系统正常灌溉。

（3）当 $V_{i-1} + Q_i - S_i < 0$ 时，塘坝系统供水不能满足作物灌溉需求，塘坝所有蓄水均用来灌溉，塘坝蓄水 $V_i = 0$，缺水量 $N_i = S_i - V_{i-1} - Q_i$。

在进行调节计算时，取塘坝的初始蓄水量 $V_0 = 0.2V_m$，具体调节计算结果见图 6.6。

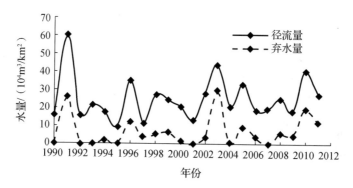

图 6.6　研究区塘坝系统逐年径流量与弃水量

由图 6.6 可知，塘坝灌溉系统现状 9.32 万 m^3/km^2 的塘坝容量下逐年弃水量较大，多年平均弃水量达 6.75 万 m^3/km^2，特别是降水偏丰的 1991 年、2003 年及 2010 年，弃水量分别为 25.95 万 m^3/km^2、30.17 万 m^3/km^2 及 19.37 万 m^3/km^2，分别占径流量的 42.8%、68.3% 及 47.7%。这表明：研究区塘坝灌溉系统弃水量较多，现状 9.32 万 m^3/km^2 的塘坝容量偏小，导致塘坝系统对汇水区的径流利用率不高，而随弃水量输送至下游巢湖的氮磷污染负荷较大，对巢湖水生态系统不利。为此，研究区应进行塘坝清淤扩挖增大塘坝容量，增大对农田径流的拦蓄，进一步提高塘坝灌溉系统的灌溉与生态环境效益。

3）塘坝灌溉系统对氮磷污染负荷的截留作用分析

农田氮磷养分以溶解态氮磷素和吸附着颗粒态氮、磷污染负荷的泥沙等形式随着降雨径流输送至塘坝库容中，之后总氮、总磷负荷逐渐淤积至塘坝或通过农业灌溉回归于农田，淤积于塘底富含氮磷营养物的塘泥通过开挖清淤而回归于农田，从而使塘坝系统实现对汇水区农业非点源污染负荷的截留并循环利用于农田，大大减少了污染负荷输送至下游巢湖，有效减轻下游巢湖富营养化压力。为此，本节通过塘坝灌溉系统灌溉水量平衡分析计算，求取塘坝灌溉系统的弃水量（即塘坝系统未截留的农业非点源负荷），从而定量描述巢湖上游塘坝灌溉系统对农业非点源污染负荷的截留作用，具体计算为

$$D_i = \overline{C}(Q_i - X_i) \tag{6.14}$$

$$\eta_i = \frac{D_i}{W_i} \times 100\% \tag{6.15}$$

式中：D_i 为塘坝系统第 i 时段对农业非点源污染负荷的截留量；Q_i 为塘坝系统第 i 时段的径流量；X_i 为塘坝系统第 i 时段的弃水量；η_i 为塘坝系统第 i 时段对农业非点源污染负荷的截留率；W_i 为塘坝系统第 i 时段 TN、TP 流失量。由式（6.14）和式（6.15）可计算塘坝灌溉系统逐时段对农业非点源污染负荷的逐年截留量与截留率，结果见表 6.11。

表 6.11　塘坝灌溉系统对农业非点源污染负荷的逐年截留量与截留率

年份	1990	1991	1992	1993	1994	1995	1996	1997	1998	1999	2000
TN 截留量 /(kg/km²)	56.10	121.89	54.03	76.41	57.16	33.08	81.79	23.48	79.22	61.96	67.52
TN 流失量 /(kg/km²)	56.10	213.23	54.03	76.41	63.17	33.08	125.29	39.03	97.56	86.10	72.31
TP 截留量 /(kg/km²)	3.35	7.27	3.22	4.56	3.41	1.97	4.88	1.40	4.73	3.70	4.03
TP 流失量 /(kg/km²)	3.35	12.72	3.22	4.56	3.77	1.97	7.47	2.33	5.82	5.14	4.31
截留率/%	100.00	57.20	100.00	100.00	90.50	100.00	65.30	60.20	81.20	72.00	93.40
年份	2001	2002	2003	2004	2005	2006	2007	2008	2009	2010	2011
TN 截留量 /(kg/km²)	46.67	86.51	49.25	72.58	81.87	51.68	67.82	67.51	47.85	74.72	54.10
TN 流失量 /(kg/km²)	46.67	99.40	155.45	74.58	116.18	66.38	67.82	89.45	64.31	142.90	96.79
TP 截留量 /(kg/km²)	2.78	5.16	2.94	4.33	4.88	3.08	4.05	4.03	2.85	4.46	3.23
TP 流失量 /(kg/km²)	2.78	5.93	9.27	4.45	6.93	3.96	4.05	5.34	3.84	8.53	5.77
截留率/%	100.00	87.00	31.70	97.30	70.50	77.80	100.00	75.50	74.40	52.30	55.90

由表 6.11 可知，塘坝灌溉系统对农业非点源污染负荷的截留程度较高，在枯水年 1990 年、1992 年、1993 年、1995 年、2001 年及 2007 年的截留率达 100.0%，多年平均截留率为 73.0%，表明巢湖流域上游塘坝灌溉系统通过蓄水截留农业非点源污染负荷，并通过农业灌溉和清淤塘泥将氮磷素回归至农田循环利用，灌溉与生态环境效益十分显著，同时，也较大程度地减少了农业非点源污染负荷输送至下游巢湖，有效缓解了巢湖富营养化压力。

此外，由表 6.11 可知，塘坝灌溉系统在丰水年 1991 年、2003 年、2010 年和 2011 年对农业非点源污染负荷的截留率均在 50%左右，特别是 2003 年，由于该年降雨特别集中于 7 月 5～11 日，塘坝灌溉系统无法通过农业灌溉腾空塘容来增加蓄水量，导致对污染负荷的截留率只有 31.7%，这表明塘坝灌溉系统现状 9.32 万 m^3/km^2 的塘坝容量明显偏小，宜通过塘坝清淤扩挖增大塘坝容量，以更充分发挥塘坝灌溉系统的灌溉与生态环境效益，同时，可更大程度地减少输送至巢湖的污染负荷量。

6.3.3 塘坝灌溉系统对农业非点源污染负荷的截留作用结论

（1）为定量化描述巢湖上游塘坝灌溉系统对农业非点源污染负荷的截留作用，提出了用 SCS 模型模拟塘坝灌溉系统 1990～2011 年的逐日径流量，计算农田氮磷养分随径流的流失量；依据肥东八斗试验站多年作物需水灌溉试验成果，统计得出研究区作物种植结构下的月均灌溉水量，据此进行塘坝灌溉系统的水量平衡分析，得出 1990～2011 年的逐月弃水量，并求取塘坝灌溉系统对农业非点源污染负荷的截留量与截留率，进而构建了巢湖流域塘坝灌溉系统对农业非点源污染负荷的截留作用分析模型。

（2）巢湖流域塘坝灌溉系统对农业非点源污染负荷的截留作用分析模型的应用结果表明：该模型分析思路清晰，很好地利用了 SCS 模型解决无资料区水文计算问题的优势，实现了塘坝灌溉系统对农业非点源污染负荷截留作用的定量化描述，得出了塘坝灌溉系统对农业非点源污染负荷的多年平均截留率为 73.0%，可为巢湖流域塘坝工程规划、农业非点源污染综合治理及塘坝生态系统修复等提供理论依据，具有重要的推广应用价值。

（3）塘坝对农田氮磷素流失的截留主要依托塘坝容量蓄积汇水区内各地块径流量，并通过农业灌溉和清淤塘泥将氮磷素回归至农田，能实现水和营养素——氮磷在塘坝灌溉系统的陆地生态系统中多次循环利用，这是巢湖流域农业非点源污染控制治理的有效途径，推广应用意义重大。

6.4 本章小结

仿真模型是实现模拟的一种工具，典型的水资源模拟模型，是在给定的系统结构和参数及系统运行规则下，对水资源系统进行逐时段的调度操作，然后得出水资源系统的供需平衡结果。淠史杭灌区特定的自然地理条件，塘坝工程系统在历史上一直是作为水源工程的主体。本章基于系统仿真的小型灌区塘坝水资源系统分析研究，基于 SCS 模型研究了江淮丘陵区小型灌区的塘坝复蓄次数计算问题，以及塘坝灌溉系统对农业非点源污染负荷的截留作用分析，取得了丰富的研究成果。

7 基于系统动力学的中型灌区水资源系统模拟与优化运行

7.1 系统动力学概述

系统动力学（SD）是美国麻省理工学院福瑞斯特（J. W. Forrester）在 1958 年提出的一种系统仿真方法（Forrester，1983）。该方法是针对生产管理及库存管理等企业问题而提出的，最初叫作工业动态学。系统动力学是一门分析研究信息反馈系统的学科，同时也是一门认识与解决系统问题的交叉综合学科，属于系统科学的一个分支。从系统方法论来说，系统动力学集结构的方法、功能的方法、历史的方法于一体，以系统论为基础，并吸收了控制论、信息论的精髓，是一门综合自然科学和社会科学的横向学科（王其藩，1995；王银平，2007）。

7.1.1 系统动力学特点及建模步骤

系统动力学作为一种仿真技术与其他模拟模型方法相比，具有以下特点（王其藩，1995；孙新新，2007；成洪山，2007）。

（1）系统动力学是一门可用于研究处理具有高度非线性、高阶次、时变、多变量、多重反馈大系统问题的学科，如社会、经济、生态和生物等，同时能够清楚认识和体现系统内部及外部因素间的相互关系。

（2）系统动力学的处理方法是采用定性与定量相结合，不仅对模型进行结构的模拟，同时也对其进行功能的模拟，并在处理时首先进行定性分析，获得主要规律后针对典型因素重点进行定量计算，定性与定量两者相辅相成逐步深化，呈螺旋上升。

（3）系统动力学模型具有规范性，模型能够清晰进行问题剖析及政策试验假设。从系统内部的微观入手进行建模，系统复杂的结构也可通过模型进行模拟剖析，在模拟过程中可获取更深刻、更丰富的信息，进而更快地找到解决问题的途径。

（4）系统动力学研究的是开放的而不是封闭的系统。它强调的观点是系统自身发展以及系统与环境的联系。系统是基于内部的动态结构及反馈机制进行模拟和运行。

（5）系统动力学的建模是基于建模人员、专家群众以及决策人员的综合意见，该方式使得该模型能更方便地利用数据资料和相关的知识经验，同时也达到了与其他系统科学以及科学理论完美结合的目的。

系统动力学的建模步骤如下（王其藩，1995；成洪山，2007）。

（1）系统分析。对系统的整体结构及相互的关联关系进行系统分析，明确研究的问题及建模的目的，确定边界及变量。

（2）绘制系统的因果反馈图。深入系统内部，划分系统层次，分析系统总体与局部的反馈关系、确定系统变量的种类，在此基础上建立系统的动态因果关系图。

（3）建立数学的规范模型。建立各变量的规范方程式或描述性关系式，确定参数，给定所有的常数及变量的初始值以及对表函数赋值。

（4）模型模拟与分析。以系统动力学理论为指导，进行模型的调试和运行，测试系统的边界条件合理与否，真实的系统行动是如何在系统中产生的，并结合研究区域的政策分析，进一步剖析系统以获得全面信息，修改和完善模型。

（5）模型应用及评估。对于模型产生的结果进行选择和决策，做出最终评价，找出最优策略，并将其应用到实际问题中。

7.1.2　系统动力学建模软件简介

系统动力学模型有其专用的语言和软件，随着计算机技术的发展，系统动力学软件经历了从手动编程的 DOS 版本，发展到利用鼠标操作的 Windows 版本。现在系统动力学建模常用的软件有 PD-plus、STELLA、Vensim、POWERSIM 等，其中 Vensim 是最具代表性和适用性的一款，这款软件便于个人进行学习研究。本节采用 Vensim 软件建立系统动力学模拟模型，该软件可以提供一种简易的方式建立包括因果循环、存货与流程图等相关的模型，同时也能够使建模过程更清晰、透明，便于操作和修改。

吴贻铭等（2000）通过甘肃省河西疏勒河灌区水土资源合理开发利用研究说明，SD 方法能较好地反映环境影响的时间动态变化过程，对空间累积效应的评价方面也有较好的支撑作用。张新（2005）以水量平衡原理为基础，运用系统动力学方法，并以国际上流行的系统动力学分析软件 Vensim 为工具，在稻田田间尺度建立了上、中、下游三种典型田的水平衡转化过程的模拟模型，然后将模型用于田间尺度的模拟分析。在田间尺度模型的基础上，根据土地的不同类型构建中等尺度的稻田水平衡模拟模型。徐建新等（2008）运用 SD 对南水北调中线工程河南受水区水资源系统动力学特征进行了分析研究。Shahbaz 等（2009）运用 SD 模型分别建立了水稻田间水平衡系统以及灌域范围地表水地下水动态转换关系的模拟模型，并将二者耦合以分析复杂的灌区水资源系统动态变化。何力等（2010）在综合考虑水资源需求与供给、非常规水源利用、南水北调供水等因素的情况下，利用 SD 方法对邯郸市水资源供需系统进行了模拟与预测。刘建兰（2010）结合甘肃省沿黄地区的自然地理、社会经济以及水资源概况，通过构建水资源承载能力的系统动力学模型，对水资源承载能力的动态变化进行了分析。李燐楷（2011）采用系统动力学方法，分析咸阳市水资源子系统、工业、农业、生态用水子系统和污水处理子系统之间的关系，设计了 4 种经济发展和水资源利用方案并进行模拟，对各方案规划年模拟结果进行对比分析。Evan 等（2011）综合考虑全球气候、碳循环、经济、人口以及农业等子系统，运用 SD 建立了全球水循环模拟及评价模型。李维乾等（2013）基于系统动力学的闭环反馈建立了水资源优化配置模型，并开展了某实证区域系统缺水量的模拟计算。曹琦等（2013）基于系统动力学建模方法，应用 DPSIRM 因果网模型建立指标体系，构建黑河流域水资源管理模型，并仿真模拟了黑河流域甘州区 3 种不同的未来水资源管理模式。李曼等（2015）基于多年疏勒河干流出山径流量、流域内灌区水资源供应量、灌区农作物种植类型、农作物及林草地面积等资料，通过建立系统动力学模型，探讨了气候变化背景下疏勒河径流量对绿洲的影响。张琴琴等（2017）在构建 SD 模型的基础上建立吐鲁番市生态-生产-生活承载力模型，模拟该地区在生态城市相关指标下的生态、资源环境和经济三个系统的发展趋势，将其可持续指标体系引入承载力的评价和优选。

7.2　水库群灌区水资源系统研究进展

水库优化调度是指在保证水库安全可靠的情况下，解决各用水部门之间的矛盾，满足其基本要求，利用水库调度，经济合理地利用水资源及水能资源，以获得综合利用的最大经济效益。迄今为止，国内外学者做了大量卓有成效的研究工作，针对水库优化调度研究也取得了丰富的科研成果，建立了许多富有成效的水库调度模型和方法，其中大多数模型方法研究主要是应用于水电站水库（群）发电调度以及水库（群）防洪调度，而对于以灌溉为主的水库（群）优化调度理论方法研究则相对较少（熊珊珊，2016）。

7.2.1　国外研究进展

在 20 世纪 40 年代初期，国外研究学者就开始了对水库优化调度的理论研究。

1946 年，美国学者 Masse 最早提出了水库优化调度概念。50 年代以后，随着系统分析、优化模型的引入以及计算机技术的发展使得水库调度问题在理论和应用研究上取得长足的进展。1955 年，Little 以马氏过程原理为基础，建立了水库调度随机动态规划模型，这标志着用系统科学方法研究水库优化调度的开端。80 年代单一水库优化调度的马氏决策规划模型已比较完善。1981 年，Turgeon 运用随机动态规划和逼近法求解水电站水库群短期优化调度。1968 年，Larson 用增量动态规划研究了四库优化调度问题。1974 年，Gagnon 等采用非线性规划的算法优化一个大型的水电系统。1975 年加拿大学者 Howson 等提出逐步优化方法来求解动态规划问题。1980 年，Jamshidi 应用大系统分解协调技术解决了 Grande 流域开发问题。Goldberg 和 Hall 最早将遗传算法应用于求解水资源方面的问题，使用遗传算法解决了管道优化问题。1994 年，East 等将遗传算法应用于四库联调问题，结果表明遗传算法能够有效节约内存和运行时间。2006 年，Jalali 等提出将三种不同形式的蚁群算法用于水库调度，并具体应用于伊朗的一个水库；后又提出一种改进的蚁群算法，该算法包括探险蚂蚁和一个局部搜索技术，并将其应用于单库优化调度中。2000 年，Neelakantan 等将基于神经网络的模拟——优化模型应用于水库调度中。2002 年，Ramesh 等将模拟退火算法用于优化水库群调度问题。2006 年，Lakshminarasimman 等研究了差分进化算法在包含梯级水库群的水火联调系统中的应用。

7.2.2　国内研究进展

在 20 世纪 60 年代，我国研究学者开始对于水库优化调度的理论研究，经过几十年的研究，提出了一些实际有效的优化调度方法，将这些方法归纳总结，可分为传统的优化调度方法和智能优化调度方法两大类。传统优化调度方法主要包括有线性规划、非线性规划、动态规划及其改进算法、大系统分解协调等。智能优化调度方法包括用群体智能优化技术来解决水库优化调度问题的方法，如遗传算法、蚁群算法、粒子群算法、人工免疫算法等；还包括模拟退火算法、人工神经网络算法、混沌优化算法等。

模拟模型方法是指利用数学方法描述整个系统的目标函数和其变量之间的关系，并利用计算机循环往复的再现水库系统模型程序直到所求结果达到一定的精度。然而在水资源系统（陈洋波，1996）中，变量以及目标函数往往是很多个，这就导致了它们的复杂性，使得人们在解决问题的时候选用严格的数学模型是不现实的。由于数学模拟技术是以功能模拟为基础，这就决定了它在解决上述问题时具有显著的优势，从而使其成为水资源分析（张永平等，1995；叶秉如，2001；郭旭宁等，2011）中的一种重要技术手段。

多目标规划模型方法的引进主要是由于在实际工程中所要达到的目标较多，各目标之间所反映的利益诉求又往往是相互冲突的，且有时各目标的表达方式也不一致，这为模型的构建与问题的求解带来诸多困难。关于求解多目标规划模型（林锉云等，1992；黄牧涛等，2003）的途径主要有两种：一种是求模拟最优解，即接近最优的解；另一种是从向量的角度来进行分析和求解，其处理方法包括权重扰动法、约束扰动法、多目标动态规划法等。最近几年来，还有一些理论也逐渐被应用于水库优化调度研究中，如存储论、排队论、灰色理论、控制论等。

由以上分析可知，水库优化调度本身是一个复杂的问题，我们在研究解决实际问题时应该灵活运用各种方法，力求简便省力地求出水库调度的最优解。目前国内外在水库群水资源优化调度方面的研究，无论在应用的广度还是在研究深度上都有了一定的积累与应用，但由于水库群系统的高度复杂性、高维性和非线性等原因，大都存在这样或那样的不足，尤其是多集中于历时相对较短（以小时或天计）的水库防洪、水力发电方面的调度研究，对于历时较长（以旬或月计）、与气象及作物生长密切相关的灌区水库调度研究则明显偏少（李智录等，1993；刘强等，2008；马德海等，2010；张礼兵等，2014）。

本章在收集和整理蔡塘水库灌区的地质、地理及水文气象资料的基础上，以系统动力学原理为理论依据，Vensim 软件为工具，通过对水库灌区水资源系统中各变量之间的相互关系进行仿真模拟，构建基于系统动力学灌区水库水资源模拟模型，并以灌区水库综合水量最小为目标，结合正交试验设计方法对调度控制参数进行优化，对灌区水库水资源系统进行联合优化调控，获得了满意的效果（贾程程，2016）。

7.3 基于系统动力学的库塘田水资源系统仿真与优化运行 ——以蔡塘水库为例

江淮丘陵易旱地区位于江淮丘陵区中部、江淮分水岭两侧的长丰、肥东、肥西、六安和东北部的定远、凤阳、明光 7 个县（市），总面积约 1.75 万 km²，占安徽全省面积的 12.6%，其中耕地面积 873 万亩（统计亩）。本区位于江淮丘陵腹部，地形起伏、地势高亢，引用外水条件差。地区土壤绝大部分为黏盘黄褐土、黄泥土，质地黏重，透水性能差（李金冰等，2005），而地下缺乏含水层，在浅层岩石中仅存在极少量的裂隙水。同时，地区降雨量在时间上变化较大，分布不均，突出表现为年内多伏旱和夹秋旱，而年与年之间又存在着多年连续干旱。另外，地区秋季主要农作物是耗水比较多的水稻，加上灌溉水源比较紧张，灌溉期间群众仍然沿用传统的水层灌溉，灌溉用水量较大，灌溉水不能够充分被利用，水资源有效利用率低，水资源浪费相当严重，主要依靠小型水库及塘坝灌溉，灌溉保证率较低，从古至今该地区干旱缺水就比较严重（王庆，2012）。

为揭示区域水资源在农田、塘坝、水库之间的产、供、耗、排关系，研究适合本地区的水资源系统优化控制运用策略，本节以江淮丘陵区蔡塘水库灌区为研究对象，构建基于系统动力学方法的蔡塘水库灌区库塘田联合水资源系统模拟模型，并开展该水库灌区水资源定量计算与分析，最后基于模拟模型利用正交试验方法对工程的控制运行参数进行优化。灌区水资源系统优化后提高了农业的灌溉保证率以及骨干水库、塘坝的供水能力，使区域水资源得到更充分的高效利用。

7.3.1　蔡塘水库灌区水资源系统组成

7.3.1.1　流域概况

研究对象蔡塘水库位于巢湖南淝河支流板桥河上游，西距淮南铁路双墩集站3.5km，南距合肥市14km。水库集水面积26.0km²，总库容1372万m³，设计灌灌溉面积5.77万亩，实际灌溉面积3.84万亩，是一座以城市防洪、农田灌溉为主，城镇供水、水产养殖为辅的中型水库，同时它又是溽河灌区滁河干渠上的一座中型反调节水库。另外，水库还承担着双墩镇及双凤工业园区等城镇供水任务，随着城镇的发展及工业园区企业生产规模的扩大，对水库供水量的要求将越来越大。

蔡塘水库坝址地区地表为第四系地层分布，除了水库大坝本身为人工填土外，其中大部分为第四系上更统（Q_3）地层，全新统（Q_4）主要分布于河漫滩和老河槽内。浅埋的下伏基岩为白垩系下统朱巷组（K_1z）深褐色、棕红色粉砂质泥岩、砂岩等。根据设计勘测资料统计分析，研究区域水库坝身及坝基地下水的类型主要是上层滞水和潜水，上层滞水埋藏地点距离地表比较近的位置，分布面积较少，且呈季节性的变化，一般是降雨较多的季节出现，而在干旱少雨的季节消失。潜水主要埋藏在距离地表向下较远的位置，且分布面积较广。水库流域的地面径流以江淮分水岭为界，岭南汇归滁河入江，岭北汇至池河入淮。流域地下水资源极为贫乏，据地质勘探资料统计分析，在基岩中仅存在少量的风化裂隙水和构造裂隙水，埋藏深浅不一，这少部分的水量仅仅可以作为部分人畜饮水水源。

受地形影响，蔡塘水库灌区没有自流灌区，全部为提水灌区。提水灌区主要由吴店、小张郢等抽水站提水库水进行灌溉。该地区土壤透气、透水性差，在雨期易形成地表径流，比较适宜水稻生长，故该地区长期以来水田率较高。灌区土地利用主要类型分布如表 7.1 所示。

表 7.1 灌区土地利用主要类型分布

名称	面积/km²	面积占比/%
村庄乡镇	2.3947	9.21
塘坝	0.9211	3.54
林地	0.1428	0.55
学校	0.0272	0.10
道路	0.0972	0.37
荒草地	1.1711	4.50
旱地	2.9278	11.26
水耕地	18.3181	70.45
合计	26.0000	100

7.3.1.2 流域气象水文条件

蔡塘灌区所在区域地处亚热带湿润气候带，属于北亚热带湿润、半湿润季风气候类型（杨汉明，2002）。一年当中季节变化明显，降雨量多集中在梅雨季节，无霜期长。冬季气候干冷，雨水不足，夏季天气温和且雨量较多。合肥气象站的统计资料显示本灌区多年平均气温在 15.7℃，年际变化比较小。根据南淝河流域及邻近流域雨量站历年观测资料统计分析，本流域多年平均降雨量 900~1000mm，相对湿度 70%~80%，日照时数 2200~2300h，太阳辐射总量 487.42kJ/cm²，无霜期 220d，年内及年际变化极不均匀。受冷锋、低涡、台风等因素的影响，降雨量多集中在 5~9 月，且雨量较大。本灌区水资源主要为地表水资源，主要依靠拦蓄中小型水库、塘坝及水田来实现对地表水的利用。但由于当地特殊的自然地理条件以及现有地面调蓄容量不足，即使是在丰水期地面水也会大量流失，而枯水期水分流失更为严重，从古至今该地区就是干旱缺水比较严重的地方。

7.3.1.3 灌区蓄水工程

历史上蔡塘灌区的自然灾害主要是旱灾，因此修建蔡塘水库主要用于灌溉，灌溉范围分布在江淮丘陵区。蔡塘水库保证灌溉用水的主要途径是拦蓄当地径流（451.3 万 m³/a）的同时调蓄淠史杭灌区来水。通过蔡塘水库的调蓄，有效削减了下游河道的洪峰流量，并提高了板桥河及南淝河的防洪标准，因此蔡塘水库又承担着防洪的任务。除此之外，蔡塘水库还具有城镇供水和水产养殖的功能，各项功能的综合利用，为当地居民的生产生活提供了效益。

7.3.1.4　灌区塘坝工程

灌区内部塘坝众多，作为一种小型的水利设施，多修建在山地以及非平原地区，因其所拦蓄或储存的地表径流量非常小，所以多用于灌溉工程，通过汇集该设施附近范围内的雨水以及河水来达到灌溉的目的（王庆等，2012）。在大中型灌区，塘坝往往在水利工程中发挥着非常重要的作用，塘坝工程量小，分布面积较广，获得收益时间迅速，能在较短的时间内提供灌溉水源，同时塘坝还能拦截当地径流，减少其他水利工程水源的补给，缩短其他水利工程的使用时间。因此，塘坝作为一项基础性水利工程设施，它的合理运用可以对灌区整体水资源系统运行起到不可替代的支撑作用。

7.3.2　基于系统动力学的灌区库塘田水资源系统模拟模型构建

7.3.2.1　库塘田水资源系统概化

如何在兼顾和权衡水文资料与水资源系统结构的真实程度的基础上，实现对复杂水资源系统结构的概化，是构建水量分配模拟模型的关键问题之一（王宗志等，2011；王宗志等，2012）。本节借鉴虚拟水库的概念，将灌区内分布面广而量大的塘坝进行虚拟概化：①将上游（滁河干渠以北）所有与灌溉渠道连通具有调节功能的塘坝合并成一个"虚拟塘"，相应的入流和排水都进行合并处理；②将上游所有不与灌溉渠道连通的独立塘坝合并成一个"虚拟独立塘"，相应的入流和排水都进行合并处理。

通过上述概化处理后，蔡塘水库灌溉系统的水资源结构分别为蔡塘水库、上游调节塘、上游独立塘3部分。根据灌区骨干水库、滁河干渠、提水泵站及反调节塘坝、田间和塘坝等水利工程的空间分布特点，建立蔡塘水库灌区库塘田水资源系统概化结构，如图7.1所示。

7.3.2.2　灌区水田模拟模型构建

蔡塘灌区水资源短缺，且利用率较低，特殊的地理环境及地形地质条件决定了农作物种植的基本格局。

1）灌区作物种植情况

水稻在生长发育时耗水量比较多，并且水稻种植在当地的农作物种植中所占的比例比较大，因此在灌溉工程中应该围绕水稻的需水来进行水的调度运用，只有这样才能够保证水稻的正常生长而不至于大量减产使农民的经济受到损失；而对于旱作物，当地习惯认为依靠降雨即可保证旱作物的正常生长，因此，该地区农业用水的主体是水稻灌溉用水。

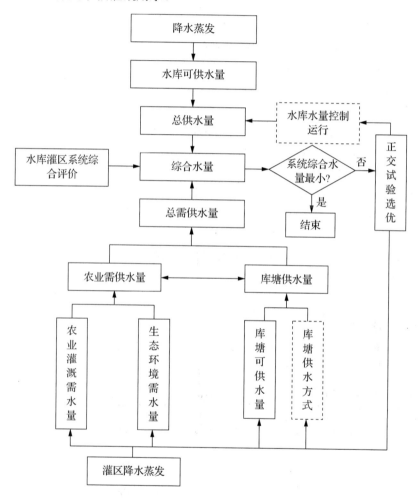

图 7.1 蔡塘水库灌区库塘田水资源系统概化结构

除了种植水稻以外，春夏作物主要有小麦、玉米、棉花和油菜。为了使计算更为清晰，在这 5 种作物的基础上将该地区农作物分为水稻和旱作物两组，在本节计算时，即使旱作物的需水量较少，也将其纳入总的作物需水量中，故作物的需水量计算包含两个部分，即水稻及旱作物。蔡塘水库灌区的农作物种植结构如表 7.2 所示。

表 7.2　农作物种植结构

农作物	种植比例	面积/亩
中稻	0.70	19880
玉米	0.12	3408
棉花	0.10	2840
小麦	0.75	21300
油菜	0.15	4260

2）灌区作物需水量计算

（1）旱作物需水量。

从蔡塘水库灌区内降水与旱作物需水分析，年内降雨分布规律与作物需水基本一致，一般或偏旱年天然降水可以满足作物需水要求，干旱年作物缺水严重时必须进行补充性灌溉才能保证旱作物的稳产高产。多年生产经验说明，由于本地区土壤透水、释水性能较差，在坚实的犁底层下又存在基本上不透水的黏磐结构，所以旱作物灌水定额不宜过大。否则，灌溉水不能够快速地渗入土壤中，容易产生地表径流和地面积水，造成灌溉水流失，这就会导致灌溉水浪费。同时，在耕作层造成土壤饱和或接近饱和的、不利于作物生长的土壤水分状况之后，若再遇天然降雨，土壤不易释水，往往会发生旱作物受渍害威胁，危害作物正常生长。

蔡塘水库灌区内，旱作物主要为小麦，其次还有玉米、棉花、油菜等作物。根据蔡塘灌区实际情况，在对旱作物进行计算时，采用一些简化计算的方法，主要有以下两个方面。

① 由于旱作物种类较多，在计算时选取代表作物，再根据代表作物的需水量计算灌溉用水量，实际计算中选小麦为小麦、油菜等午季作物的代表。

② 灌水时间、灌水次数和灌溉定额的决定在掌握旱作物需水特性和关键蓄水期的基础上，采用代表作物的分期需水量与同期降雨量对比的方法来确定。小麦、油菜生长关键期需水情况如表 7.3 所示。

表 7.3　小麦、油菜生长关键期需水情况

月份	10	11	12	1	2	3	4
小麦、油菜需水量/mm	60	—	—	45	30	30	—

（2）水稻需水量。

采用彭曼-蒙蒂斯公式法来计算水稻充分灌溉条件下的灌溉需水量。作物各阶段的需水量的计算可利用同阶段的参考作物腾发量乘以对应阶段的作物系数求得

$$ET_0 = \frac{0.408\Delta(R_n - G) + \gamma \dfrac{900}{T+273} U_2(e_a - e_d)}{\Delta + \gamma(1 + 0.34U_2)} \tag{7.1}$$

式中：ET_0 为参考作物蒸腾量，mm/d；Δ 为温度-饱和水气压曲线在 T 处的切线斜率，kPa/℃；R_n 为净辐射，MJ/（m²·d）；G 为土壤热通量，MJ/（m²·d）；γ 为湿度表常数，kPa/℃；T 为平均气温，℃；U_2 为 2m 高处风速，m/s；e_a 为饱和水气压，kPa；e_d 为实际水气压，kPa。

根据安徽省主要作物需水量等值线图研究成果与 FAO 推荐的 84 种作物的标准作物系数和修正公式，以及安徽省淠史杭灌溉试验站近年的灌溉试验资料确定蔡塘灌区水稻生育时期及分月作物系数（原晨阳，2013），详见表 7.4。

表 7.4　蔡塘灌区水稻生育时期及分月作物系数

生育时期	1 月	2 月	3 月	4 月	5 月	6 月
6.10~9.25						1.133
生育时期	7 月	8 月	9 月	10 月	11 月	12 月
6.10~9.25	1.251	1.445	1.237	—	—	—

根据蔡塘灌区参考作物腾发量及水稻、小麦的分年作物系数可求出灌区水稻、小麦各年需水量，具体需水量数值如表 7.5 所示。

表 7.5　蔡塘灌区水稻、小麦各年需水量　　　（单位：mm）

年份	降雨量	参考作物腾发量	水稻需水量	小麦需水量
1991	1470.2	378.2	481.5	95.1
1992	790.8	384.0	488.3	135.0
1993	1081.7	351.8	442.6	67.7
1994	778.6	447.5	569.2	94.3
1995	583.2	390.2	497.7	111.8
1996	1157.6	362.9	461.9	99.4
1997	697.2	403.8	511.9	130.4
1998	1122.8	404.5	515.1	47.6
1999	986.0	349.6	445.5	64.6
2000	901.9	372.3	470.4	79.6
2001	794.3	374.8	475.5	135.7
2002	1085.3	385.7	491.0	68.2
2003	1404.5	377.2	476.9	89.6
2004	908.3	405.2	513.5	152.1
2005	1094.2	389.9	491.2	125.0
2006	992.8	394.2	501.8	96.8

年份	降雨量	参考作物腾发量	水稻需水量	小麦需水量
2007	929.7	378.3	483.1	106.7
2008	910.2	364.2	464.7	101.2
2009	951.8	392.1	494.5	114.2
2010	1316.8	390.8	499.8	91.4
2011	1000.5	357.1	451.4	146.4
多年平均	998.0	383.5	487.0	102.5

在构造灌区水田模拟模型时，水田出水包括水稻腾发、水田下渗、水田溢排，然而水稻在充分灌溉条件下的腾发量与限制灌溉条件下腾发量不同，限制灌溉条件下水稻的腾发量小于充分灌溉条件下的腾发量，故水稻实际的腾发量小于完全按照充分灌溉条件下计算的腾发量，水稻不同条件下腾发量对照如表 7.6 所示。

表 7.6　水稻不同条件下腾发量对照

年份	充分灌溉下水稻腾发量/mm	水稻实际腾发量/mm	年份	充分灌溉下水稻腾发量/mm	水稻实际腾发量/mm
1991	481.5	475.0	2002	491.0	478.4
1992	488.3	483.8	2003	476.9	471.3
1993	442.6	436.5	2004	513.5	509.5
1994	569.2	562.6	2005	491.2	485.5
1995	497.7	496.0	2006	501.8	488.3
1996	461.9	441.3	2007	483.1	480.4
1997	511.9	499.7	2008	464.7	455.3
1998	515.1	497.4	2009	494.5	488.0
1999	445.5	445.3	2010	499.8	499.7
2000	470.4	462.9	2011	451.4	445.3
2001	475.5	464.7	多年平均	487.0	479.4

3）水稻田间耗水量计算

水稻的田间耗水量是指田间作物腾发量、土壤渗漏量以及耕作需水量，腾发消耗的水量直接用于水稻自身的生长发育；土壤渗漏水量是指由于稻田土壤和水文地质条件造成的水量消耗，与水稻本身虽无直接关系，但适宜的渗漏对稻田来说是有益的，可以更新水稻生长的土壤环境，稀释和排出土壤中的有害物质。土壤渗漏的速率并不是恒定不变的，当土壤黏重、地下水位高时，渗漏就比较小；反之，若土壤是轻质砂壤土且地下水位低，则渗漏就大。同时淹水灌溉的时间越长，土壤渗漏量越大。水稻渗漏是一个复杂的问题，在这里简化计算，假设水田水位超过某一水位时，水稻渗漏是一个恒定的量，对于作物需水量 $ET_{c_{i,j}}$ 可通过下式求取（金菊良等，2013）：

$$ET_{c_{i,j}} = ET_{0j} \times K_{c_{i,j}} \tag{7.2}$$

式中：ET_{0j} 为第 j 时段的参考作物蒸腾量，mm；$K_{c_{i,j}}$ 为第 i 种作物第 j 时段的作物系数。

水稻不同条件下耗水量对照如表 7.7 所示。

表 7.7　水稻不同条件下耗水量对照　　　（单位：$\times 10^4 \text{m}^3$）

年份	水稻实际耗水量	水稻充分灌溉条件下耗水量	年份	水稻实际耗水量	水稻充分灌溉条件下水量
1991	820.3	829.0	2002	825.0	841.5
1992	832.1	838.1	2003	815.4	822.9
1993	769.3	777.4	2004	866.1	871.4
1994	936.4	945.2	2005	834.2	841.8
1995	848.3	850.5	2006	837.9	855.9
1996	775.8	803.0	2007	827.5	831.2
1997	853.2	869.3	2008	794.3	806.7
1998	850.1	873.5	2009	837.6	846.2
1999	781.0	781.3	2010	853.2	853.3
2000	804.3	814.3	2011	781.1	789.1
2001	806.8	821.1	多年平均	826.2	836.3

4）灌区水田 Vensim 模型建立

田间水量平衡方程式（蒋尚明，曹秀清等，2018）为

$$W_{i,j} = W_{i,j-1} + P_j + M_{i,j} + G_{i,j} - K_{c_{i,j}} \times ET_{0j} - S_{i,j} - X_{i,j} \tag{7.3}$$

式中：$W_{i,j}$、$W_{i,j-1}$ 分别为第 i 种作物第 j 时段末和时段初的田间储水量，mm；P_j 为第 j 时段的降雨量，mm；$M_{i,j}$ 为第 i 种作物第 j 时段的入田灌溉水量，mm；$G_{i,j}$ 为第 i 种作物第 j 时段对地下水的直接利用量，mm，本节中蔡塘水库灌区地下水一般埋深 50~60m，作物对地下水的直接利用量可忽略，均取值 0；$K_{c_{i,j}}$ 为第 i 种作物第 j 时段的作物系数；ET_{0j} 为第 j 时段的参考作物蒸腾量，mm；$S_{i,j}$ 为第 i 种作物第 j 时段的田间渗漏量，mm；$X_{i,j}$ 为第 i 种作物第 j 时段的田间弃水量，mm。

对于田间储水量 $W_{i,j}$ 的计算公式为

$$W_{i,j} = h_{c_{i,j}} + \gamma H_{i,j} \theta_{i,j} \tag{7.4}$$

式中：$h_{c_{i,j}}$ 为第 i 种作物第 j 时段的田间水层深度，mm，如果是旱作物则取值为 0；$H_{i,j}$ 为第 i 种作物第 j 时段的计算土层深度，mm；γ 为计算土层深度的土壤干容重，g/cm^3；$\theta_{i,j}$ 为第 i 种作物第 j 时段的土壤含水率（占干土重的比例）。

对于入田灌溉水量 $M_{i,j}$ 的计算公式为

$$M_{i,j} = \frac{\alpha \times MQ_{i,j}}{SQ_{i,j}} \times 10^{-7} \tag{7.5}$$

式中：$MQ_{i,j}$ 为第 i 种作物第 j 时段的从供水源取水量，m^3；α 为农田灌溉水有效

利用系数；$SQ_{i,j}$ 为第 i 种作物第 j 时段的灌溉面积，亩。水田进出水示意图如图 7.2 所示。

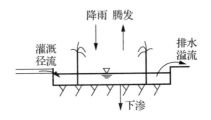

图 7.2　水田进出水示意图

　　水田的进水包括降雨产生的径流、水田缺水时从库塘的调水；出水为水稻的腾发、水稻田下渗及水田的溢流，根据水田的进出水的关系建立 Vensim 模型，以水田时段末水深为状态变量。为了更好地展现循环变化过程，以及防止系统出现死循环，模型建立时假设了两个虚拟的变量，即为水深中间量 1 及水深中间量 2，水深中间量 1 是根据水稻充分灌溉条件下的耗水量来判断降雨是否能满足水稻充分灌溉，若降雨量不足以满足水稻充分灌溉，则需从库塘调水量的数值；水深中间量 2 是当调水不足，水稻处于非充分灌溉时的实际中间水量，用来计算水稻实际时段末水深。具体模型如图 7.3 所示。

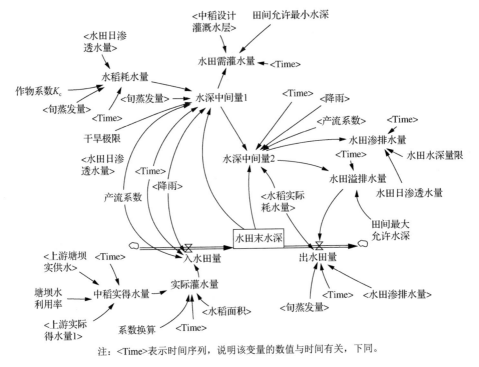

注：<Time>表示时间序列，说明该变量的数值与时间有关，下同。

图 7.3　基于 SD 的水田系统模拟模型

7.3.2.3 灌区塘坝 SD 模拟模型构建

1）灌区塘坝现状

蔡塘灌区地处小丘陵地带，地形起伏变化较大，岗冲交错，丘陵断续相连形成波浪地形，地形条件不适宜修建大水库进行作物灌溉（原晨阳，2013）。除少量平原和圩区外，多数地区的雨水流失多，很容易形成地表径流，造成雨水的浪费。前面介绍过这是由于土壤密实性较好，雨水难以渗入到土壤中、不易被土壤吸收所致。同时，该地区土质主要为黄褐土，在淋溶淀积的作用下，心土层中出现了黏磐层，影响了地下水上升以及地表水下渗，使土壤储存水的能力降低。特别是该地区蓄水工程少，拦蓄径流的能力差，水量储存量少，更容易发生干旱。为解决干旱问题，修建水利设施成为有效的改善措施，但在实际的水利工程应用中，人们过于依赖水库作用而忽视了塘坝的价值。由于人们对其的不了解不重视，塘坝多年的无人管理维护、年久失修，塘坝内淤泥淤积严重，蓄水抗旱能力减退甚至消失，不能够发挥其应有的作用，造成了工程的浪费。灌区内没有足够的小型水利工程作补充，故在遇到特大干旱年时，完全依靠骨干工程并不能满足农作物灌溉的需求。为了节省工程开支以及更好地解决干旱问题，在农作物灌溉时需要将塘坝工程利用起来，这样才能充分发挥灌区库塘的抗旱保障作用。

2）灌区塘坝水量调用原则

在灌区，为了保证干旱区水资源合理充分的利用及粮食产量的增加，需要将塘坝和骨干水库、渠系联合起来，形成一个系统的水利网，进行灌区内的全方位调水。在灌溉期即将到来时，为了保证农作物的灌溉的效率，可以利用降雨或者骨干水库泄水将塘坝蓄满；在灌溉初期，农作物的需水量较大，当塘坝水不足以满足灌溉需求时，需要将塘坝和骨干水库联合起来供水，但在不同时段保持塘坝有一定的最小有效蓄水量；塘坝水放空不做保留是在灌水高峰期渠道输水能力不足或骨干水库缺水时。经过多年的农业灌溉的实例显示，通过上述规则对骨干水库及塘坝进行控制运行，可使渠道灌溉期灌水流量趋于均匀，增加灌溉供水，提高灌溉保证率。

根据灌区续建工程规划的设计原则，现行条件下塘坝的供水规则是（王小飞等，2006），首先求出灌区内水稻及旱作物的总的需水量，灌溉时尽量先用塘坝的可用水量进行调水灌溉，同时，考虑了为了更好地削减灌溉用水高峰，在源水库有效蓄水较大且渠首过水流量许可时，塘坝水可不全部用完而有部分保留。

3）灌区塘坝 Vensim 模型建立

根据水量平衡原理，塘坝的入水包括降雨及径流，其中径流由流域不同土地类型的地表径流组成，主要包括塘坝非农地入流、旱地排水利用量、水田排水利用量，其中，塘坝非农地是指林地、村庄、学校、道路、荒草地、旱地，不同土地利用类型的地表径流系数如表 7.8 所示。

表 7.8 不同土地利用类型的地表径流系数

名称	村庄乡镇	塘坝	林地	学校	道路	荒草地	旱地	水耕地
产流系数	0.65	1.00	0.10	0.65	0.65	0.30	0.35	1.00

塘坝系统的出水包括塘坝水的下渗、塘面蒸发，水田供水及塘满溢流。塘坝进出水示意图如图 7.4 所示。

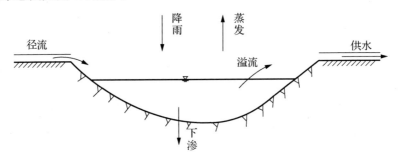

图 7.4 塘坝进出水示意图

根据塘坝进出水，塘坝水量平衡计算公式为

$$V_t(j) = V_t(j-1) + W_i(j) + P_t(j) - E_t(j) - S_t(j) - W_t(j) - G_t(j) \qquad (7.6)$$

式中：$V_t(j-1)$、$V_t(j)$ 分别为塘坝时段初、末有效蓄水量，单位以万 m^3 计（下同）；$W_i(j)$ 为塘坝时段来水量，$W_t(j)$ 包括旱地排水利用量、塘坝非农地入流以及水田排水利用量；$P_t(j)$ 为计算时段内塘面降雨量；$E_t(j)$ 为计算时段内塘面蒸发量；$S_t(j)$ 为计算时段内塘坝渗漏量；$W_t(j)$ 为计算时段内塘坝弃水量；$G_t(j)$ 为计算时段内塘坝实际供水。塘坝的实际供水的确定是根据农作物实际需水及塘坝供水能力确定，农作物包括旱作物以及水稻，其需水量的计算方法前面已经介绍。当需水大于塘坝可供水量时，塘坝实际供水为可供水量，当需水小于可供水量时，塘坝实际供水即为农作物的需水量。

根据塘坝的进出水关系以及水量平衡原理建立 Vensim 模型，以塘坝的末蓄水深为状态变量，为保证系统的顺利运行，不至于出现死循环，同样假设一个虚拟的水深中间量，塘坝中间水量，具体的 Vensim 系统模拟模型如图 7.5 所示。

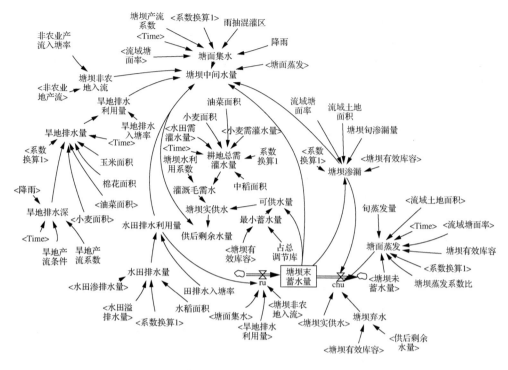

图 7.5　Vensim 系统模拟模型

7.3.2.4　灌区骨干水库 Vensim 模型构建

1）灌区骨干水库现状

灌区骨干水库为蔡塘水库，其与塘坝及滁河干渠联合运用进行提水灌溉，以提高灌区灌溉效率，缓解灌溉水供需矛盾，提高水资源利用保证程度。灌区水资源系统主要组成及相关参数见表 7.9。

表 7.9　灌区水资源系统主要组成及相关参数

工程类型	项目	参数	工程类型	项目	参数
灌溉面积	设计灌溉面积/km²	38.47	骨干水库	兴利库容（10⁴m³）/水位（m）	1033/44.99
	实际灌溉面积/km²	18.93		校核库容（10⁴m³）/水位（m）	1372/46.39
	水田面积/km²	13.25		防洪库容（10⁴m³）/水位（m）	962/44.03
	麦油面积/km²	17.04		引水涵尺寸/（m×m）	1.00×1.20
泵站	设计流量/（m³/s）	2.00	塘坝	灌区塘面率/%	3.54
	提水利用率	0.61		有效塘深/m	2.50
	最低吸水位/m	39.00		有效塘容/（10⁴m³）	230.27

2）灌区骨干水库水量调用原则

灌区骨干水库-蔡塘水库的开发任务以灌溉为主，在设计中并未考虑为下游防洪控制水库的泄量问题，且目前合肥市的城市防洪规划中也未对水库提出防洪要求，据此，蔡塘水库调度运用方式如下。

（1）当汛前库水位高于汛期限制水位时，需将库水库降低至汛期限制水位。

（2）当汛期库水位低于汛期限制水位（正常蓄水位）时，泄洪闸（涵）关闸蓄水。

（3）当库水位高于汛期限制水位（正常蓄水位）时，泄洪闸（涵）开闸泄洪，闸门开启度按泄量等于来量控制，以维持库水位不低于汛期限制水位。

（4）当来量大于泄洪洞（涵）的泄流能力，库水位上涨时，泄洪闸（涵）闸门全部开启泄洪。

（5）当库水位到达正常（非常）溢洪道的堰顶高程时，启用正常（非常）溢洪道泄洪，以确保水库大坝防洪安全。

3）灌区骨干水库 Vensim 模型建立

骨干水库的控制运行结合防洪要求，并采用开敞式溢流道和放水闸来人为的控制水库运行（张礼兵，张展羽等，2014），其水量平衡模拟计算公式为

$$V_c(j) = V_c(j-1) + W_c(j) + P_c(j) - E_c(j) - S_c(j) - W_f(j) - T_c(j) \quad (7.7)$$

式中：$V_c(j-1)$、$V_c(j)$ 分别为蔡塘水库时段初、末有效蓄水量，万 m^3；$W_c(j)$ 表示蔡塘水库时段入库径流；$P_c(j)$ 为蔡塘水库时段库面降雨量；$E_c(j)$ 为蔡塘水库时段库面蒸发量；$S_c(j)$ 为蔡塘水库时段水库渗漏量；$W_f(j)$ 为蔡塘水库时段放水量；$T_c(j)$ 为蔡塘水库时段提水灌溉量。

水库的入水主要包括降雨、入库径流，其中入库径流由塘坝弃水坝渗漏、非农地产流入库量、旱地排水入库量、水田排水入库量组成，水库出水主要包括水库提水量、水库泄水量。同样，为了更好地体现循环过程，方便模型计算，在水库循环中加入一个未出水时的变量，即最大库蓄水量，基于 SD 的骨干水库系统模拟模型如图 7.6 所示。

至此，本节以蔡塘水库灌区为研究对象，在充分调查掌握该灌区水资源构成情况后，对蔡塘水库灌区水田、塘坝、骨干水库的供需水量进行模型概化，并结合灌区库塘水的调用规则、运用系统动力学理论方法建立了基于上述三个方面的水资源系统综合模拟模型。

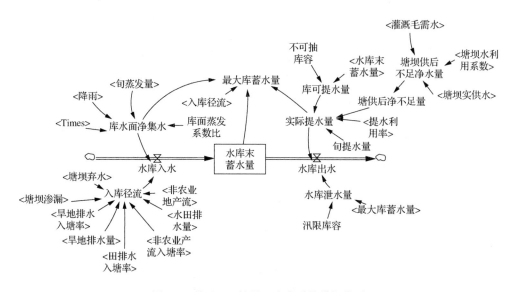

图 7.6　基于 SD 的骨干水库系统模拟模型

7.3.3　水库灌区库塘田联合水资源系统模型模拟结果

7.3.3.1　水库灌区水资源系统运行现状

1）水库灌区水资源系统运行现状

蔡塘水库灌区全部为提水灌区，在现状水利工程规模及控制运行规则情况下，模型模拟的灌区运行综合效果情况如表 7.10 所示。

表 7.10　现状情况下灌区运行综合效果

指标	年保证率/%	水稻灌额/mm	塘坝供水/（10⁴m³）	塘坝弃水/（10⁴m³）	塘坝复蓄次数	水库供水/（10⁴m³）
数值	50.00	458.68	485.83	44.35	2.11	376.48

由表 7.10 可知如下几点。

（1）蔡塘水库灌区现状灌溉保证率为 50%，基本符合水利普查的江淮丘陵区水稻灌区保证率为 50%左右的实际情况。

（2）蔡塘水库灌区水稻灌水定额为 458.68mm，符合水利普查的江淮丘陵区水稻灌水定额 400~600mm 的实际情况。

（3）塘坝的复蓄次数为 2.11，基本符合水利普查获得的相关地区规律。

2）水库灌区农田水资源运行现状

蔡塘灌区的主要农作物分为水稻和旱作物，其中旱作物以小麦为主，灌区农作物水资源供需调节计算成果见表 7.11。

由表 7.11 结果可得到如下结论。

（1）蔡塘灌区是以水稻为主要作物的灌区，水稻的需水量大于旱作物的需水量。在整个灌区的灌溉用水量中，旱作物的灌溉用水量所占比例较小。

（2）在农作物灌溉时，由于受塘坝、水库供水能力限制，灌区实际灌水量往往不能满足需求量，塘坝及水库水量充足时供给水量为作物的需水量，当水量不能满足灌溉需要时，供给可供水量，即实际水量除去预留水量。

（3）从表 7.11 中可以看出水稻在理想情况即充分灌溉条件下耗水量大于实际耗水量，对水稻这样处理可使水稻田模拟模型更接近于实际情况，为下一步优化打下基础。

3）水库灌区塘坝水资源运行现状

塘坝是在山区或丘陵地区修筑的一种重要的水源工程和水利基础设施，可进行农田灌溉、人畜用水及水产养殖等。蔡塘灌区分布众多小型塘坝，塘坝的总面积可达 90 万 m^2，估算塘坝有效水深为 2.5m，在现状情况下预留 15%塘容而不全部引用。

蔡塘灌区塘坝调节计算成果如表 7.12 所示。

4）骨干水库水资源运行现状

蔡塘水库水资源平衡来水要考虑蔡塘水库初始水库蓄水量、水库水面净集水量及上游塘坝、农田渗流和塘坝的排水。当灌区需要用水时，先由塘坝供水，如供水不足以满足农作物需求时，再从蔡塘水库提水。

蔡塘水库调节计算成果见表 7.13。

为更好地说明水田中对水稻腾发量进行充分灌溉与限制灌溉的划分是有效的，现给出不同条件下水库水量误差对比如表 7.14 所示。

从表 7.14 中可以看出，对水田的这种细分可以使得多年库容相对误差更小，更符合灌区实际运行情况。

根据安徽省水利水电勘测设计院提供的《蔡塘水库除险加固工程初步设计报告》，多年平均年径流量为 451 万 m^3，本模拟模型获得的蔡塘水库灌区 1991～2011 年水库调节计算，蔡塘水库多年平均入库径流为 438.2 万 m^3，并且从历年汛期水库实测值与计算值比较，多年平均库容相对误差为 9.95%，可以得知其成果在误差范围、模型精度方面满足要求。

根据以上对水田、塘坝、水库的模型模拟检验可知均满足精度要求，灌区模拟模型是可信的，可在此基础上进行优化调控。

表 7.11　蔡塘灌区农作物水资源供需调节计算成果

年份	水稻需灌水量/mm	水稻实灌水量/mm	田溢渗排水量/mm	小麦需灌水量/mm	小麦实灌水量/mm	旱地排水深/mm	总需灌水量/(10⁴m³)	中稻实得水量/(10⁴m³)	小麦实得水量/(10⁴m³)	作物净缺水量/(10⁴m³)	缺水率	破坏与否
1991	272.9	272.9	547.3	95.1	95.1	497.2	523.64	361.64	162.00	0.00	0.00	0
1992	534.1	467.2	97.8	135.0	135.0	259.4	937.87	619.14	229.99	88.74	0.09	1
1993	451.3	451.3	228.8	67.7	67.7	366.7	713.42	598.11	115.31	0.00	0.00	0
1994	652.6	603.3	163.7	94.3	66.0	249.2	1025.53	799.54	112.54	113.46	0.11	1
1995	634.6	432.9	68.0	111.8	46.1	188.4	1031.52	573.69	78.57	379.26	0.37	1
1996	423.6	393.2	319.7	99.4	99.2	392.4	730.80	521.18	169.00	40.63	0.06	1
1997	783.3	445.8	62.0	130.4	72.3	234.2	1260.29	590.85	123.13	546.30	0.43	1
1998	387.1	387.1	153.3	47.6	47.6	381.6	594.14	513.08	81.06	0.00	0.00	0
1999	406.2	406.2	194.1	64.6	64.6	333.6	648.41	538.34	110.08	0.00	0.00	0
2000	520.2	392.2	211.0	79.6	79.6	301.4	825.06	519.83	135.59	169.64	0.21	1
2001	528.6	465.7	80.9	135.7	102.8	270.2	931.80	617.25	175.09	139.46	0.15	1
2002	389.9	389.9	175.0	68.2	68.2	370.6	632.85	516.69	116.16	0.00	0.00	0
2003	472.7	472.7	438.4	89.6	89.6	484.8	779.12	626.49	152.63	0.00	0.00	0
2004	376.6	376.6	129.0	146.7	146.7	303.1	758.24	499.12	250.02	9.11	0.01	0
2005	492.7	452.2	352.6	125.0	125.0	367.9	865.91	599.31	212.95	53.64	0.06	1
2006	445.7	445.7	171.3	96.8	96.8	338.8	755.56	590.66	164.90	0.00	0.00	0
2007	525.4	525.4	279.3	106.7	106.7	309.7	878.12	696.35	181.77	0.00	0.00	0
2008	331.1	302.6	127.0	101.2	101.2	305.3	611.20	401.00	172.39	37.80	0.06	1
2009	518.1	500.7	176.9	114.2	58.2	315.8	881.22	663.54	99.12	118.56	0.13	1
2010	275.4	275.4	307.6	91.4	91.4	450.8	520.63	364.93	155.69	0.00	0.00	0
2011	210.1	42.9	57.9	146.4	146.4	322.2	527.89	56.88	249.41	221.59	0.42	1
多年平均	458.7	404.9	206.7	102.5	90.8	335.4	782.53	536.55	154.64	91.34	0.10	0.52

表 7.12　蔡塘灌区塘坝调节计算成果

（单位：10⁴m³）

年份	塘坝初始蓄水量	塘底渗漏	塘面蒸发水量	塘面集水量	塘坝非农地入流	旱地排水利用量	水田排水利用量	灌溉毛需水量	塘坝实供水量	塘坝弃水量	塘坝末蓄水量	塘坝供后不足净水量
1991	115.13	16.93	50.94	98.61	173.74	144.06	521.82	551.20	492.11	426.92	66.46	56.13
1992	66.46	6.81	21.56	53.04	93.45	121.40	160.92	987.23	454.00	0.00	12.91	506.57
1993	12.91	10.07	28.05	72.55	127.83	201.70	263.34	750.97	585.01	0.00	55.21	157.67
1994	55.21	5.42	19.52	52.22	92.01	132.06	184.28	1079.51	467.76	0.00	23.08	581.16
1995	23.08	4.50	16.77	39.12	68.92	97.93	109.45	1085.81	302.23	0.00	15.01	744.40
1996	15.01	10.76	34.78	77.64	136.80	172.91	315.68	769.26	519.06	66.73	86.73	237.70
1997	86.73	6.36	18.42	46.76	82.39	157.75	67.23	1326.62	337.98	0.00	78.10	939.21
1998	78.10	14.87	44.92	75.31	132.69	198.21	194.90	625.41	501.49	104.65	13.28	117.73
1999	13.28	9.53	26.51	66.13	116.52	146.87	254.97	682.54	432.05	28.10	101.59	237.96
2000	101.59	11.30	27.96	60.49	106.58	113.69	240.05	868.49	475.23	0.00	107.91	373.59
2001	107.91	8.84	21.83	53.28	93.87	159.15	119.55	980.85	412.16	0.00	90.92	540.25
2002	90.92	9.02	27.13	72.79	128.26	184.88	211.91	666.16	574.29	0.00	78.32	87.27
2003	78.32	11.06	33.14	94.20	165.98	241.14	417.87	820.12	684.51	183.40	85.40	128.83
2004	85.40	7.66	26.30	60.92	107.34	116.33	185.36	798.15	471.90	0.00	49.49	309.94
2005	49.49	13.41	45.71	73.39	129.31	142.40	350.82	911.48	536.02	0.00	150.27	356.69
2006	150.27	16.47	44.10	66.59	117.33	162.99	218.39	795.32	585.32	12.06	57.62	199.50
2007	57.62	7.71	25.36	62.36	109.87	130.65	312.26	924.34	599.17	0.00	40.52	308.91
2008	40.52	7.95	25.82	61.05	107.57	105.67	193.13	643.36	440.15	0.00	34.01	193.06
2009	34.01	6.91	23.05	63.84	112.48	172.95	204.01	927.60	464.56	0.00	92.77	439.88
2010	92.77	20.13	58.78	88.32	155.62	158.87	353.16	548.03	548.03	66.16	155.63	0.00
2011	155.63	15.25	39.18	67.11	118.24	62.67	139.07	555.67	319.38	43.43	125.46	224.47
平均	71.92	10.52	31.42	66.93	117.94	148.78	238.96	823.72	485.83	44.35	72.41	321.00

表 7.13 蔡塘水库调节计算成果

（水量单位：10^4m^3）

年份	初始蓄水量	库水面净集水量	入库径流量（塘田渗及塘排）	上游塘供后净不足量	实际提水量	水库自然泄水量	水库末蓄水量	模拟库水量年均误差	模拟库水量年均相对误差/%
1991	516.50	70.75	1085.99	56.13	92.02	622.55	958.67	32.60	7.44
1992	958.67	-1.49	291.62	506.57	684.96	0.00	563.84	76.46	11.24
1993	563.84	35.26	450.43	157.67	258.47	68.06	923.01	-3.46	-0.22
1994	923.01	-7.40	309.31	581.16	766.73	0.00	458.20	—	—
1995	458.20	-20.33	212.04	744.40	598.59	0.00	451.32	-32.52	-5.34
1996	451.32	41.50	549.72	237.70	323.06	0.00	919.48	-24.02	-1.87
1997	919.48	-12.65	233.15	939.21	644.11	0.00	495.88	—	—
1998	495.88	30.99	516.42	117.73	193.00	274.51	875.78	19.53	2.01
1999	875.78	25.16	429.87	237.96	390.10	0.00	640.70	30.43	6.94
2000	640.70	12.10	363.35	373.59	334.34	0.00	681.81	-34.59	-1.32
2001	581.81	2.52	286.86	540.25	657.03	0.00	514.15	33.05	9.22
2002	514.15	31.29	405.77	87.27	143.06	75.15	1033.00	62.23	9.89
2003	1033.00	64.29	809.57	128.83	211.20	367.18	1028.48	62.31	8.37
2004	1028.48	7.46	323.90	309.94	493.17	59.92	806.76	57.28	9.31
2005	806.76	17.35	484.66	356.69	496.80	0.00	811.97	-34.65	9.63
2006	811.97	16.40	405.26	199.50	327.06	0.00	706.56	58.40	9.01
2007	706.56	10.41	422.54	308.91	506.41	159.33	973.77	95.21	15.68
2008	973.77	11.03	324.53	193.06	254.52	0.00	654.82	14.05	3.27
2009	654.82	12.80	371.58	439.88	526.76	0.00	512.44	-45.83	3.10
2010	512.44	51.46	600.25	0.00	0.00	131.25	1032.90	99.10	14.48
2011	1032.90	20.55	325.41	224.47	4.72	2.71	771.44	20.16	12.46
平均	736.19	19.97	438.20	321.00	376.48	83.84	753.09	43.99	7.41

表 7.14　不同条件下水库水量误差对比

年份	充分灌溉		实际灌溉	
	模拟库水量年均误差/（$10^4 m^3$）	模拟库水量年均相对误差/%	模拟库水量年均误差/（$10^4 m^3$）	模拟库水量年均相对误差/%
1991	41.66	8.32	32.60	7.44
1992	124.57	18.50	76.46	11.24
1993	−145.13	−14.21	−3.46	−0.22
1994	—	—	—	—
1995	−211.98	−31.52	−32.52	−5.34
1996	−184.98	−23.45	−24.02	−1.87
1997	—	—	—	—
1998	−128.44	−12.92	19.53	2.01
1999	188.61	30.34	30.43	6.94
2000	375.31	76.44	−34.59	−1.32
2001	229.35	42.15	33.05	9.22
2002	36.02	8.84	62.23	9.89
2003	136.67	18.77	62.31	8.37
2004	275.77	40.50	257.28	37.79
2005	−3.69	15.12	−34.65	9.63
2006	317.42	49.13	58.40	9.01
2007	158.94	25.75	236.38	35.53
2008	323.95	49.88	14.05	3.27
2009	310.60	63.15	−45.83	3.10
2010	281.52	43.85	99.10	14.48
2011	452.94	121.97	20.16	12.46
多年平均	206.71	36.57	61.95	9.95

7.3.4　灌区库塘田水资源联合系统优化调控

本节以蔡塘水库灌区系统为工程实例，拟采用模拟模型和优化模型的混合模型对灌区水资源调配问题进行探讨，并采用试正交试验方法对灌区水资源系统中引水工程的设计参数和运行参数进行优化设计。以现有的小水库和塘坝工程为基础作为主要水源，进行提高天然降雨利用率、减少从干渠中的提水，提高水稻灌溉保证率等工程问题的研究。同时，在宏观上考虑灌区灌溉面积、灌溉模式，研究其对以上各区域水资源调控的影响及效果。

7.3.4.1　库塘田联合水资源系统优化调控指标

本节讨论灌区库塘田联合水资源系统中主要的三个因素，即水稻适宜水深、塘坝库容的预留以及骨干水库提引水位,对系统水资源各单指标以及综合指标的影响,从而得出不同指标影响因素大小的排序,以及不同指标下的最优方案。对优化变量采用三因素、三水平,设计表如表7.15所示。

表7.15 水库灌区水资源系统三次优化试验设计

水平	因素		
	水稻适宜水深变化/mm	塘坝库容预留率/%	骨干水库提引水位变化/m
1	−15	0	−1
2	−10	5	−0.75
3	−5	10	−0.5

7.3.4.2 系统多因素多目标优化分析

结合灌区实际情况,对三个指标分别赋以权数,对作物缺水赋以权数0.5,对水泵提水赋以权数0.4,对骨干水库弃水赋以权数0.1,则可得综合水量=作物缺水量×0.5+水泵提水量×0.4+骨干水库弃水量×0.1。对于综合水量进行正交试验分析(表7.16),这样就将多因素多指标的情况转化为多因素单指标的情况,分析方法如上,得出综合水量的影响因素敏感性排序及最优方案,结果如表7.16所示。

表7.16 综合水量正交试验分析

试验号	因素			综合水量/ (10^4m^3)
	x_1	x_2	x_3	
1	3	3	1	232.27
2	1	2	3	200.85
3	3	1	3	211.24
4	1	3	2	207.80
5	2	3	3	233.19
6	3	2	2	218.64
7	2	2	1	200.83
8	2	1	2	190.35
9	1	1	1	180.31
K1	588.960	581.901	613.410	—
K2	624.369	620.319	616.791	—
K3	662.151	673.26	645.279	—
k1	196.320[*]	193.967[*]	204.470[*]	
k2	208.123	206.773	205.597	
k3	220.717	224.420	215.093	
$\|k_i-k_j\|_{\max}$	24.397	30.453	10.623	—

* 最优点。

由上极差分析可知,各因素对系统综合指标的影响大小依次为 x_2 塘坝预留率、x_1 水深变化、x_3 提引水位,且最优因素组合为(-15,0,-1),相应系统综合指标值为 180.31 万 m^3,水库灌区最优调控模式下水资源系统运行结果如表 7.17 所示。

表 7.17 水库灌区最优调控模式下水资源系统运行结果

项目	作物缺水量	水泵提水量	骨干水库弃水量	系统综合水量
水量/($10^4 m^3$)	54.97	362.37	78.81	180.31

7.3.5 灌区库塘田水资源联合系统优化调控结果

对于整个灌区水资源系统而言,其综合运行效果是总体改善的,灌溉保证率上升,同时塘坝得到了更充分的利用,减小了水库的供水负担,水库灌区最优调控模式下灌区运行综合结果如表 7.18 所示。

表 7.18 水库灌区最优调控模式下灌区运行综合结果

项目	灌区
年保证率/%	72.73
水稻灌额/mm	438.72
塘坝供水/($10^4 m^3$)	498.72
塘坝弃水/($10^4 m^3$)	40.19
塘坝复蓄次数	2.17
水库供水/($10^4 m^3$)	367.34

综上所述,本节建立的农田、塘坝、水库三个系统的系统动力学模拟运行了蔡塘灌区供需水,结果符合蔡塘灌区实际调配情况,该模型是真实可信的。同时在该模型的基础上采用正交试验对系统进行了三次优化,对于不同的指标,系统的优化方案也有所差异,但本节研究的是综合指标,对于综合指标,找出了灌区系统的最优调控方案,即在现状条件下水稻适宜水深减少 15mm、塘坝库容的预留率为 0,以及骨干水库提引水位下降 1m,获得以下重要结果。

(1)对现有工程进行科学合理的调控,使灌区作物缺水、水泵提水、骨干水库弃水、系统综合水量有显著减少,从而使水资源系统运行效果更好。

(2)对农田水稻水深的调整,有利于农田对降雨径流的拦蓄、提高供水保证程度,作物灌溉保证率由 50% 提高到 72.73%。

(3)对水源工程实行联合调度运用,有利于降雨径流的拦蓄、增加塘坝的复蓄次数,小水库、塘坝的供水能力由现在的 485.83 万 m^3 提高到 497.72 万 m^3,骨干水库供水能力由现在的 376.48 万 m^3 减少到 367.39 万 m^3。对工程参数选优后提高了塘坝的利用率,同时也减轻了骨干水库的供水负担。

对工程参数优化后，系统运行结果是改善的，灌溉保证率上升，同时塘坝得到了更充分的利用，减小了水库的供水负担，并为灌区的调控及工程建设提供了参考。

7.4　本章小结

江淮丘陵易旱地区是安徽省重要粮油产区之一，而滁河干渠水库灌区恰好属于江淮丘陵易旱地区。地形地貌特征的特殊性及自然条件的复杂性导致了该灌区经常干旱缺水，同时也制约着这一地区农业生产以及农村经济建设的发展。寻找有效的对策来缓解干旱缺水成为该地区社会经济发展的关键。目前，缓解该地区水资源供需矛盾的重要措施之一就是对现有水利工程系统进行水资源系统联合优化调控，并对现有工程改造挖潜。

本章以滁河干渠蔡塘水库灌区为研究对象，采用系统动力学方法建立了蔡塘灌区农田、塘坝、骨干水库3个子系统建立的库塘田联合水资源系统模拟模型。模型运行结果与蔡塘灌区实际调配情况相符，说明模型是可信的。在该模型的基础上采用正交试验对系统进行3次优化，获得灌区系统最优调控方案。由此可见，小水库、塘坝各自都有自己的比较完整的灌溉系统，群众也有成功的灌溉方法和习惯。采用小水库、塘坝联合运用对提高灌溉效率，缓解灌溉水供需矛盾，提高水资源利用保证程度作用非常明显。实行联合调节后，可以保证塘坝水源达到及时补充，从而促进灌溉水的快捷运行，提高灌溉质量。由于灌溉速度的加快，即时腾空库容、塘容，有利于降雨径流拦蓄，又提高了调蓄次数，获得了较为可信的优化运行成果。

8 基于规则的大型灌区水资源系统模拟与优化配置

8.1 灌区水资源系统配置概述

随着人类社会的进步以及经济的快速发展，水资源问题已经成为社会可持续发展的主要瓶颈之一。资源优化配置是指为了保障经济、社会、资源、环境的协调发展，利用工程和非工程措施对一定时空领域内的水资源进行资源整合、技术优化、可持续开发与管理的配置理论及方法（刘肇祎，2010；Chen，2013；John，et al.，2013）。一般认为，水资源配置是指在流域或特定的区域范围内，遵循有效性、公平性和可持续性的原则，利用各种工程与非工程措施，按照市场经济的规律和资源配置准则，通过合理抑制需求、保障有效供给、维护和改善生态环境质量等手段和措施，对多种可利用水源在区域间和各用水部门间进行的调配（中华人民共和国水利部，2002）。

农业作为国家基础产业，同时又是用水量最大的行业大户。因此在缺水越来越严重的情况下，发掘现有水资源的潜力，实现灌区水资源的优化配置，并使其发挥最大的效益，对区域社会经济发展具有重要的研究意义。灌区水资源优化配置是区域水资源优化配置的重要方面，但与区域水资源配置既存在密切联系又存在明显不同。灌区水资源配置内容一般包括水量在灌区农业用水、居民生活用水、工业用水及生态环境用水之间的优化配置，水量在不同水源灌溉渠系间的优化配置，水量在不同作物及其不同生育期之间的优化配置等，其中农业用水是灌区用水的主体，也是灌区水资源合理配置的核心。近年来，随着中国经济与社会的快速发展，水资源短缺形势愈来愈严峻，农业作为用水大户，农业水资源"瓶颈"制约问题愈加凸显（齐学斌等，2015）。目前，我国农田有效灌溉面积达 0.6 亿 hm²，在占耕地面积一半的有效灌溉面积上，生产了占全国 75%的粮食和 90%以上的经济作物。在区域缺水越来越严重的情况下，如何实现灌区水资源的优化配置，使其发挥最大效益，进而保障中国粮食安全值得关注。

国外开展以水资源系统分析为手段、水资源合理配置为目的的各类研究工作，首先起源于 20 世纪 40 年代 Masse 提出的水库优化调度问题。50 年代以后，随着系统工程理论和优化方法的引入，以及 60 年代计算机技术的发展，水资源系统模拟模型技术得以迅速研究和应用。20 世纪 70 年代以来，伴随着数学规划和模拟技术的发展及其在水资源领域的应用，水资源优化配置的研究成果不断增多。美国麻省理工学院于 20 世纪 70 年代末完成的阿根廷河 Rio Colorado 流域的水资源开发规划取得了成功。八九十年代，随着系统分析理论、优化技术以及数值计算技术的发展，水资源系统模拟模型和优化模型的建立、求解和运行的研究和应用工作不断得到提高。Romjin 等（1983）考虑了水的多功能性和多种利益的关系，强调决策者和决策分析者间的合作，建立了水资源量分配问题的多层次模型，体现了水资源配置问题的多目标和层次结构的特点。Haimes（1985）应用线性规划方法求解了 1 个地表水库与 4 个地下水含水单元构成的地表水、地下水运行管理问题，地下水运动用基本方程的有限差分式表达，目标为供水费用最小或当供水不足情况下缺水损失最小。20 世纪 90 年代以来，由于水污染和水危机的加剧，传统的以供水量和经济效益最大为水资源优化配置目标的模式已不能满足需要，国外开始在水资源优化配置中注重水质约束、水资源环境效益以及水资源可持续利用研究，使得水资源量与质管理方法的研究产生了更大的活力。Fleming 等（1995）以经济效益最大为目标，考虑了水质运移的滞后作用，并用水力梯度作为约束来控制污染扩散，建立了地下水水质水量管理模型。Carlos 等（1997）以经济效益最大为目标，建立考虑了不同用水部门对水质不同要求的污水、地表水、地下水等多种水源管理模型。进入 21 世纪以来，随着人口的增长、社会经济的发展、生态环境保护日益受到重视等，国际水文水资源学界运用现代系统工程理论与方法对各地区各具特色的水资源配置问题开展了广泛深入的定量研究与探讨（Barros，et al.，2011；Marianne，et al.，2013；Lila，et al.，2013）。

我国的水资源配置定量研究始于 1987 年（刘昌明等，1987），此后核心期刊文献数量至今累积近 3000 篇。各时期的分布大致分为 3 个阶段，即 1987～1999 年处于初步发展阶段，发表论文 19 篇，进入 21 世纪后，2000～2006 年仅 7 年就发表论文 636 篇，呈爆炸式增长阶段，而近 10 年的 2007～2017 年则共发表论文 2208 篇，处于高速稳定增长阶段，这充分反映了我国水资源学界及时跟踪国家发展需要以及社会经济发展需求的特点。与之相应，我国灌区水资源分配研究以水库优化调度为先导，从 20 世纪 80 年代初开始，随着水资源配置理论与方法研究也步入快速发展期，其研究方法大致归为以下几类。

1）数学规划模型

曾赛星等（1990）运用动态规划法，确定内蒙古河套灌区各种作物的灌水定额及灌水次数。贺北方等（1995）对多水库多目标最优控制运用的模拟与方法、灌区渠系优化配水、大型灌区水资源优化分配模型、多水源引水灌区水资源调配模型及应用进行了研究。王鹏（2005）为了解决灌区非充分灌溉时，灌区作物产量最高与供水部门收益最大之间的矛盾，建立了灌区一次灌水水资源配置的多目标优化数学模型，并引入基于 Pareto front 的多目标遗传算法来解该模型。巴音达拉（2014）以察布查尔县伊犁河灌区为研究对象，结合流域自然地理、水资源量与质的客观属性，就地表水与地下水在长期水资源优化配置中如何优化调度进行有益的探索。祝颖（2015）提出了模糊区间两阶段随机规划模型，考虑了区间参数、概率分布和模糊数等不确定信息，并且在系统满意度最大为目标函数，以优化不同流量水平下的灌溉计划，同时获得系统最大收益。

　　2）大系统多目标规划模型

　　王浩等（2006）提出了"二元水循环"理论，并耦合分布式水文模型、水资源合理配置模型、多目标决策分析模型，开发了"天然-人工"二元水循环模型，应用于三川河、海河等流域水资源管理。聂相田等（2006）将灌区的经济效益和生态环境效益结合在一起综合考虑，在灌区水资源配置时不仅只追求获得最大经济效益，同时，尽量将地下水位控制在适宜范围内，以维持地下水资源的采补平衡，实现水资源的可持续利用，基此建立了井渠结合灌区水资源多目标优化配置模型。杜长胜等（2007）建立灌区水资源多目标优化配置分解协调模型，结合大系统分解协调理论，以非充分灌溉理论为依据，对水资源进行优化管理制定合理的区域配水、作物配水及作物灌溉制度，对有限的水资源进行时空分配。余美等（2009）以宁夏银北灌区为例，基于大系统分解协调原理建立了地表水地下水联合运用的递阶优化模型，子系统优化模型采用增量动态规划法求解，协调层利用目标协调法和关联预估法实现全局最优，获得不同约束方案下的时段最优引黄水量、井灌水量、井排水量和运行费用。刘玉芬等（2010）以漳河水库灌区水资源实际利用情况为依据，分析了灌区内经济社会各部门水资源需求，并从部门之间、地区之间、空间和时间等方面对需求结构差异进行了阐述，在水资源配置的高效性、公平性、安全性、生态环境平衡和可持续利用的原则下，建立了水资源合理配置模型，并对水资源需求结构调整与合理配置模型之间的影响做了初步分析。张展羽等（2014）根据农业水土资源相互关联、相互制约的特点，将水土资源优化配置作为大系统问题进行研究，建立了缺水灌区农业水土资源优化配置模型。曾雪婷（2014）通过干旱地区水资源在农作物及生态植物之间的竞争关系，将水量配置、排污约束、水价等都纳入生态灌区的水资源管理当中，通过计算不同生态等级下水资源配置的直接收益和环境处理成本等间接损失，获得一系列以区间形式出现的水资源配置及收益数据。

　　3）系统模拟模型

　　游进军等（2005）提出以规则控制方式实现水资源系统模拟，通过分析水资源系统供、用、耗和排各个环节中所涉及的各类元素及其作用，抽象概括出系统中存在的主要对象，建立符合实际的水资源系统节点图，模型以不同类型的规则描述水利工程的运行和水源对用户的分配，以及天然与人工二元耦合关系下各类水源在网络系统的运移转化和相互作用,实现对系统水量运移转化的透明化控制,建立适用于不同区域的通用化模型。陈南祥等(2005)针对区域性水资源系统结构复杂、要素繁多的系统特性,给出了适用于多水源、多工程、多用户的大型水资源系统的系统概化规则和模型计算原则,介绍了反映各种水源及工程供水特点的建模思路,并在配置规则的基础上建立了水资源模拟模型,该模型在河北省水资源合理配置中进行了实际应用。李景海等(2005b)针对安阳市研究区水资源开发利用中存在的问题,根据水资源三次平衡的配置思想,利用基于规则的水资源配置模型,针对研究区不同组合方案进行长系列模拟计算,通过对比分析,提出水资源配置推荐方案,最后分析了南水北调工程的作用与合理的水量分配等。甘治国(2008)在分析北京市水资源利用现状的基础上,提出并开发了基于规则控制的北京市水资源配置模拟模型,通过分析水资源系统供、用、耗、排主要环节中所涉及的要素和相互连接关系,抽象概括出系统中的主要对象,建立了满足北京市配置目标要求的水资源系统网络概化图,实现北京市水资源的综合配置。朱启林等(2009)在构造水资源系统的系统概化规则和模型配置规则基础上,提出了基于规则的水资源配置模型,并将该模型应用在滹沱河流域,结果表明该模型具有良好的实用性。张亭亭等(2014)根据三亚市水资源现状开发利用情况,建立了基于规则的三亚市水资源配置模型,采用三亚市 1956～2010 年系列水文资料及规划水平年相关数据,实现了 2020 规划水平年三亚市水资源优化配置。

4)系统优化模型

优化模型最早于 20 世纪 40 年代,在国外被用于灌溉调水和供水研究,其后从早期单一线性规划、非线性规划发展到现代的体现层次性、整体复合性的动态规划、多目标规划等(Karamouz, et al., 2004; Reddy, et al., 2007; 岳卫峰等,2011; Wang, et al., 2012)。优化模型是在期望目标下寻找实现目标的最优途径,它能客观地给出区域水资源最佳配置方案,且能定量地揭示区域经济、环境、社会多目标间的相互竞争与制约等。但对于复杂的灌区水资源系统在模型求解时因变量过多而必须进行大量简化,同时模型结构、参数和输入信息的不确定性等使得模型的优化结果往往难以反映真实最优状况。优化模型与模拟模型各有长处与不足:优化模型侧重于宏观层次上的规划,而需对微观方面进行适当概化,模拟模型的优势在于对系统状态和行为的模拟更精确、更符合实际情况,使配置方案更具操作性,因此将二者有机结合以互相取长补短,成为国内外学界积极探索的重要途径。Mohammad 等(2014)使用 HYDRUS 软件模拟了灌区不同土质中通过滴灌下渗根区的水分布情况,并结合考虑减少地下水浪费条件下对滴灌系统设计进行了优化。刘涵等(2005)基于大系统分解协调理论,应用模拟优化技术对关中西部灌区主要水源工程实行联网调水,建立了三层递阶优化调配模型。张展羽等(2006)研究了一种基于含水层海水入侵模拟模型和作物优化配水模型的沿海缺水灌区水资源优化调配耦合模型。Sandow 等（2008）将一种改进的非线性优化模型与地下水运动模拟模型相结合，探讨地下水灌溉用水问题。Tong 等（2013）在灌区水资源系统模拟与优化过程中考虑了作物生产函数和气候变化不确定性影响。王建伟等（2017）以农田灌溉水质要求、灌溉水量需求以及水资源管理用水红线为约束，模拟优化宁夏引黄灌区末段区域（石嘴山市）农田水循环过程，提出"引沟济渠"农田灌溉水源调配新思路。

5）智能计算方法

20 世纪 90 年代中期以后，随着社会经济的发展和人类对生态环境等问题的关注，灌区水资源模拟优化系统的复杂度达到惊人的地步，针对这类高维、非凸、非线性复杂的区域水资源系统问题的求解，一些人工计算智能方法如遗传算法、人工神经网络、模糊集（FS）、粒子群（particle swarm）等相继被引入水资源配置模型中，它们之间交叉或与传统优化方法相结合，更是迸发出强大的生命力。Rodrigo（1997）和 Robin（1999）分别应用 GA 求解水库群优化调度问题，发现 GA 易于处理多水库复杂系统运行问题。Minsker 等（2000）应用 GA 建立了不确定性条件下的水资源配置多目标分析模型。宋松柏等（2004）应用 GA 求解配水渠道流量优化的 0-1 整数规划模型。闫志宏等（2013）应用多目标粒子群算法对区域供水系统总缺水量最小、水库损失水量最小为多目标的水资源优化配置模型进行了应用研究。Reddy 等（2007）运用粒子群优化算法对灌区多作物灌溉的水库短期调度进行优化计算。Keighobad（2013）等基于模糊理论提出以最小核建立灌区供水和用水户利益分配的模糊合作对策，并在水资源分配中运用集成的随机动态规划（ISDP）模型优化求解水分配政策；在灌区水资源优化配置研究中提出基于记忆梯度混合遗传算法。饶碧玉等（2009）将 BP 人工神经网络应用于灌区水库调度。Chang 等（2010）提出凸包多目标 GA 对区域灌溉及公共供水多目标模型进行优化分析。Hamid 等（2010）应用 ANN 模拟地表水与地下水运动规律，采用 GA 进行以灌溉缺水量最少为目标函数的优化计算。Abolpour 等（2007）和 Safavi 等（2011）将模糊集与动态规划结合形成智能优化动态规划法，并分别在流域干旱季水资源优化配置和灌区地表—地下水联系调度中进行了应用。Lu（2011）等提出了模糊粗糙区间概念并与线性规划结合，用于农业灌溉系统最优水量分配研究。张亚琼（2016）基于人工鱼群算法，按照灌区用水可持续原则，建立了地下水与地表水间的优化配置模型，并利用人工鱼群算法对其进行求解。

值得一提的是，随着科技发展与技术进步，分布式水文模型、3S 技术以及地理信息系统（GIS）近些年也逐渐在水资源配置中得到了应用。Fortes 等（2005）以概念性的半分布式水量平衡模型为基础，在 GIS 上建立了提高水利用率的灌溉制度模拟模型——GISAREG 模型。张智韬等（2010）通过 RS 技术快速获取灌区土地利用和土壤含水率信息,并以像元为求解单元,通过蚁群算法在 GIS 系统中对模型进行求解,获得各斗渠满足多目标条件下的最优灌溉配水量。郑捷等(2011)针对平原型灌区人工-自然复合的水文循环特点,基于 SWAT 模型构建了山前平原灌区分布式水文模型,并以汾河灌区为例,对灌区水量平衡进行模拟分析。Yang 等(2012)运用遥感技术对我国北方大型灌区作物腾发模式进行了研究,并用于指导灌区水资源管理。蒙吉军等(2018)以黑河中游农业绿洲灌区为研究对象,以基础地理信息数据、土地覆被数据和绿洲灌区统计数据等为数据源,基于 Penman-Monteith 公式和 NDVI 数据,研究生态需水量的时空分异,在此基础上,结合实际引水量和单产耗水量分析绿洲灌区水资源配置的效率。

综上所述,随着水资源合理配置实践的不断深化,区域水资源合理配置的概念逐步明确,其内涵日益丰富(王浩等,2010)。灌区水资源系统作为水资源系统工程的重要组成,其配置理论与后者几乎同步发展,从初期的基于供、需单方面限制的优化配置,发展到基于经济最优、效率最高的系统优化配置(翁文斌等,1995),以至现代的基于资源、社会经济、生态环境统筹考虑的大系统协调优化配置理论(冯尚友,2000;周祖昊等,2003;Bharati,2008;Ahrends,2008;Alvarez,2012)。同时,随着技术的迅速发展,灌区水资源管理新技术与新方法也不断涌现。灌区水资源优化配置与调控的对象由单水源、单用水部门发展到复杂得多的多水源、多用水部门;配置内容由单纯的水量配置发展到水量、水质统一调配;配置目标由单目标发展到多目标,并且在新的优化理论、技术和算法下使多目标的问题求解变得非常简单;配置模型由单一数学规划模型发展到数学规划与向量优化理论、模拟技术等多种方法的混合模型。可以说,灌区水资源系统发展到今天它已成为一个多阶段、多层次、多目标、多属性和多功能的复杂系统,其决策不仅需要了解气候、水量、水质、土壤、盐碱等要素的自然变化规律,而且更需要掌握各要素的变化可能对社会、经济、生态、环境等系统产生的各种影响(程吉林,2002)。

上述这些传统及现代的水资源配置模型与方法的研究与应用,对促进区域水资源高效利用和保障社会经济发展做出了巨大贡献,也极大地拓展了现代灌区水资源配置模型的研究深度和广度。然而,在现代水资源系统科学研究发展趋势的宏观背景下,灌区水资源配置模型的现有研究尚存在一些急需解决的重要问题。由于灌区水资源下垫面与边界条件以及农业用水系统的复杂性,如何将水资源优化配置模型计算结果用于指导灌区的实际配水,目前还比较困难;另外,由于模型的通用性不强,很难将基于某个灌区研发的模型应用到其他灌区。上述情况直接限制了灌区水资源优化配置模型的推广应用,因此迫切需要研发功能强大、通用性强、操作简便及实用的灌区水资源优化配置模型与方法(齐学斌等,2015)。将水资源优化配置理论应用到实际工作中需要具有操作性的技术方法,因此水资源优化配置的实现技术、方法以及相关模型研究一直以来都是国内外学界研究的重点和热点。

目前已有的一些研究和模型方法，采用精细手段对水资源系统不同环节进行模拟分析。但由于对系统的综合性描述不足或较高的资料要求限制了其应用范围，尤其是针对大范围区域（如大型灌区）水资源系统问题的应用（游进军等，2005）。采用基于规则的水资源配置模型是解决水资源配置问题的一种重要模型，其主要任务是进行水资源系统的供需平衡计算，分析和解决水资源系统的供需平衡、联合调度、工程有效供水量等问题或者作为更高层次的模型的一个子模型，与其他模型一起运行（李景海等，2005a）。区域水资源配置中，农业作为用水行业之一，与工业、生活、服务业等其他行业一起，在社会、经济、生态、环境等目标前提下参与用水分配。在进行流域或区域水资源配置时，一般根据水系、水利工程的分布或者行业用水特征，给出单元区域或者行业水量分配方案即可。而大型灌区的水资源配置，农业灌溉用水是绝对的用水大户，强调农业用水的基础性与重要性，同时，在农业用水保证的基础上，不仅要考虑降雨、来水与作物生长阶段的匹配，还要考虑灌区内水利工程的空间分布；不仅要考虑农业生产效益条件下的作物种植结构，还要考虑粮食安全前提下粮食作物播种面积的稳定性（靳晓莉等，2018），因此大型灌区的水资源配置考虑的因素更多，配置方案也更详细。

8.2 基于规则的大型灌区蓄引提水资源系统模拟——以淠河灌区为例

本节以大型灌区——淠河灌区水资源系统模拟为例，构建基于规则的大型灌区蓄引提水资源系统模拟模型，为后续灌区水资源综合开发利用与优化运行提供技术支撑（张礼兵等，2003；张礼兵等，2006g）。

淠河灌区是中外闻名的淠史杭灌区的最大灌区，位于东经 116.4°～117.6°，北纬 31.5°～32.5°，介于史河灌区和杭埠河灌区之间，地处安徽省中西部地区，横跨六安市的寿县、金安、裕安、舒城、合肥市的郊区、肥东、肥西、长丰等县市，土地面积 7750km²，其中丘陵区占 83.6%，平原区占 16.4%，是一个以灌溉为主，兼营水力发电、城市供水、航运、水产和多种经营的大型综合利用水利工程，设计灌溉面积 660 万亩。

淠河灌区处于江淮丘陵区，该区域比较常见的灌溉系统一般被称为"长藤结瓜"灌溉系统，该名称比较形象地描述了灌溉系统的结构："瓜蒂""藤""瓜"三部分分别对应于灌区灌溉系统中的渠首枢纽工程、干支渠道及中小型水库和塘坝，其中，渠首枢纽工程可引入河川径流，渠道可用来输水，而灌区内部的中小型水库和塘坝则用来蓄水供水。"长藤结瓜"灌溉系统将蓄水、引水、提水的功能相组合，并遵循大、中小工程相结合的原则，构成了一个系统的水利网络，统一计划、统一调配、统一管理，直观反映出灌溉工程之间的内在联系和客观规律。实践证明，这种在旧有塘堰灌区基础上改造和发展起来的完全能够适应南方丘陵地区自然地理特点的独具风格的新型灌溉系统，同时也是合理、科学地开发利用丘陵区水土资源的有效途径。相比单一的水利工程设施，其优越性主要体现在：水源设施变多，水资源能够充分的被利用，从而提高水资源的利用率；提高了小塘、小水库的复蓄能力，也是灌溉系统的蓄水能力得到了提高；扩大灌溉效益；减小骨干工程规模及干渠设计断面，节约了工程量和投资；调配灵活，管理方便，为综合利用创造了有利条件（王庆等，2012）。

8.2.1　淠河灌区水资源系统组成

8.2.1.1　淠河灌区上游源头水库

淠河灌区上游的大别山区是一个多雨中心，年降水量一般在 500～2000mm。由于各年受季风迟早、强弱的影响，降水量年际差别甚大，一年中夏季降雨量集中，一般的年份约占全年总水量的 40%，而汛期（5～9 月）降水量占全年降水量的 50%～60%。大别山区的三大水库，即响洪甸、佛子岭及磨子潭，是灌区的主要供水来源，多年平均来水量 25.3 亿 m^3。由佛子岭、响洪甸两库下泄之水进入原河道，在下游横排头建有灌区渠首枢纽，经枢纽调节后向灌区供水。同时，横排头枢纽与两水库之间还有 1130km^2 的集水面积，均为淠河灌区的重要补给水源，其多年平均来水量为 7.5 亿 m^3。

1）上游水库特征

淠河上游的磨子潭、佛子岭、响洪甸三座大型水库是淠河灌区的农业灌溉的重要水源。这三座水库的正常放水原则是以灌溉为主，发电服从于灌溉。考虑近期及远期对水源工程续建扩建工程的实施，如对已建的佛子岭、磨子潭水库进行除险加固，提高其兴利作用等，同时参考三座大型水库多年的实际运行情况，对三大水库在不同设计水平年的调节库容值作如下调整，见表 8.1。

表 8.1　淠河灌区上游水库调节库容值　　　　　　　　　　（单位：10^4m^3）

时间	6～8 月		9～翌年 5 月	
	现状	远期	现状	远期
磨子潭	8667.6	12344.8	15759.4	15759.4
佛子岭	17860.6	31256.1	26528.2	37560.0
响洪甸	99284.0	99284.0	117670.0	117670.0
合计	125812.2	142884.9	159957.6	170989.4

2）水库来水量

根据淠史杭总局提供的资料，现有三大水库 1951～1998 年共 48 年的来水量统计数据。根据 48 年系列计算数据，佛子岭水库以上（包括磨子潭水库）的多年平均来水量为 14.1 亿 m^3，响洪甸水库的多年平均来水量为 11.2 亿 m^3，三大水库共计来水约 25.3 亿 m^3。各水库及区间多年来水量年统计资料详见表 8.2。

表 8.2　淠河灌区上游水库多年来水量年统计资料　　　　　（单位：$10^4 m^3$）

年份	佛、磨水库	响洪甸	区间来水	年份	佛、磨水库	响洪甸	区间来水
1951	167827.8	86424	46642	1975	178809.3	145914	111356
1952	207711	97168	53905.5	1976	90048.5	82973.3	42479.8
1953	172045.8	77369	34351	1977	173046.3	121101	79338.8
1954	418090.5	243960	101051	1978	66248.5	41886.4	19376.1
1955	129274.6	153391	33811.8	1979	90830.7	77952.3	40427.9
1956	195233.5	97304	72389.3	1980	166667.4	181987	97606.4
1957	150818	99756	103492	1981	123345.8	94549	45757.2
1958	143219	121980	79582.1	1982	137847	145893	90194
1959	125452.2	102141	88643.7	1983	199703.3	202986	95146.2
1960	138501.1	116405	155667	1984	142809.8	125785.	74442
1961	80170.1	75190	75525.5	1985	138184	134999	80096.8
1962	133587.6	135244	119964	1986	76943.8	94335.6	41101.7
1963	186958	154281	123824	1987	157036	134307	76954
1964	165000.7	146543	102001	1988	124957.6	98648	46207
1965	95032.5	59697	71733	1989	133992.3	120624	90868
1966	147757.8	99714	70988	1990	105944	84833	38474
1967	67970.5	59049	25440	1991	259065	226663	175539
1968	92754.7	79639	33814.1	1992	62991.9	63081	42633
1969	253216.8	194789	103691	1993	138335.4	140056	113375
1970	146663.3	124268	101693	1994	74558.7	76391	65650
1971	146175.9	114813	42752.3	1995	97195.5	67010	48385
1972	156417.3	100044	84042.6	1996	155465.1	147388	93777
1973	158631.2	112911	59849	1997	78298.2	64673	68129
1974	107780.3	98722	50072.7	1998	118688.4	96831	93231

由表 8.2 可知，水库来水年际变化较大：丰水年如 1954 年、1983 年和 1991年，来水量分别为 76.2 亿 m^3、49.8 亿 m^3 和 66.1 亿 m^3，分别为多年平均来水的231%、151%和200%；而枯水年份如 1967 年、1968 年和 1976 年，来水量分别为15.2 亿 m^3、20.6 亿 m^3 和 21.5 亿 m^3，仅占多年平均来水量的46%、62.4%和65.2%。

3）区间径流

淠河横排头以上的流域面积共 4370km²，除磨子潭、佛子岭和响洪甸三座大型水库控制在 3240km² 以外,其余 1130km² 的区间来水面积没有蓄水工程控制。这部分区间来水面积占横排头以上流域面积的 25.8%,而且都是山区,水资源比较丰富。所以,区间径流也是淠河灌区的重要补给水源之一,它与佛子岭、响洪甸两大水库的下泄水量相汇合,组合成渠首部来水。根据淠史杭总局提供的资料,区间多年平均来水约 7.51 亿 m³,但由于受渠首过水流量的限制以及上游水库的放水时间及放水方式的影响,区间水并不能完全被利用,这是在水资源系统模拟中应该注意的问题。区间多年年平均来水量资料详见表 8.2。

8.2.1.2　淠河灌区概况

1)灌区降雨蒸发情况

淠河灌区地处湿润季风气候带,其特征是:季风显著,雨量集中。灌区气候受冷锋、低涡及台风等因素影响,冬冷夏热,四季分明,无霜期较长,光、热、水配合良好,适宜各类农作物生长。由于本域属于气候上的过渡带,年际间季风强弱程度不同,进退的早迟不一,年际气候变化较大,造成雨水不均,常引起水旱灾害。据气象站资料,多年平均降水量约 988.2mm,蒸发量达 1053.7mm。降雨蒸发年际间差别很大,最大年降水量与最小年降水量的比值达 3~4。例如,干旱年份:1966 年、1967 年和 1978 年均为大旱年,年度雨量分别为 557.0mm、661.0mm 及 531.6mm,只有多年平均值的 56.3%、66.9%和 53.8%;主要灌溉期的雨量分别为 264.5mm、298.3mm 及 302.0mm,只有多年平均值 38.9%、43.9%和44.5%。同时,干旱年份降雨量小而蒸发量大。这三年全年度的灌区平均蒸发量分别为 1426.6mm、1354.8mm 及 1286.3mm,为多年平均值的 127%、120%及 114%;主要灌溉期的灌区平均蒸发量分别为 1059.4mm、987.5mm 及 933.8mm,为多年平均值的 134%、124%及 118%。

本地区多年平均气温为 14.6~15.6℃,一年中最热是 7 月,月平均气温为27.2~28℃,极端最高气温多年平均 38℃左右;最冷是 1 月,月平均气温 1.4℃,多年平均极端最低气温为-10℃左右。全灌区无霜期多年平均 210~230d,年际差别较大,最长可达 270d,最短为 170d。一般年份初霜出现在 11 月上旬,终霜在次年 3 月下旬结束,初霜出现一般北早南迟,山区早于丘陵,而终霜则相反。灌区降雨量与蒸发量资料是进行灌区农业灌溉需水计算的基础数据之一。淠河灌区1951~1998 年年降雨量与蒸发量资料见表 8.3。

表 8.3　淠河灌区年降雨量及蒸发量

年份	降雨量/mm	蒸发量/mm	年份	降雨量/mm	蒸发量/mm
1951	855	1000.9	1953	845.5	1063.2
1952	443.7	603.9	1954	1602.6	900.2

续表

年份	降雨量/mm	蒸发量/mm	年份	降雨量/mm	蒸发量/mm
1955	941.4	1066.6	1977	1084.2	1032.5
1956	1280.4	1091.9	1978	537.6	1286.3
1957	906.4	1100.5	1979	933.5	1132.2
1958	871.7	1219.6	1980	1147.9	1048.6
1959	935.6	1302.2	1981	838.2	1286.3
1960	1306.7	1090.1	1982	1107.3	1083.8
1961	813.5	1185.8	1983	1200.7	1085.9
1962	1124.5	1149.1	1984	953.6	1066.7
1963	1076.3	1090	1985	1280.3	951.1
1964	1086.8	1133.7	1986	805.1	1141.6
1965	844.9	1275.6	1987	1282.0	1060.6
1966	548.8	1426.5	1988	897.4	1124.5
1967	661.2	1354.8	1989	1141.4	888.5
1968	997.6	1281.2	1990	891.8	937.3
1969	1163.3	1147.1	1991	1512.8	816.7
1970	1093.8	1039.2	1992	815.3	958.4
1971	936.2	1164.1	1993	1081.9	699.9
1972	1102.0	1094.7	1994	819.9	743.7
1973	915.4	1060.6	1995	754.7	739.5
1974	969.2	1200.4	1996	1092.4	718.3
1975	1372.6	907.1	1997	538.2	1139.6
1976	736.1	1084.7	1998	1286.0	772.4

2）淠河灌区农业及水利工程参数

（1）灌溉面积。

根据 1982 年淠河灌区续建工程规划，灌区范围内，扣除紫蓬山、大潜山、龙穴山、大、小蜀山和六安县十五里墩、长丰县的吴山庙、高塘等一带局部高丘地，并扣除安丰塘、众兴等中型水库面积，土地总面积为 7750km²。据安徽省淠史杭灌区续建配套与节水改造规划简要报告，灌区内耕地面积约 695 万亩，设计灌溉面积 660 万亩，目前实际灌溉面积已达 520 万亩，其中水田占 76%，旱地占 24%。根据淠史杭总局 1998 年最新统计资料，灌区实际灌溉面积已达 520 万亩，其中水田占 76%，旱地占 24%。全灌区地貌趋势由西南向东北、东南倾斜，具有明显的山地、丘陵、平原的地貌单元，并呈阶梯状分布。灌区以潜育型土面积最大，约占水稻土总面积的 93.8%，其土壤理化性状较好。灌区农业灌溉设计保证率为 80%，但由于受工程本身质量和灌区管理水平的限制，实际现状灌溉保证率不到 75%，在近期和远期，灌区本身即将实施一系列节水改造措施以提高灌溉保证率。

参考"淠史杭灌区续建配套与节水改造规划简要报告"，当时淠河灌区的耕地灌溉率已相当高，以后自流灌溉的耕地面积不会有大的增加，所以本研究确定当时（2000 年）灌溉面积取 520 万亩，其中自流灌区为 440 万亩，提水灌区 80 万亩；2005 年灌溉面积为 616 万亩，其中提水灌区为 185 万亩，2010 年灌溉面积为 660 万亩，自流灌区基本不变，提水灌区达 229 万亩。淠河灌区灌溉面积情况见表 8.4。

表 8.4　淠河灌区灌溉面积　　　　　　　　　　（单位：10^4 亩）

灌区类型	2000 年	2005 年	2010 年
水库直灌区（A 区）	300	300	300
反调直灌联灌区（B 区）	140	131	131
抽引直灌联灌区（C 区）	80	185	229
合计	520	616	660

（2）渠系水利用系数。

渠系水利用系数是指渠系所有最末级固定渠道出水流量之和与渠首引入灌溉流量的比值。考虑到淠史杭灌区近期及远期将实施的续建配套与节水改造工程。因此，本次水利计算中渠系水利用系数采用值：2000 年为 0.51；2005 年为 0.55；2010 年为 0.60。

（3）灌区农作物组成。

作物组成是计算灌溉需水量的重要依据。在修建淠河灌区工程以前，这一地区的水稻面积较少，平均水田率（水田面积占耕地面积的百分数）不到 60%。发展灌溉后，水田面积增加较多，续建规划中水田率取 75%。这一水田率与近年实际情况相近，预计今后其面积也不会再大量增加，因此这里仍采用 75% 的水田率。

根据"淠史杭灌区续建配套与节水改造规划简要报告"（2000 年）所提供的资料，并参考灌区内各县近年农业生产的实际情况，以及灌区水资源条件趋紧和各地发展"两高一优"现代农业的要求，水稻等高耗水性农作物播种面积估计略有降低，而高产、高效和优良品种的经济作物和其他粮食作物的种植比例会有所增加，灌区的平均作物组成情况对比见表 8.5。

表 8.5　淠河灌区作物组成情况对比

年份	水稻					秋旱作物	小麦油菜	蔬菜	复种指数
	早稻	中稻	单晚	双晚	合计				
2000	4	70	1	3	78	24	80	2	188
2005	3	68	0	3	74	26	84	6	190
2010	2	66	0	2	70	27	85	8	190

注：表中数字为作物种植面积占灌溉面积的百分数。

8.2.2　洈河灌区水资源系统主要元素及其概化

8.2.2.1　灌区水资源系统主要元素

系统概化就是将具有共同属性的不同系统实体归纳为以各类参数表达的概念性元素，并建立框架描述各类元素内部和相互之间水量运移转换的物理过程。通过系统概化将实际系统抽象为可以用参数表达的系统框架，为建立数学模型表征系统奠定基础（游进军等，2005）。洈河灌区水资源系统组成及结构如上所述，其所涉及的各类实体可以概括为点、线和面3类基本元素。

（1）点元素，包括水利工程、用水户、分汇水点以及各类人为设置的控制性节点。洈河灌区点元素主要有源头3座骨干水库、总干渠及各级干渠渠首枢纽，渠道上各种分水闸、节制闸，灌区内各种塘坝、反调节水库、提水泵站、城镇生产生活用水户等。

（2）线元素，包括不同点元素之间存在的水量传输或影响关系。洈河灌区面元素主要有总干渠、各级干渠、分干渠、退水渠、城市引水管道等。

（3）面元素，包括上游大别山区源头水库产汇流区域、大面积灌溉农田等。

考虑区域资料获取的便利性，可以根据区域划分将不同用水户集中形成计算单元，便于不同地区的资料统一化处理。

8.2.2.2　灌区水资源系统用水户及其配置关系

水资源系统模拟的最终目标通常是为宏观决策做参考和信息支持，但微观过程的合理性直接决定了最终宏观结果的可靠性，所以必须作深入分析保证微观过程模拟的合理性。根据系统用户对所需水源的不同要求、系统概化结构及对实际状况模拟的精细程度等需要，可以对一般意义上的水源作进一步细分，使配置模拟能更接近实际情况。对于用水户，可以根据其对水源的不同要求和供水方式上存在的差别以及资料的可获取程度，在满足同类用户对水源供给要求和供水保证程度一致的原则下进一步划分。

1）洈河灌区内部用水要求

洈河灌区是一个以灌溉为主，兼营水力发电、城市供水、航运、水产和多种经营的综合利用水利工程。灌区用水主要是由农业用水和城镇用水构成，而城镇用水主要由城镇工业用水及城镇生活用水组成。进行灌区水资源模拟计算，即是对灌区内农业用水及灌区内的城市工业用水、城镇生活用水及农村人畜用水的供需水量计算。

（1）农作物灌溉用水要求。

农业灌溉是灌区供水的主要对象，在灌区现状供水结构中，农业灌溉占有绝对比例。洈河灌区的农业灌溉需水量主要由总干渠、干渠、分干渠所控制的灌溉供水区域，从末端的中小水库、塘坝、农田等，自下而上逐级模拟计算，逐步叠加获得，关于干渠控制区域的库、塘、田水资源系统模拟模型构建详见第 7 章。

（2）灌区内城镇用水要求。

淠河灌区横跨六安市的寿县、金安区、裕安区、舒城县、合肥市郊区、肥东县、肥西县、长丰县等县区。随着经济的发展，城市工业增长很快，工业需水量迅猛增加，同时由于城镇人口生活水平的提高，其对水资源的消费也增长较快。在现状条件下，灌区内城镇用水主要考虑六安市城市用水全部用水情况。六安市工业以化肥、造纸、酿酒、机械、粮油食品等加工制造业为主，工业用水量约 1909 万 m^3，其中，化肥铵用水 $160m^3/t$；造纸约 $400m^3/t$。六安市市区人口 20 万左右，自来水供水能力约 13.7 万 t/d，根据六安城市供水规划，2005 年供水能力约为 16.4 万 t/d，到 2010 年用水量可达 24.3 万 t/d。

（3）其他部门用水要求。

根据 1982 年淠河灌区续建工程规划，并参考 2000 年"淠史杭灌区续建配套与节水改造规划简要报告"，这里考虑了沿渠农村生活及牲畜用水、航运船闸用水等其他部门用水。在现状水平下，农村生活及牲畜用水取 21.6 万 t/d，航运船闸用水 17.2 万 t/d，二者共计 38.8 万 t/d。根据灌区规划指导原则，由于水源比较紧张，除了在农业用水方面必须尽早做好配套工程和提高管理水平，以减少灌溉水量的浪费以外，对其他部门的用水量，也要采取措施尽可能压缩。

2）合肥市城市用水要求

（1）合肥市城市供水概况。

合肥作为安徽省的政治、经济、文化中心，也是全国重要的科教基地，位于江淮之间，正以"创新高地，大湖名城"发展的目标，逐步建成为全方位、多功能、综合性的现代化大城市。随着城市化发展的加快，合肥市的供水规模发生了很大变化。根据 1996 年合肥市供水规划资料，合肥市供水事业发展很快，自 50 年代初兴建自来水厂至今，供水规模由 0.6 万 m^3/d 发展到 70 多万 m^3/d，供水量发生了巨大的变化，仅 1985~1997 年年均增长率就达 5.75%，年供水量从 9242.2 万 m^3 增加到 19 068 万 m^3，水厂实际供水能力已经达到 75 万 m^3/d。根据供水规划提供的预测数据，2000 年城市需水量为 78.8 万 m^3/d，2005 年约为 113.6 万 m^3/d，2010 年达 142.5 万 m^3/d，年需水量分别达到 2.8762 亿 m^3、4.1464 亿 m^3 和 5.2012 亿 m^3。

然而，20 世纪 90 年代以来合肥市的水源水质问题始终是城市供水面临的难题。该区地下水贫乏，因此解决城市供水水源必须着眼于地表水。而合肥市地面水体主要有南淝河、十五里河、董铺水库等，均属巢湖水系，其中南淝河是巢湖水系一大支流，全长 70km，流域面积 1700km^2。南淝河上游的董铺水库位于合肥市西北部，是城市主要供水水源之一，汇流面积 207.5 km^2，总库容 2.42 亿 m^3，常年蓄水 0.6 亿~0.7 亿 m^3，水质良好，但由于汇水面积小、水量有限而越来越难以满足合肥市城市供水的需要。根据董铺水库运行相关资料和"大房郢水库可研报告"所提供的资料，董铺水库多年（1955～1991 年）平均径流量为 0.63 亿 m^3，大房郢水库多年（1951～1998 年）平均径流量为 0.42 亿 m^3，则董大水库多年平均来水量为 1.05 亿 m^3。大房郢水库与董铺水库联合运行，对流域内优质水加大了调节利用度，但依然无法满足合肥市对优质水的需要量。

巢湖位于城市南 17km，是全国五大淡水湖之一，水面 800km^2，总库容 40 亿 m^3，最高达 52.8 亿 m^3，灌溉面积 400 多万亩，是合肥市目前重要水源之一。然而由于围湖造田和通江闸长期关闭，加上合肥及周边城市县镇每天排入大量工业和生活污水、流域内农田化肥残余的排入，造成巢湖水体污染严重、蓝藻频发，已不宜继续作为城市供水水源。

（2）董铺水库、大房郢水库概况。

两座水库董铺水库、大房郢水库流域气候一般温和，年平均气温在 16℃左右，雨量适中，年平均降水量为 950.7mm，全年汛期降雨（5～9 月）占 41%，其中 7 月占汛期降雨量的 35%。董铺水库是以防洪为主，结合灌溉及城市工业、生活用水的综合利用工程。大房郢水库位于南淝河支流四里河上，多年平均来水约 0.42 亿 m^3。两座水库的主要工程参数如表 8.6 所示。

表 8.6　董铺水库、大房郢水库工程参数

项目 水库	设计 洪水位	校核 洪水位	汛限 水位	兴利 水位	死水位	总库容	调洪 库容	兴利 库容	死库容
董铺	31.50	34.50	27.50	28.00	18.50	2.42	1.83	0.66	0.01
大房郢	30.73	33.40	27.50	28.00	18.00	1.77	1.18	0.65	0.02

注：水位单位为 m，库容单位以亿 m^3 计。

由于当年（2000 年）大房郢水库正在建设（2003 年建成），在现状城市供水水量平衡计算中不考虑大房郢水库的来水及径流，只在近期和远期的水利计算中计入。由表 8.6 可知，两座水库的供水参数基本一致，即汛限水位、兴利水位相同，所以为了调节计算上的方便，在以后的水利计算上将二库合并为一个库，称董大水库，其总库容为二者之和即 4.19 亿 m^3，兴利库容 1.31 亿 m^3。

8.2.2.3　系统概化框架和原则

确定系统主要元素后，还需明晰系统中各类元素的水量传递转化过程，反映水源产汇、农田供需、城镇供水等循环相结合的耦合过程。图 8.1 描述了灌区水资源系统概化元素以及相互之间存在的水量运动转化途径，同时，也考虑了跨流域调水和其他水源利用等对水资源供、用、耗、排造成影响的水资源开发利用过程。根据图 8.1 中的水源传输转化过程，即可按照确定的规则和参数对该过程进行规则化模拟。

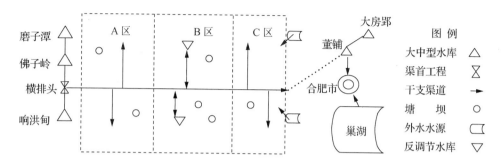

图 8.1　淠河灌区水资源系统概化图

在系统概化中注意以下原则。

（1）淠河灌区的横排头渠首工程的设计最大引水流量，是灌区引用佛子岭、响洪甸两库放水流量和区间径流来水流量的限制条件。在本次计算中，渠首的最大引水能力仍采用原设计的 $300\text{m}^3/\text{s}$。

（2）灌区内塘坝工程分布面积广、数量多，调蓄利用当地径流的作用很大。在 1963 年灌区修正规划和 1982 年续建工程规划中，都考虑了塘坝工程的这一调蓄、调峰作用，这样考虑显然是正确的。因此，在本次计算中仍按原设计所采用的塘坝设计容量进行塘坝调节计算。

（3）淠河灌区除了塘坝可以供水灌溉以外，还有多种补给水源，如淠河上游的三大水库，渠首拦河坝以上 1130km^2 的区间径流来水，灌区内的中、小型水库，以及灌区局部修建的一批抽引外水补给水源的抽水站。因此，灌区水量的利用考虑各种补给水源的联合运用，互相配合，充分发挥各类现有工程的作用，才能巩固和扩大灌溉效益，保证整个灌区的灌溉需求和城市用水要求。基于以上情况，在灌区水量平衡计算中，应考虑各种补给水源联合运用，进行联合调节计算。

8.2.3　淠河灌区水资源系统基本模拟规则

系统模拟概化框架在宏观上描述了系统水源转换过程的各种可能途径，但要获得具体的区域水资源系统的水量运动过程，还需以实际情况结合经验给出不同情况下的计算方式。计算规则是控制模拟过程的有效方法。分析模拟所涉及的不同层次问题，可将模拟规则划分为基本规则、概化规则和运行规则三类，其中，基本规则是系统必须遵循的框架和原则，制定其他相应规则时必须遵守；概化规则是实现系统概化的依据，也包括为减小系统规模、方便计算而确定的一些假设条件；运行规则是模型系统对水源、用户、工程等所制定的基本算法（游进军等，2005）。

8.2.3.1　上游水库控制运行规则

淠河佛子岭、响洪甸两库以下至渠首以上的区间来水面积达 1130km^2，水量丰富，因此首先要充分利用区间径流用于灌溉、向下游城市补给充水、充蓄灌区内的塘坝和反调节水库等。上游水库的控制运行仍采用灌区 1982 年续建配套工程规划中的运行规则。在引用区间径流和佛子岭水库正常放水流量（20 m^3/s）后，还不能满足下游引水要求时，先由佛子岭水库加大放水流量补足，其最大放水量以 110 m^3/s 为限制；如仍不能满足下游引水要求，则由响洪甸水库放水补足。响洪甸水库的放水原则是服从灌溉需要，尽可能结合发电效能。当佛子岭、响洪甸两库水电站满载运行后，或佛子岭水库泄空和响洪甸水电站满载运行后，发电尾水及区间来水仍不能满足灌溉用水要求时，则由响洪甸水库泄洪隧洞放水补足。但由于灌区渠首过水流量的限制，区间径流与佛子岭、响洪甸两库放水流量总和不大于 300m^3/s。

8.2.3.2　横排头渠首枢纽引水运行规则

在工程实际运行过程中，横排头渠首引用的水量主要由以下几大部分组成，即农作物灌溉需水量（已扣除塘坝、反调节库及外水源补给的量）、六安市及沿灌区农村人畜需水量、充蓄塘坝及反调节水库的需水量，以及合肥市董大水库的需充水量，以上称横排头总需水量。

上游水库可供流量及区间径流量之和，与横排头渠首的可过水量，二者取最小值称为横排头可供水量。当横排头总需水量不大于横排头可供水量时，则都可得到满足，否则将限制供水水量，即依次减少各部分需水量直到满足上述条件。拟定限制供水的次序如下：首先逐步减少充蓄塘坝及反调节水库的需水量，直到其等于零为止；如果这时横排头总需水量仍大于其可供水量，则逐步降低合肥市董大水库的需充水量，直到其等于零为止；如仍不能满足上述限制条件，则减少六安市及沿渠农村人畜用水量到某一程度；若还不能满足，将降低农作物的灌溉需水量，直到这时的横排头总需水量小于等于其可供水量。简而言之，其供水优先次序示意图如图 8.2 所示。

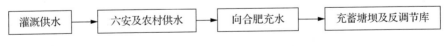

图 8.2　淠河灌区供水优先次序示意图

因为淠河灌区以农业灌溉为主，所以灌溉用水处于最高级别。六安及农村用水要求也很高，但当灌区遇到枯水年份时，则将减少其用水量以利于灌区抗旱。

合肥市的充水需求放第三位主要是基于合肥市集中充水的原则来考虑的，即在非灌溉期尽量充蓄董大水库，而灌溉期则尽可能少充或不充。这样可达到灌区农业用水与城市用水错峰的要求。

灌区范围内的耕地大部分连片，但也有小量零星耕地，同时由于地形起伏较大，灌溉水源有限，灌区范围内耕地不可能全部得到灌溉，特别是提水灌区，在灌溉水源不足、灌溉成本较高的情况下，有一部分耕地近期内需要依靠调整农作物布局等措施来发展农业，淠河灌区水源不能解决全部耕地的农业用水。

8.2.3.3　灌区水资源系统运行规则

灌区内部是用水主体，尤其是灌溉用水因面广量大，水利工程系统庞杂，其控制运行往往具有高度复杂性和非直观性。幸而作为已经运行了近 50 年的淠河灌区，相关水利专家在长期的灌区水资源及其开发利用工程的规划、运用、管理等工作的实践中，对有关水资源各个方面的特性和变化规律已有较为深刻的认识和经验总结，进而形成"专家规则"。专家规则对于某个问题的认识和描述，往往是突出了其中的主要因素，抓住了主要矛盾，使问题变得主次分明、简明清晰，易于解决。由于专家规则多是从实际需要、从某些方面和角度认识问题，其见解往往比较精辟，但一个复杂的水资源系统，往往包含许多问题、要素和关系，对水资源系统的这些方面进行描述的专家规则，针对某一问题是正确的，但有可能是相互矛盾的，这就需要水资源系统分析者和模型设计人员，在认真领会每一条规则的基础上，融会贯通，通过严密的逻辑推理和数学分析，并系统地组织运用每一条专家规则，设计出科学、合理的水资源配置模型。在各种专家规则中，水资源系统运用规则层次最高，当其他规则与之矛盾时，应当首先服从高层次的规则。同一层次的规则之间，其运用次序应根据实际情况来确定（李景海，2005b）。

淠河灌区各种水源工程（指上游水库、反调节水库和补给水源抽水站）实行联合运用的控制运用问题，从系统的观点上看，该灌区水资源工程系统是一个多水源、多变量和多目标的复杂系统工程，这是一个很复杂的系统问题，只有通过今后的管理运用实践，才能不断修改和逐步完善各类和各个补给水源工程的控制运用规则，这里拟定以下各类工程的控制运用的专家规则，这些规则在今后管理运用时要根据实际情况和积累的经验不断改进和完善。

1）塘坝控制运行规则

淠河灌区的灌溉面积绝大部分分布在丘陵地区，塘坝工程也是丘陵地区灌溉工程的重要组成部分。在 1982 年灌区续建配套工程规划设计中，既考虑塘坝工程调蓄利用当地径流的作用，又考虑它与渠道配合联合供水以削减灌溉用水高峰的作用，因此，这里也遵循丘陵灌区规划、设计的原则，充分考虑塘坝在灌溉方面的这些重要作用。

根据灌区 1982 年续建工程规划，塘坝的供水原则是在灌区求得农业灌溉的总需水量后，尽量先用塘坝的可用水量进行灌溉，同时考虑为了更好地削减灌溉用水高峰，在上游源水库有效蓄水较大且渠首过水流量许可时，塘坝水可不必全部用完而有部分保留。计算表明这样的考虑对削减农业用水高峰是有效的，尤其是在干旱年份。

2）反调节水库的控制运行规则

灌区内的反调节水库必须与上游水库联合运用。由反调节水库供水的灌区称为上游水库和反调节水库的联合补给灌区（B 区）。参照以往规划设计的做法，拟定反调节水库的控制运用规则：要求在 5 月底充满，即在主要灌溉期以前引进区间径流及上游水库下泄水量逐步充蓄反调节水库，在其没有蓄满的情况下，任何时间的区间径流都应该引进灌区充蓄反调节库。这样就能充分发挥反调节水库的作用，减少横排头渠首的废泄量。另外，根据 6 月和 7 月两个月灌区用水量最大的特点，作了逐步放空反调节水库向联合补给灌区供水的规定，或一边引渠道水充蓄反调节水库，一边由反调节水库供水灌溉，反调节水库最小蓄水量条件见表 8.7。

表 8.7　反调节水库最小蓄水量条件

月份	占总调节库容 /%	最小蓄水量 / (m³/s·月)	月份	占总调节库容 /%	最小蓄水量 / (m³/s·月)
1	0	0	7	20	36
2	0	0	8	0	0
3	40	72	9	0	0
4	70	126	10	0	0
5	100	180	11	0	0
6	60	108	12	0	0

3）补给水源抽水站的控制运行规则

淠河灌区的补给站也应与上游水库联合运用。补给站供水的灌区称为上游水库和补给站联合补给灌区（C 区）。当上游水库蓄水量比较充足时，补给站不抽水，联合补给灌区由渠首及各级渠道输水进行自流灌溉。当上游水库蓄水量减少到一定数量或淠河灌区需要渠首引入的流量超过一定数量时，则渠首不向联合补给灌区供水，改由补给站抽水灌溉。参考灌区 1982 年和 2000 年续建规划的情况，在此拟定补给站的控制运用规则如表 8.8 所示。

表 8.8 补给站的控制运用规则 （单位：m³/s·月）

月份	$V_上+V_反$	$V_上$	最大抽水流量
11	0	0	
12	0	0	
1	0	0	46（现状、近期）
2	0	0	
3	0	0	
4	0	0	
5	400	270	
6	400	270	
7	350	240	65（远期）
8	300	200	
9	200	140	
10	100	70	

8.2.3.4 下游水库引供水规则

灌区下游水库现状为董铺水库，以及近期和远期阶段考虑加入大房郢水库的作用。下游水库承担纳蓄从上游水库引来的补给水和向合肥市供水的任务。根据淠史杭总局提供的资料，下游水库的引水条件是：当水库水位等于或小于24m时，考虑水库本身水文预报来水的情况下，向上游水库提出引水要求。根据供水专线的设计运行的原则，即在非灌溉期集中供水，灌溉期尽量不引或少引，达到与农业用水高峰错峰的目的，尽可能减小供水工程对淠河灌区农业灌溉的影响。另外，出于对问题的简化以便于水量平衡计算，从上游水库引水水量限制规定为：在汛期充至水库汛限水位27.5m；在非汛期充至水库汛后水位即28.0m。在供水工程建成运行后，下游水库的引水量与引水时间应结合实际作进一步探讨，以利于水资源的优化利用。

关于下游水库向城市供水规则考虑较为简单，结合城市用水的特点，即年内季节间用水差别不大，因此采用日平均供水的原则。

8.3 大型灌区水资源系统城乡供水优化配置

随着我国经济的快速发展、人口的增长和都市化进程的加快，我国目前有85%的城市面临不同程度的缺水问题，已被联合国列为世界上13个最严重的缺水国家之一。我国各级政府及水科学工作者也把城市供水系统的规划、运行、调度和管理问题的研究作为支持社会经济可持续发展的重要战略课题。另外，由于许多水利工程设施年久老化和配套管理措施不完善，当前我国许多大中型灌区的水资源浪费现象却十分严重，如设计灌溉面积达千万亩的淠史杭灌区，目前其灌溉水的利用率还不到50%。水资源的浪费不仅大大降低了灌区的农业灌溉保证率、保有率，而且这种高成本所获得的灌溉收益也难以保证灌区工程的维护保养和正常运行，为此可以考虑将主要为农业灌溉服务的灌区工程适当向城市供水以提高效益，而水权转换是水资源优化配置的重要手段，以此可以引导水资源向高效率、高效益方向流动，实现以节水、高效为目标的优化配置，为经济社会发展提供水保障。实际上我国已有部分灌区，如我国最早的浙江东阳横锦水库灌区向义乌转让水权，云南省蒙开个大型灌区水权交易市场建立，海河流域漳河上游跨省有偿调水等，都已开始尝试向城市加大供水的实践，已取得了较好的社会效益、环境效益和经济效益。

　　如上所述，20 世纪 90 年代以来合肥市面临的水质性缺水问题已日益严峻，而位于合肥西部约 90km 淠河灌区上游的佛子岭、磨子潭和响洪甸三座大型水库，多年平均总来水量约 25.3 亿 m³，水量丰富、水质优良，而且可以通过淠河总干渠、滁河干渠与董铺水库连通，因此 1995 年以来，合肥已陆续尝试从淠河灌区引水入肥，这种将董铺水库、大房郢水库与淠河灌区上游的佛子岭、磨子潭、响洪甸三大水库相联系的实践，对促进合肥市城市社会经济的发展，提高城市居民生活用水质量起到了积极的作用。从合肥市城市发展的水量及水质两方面的要求来看，从淠河灌区引水是符合合肥城市社会经济发展需要的，也是极为紧迫和必要的。但由于缺乏有力的科学分析论证，这类工程实践往往受到水资源系统时空分布和决策者知识经验的限制，因而具有很强的主观性和局限性。水资源系统是一个由地区政治、经济、资源和环境等诸要素组成的复杂大系统，灌区与城市供水的优化是当前水资源系统工程理论研究的重大问题之一，对地区工农业可持续发展具有重要的应用价值，目前国内外正在积极探讨（冯尚友，1991；李广贺等，1998）。本节以淠河灌区为例，基于 8.2 节建立的淠河灌区水资源系统模拟模型和优化模型的混合模型对灌区水资源调配问题进行探讨，并提出试验遗传算法对引水工程的设计参数和运行参数进行优化设计（张礼兵等，2006h）。

8.3.1　淠河灌区向城市引水设计流量计算

　　基于 8.2 节建立基于规则的淠河灌区水资源系统模拟模型，本节研究灌区向合肥引水配置方案问题，即如何确定向城市的设计引水流量，同时考虑不同设计水平年对灌区上游水库水资源蓄供、淠河灌区农业灌溉用水量及下游董大水库供水的影响。引水设计流量的确定是一个多方约束、各部分权衡的过程：一方面，在 2010 年合肥市城市供水基本依赖淠河灌区补给后，确保城市供水保证率在 95% 以上；另一方面，淠河灌区承担向合肥市供水后，结合灌区自身管理水平的提高和灌区配套工程的完善，使灌区农业保证率达到或大致达到 80% 的要求。

8.3.1.1　设计流量的选择

现以设计水平年 2010 年为基准，根据前述建立的水资源引供水规则，拟定 4 个不同设计引水流量，代入 1951～1997 年长系列中进行水资源模拟计算，比较结果如表 8.9 所示。

表 8.9　供水专线不同设计供水流量比较结果（2010 年）

项目	设计流量/（m³/s）	0	16	18	20	22
淠河灌区	灌溉总需水量	—	—	245078.60	—	—
	抽引外水源量	13977.50	14206.70	14479.70	14724.30	14901.60
	上游库、区间及反调节库供水灌溉水量	137826.90	136281.40	133358.20	132723.60	131486.50
	上游库弃水量	99142.60	82957.10	81377.30	81165.20	81040.70
	灌区缺水量	19048.20	20326.80	24965.40	25138.70	25767.30
	灌区农业保证率/%	79.60	77.50	77.50	75.50	75.50
董大水库	充蓄董大水库时间（旬）	0.00	28.50	25.20	22.60	20.80
	非灌溉期充水量	0.00	28593.07	32034.17	35468.23	36337.59
	灌溉期充水量	0.00	18073.39	15068.71	12262.37	11675.24
	合肥市供水保证率/%	4.74	92.40	95.30	95.70	96.20
	董大水库弃水量	0.00	38.60	73.30	113.10	157.30

注：表中水量单位为万 m³。董铺水库、大房郢水库，简称董大水库，下同。

由表 8.9 结果可以看出，2010 年淠河灌区经过续建配套与改造，如不向合肥市供水，农业灌溉保证率可达 79.6%（接近 80% 的原设计标准）。由于向合肥市供水，尽管充分利用横排头废弃水量，并尽可能避免与农业灌溉争水，但从灌区向城市引水长系列调节计算结果来看，虽然灌区抽引外河水源的水量增加了，但农业灌溉保证率还是呈明显的下降趋势，这需要采取相应的对策。

对引水设计流量的确定，主要从城市供水保证率、供水时间、董大水库的弃水量以及供水后淠河灌区农业灌溉保证率等方面来综合考虑。对于 16m³/s 的方案，其董大水库弃水量较小，但是相应的城市供水保证率只有 92.4%，而且引水时间达 28.5 旬，与灌区农业用水错峰效果不明显；20m³/s 和 22m³/s 的方案，其引水时间为 22.5 旬和 20.8 旬，与农业错峰效果很好，相应的城市供水保证率也可达 95.7% 和 96.2%，但是其从灌区的引水总量较大而使灌区农业用水量减少较多，农业保证率下降至 75.3%，同时由于董大水库调节库容较小，引起董大水库弃水量达到 131.1 万 m^3 和 157.3 万 m^3，造成宝贵水资源的浪费；18m^3/s 的方案，其引水时间为 25.2 旬，与灌区农业用水错峰效果较好，同时董大水库弃水量较小，为 73.3 万 m^3，相应的城市供水保证率为 95.3%。

经过上述比较，可以认为 18m^3/s 的引水设计流量较为理想，其对灌区农业灌溉的影响，将在后面具体分析讨论。

8.3.1.2 水资源系统模拟计算结果分析

根据淠河灌区现状（2000 年）、近期（2005 年）和远期（2010 年）三个水平年的灌溉面积、水源、管理水平（反映在渠系水的利用系数上的不同）以及城市供水状况等不同情况，组成不同方案进行比较研究，引水工程的主要参数一览表如表 8.10 所示。

表 8.10　不同水平年引水工程主要参数一览表

项目		规划期		
		现状	近期	远期
上游水库调节库容	佛子岭、磨子潭	4.23	4.23	5.33
	响洪甸	11.76	11.76	11.76
灌区类型及 灌溉面积	直灌区	300.00	300.00	300.00
	反调直联灌区	140.00	131.00	131.00
	抽引直联灌区	80.00	185.00	229.00
渠系水利用系数		0.51	0.55	0.60
最大抽水流量/（m^3/s）		46.00	46.00	65.00
六安及沿渠用水/（$\times10^4 m^3$/d）		38.80	41.70	56.20
合肥市城市用水量/（$\times10^4 m^3$/d）		78.80	113.60	142.50
董、大水库调节库容/（$\times10^8 m^3$）		0.66	1.31	1.31

对有无城市引水工程，各水平年灌区及董大水库水量平衡计算结果见表 8.11 和表 8.12。

表 8.11　2010 年无城市引水工程灌区及董大水库水量平衡计算结果

（单位：10^4m^3）

年份	渠首总供水量	源头水库弃水量	灌溉总需水量	塘堰供灌溉水量	反调节库供水量	提引外河水量	源库及区间供水量	灌溉缺水量	六安及农村用水量	充蓄董大水库水量	董大缺水量	董大水库弃水量
1951	229774.8	32093.7	254024.0	45132.1	38296.8	20688.8	118374.2	40841.9	35383.9	0.0	40312.5	0.0
1952	161808.0	109606.7	204154.4	80769.2	22620.6	0.0	100764.6	0.0	37119.9	0.0	36583.7	0.0
1953	182516.2	99222.3	234227.0	66143.7	30815.3	0.0	115518.9	21749.1	34413.9	0.0	47362.5	0.0
1954	80962.5	561414.6	120537.9	111125.9	1725.5	0.0	7686.5	0.0	37119.9	0.0	41108.3	0.0
1955	162000.8	156483.1	227244.4	84045.9	26253.1	0.0	116945.4	0.0	37119.9	0.0	47492.8	0.0
1956	122746.9	146114.4	167268.3	108069.6	10853.1	0.0	48345.6	0.0	37119.9	0.0	41108.3	0.0
1957	187148.9	151895.5	253850.9	65523.8	34526.6	0.0	150516.3	3284.1	35935.9	0.0	44235.2	0.0
1958	253735.6	21980.8	337209.8	39715.9	54540.5	27771.2	192976.1	34703.0	34375.9	0.0	44257.2	0.0
1959	251428.8	81273.5	376153.3	66639.0	56744.3	27993.2	178217.1	59156.6	32677.9	0.0	44112.5	0.0
1960	138428.2	15616.6	169997.3	109184.6	11149.0	0.0	49663.8	0.0	37119.9	0.0	41185.2	0.0
1961	224676.8	929.7	289561.0	48507.7	44193.1	22970.1	173425.4	10801.2	36675.9	0.0	45703.4	0.0
1962	159666.4	21656.2	211852.4	83948.4	23449.1	24946.4	79508.5	11225.9	37119.9	0.0	35454.2	0.0
1963	151054.3	202080.9	252240.4	115854.4	25004.1	0.0	101359.9	10022.0	36251.9	0.0	39448.9	0.0
1964	224208.5	209355.2	321727.4	57588.8	48425.4	0.0	189652.1	26061.1	33553.9	0.0	41895.1	0.0
1965	177585.6	0.0	223590.2	55708.2	30778.4	41361.0	95547.7	18807.5	36729.9	0.0	48023.1	0.0
1966	276707.8	22363.0	481831.3	44716.5	80137.7	45897.4	220489.9	111243.7	30839.9	0.0	48581.4	0.0
1967	135160.6	0.0	430575.1	5841.2	33289.9	102356.0	84214.9	247639.6	24318.9	0.0	48294.3	0.0
1968	169479.7	0.0	317068.3	42555.8	20535.7	69494.5	135945.8	75420.7	33533.9	0.0	47362.5	0.0
1969	239824.0	115327.3	274394.1	82902.1	34793.9	26998.0	125648.0	16201.1	36251.9	0.0	41411.0	0.0
1970	186802.6	33456.7	239518.5	84982.1	28331.7	0.0	121832.7	4372.0	36251.9	0.0	40482.2	0.0
1971	192149.1	141074.0	304122.3	85860.5	40014.7	0.0	142740.8	35506.3	34413.9	0.0	37748.1	0.0
1972	154983.3	57917.5	215978.3	113995.0	18697.0	0.0	82084.4	1202.0	36282.9	0.0	35078.4	0.0
1973	194400.5	160786.8	291563.0	88666.0	37197.8	0.0	153929.1	11770.1	34445.9	0.0	36583.7	0.0
1974	233386.5	8243.4	264592.6	67830.6	36073.0	0.0	160563.0	126.0	36993.9	0.0	39415.5	0.0
1975	125920.7	80602.9	180892.3	108933.5	13192.5	4290.8	54475.6	1930.9	37119.9	0.0	27323.1	0.0

续表

年份	渠首总供水量	源头水库弃水量	灌溉总需水量	塘坝供灌溉水量	反调节库供水量	提引外河水量	源库及区间供水量	灌溉缺水量	六安及农村用水量	充蓄董大水库水量	董大缺水量	董大水库弃水量
1976	213609.6	124275.3	314970.7	92319.9	40819.3	2713.7	161043.3	19295.7	35281.9	0.0	44458.0	0.0
1977	177327.0	31351.7	290080.4	121938.4	30826.0	7795.0	112835.3	16685.7	34401.9	0.0	40425.4	0.0
1978	210562.7	17992.0	390052.9	28173.4	66344.6	66029.0	154257.6	104961.4	30025.9	0.0	48383.0	0.0
1979	106430.1	3676.1	215756.0	80079.1	24874.1	35269.4	64547.6	22180.9	30265.9	0.0	45031.4	0.0
1980	151170.2	98422.5	162818.3	79140.9	15340.9	11329.7	57006.8	5098.4	37119.9	0.0	37167.8	0.0
1981	238509.6	33815.2	300300.4	34953.5	48646.9	0.0	179700.0	37000.0	34515.9	0.0	44645.1	0.0
1982	165632.6	70251.0	183861.2	59288.4	22838.3	0.0	91842.4	9892.0	36251.9	0.0	42422.4	0.0
1983	149877.3	266939.9	188019.5	61233.8	23244.0	0.0	89299.7	14242.0	35383.9	0.0	39264.0	0.0
1984	142900.5	130541.9	231140.8	98861.0	24251.3	0.0	101490.5	6538.0	35441.9	0.0	43170.8	0.0
1985	120356.9	182679.7	179188.7	113200.6	12097.8	0.0	53890.3	0.0	37119.9	0.0	40915.5	0.0
1986	184865.7	82976.4	288085.9	94350.0	35518.2	0.0	135353.7	22864.0	34572.9	0.0	45773.1	0.0
1987	89767.6	126155.5	164481.4	133891.0	5608.2	0.0	24982.1	0.0	37119.9	0.0	34253.4	0.0
1988	165763.5	92002.2	279680.1	128807.7	27659.9	0.0	113932.5	9280.0	34795.9	0.0	44682.2	0.0
1989	64683.5	179106.6	138225.7	123065.2	2779.4	0.0	12381.1	0.0	37119.9	0.0	35618.6	0.0
1990	168206.5	132604.0	234704.3	86230.0	27220.3	0.0	118465.4	2788.6	36149.9	0.0	45307.2	0.0
1991	114855.6	330647.8	187651.6	121885.9	12057.0	0.0	53708.6	0.0	37119.9	0.0	26686.7	0.0
1992	143158.8	5510.8	239037.6	115222.7	22699.4	0.0	100657.5	458.0	36661.9	0.0	43408.7	0.0
1993	79084.7	153399.0	130262.3	102223.7	5140.4	0.0	22898.2	0.0	37119.9	0.0	39336.7	0.0
1994	136522.2	82975.6	196873.2	91338.4	19348.0	0.0	85814.8	372.0	36747.9	0.0	44945.8	0.0
1995	156168.1	29608.1	195341.9	70020.1	22975.7	0.0	99052.1	3294.0	36251.9	0.0	48323.3	0.0
1996	88940.9	144226.0	144160.2	102780.0	7586.4	0.0	33793.8	0.0	37119.9	0.0	44257.2	0.0
1997	218614.6	54290.3	304767.5	76468.9	41854.7	0.0	182315.8	4128.0	36251.9	0.0	44945.8	0.0
1998	90202.7	55045.9	160145.5	125991.2	6261.6	0.0	27892.6	0.0	37119.9	0.0	41108.3	0.0
平均	166536.8	101208.1	245078.8	83452.2	28075.7	11206.3	105783.1	21273.8	35398.6	0.0	41772.8	0.0

表 8.12 2010 年有城市引水工程灌区及董大水库水量平衡计算结果

（单位：$10^4 m^3$）

年份	渠首总供水量	源头水库弃水量	灌溉总需水量	塘坝供灌溉水量	反调节库供水量	提引外河水量	源库及区间供水量	灌溉缺水量	六安及农村用水量	充蓄董大水库水量	董大缺水量	董大水库弃水量
1951	268304.0	24614.0	254024.0	46990.6	37956.1	31832.1	115923.2	35646.4	35383.9	44507.1	1008.5	0.0
1952	205081.0	95327.3	204154.4	80769.2	22620.6	0.0	100764.6	0.0	37119.9	40995.2	0.0	0.0
1953	217861.3	79795.9	234227.0	66143.7	30815.3	0.0	115518.9	21749.1	34413.9	48576.4	3853.9	0.0
1954	108294.3	513310.3	120537.9	111125.9	1725.5	0.0	7686.5	0.0	37119.9	45446.4	0.0	0.0
1955	206621.9	123375.9	227244.4	84045.9	26253.1	0.0	116945.4	0.0	37119.9	52531.2	0.0	0.0
1956	156338.0	109633.1	167268.3	108069.6	10853.1	0.0	48345.6	0.0	37119.9	45446.4	0.0	0.0
1957	234150.5	133132.5	253850.9	65523.8	34526.6	38237.2	150516.3	3284.1	35935.9	47001.6	2351.5	0.0
1958	287423.4	19096.5	337209.8	38980.7	54675.3	27993.2	179591.6	42931.7	34273.9	47174.4	2014.0	0.0
1959	293303.5	55699.2	376153.3	66639.0	56744.3	0.0	178217.1	59156.6	32677.9	41586.7	5795.2	0.0
1960	185602.6	18943.8	169997.3	109184.6	11149.0	49234.9	49663.8	0.0	37119.9	47174.4	0.0	0.0
1961	250051.7	0.0	289561.0	48596.2	44176.9	0.0	147553.0	22155.7	37119.9	50803.2	0.0	0.0
1962	179892.7	14239.2	211852.4	83948.4	23449.1	24946.4	79508.5	11225.9	37119.9	38361.6	0.0	0.0
1963	202922.8	159073.2	252240.4	115854.4	25004.1	0.0	101359.9	10022.0	36251.9	43718.4	0.0	0.0
1964	267754.1	192650.1	321727.4	57588.8	48425.4	41361.0	189652.1	26061.1	33553.9	43545.6	2559.5	0.0
1965	203102.1	0.0	223590.2	55080.6	30893.4	90082.1	91839.7	23027.9	35383.9	50976.0	1787.8	0.0
1966	321035.1	4364.4	481831.3	29246.0	82974.0	102356.0	201688.3	118378.0	30383.9	42930.4	9982.0	0.0
1967	144116.8	0.0	430575.1	2520.4	27531.8	69494.5	79290.9	261642.5	20255.9	19844.2	30248.7	0.0
1968	192222.6	0.0	317068.3	42555.6	20448.7	27592.1	116072.0	95381.7	31527.9	44622.6	7202.1	0.0
1969	279483.5	103804.3	274394.1	82902.0	34793.9	0.0	125055.7	16201.1	34255.9	42974.4	3302.3	0.0
1970	232249.1	23429.0	239518.5	84982.1	28331.7	0.0	121832.7	4372.0	36251.9	45446.4	0.0	0.0
1971	230739.9	106173.4	304122.3	85860.5	40014.7	0.0	142740.8	35506.3	34413.9	41990.4	278.4	0.0
1972	194162.5	50936.7	215978.3	113995.0	18697.0	0.0	82084.4	1202.0	36282.9	39179.2	0.0	0.0
1973	224770.8	128819.0	291563.0	88666.0	37197.8	0.0	153929.1	11770.1	34445.9	36371.5	2379.3	0.0
1974	276930.9	0.0	264592.6	67830.6	36073.0	0.0	160563.0	126.0	36993.9	45273.6	336.8	0.0

续表

年份	渠首总供水量	源头水库弃水量	灌溉总需水量	塘坝供灌溉水量	反调节库供水量	提引外河水量	源库及区间供水量	灌溉缺水量	六安及农村用水量	充蓄董大水库水量	董大缺水量	董大水库弃水量
1975	111348.1	69526.6	180892.3	108933.5	13192.5	11585.2	47181.4	1930.9	32983.9	31182.8	0.0	0.0
1976	241843.7	106207.1	314970.7	92319.9	40819.3	2718.1	161038.9	19295.7	35281.9	45446.4	2199.5	0.0
1977	192559.7	29482.7	290080.4	121938.4	30826.0	16047.3	96427.6	24842.5	30265.9	35776.4	7230.6	0.0
1978	220043.4	10659.5	390052.9	28173.4	66344.6	66029.0	134871.0	124348.0	28289.9	38094.6	14019.4	0.0
1979	131366.5	0.0	215756.0	80079.1	24874.1	35269.4	64290.6	22437.9	26201.9	33117.4	15741.7	0.0
1980	160847.0	83674.9	162818.3	79140.9	15340.9	11329.7	57006.8	5098.4	37119.9	41817.6	0.0	0.0
1981	308230.3	8315.7	300300.4	34953.5	48646.9	2742.5	176957.5	38234.1	34515.9	49075.2	1104.3	0.0
1982	212634.2	34008.2	183861.2	59288.4	22838.3	0.0	91842.4	9892.0	36251.9	47001.6	0.0	0.0
1983	173669.8	217586.4	188019.5	61233.8	23244.0	0.0	89299.7	14242.0	35383.9	42163.2	964.6	0.0
1984	186108.3	111845.6	231140.8	98861.0	24251.3	0.0	101490.5	6538.0	35441.9	47347.2	953.9	0.0
1985	143389.4	156621.5	179188.7	113200.6	12097.8	0.0	53890.3	0.0	37119.9	45619.2	0.0	0.0
1986	224267.8	60975.7	288085.9	94350.0	35518.2	0.0	135353.7	22864.0	34572.9	48902.4	1228.9	0.0
1987	119751.3	100179.5	164481.4	133891.0	5608.2	0.0	24982.1	0.0	37119.9	38361.6	0.0	0.0
1988	199960.8	66344.8	279680.1	128807.7	27659.9	0.0	113932.5	9280.0	34795.9	47174.4	1262.0	0.0
1989	92762.2	146223.6	138225.7	123065.2	2779.4	0.0	12381.1	0.0	37119.9	40089.6	0.0	0.0
1990	203529.7	109936.8	234704.3	86230.0	27220.3	0.0	118465.4	2788.6	36149.9	48902.4	1239.3	0.0
1991	138971.2	300244.3	187651.6	121885.9	12057.0	0.0	53708.6	0.0	37119.9	33177.6	0.0	3593.8
1992	181812.7	0.0	239037.6	115222.7	22699.4	4807.8	95849.7	2621.5	36661.9	49248.0	108.6	0.0
1993	103909.3	99833.7	130262.3	102223.7	5140.4	0.0	22898.2	0.0	37119.9	43891.2	0.0	0.0
1994	171465.1	62986.0	196873.2	91338.4	19348.0	0.0	85814.8	372.0	36747.9	48902.4	928.4	0.0
1995	206983.0	29623.7	195341.9	70020.1	22975.7	0.0	99052.1	3294.0	36251.9	52531.2	0.0	0.0
1996	119989.0	87819.9	144160.2	102780.0	7586.4	0.0	33793.8	0.0	37119.9	49075.2	0.0	0.0
1997	269245.0	46217.8	304767.5	76468.9	41854.7	0.0	182315.8	4128.0	36251.9	50630.4	513.2	0.0
1998	125787.3	31412.5	160145.5	125991.2	6261.6	0.0	27892.6	0.0	37119.9	45619.2	0.0	0.0
平均	200060.2	81794.6	245078.7	83072.9	28010.7	13617.9	102855.8	23167.7	34906.9	43742.2	2512.4	74.8

8.3.1.3 城市引水工程主要问题及对策

1）淠河灌区灌溉保证率问题及对策

对于 8.3.1.2 节中的水量平衡计算过程的统计结果,不同水平年有无供水工程灌区灌溉及合肥市供水情况见表 8.13。

表 8.13 不同水平年有无供水工程灌区灌溉及合肥市供水情况 （单位：$10^4 m^3$）

	项目	设计水平年					
		2000		2005		2010	
		无引水	有引水	无引水	有引水	无引水	有引水
淠河灌区	灌溉总需水量	243306.7		245669.1		245078.6	
	抽引外水源水量	9646.0	11007.0	11894.0	12926.0	13977.0	14479.0
	上游库与区间反调节库供水量灌溉量	140124.0	137265.0	138354.0	135820.0	137826.0	133358.0
	上游水库弃水量	103215.0	88985.0	101346.0	84540.0	99143.0	81377.0
	灌区缺水量	18245.0	19789.0	20876.0	22577.0	19048.0	24965.0
	灌区农业保证率/%	73.5	71.4	75.5	73.5	79.6	77.6
董大水库	充董大水库时间（旬）	0.0	16.8	0.0	20.4	0.0	25.2
	非灌溉期充水量	0.0	24296.0	0.0	29331.0	0.0	30062.0
	灌溉期充水量	0.0	2401.4	0.0	5609.2	0.0	13679.0
	合肥供水保证率/%	12.5	97.4	7.8	96.6	4.7	95.3
	董大水库弃水量	36.8	112.8	23.25	200.7		73.3

从表 8.13 中的水量平衡分析计算统计结果可以看出,城市引水供水工程的建立,对淠河灌区灌溉将产生一些有利的和不利的影响。

从总的水量利用来看,由于供水工程采取"集中充水,避免交锋"的运用原则,减少了渠首废洩水量,增加了水资源的有效利用,即供水工程对更加充分的利用淠河灌区水资源起了很大促进作用。但是,由于向合肥市供水的逐渐增加,其对灌区农业灌溉用水量的削减也是越来越明显的。在此情况下,灌区多年平均抽引外水源水量,其无供水工程为 9646.4 万 m^3,增建供水工程后增加到 11007.2 万 m^3,多年平均灌溉缺水量从 18245 万 m^3 增加到 19789 万 m^3,分别增加了 14.1% 和 8.5%,灌溉保证率从 73.5% 下降到 71.4%;在近期情况下,由于灌区灌溉面积和城市用水没有太大的增加,而灌区管理水平（主要反映在渠系利用系数上）的提高,灌区灌溉保证率有所增大,平均抽水量和平均缺水量分别增加 1032 万 m^3 和 1707 万 m^3,比无供水工程时增加了 8.7% 和 8.2%,农业灌溉保证率从 75.5% 下降到 73.5%;而在远期情况下,多年平均抽水量和缺水量绝对值分别增加了 2412 万 m^3 和 1894 万 m^3,农业灌溉保证率由约等于 80% 下降到 77.6%。

通过上述讨论,可以认为在现在情况下,城市引水供水工程对灌区的影响较大，主要是因灌区现状管理水平较低，节水灌溉制度实施比率不高，因而灌区现状本身的灌溉保证率偏低，也是造成上游水源供水紧张的主要原因。所以，城市引水供水工程的建成运行后，灌区的多年平均利用上游的水量减少了，灌溉缺水量加大从而致使灌区农业保证率下降；在近期和远期情况下，由于灌区续建配套工程的完工以及节水改造技术的推广，灌区农业用水量需求下降，灌区抽引外水源水量和农业灌溉缺水量增长幅度不大，农业灌溉保证率接近或基本达到80%的要求。

当然，由于城市引水供水工程每年要从淠河干渠引走2亿～4亿 m³的水，其对灌区所造成损失是明显的。这就要求供水工程必须对灌区农业灌溉采取必要的补偿措施，主要补偿以下两方面的内容。

（1）提水灌区由于加大了抽引外河水源的水量，抽水站开机抽水时间加长，提引灌区农业灌溉的运行费额外增加。

（2）由于灌区农业灌溉用水量的减少而造成的农作物减产、歉收等，引起农业生产的损失加大。

对以上两方面的问题，可以考虑从经济上或政策上给予其必要的补赔。灌区农业灌溉的补偿方式方法是一个较复杂的问题，建议专门立项研究，以便制定出理论上和实践上可行的补偿方案。

2）合肥市城市供水保证率问题及对策

通过对合肥市供水48年的长系列模拟运行，可以得出到2010年，本供水工程能够满足城市供水95%的保证率要求。

但从合肥市供水水量平衡计算过程可以看到，遇到上游水库特枯年份或灌区大旱年份，如1966年、1967年和1978年、1979年这几年，专线向董大水库充蓄的水量急剧减少，加上董大水库自身来水量的也偏枯，致使合肥市供水出现较为严重的破坏，尤以1967年最为突出，这也要求合肥市必须有缺水应急措施，在充分利用自身董大水库的来水径流和供水引水条件下，可以把以巢湖为水源的现有供水系统作为备用供水水源。

在远期和更远期的将来，随着合肥市用水量的逐渐增大，城市供水保证率低于95%时，可以结合史河、杭埠河灌区的发展规划，考虑引用这两个灌区的富余水量，以满足合肥市的用水增长要求。

8.3.2　淠河灌区水资源系统城乡供水优化配置

以上只是对城市引水流量单一要素的确定进行了初步计算，且其对整个水资源系统的影响也只作了定性分析，下面结合前述构建的基于规则的灌区水资源系统模拟模型，引入系统综合评价方法和优化模型，对该水资源系统进行进一步深入的优化计算与定量评价，具体如下。

8.3.2.1 模型构建

1）系统划分

整个供水系统可分为 3 个子系统：①灌区上游源头水库子系统，包括佛子岭水库（与磨子潭聚合为单库）和响洪甸水库；②淠河灌区子系统，包括横排头渠首工程、灌区内输配渠道以及灌区非农业用水单元等，根据供水方式的不同进一步将淠河灌区内灌溉土地分为三类即源头水库直接灌溉区（A 区）、源头水库与反调节库联灌区（B 区）、源头水库与抽引外水联灌区（C 区）；③灌区下游的城市供水子系统，包括用水对象合肥市、可纳蓄灌区引水的董大水库。

现根据设计要求，水平年取现状 2000 年、近期 2005 年和远期 2010 年，各年灌区主要工程参数及系统各用户需水情况见表 8.14。

表 8.14 灌区主要工程参数及系统各用户需水情况

水平年	源头骨干水库库容/(10^8m³)	P 灌区作物种植结构/%							灌区主要工程参数				HF 市日均需水量/(10^4m³/d)
		早稻	中稻	单晚	双晚	秋旱	麦油	蔬菜	渠系水利用率	灌溉面积/(10^4亩)	提引外水流量/(m³/s)	非农业需水/(10^4m³/d)	
2000	15.99	4.00	70.00	1.00		3.00	24.00	80.00	2.00	0.51	520.00	46.00	35.60	78.80
2005	15.99	3.00	68.00	0.00		3.00	26.00	84.00	6.00	0.55	616.00	46.00	41.70	113.60
2010	17.09	2.00	66.00	0.00		2.00	27.00	85.00	8.00	0.60	660.00	65.00	56.20	142.50

2）目标函数

灌区向城市供水工程是从灌区引水直接进入城市供水水源水库，并经其调蓄后向城市自来水系统供水，因此该工程决策变量主要有引水工程控制性设计参数：Q_d（m³/s），即灌区向城市供水的设计引水流量；引水工程运行参数：城市水源水库起充水位 Z_l（m）和充限水位 Z_u（m），即控制灌区向城市引水的起止条件；Q_d 的大小决定了引水工程投资的多少和灌溉期向城市充水时间的长短，Z_l 和 Z_u 的高低影响到城市水源水库对工程引水水量和当地径流水量的调蓄作用，进而决定了城市弃、缺水量的多少。

用水矛盾是整个工程系统的核心问题，因此经过分析这里选择如下目标作为系统优化的评价指标：①灌溉期引水工程年均供水时间 W_1；②农业年均灌溉缺水量 W_2；③城市供水保证率 W_3；④城市水源水库年均弃水量 W_4。其中，W_1 为时间单位（旬或月），W_2、W_3 和 W_4 皆为水量单位。取决策变量{Q_d, Z_u, Z_l}代入灌区和城市供水系统的长系列模拟模型，即可得到系统相应的评价指标响应曲面{W_1, W_2, W_3, W_4}，即

$$W_{i,k} = \Psi(Q_{dk}, Z_{lk}, Z_{uk}) \quad (i=1\sim4; k=1, 2, \cdots, K) \quad (8.1)$$

本着节约水资源的原则，工程应在满足诸多约束条件的前提下使以上 4 个目标值尽量小，这是多目标优化问题，因此先通过改进层次分析法将多目标问题转

化为单目标无量纲问题，对各指标值进行标准化处理，这里均为越小越好型指标，按下式进行标准化：

$$r_{i,k} = \frac{W_{i,\max} - W_{i,k}}{W_{i,\max} - W_{i,\min}} \quad (i=1\sim4; \ k=1, \ 2, \ \cdots, \ K) \tag{8.2}$$

式中：$W_{i,k}$ 为第 k 方案中第 i 指标的取值；$W_{i,\min}$、$W_{i,\max}$ 分别为 K 组试验中第 i 指标的最小值和最大值；$r_{i,k}$ 为第 k 方案中第 i 指标的标准化值。

模型的目标函数即求 K 组方案的综合评价指标值最大，即

$$F = \max\left\{\sum_{i=1}^{4} u_i r_{i,k} \mid k = 1, \ 2, \ \cdots, \ K\right\} \tag{8.3}$$

3）约束条件

（1）灌区源头骨干水库水量平衡约束。对任一时段任一水库均有

$$V_{k,j} = V_{k,j-1} + W_{k,j} + P_{k,j} - E_{k,j} - S_{k,j} - X_{sk,j}$$
$$\text{s.t. } X_{sk,j} \leqslant 8.64U_k \tag{8.4}$$

式中：$V_{k,j}$ 为源头骨干水库 k 在 j 时段可用水量，亿 m^3，$j=1, 2, 3, \cdots, n, k=1, 2, 3, \cdots, m$；$W_{k,j}$ 为水库来水量，亿 m^3；$P_{k,j}$ 为库水面降雨量，亿 m^3；$E_{k,j}$ 为库水面蒸发量，亿 m^3；$S_{k,j}$ 为水库渗漏量，亿 m^3；$X_{sk,j}$ 为水库放水量，亿 m^3；U_k 表示水库最大泄水流量，亿 m^3。

（2）灌区内水量平衡约束。灌区农作物灌溉用水过程不仅与其本身的生长需水系数有关，同时也受其生长期内的有效降雨量以及灌区内塘坝产水量等因素的影响，因此有

① 田间水量平衡约束。

$$H_{i,j} = H_{i,j-1} + a_{i,j} \cdot E_{di,j} - P_{pj} + S_{sj} \tag{8.5}$$

式中：i 表示作物种类，$i=1, 2, \cdots, m$；$H_{i,j}$ 为田间蓄水量；$a_{i,j}$ 为作物需水系数；$E_{di,j}$ 为直径 80mm 蒸发皿的水面蒸发量，mm；P_{pj} 为灌区有效降雨量，mm；S_{sj} 为农田渗漏量，mm。

② 塘坝及反调节库约束。灌区中的塘坝可以调蓄天然来水及优先向灌区供水，反调节库蓄纳源头水库充水、弃水并向灌区供水，二者在各个阶段都应满足水量平衡约束（公式略）。

③ 提水能力约束。大型灌区尾部或较高地区水量或水位难以满足时，在外水水源充裕的条件下需通过提水进行灌溉，因此要考虑灌区抽引外水能力的限制，即

$$W_{tg\,j} = \min\{W_{que\,j}, \ 8.64Q_{tg} \cdot \eta_f \cdot t_j\} \tag{8.6}$$

式中：W_{tg} 为时段提水量；W_{que} 为时段灌区缺水量；Q_{tg} 为灌区最大提水能力，m^3/s；t_j 为时段有效提水时间，s；η_f 为灌区田间水利用系数。

（3）城市蓄供水库水量平衡约束。其水量平衡计算公式为

$$V_j = V_{j-1} + W_{yj} + W_{1j} + P_j - E_j - S_j - W_{gj} \qquad (8.7)$$

式中：V_j 为城市蓄水水库有效蓄水量，亿 m^3；W_{1j} 为水库上游来水量，亿 m^3；W_{yj} 为水库从灌区的引水量，亿 m^3；W_{gj} 为向城市供水量，亿 m^3；其他意义同前。

以上各子系统的水量平衡计算通过下式联立为整体的水资源优化调配系统：

$$W_{qj} + X_{sk,j} = A \cdot Z_{gj} + W_{qtj} + W_{yj}$$

$$\text{s.t. } W_{qj} + X_{sk,j} \leqslant 0.259 D_{tj} \text{（各变量均为非负）} \qquad (8.8)$$

式中：W_{qj} 为渠首以上的区间来水；W_{qtj} 为灌区其他非农业需水；D_{tj} 表示计算时段 j 内的天数，单位为 d；其他意义同前。

（4）其他约束，如城市供水保证率 95% 以上约束、设计参数的非负性约束、灌溉供水渠道最大输水流量限制等。

8.3.2.2　模型的求解

为降低湋河灌区增加供水对象而对农业灌溉造成的影响，必须慎重选择该供水工程的设计参数及引水运行参数以优化利用水资源。上述灌区水资源系统模拟模型和优化模型是一个多维、非线性的复杂大系统，目前对其进行优化设计大多采用抽样法，即系统抽样法（包括均匀网络法、单因子法、双因子法、最陡梯度法等）和随机抽样法等，但由于这些方法的局限性或系统的复杂性使之在实际应用中受到限制。为简化问题，本节对源头骨干水库调度规则、灌区内库塘运用规程及灌溉田间用水规则并未优化，而仍采用根据工程实际总结出的调配方案，以之代入灌区系统的模拟模型。由于该模拟模型的输出与输入是一复杂的非线性映射关系，无法用常规的优化算法加以优化求解，采用 EGA 来处理该系统工程的设计参数及引水运行参数优化问题。

8.3.3　湋河灌区水资源系统城乡供水优化配置结果与讨论

根据 1951～1998 年共 48 年源头骨干水库的径流系列、灌区降雨蒸发资料及董大水库径流系列代入模拟模型进行优化计算，多年平均统计计算结果见表 8.15。

表 8.15　多年平均统计计算结果

| 水平年 | 优化变量 Q_d/ (m³/s) | 评价指标 | | | | 目标函数值 F | 优化变量 | | | 评价指标 | | | | 目标函数值 F |
		W_1/ (10d)	W_2/ (10⁸m³)	W_3/ %	W_4/ (10⁴m³)		Q_d/ (m³/s)	Z_l /m	Z_u /m	W_1/ (10d)	W_2/ (10⁸m³)	W_3/ %	W_4/ (10⁴m³)	
2000	18.15	8.70	5.69	100.	348.40	0.872	17.35	24.00	24.90	5.30	5.39	100.00	219.80	0.913
2005	20.73	11.60	5.23	99.1	226.70	0.784	22.41	25.60	26.70	12.10	7.27	99.00	198.40	0.821
2010	19.72	10.20	4.97	98.6	123.10	0.798	18.12	24.50	26.40	9.40	4.56	99.40	48.47	0.908

注：单变量优化对应的 Z_l=24.0m，Z_u=28m，分别为水库死水位和汛限水位。

由表 8.15 可以看出：通过多变量优化调控使灌溉期引水时间比单变量方法缩短 1~2 个时段具有重要意义，这可减小高峰时农业用水与非农业用水矛盾，减小城市引水对农业灌溉的影响，而且由于受到输水渠道过水能力的限制，即使源头骨干水库有足够水量供给城市也难以完成输送任务。另外，优化结果显示设计 Q_d 可选范围为 17~23m³/s，因为计算结果说明通过运行参数的调整能够追求供水系统整体较优，但 Q_d 还应考虑到较远的将来灌区节水措施推广及城市需水加大等因素，建议取较大值比较富有前瞻性，即使工程一次性投资较大。值得一提的是，工程近期的系统适应度较低（甚至低于现状），主要是由于近期非农业需水增幅较大，灌区的灌溉耕地面积增长率达 18.5%，作物种植结构调整滞后，而灌区相应灌溉配套措施难以同步跟上，如渠系水利用系数、灌区提引外水能力等都较低。因此，本模型的优化结果也反映出该大型灌区在规划上的一些不足，需引起决策人员的注意。

本模型对灌区向城市供水工程的模拟计算与优化设计结果是丰富且令人满意的，可提供决策者更多信息以利规划、决策。值得一提的是，将源头骨干水库的运行调度规则、灌区内的塘坝反调节水库运用规程及灌区的田间配水方案等作为优化项目，与本引水工程整合而构成更加完整的灌区水资源系统，并对其进行优化以挖掘大型灌区的供水能力，有待进一步研究。

8.4　变化气候条件下灌区小水电群优化调控

能源是经济社会前进发展的动力，其开发利用水平标志着一个国家和民族的进步和文明程度。但是，能源利用本身往往带来温室气体排放及全球气候变化等一系列问题。全球气候变化主要表现为气温升高、降雨变化剧烈、极端气象现象频发等。目前，全球气候变化异常已成为国内外 90% 以上的学者和政府的共识，而气候变化中的全球变暖问题必然会对水电能源开发利用和运行管理带来新的机遇与挑战。过去数十年间，气候变化和极端天气事件已经对世界范围的水力发电造成了极大的影响（Peter, et al., 1997；Harrison, et al., 2006；Riitta, et al., 2010）。研究表明（Sundt, 1993），美国的干旱引起水电生产的显著削减，科罗拉多河融雪径流的减少可能导致水电生产潜力下降，如果温度上升到中热程度，降水减少 10%～20%，水力发电量将减少 30%。以水电为主的南美洲国家巴西，2001年遭遇干旱气候，加之能源需求增加，造成该国大部分地区水电减产，使当年 GDP减少 1.5%，约合 100 亿美元。该年持续的干旱同时也造成大湖水位下降，导致加拿大尼亚加拉和苏圣玛丽两座水电站的发电量大幅减少。而对于北欧的瑞典，气候变化中温度和降水的上升可使其水电年生产量增加 15%（Boer, et al., 1999）。全球气候变化对我国水电能源利用的影响，在部分地区也得到较明显的印证。刘春婷（2009）以吉林省相邻的白山地区和通化地区水电站为例，通过对两地区水电站的运行与气温、降雨等气象关系的多年统计分析，说明气候变化已经对两区水电站的发电能力同时产生正、反影响，其中冬季温度的升高增加了利用小时数，而春季温度的升高使发电能力降低，且降低的幅度大于升高的幅度，使得水电站的年利用小时数总体上趋于降低。可见，在水电能源的开发利用中，充分考虑系统在气候变化各种极端情景下的运行状况，以期把水电站发电系统对气候变化的敏感性降到最低程度，合理控制和管理水电系统风险，研究和管理气候变化下的水电站群最优运行策略，可充分利用水能资源以积极应对气候变化效应，是实现国家节能减排目标和发展低碳经济的重要途径之一，在工程科学管理和社会发展实践上具有现实需求的迫切性和必要性。

实践证明，大范围内的水电站库群联合运行管理，易于统筹兼顾各级水电站的水量、水头，便于充分利用水能资源（杜成锐等，2010），在一定程度内能够调节和补偿因年内、年际气候变化对各单站水力发电的影响，从而提高水电系统抗风险能力。由于自然、社会高度耦合而导致系统规模庞大、结构复杂，气候变化下的区域小水电能源可持续开发利用是复杂的系统问题，传统的定性分析讨论目前已有很多，但大多难以揭示系统各因素间的影响关系和程度。马赟杰（2012）选择某高原灌区作为研究区，分析了高原灌区水资源配置的核心特点是水库调度问题。在满足灌区灌溉需水的基础上，以水库发电量最大为目标函数，建立了水库调度的数学模型，并选择差分进化算法作为求解算法。孟凡臣等（2014）以北京市东南郊再生水灌区为研究对象，基于 MIKE BASIN 软件平台，建立了灌区多水源联合调度模型，并对现状年和规划年的丰、平、枯、特枯水年分别进行优化配置模拟。实践表明，对区域性复杂系统问题最好的研究途径就是运用基于数值计算的系统模拟与优化调控技术。本节以皖西大型灌区——淠河灌区水资源系统模拟为基础，开展气候变化下小水电群水能优化开发利用研究，模拟在各种系统约束条件下，优化调整区域内水系统运行方案，以使系统内小水电群达到最优运行效果，取得社会、经济和环境多重效益（丁琨等，2015）。

8.4.1　灌区小水电群系统模拟模型概化

淠河灌区是淠史杭灌区的重要组成部分，是安徽省境内大型灌区之一。灌区上游的佛子岭水库、磨子潭水库、响洪甸和白莲崖水库 4 座大型水库为灌区提供水源，这些水库兼具防洪、发电、航运、供水等功能（安徽省淠史杭灌区管理总局，2006）。淠河灌区工程由横排头渠首枢纽、淠河总干渠、淠东干渠、淠杭干渠、瓦西干渠、潜南干渠、瓦东干渠、滁河干渠等渠道设施组成，跨越长江、淮河两大流域，设计灌溉面积 660 万亩。灌区上游大别山区是一个多雨中心，年降水量一般在 500～2000mm，佛子岭与响洪甸两库坝址以下至渠首横排头之间有多年平均 7.5 亿 m^3 的区间径流量。在调查和掌握淠河灌区社会经济发展和生态环境状况的基础上，建立灌区水资源系统模拟模型，将系统概化为灌区上游源头骨干水库区、灌区内农业灌溉及非农业供水区和灌区下游的城市供水区等，如图 8.4 所示。

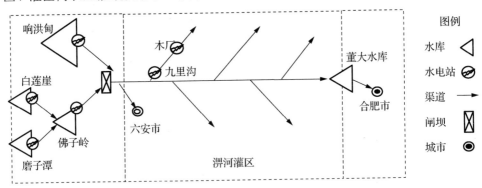

图 8.4　灌区水电站群系统结构图

因此，灌区灌溉、供水水资源系统模拟模型主要包括如下 3 个方面：①骨干大型水库佛子岭、磨子潭、响洪甸和白莲崖的长系列水量平衡计算，包括各径流来水、防洪泄水、发电及灌溉放水等；②淠河灌区内不同农作物的需水及灌溉用水过程分析计算，以及灌区内城市、乡镇非农业用水计算，尤其是农业灌溉计算要涉及灌区内众多水利工程的调控运用问题，包括星罗棋布的塘堰、小型水库、反调节水库、外水源提水泵站等工程的控制运行和相互协调；③下游大型城市自有水库董大水库供水运行，以及从淠河灌区引水补水方案设计计算。可见，淠河灌区水资源系统是一个具有防洪、发电、灌溉、供水等多目标非线性复杂大系统，其模拟模型见文献（张礼兵等，2003）。

8.4.2 灌区小水电群系统组成及优化运行模型构建

8.4.2.1 灌区小水电群系统组成

灌区除了上游 4 座大型骨干水库佛子岭、磨子潭、响洪甸和白莲崖等皆设有容量不等的小（Ⅰ）型水电站装机外，在淠东干渠渠首建有九里沟电站以及干渠中下游建有木厂小（Ⅱ）型水电站，各水电站主要工作参数见表 8.16。

表 8.16　淠河灌区大型水库及水电站主要工作参数

水库/电站名称	集水面积/km²	年径流/（10⁸m³）	总库容/（10⁸m³）	汛限库容/（10⁸m³）	装机容量/MW
佛子岭	1840.00	14.10	4.96	3.13	31.00
磨子潭	570.00	4.40	3.37	1.23	16.00
白莲崖	745.00	5.90	4.60	1.79	50.00
响江甸	1400.00	11.20	26.13	9.93	42.50
九里沟	—	—	—	—	4.85
木　厂	—	—	—	—	1.00
董　铺	207.00	0.62	2.42	0.59	—
大房郢	184.00	0.42	1.77	0.59	—

各水电站的相对位置及水利联系如图 8.4 所示。由图 8.4 可见，磨子潭和白莲崖为并联式电站，二者与下游的佛子岭形成串联，而佛子岭又与响洪甸构成并联电站群，淠东干渠的九里沟、木厂为径流式电站，无调节库容且其区间集水不计，二者与上游水电站形成串联电站群。为便于分析计算，考虑工程实际情况这里将董铺水库和大房郢水库的径流和总库容相加，合并为董大水库。

8.4.2.2 灌区小水电群系统优化运行模型

水电站群具有与单一电站不同的两个基本特征：一是其共同性，即共同调节径流，并共同为一些开发目标（如发电、防洪、灌溉、供水等）服务；二是其联系性，组成库群的各水库间存在着一定的水文、水力和水利上的相互联系（马光文，刘金焕等，2008）。例如，本灌区水电站群系统，上游骨干水库群的干支流水文情势具有一定的相似性，或称同步性，上下游水量水力因素的连续性，或称水力联系，以及为共同的水利目标服务所产生的相互协作补偿关系，或称水利联系。考虑到本灌区工程实际情况以及简化问题需要，建立如下淠河灌区小水电站群优化运行模型，

目标函数：董大水库起充库容的提高除了增加合肥市的年充水频次外，对系统水资源结构性影响较小，因此不作优化变量考虑。但其非灌溉期、灌溉期充止库容 W_{ZFG}、W_{ZG}，合肥供水专线的设计引水流量 Q_{HF}，以及各电站水库的汛限库

容 Wx_k，直接影响系统的农业灌溉保证率、合肥供水保证率和总发电量，本节以计算期内各水电站总发电量和最大为目标函数，即

$$\max f = \sum_{k=1}^{K} \sum_{i=1}^{n} \sum_{j=1}^{m} E_{k,i,j}(Wz_{FG}, Wz_G, Wx_k, Q_{HF}) \tag{8.9}$$

式中：K 为水电站总座数，这里 $K=6$；n 为计算期总年数，即实测或预测的水文、气象数据系列长度；m 为年内计算时段数，这里根据灌区供水特点定义灌溉临界期（5～10月）按旬计，非灌溉临界期（11月至次年4月）按月计，则 $m=24$；$E_{i,j,k}$ 为第 k 座水电站第 i 年第 j 时段发电量，单位为 kW·h，需根据各面临时段各水电站放水量、时段平均工作水头、时段平均发电效率及装机容量等分别计算。

约束条件如下。

（1）水电站出力约束。

$$\gamma \bar{Q}_{k,i,j} \bar{H}_{k,i,j} \bar{\eta}_{k,i,j} \leqslant N_k \quad (k=1, 2, \cdots, K; i=1, 2, \cdots, n; j=1, 2, \cdots, m) \tag{8.10}$$

式中：γ 为水容重，9.81kN/m^3；$\bar{Q}_{k,i,j}$、$\bar{H}_{k,i,j}$、$\bar{\eta}_{k,i,j}$ 分别为第 k 座水电站第 i 年第 j 时段平均发电引水流量（m^3/s）、平均工作水头（m）和平均发电效率，且前两者必须满足各机组特征工作参数的限制，即 $Q_{\min k} \leqslant \bar{Q}_{k,i,j} \leqslant Q_{\max k}$，$H_{\min k} \leqslant \bar{H}_{k,i,j} \leqslant H_{\max k}$；$N_k$ 为第 k 座水电站额定装机容量，kW。

（2）城市供水约束。在设计水平年合肥市城市供水基本依赖淠河灌区补给后，确保合肥城市供水保证率不小于95%，即

$$P_{HF} = \frac{l_{HF}}{L+1} \geqslant 95\% \tag{8.11}$$

式中：P_{HF} 为合肥城市供水保证率；l_{HF} 为计算期内合肥供水没破坏的旬数；L 为计算期总旬数。

（3）农业灌溉约束。以区域防洪和城市供水为优先，结合水力发电，根据工程设计要求灌区农业灌溉保证率不小于75%，即

$$P_{GQ} = \frac{l_{GQ}}{n+1} \geqslant 70\% \tag{8.12}$$

式中：P_{GQ} 为灌区农业灌溉供水保证率；l_{GQ} 为计算期内农业灌溉没破坏的年数。

（4）其他约束。水资源系统水量平衡约束，以及淠河灌区水利工程引水、提水能力，不同农作物需水等约束见文献（张礼兵等，2003）。

8.4.3 灌区小水电群系统模拟运行优化方法

显然，上述建立的基于模拟方法的灌区小电群系统模拟模型，是一个非线性、多约束、多属性、多层次和多阶段的复杂动态系统，采用传统的数学方法对其进行优化求解是非常困难的。近年来，随着应用数学和计算机技术的迅猛发展，针

对复杂系统问题人们提出了人工智能计算与分析方法，如遗传算法、人工神经网络（artificial neural net，ANN）等，这些方法的引入极大地促进了现代水资源系统优化技术的发展，其中，遗传算法因具有全局优化功能而常常用于复杂水资源系统建模与优化问题（金菊良等，2002）。然而由于搜索效率低、易早熟等不足，利用标准遗传算法（SGA）在求解本模型优化问题时仍显力不从心。因此，这里提出先应用标准遗传算法获得若干个任意水平数的均匀设计，并以此在种群搜索中增加这一均匀调优试验，同时也应用随机调优试验和摄动调优试验，形成基于试验设计方法的改进遗传算法（EGA），详细步骤方法见第 2 章。大量数值试验和实际应用结果显示，EGA 具有参数设置简便、自适应能力强、计算效率高、全局收敛性稳定和通用性强等特点，对求解复杂系统问题效果较好。

8.4.4 变化气候条件下小水电群运行效果预测及其优化

8.4.4.1 江淮流域气候变化情景设定

田红等（2008）研究发现近 50 年来江淮流域气候变化的主要特征是气候变暖，与全国变暖的趋势一致，未来时期随着 CO_2 浓度的增加，温度升高，降水也略有增多。气候变化对农业产量、种植制度影响显著，江淮地区年平均温度、最高气温和最低气温有波动式上升趋势（胡清宇，2012；Chu, et al., 2010）。Jiang 等（2010）利用政府间气候变化委员会（IPCC）提供的 20 多个最新气候模式的预测在全球变暖的背景下，未来江淮地区年平均气温将不断上升，年平均降水量持续增多，且降水增幅随纬度的升高及随时间的推进而加大。刘向培等（2012）应用统计降尺度方法对江淮流域未来降水作了初步预估，2020～2039 年在不同季节降水表现为微量增加，其中夏、冬各季度增加分别为 4.2mm 和 12.3mm。综合以上文献成果，这里设定本区域气候变化情景：以历史水文气象资料为基础，非灌溉期与灌溉期月均降雨增加分别为 1.3mm 和 4.1mm，年均气温增加 0.5～1℃，由气候条件变化引起的源头骨干水库径流、灌区水文气象及主要作物需水等各主要要素的情景设定见表 8.17。

表 8.17 气候变化条件下水库灌区系统主要要素的情景设定

水平年	水库群年均径流量/（$10^4 m^3$）			淠河灌区		城市供水/（$10^4 m^3$）	
	响洪甸	佛子岭	区间	年均降雨/mm	年均蒸发/mm	董大年径流量	需供水量
现状期（2011～2015）	143277.0	115035.0	75114.0	988.3	1057.3	10440.0	40150.0
设计期（2020～2030）	145426.0	116415.0	75940.0	1021.2	1138.6	10596.0	73000.0

根据现状期工程条件和运行方式，非灌溉期、灌溉期充止库容 W_{ZFG}、W_{ZG} 皆为 0.62 亿 m^3，合肥供水专线流量为 18 m^3/s，不考虑气候条件改变时，根据 1954～1997 年长系列水文气象资料，进行灌区水资源水量平衡、城市供水及水电站群发电量计算，结果见表 8.18。

表 8.18　现状期灌区水资源系统及水电站群发电量计算结果

年份	灌溉总需水量/($10^4 m^3$)	灌溉供水量/($10^4 m^3$)	灌溉缺水量/($10^4 m^3$)	灌溉破坏判断	董大充水量/($10^4 m^3$)	破坏/(10d)	响洪甸/($10^4 kW·h$)	佛磨白/($10^4 kW·h$)	九木/($10^4 kW·h$)	总发电量/($10^4 kW·h$)
1954	327592	123107	45952	1	24889	0	14459	23861	784	39104
1955	221020	64932	13739	0	35092	0	7887	10502	556	18945
1956	213252	76357	8681	0	28003	0	7956	14986	565	23507
1957	218535	63478	0	0	31090	0	8316	12193	642	21151
1958	233952	76654	26983	1	31170	0	7252	12184	567	20003
1959	262486	69233	19453	0	31623	0	9577	11307	636	21520
1960	273882	101482	14678	0	26176	0	8451	10963	878	20292
1961	234209	68265	0	0	33948	0	5492	6639	583	12714
1962	169074	38994	0	0	19422	0	5655	11117	500	17272
1963	394709	164231	36526	0	25000	0	12460	14716	1345	28521
1964	270512	95366	24403	0	27498	0	9695	13155	890	23740
1965	202828	58832	10463	0	37479	0	5317	7350	453	13120
1966	900017	251448	441730	1	37422	0	11397	14917	1767	28081
1967	616988	83388	342771	1	36595	15	4827	5878	566	11271
1968	350709	158427	81911	1	36375	0	6360	7968	1441	15769
1969	270141	114427	6618	0	27343	0	8249	10918	1017	20184
1970	150131	43055	0	0	25610	0	5921	10711	535	17167
1971	187560	37111	0	0	22681	0	9126	12576	372	22074
1972	230453	75793	0	0	19186	0	7752	13514	807	22073
1973	417030	156679	75587	1	20376	0	10690	14477	1089	26256
1974	274166	84913	54259	1	25386	0	7346	8724	642	16712
1975	63214	11344	0	0	16558	0	5255	11397	156	16808
1976	353778	163588	4167	0	23862	0	13034	11209	1412	25655
1977	205143	42268	0	0	26094	0	3616	10967	368	14951
1978	622386	148460	258901	1	31234	4	8841	10042	1031	19914
1979	237286	84921	3383	0	38722	23	4435	5861	754	11050
1980	218678	82156	0	0	21223	0	7476	11985	939	20400
1981	287555	79639	27181	0	31911	0	8411	10418	707	19536
1982	160239	47185	6299	0	29392	0	8116	11179	403	19698
1983	132861	1128	0	0	23828	0	11433	13924	15	25372
1984	168374	49760	0	0	29847	0	9396	11975	435	21806
1985	225418	55828	27493	1	28037	0	9255	12149	399	21803
1986	392727	159119	45086	1	33139	0	12026	8197	1367	21590

续表

年份	灌溉总需水量/（10^4m^3）	灌溉供水量/（10^4m^3）	灌溉缺水量/（10^4m^3）	灌溉破坏判断	董大充水量/（10^4m^3）	破坏/（10d）	响洪甸/（$10^4kW\cdot h$）	佛磨白/（$10^4kW\cdot h$）	九木/（$10^4kW\cdot h$）	总发电量/（$10^4kW\cdot h$）
1987	160422	49995	9159	0	16963	0	4672	10785	456	15913
1988	249320	121732	9704	0	32149	0	10015	11409	1026	22450
1989	201604	65624	21666	1	19437	0	7608	11113	520	19241
1990	385007	103862	100681	1	32822	0	9132	10981	603	20716
1991	245798	105143	17402	0	17937	0	9798	15056	788	25642
1992	192007	54593	1620	0	28365	0	5641	4943	563	11147
1993	236865	56523	17507	0	24903	0	6353	10422	476	17251
1994	196725	56659	0	0	32401	0	8265	7060	641	15966
1995	324911	124984	21750	0	37616	0	8781	10264	946	19991
1996	171640	32790	0	0	31269	0	3933	7947	357	12237
1997	427145	156245	79303	1	32183	0	11074	8889	1025	20988
平均	279053	87721	42160	13	28233		8199	11064	728	19991

注：1）灌溉供水量不包括灌区塘坝、反调节库及泵站提水；

　　2）灌溉破坏判断 1 表示该年灌溉遭到破坏，即该年灌溉缺水小于其需水的 10%，0 表示未破坏；

　　3）为简便将佛磨白表示佛子岭、磨子潭和白莲崖发电量之和，九木表示九里沟与木厂发电量之和。

由计算结果可知，在现状工程情况和运行方式下，气候条件未发生变化下水库群多年平均发电量为 19991 万 kW·h，合肥供水保证率 97.35%，灌区农业灌溉保证率为 71.11%，因此满足系统对城市供水和农业灌溉的设计要求，也取得了较好的发电效益。

8.4.4.2　气候变化条件下小水电群现方案运行结果及其优化

在设计期（2020～2030 年），根据条件设定的气候变化条件，由于降雨、径流及蒸发发生了显著变化，假设系统仍按现在的工程运行方案运行，则水电站群多年平均总发电量为 20004 万 kW·h，灌区农业灌溉保证率有所降低，为 68.89%，但由于城市需水的大幅增加，受原设计供水专线供水能力约束，合肥供水保证率仅为 30.12%。因此，在设计期气候变化条件下，水电站群年均发电量仅增加 0.065%，即 13 万 kW·h，而农业灌溉保证率和合肥供水保证率皆不能满足设计要求。

由上述可见，需对本水利水电系统开展以水电站群年均总发电量最大为目标的工程运行方案优化进行研究。将上述设定的气候变化引起的降雨、径流及作物需水数据，代入模拟模型进行灌区水资源水量平衡、城市供水及水电站群发电系统计算，并运用基于实码编码试验遗传算法进行优化，优化前后运行结果见表 8.19。

表 8.19　气候变化条件下灌区水资源系统及水电站群优化前后运行结果（单位：10^4kW·h）

年份	优化前				优化后			
	响洪甸	佛磨白	九木	总发电量	响洪甸	佛磨白	九木	总发电量
1954	15113	23954	784	39851	15305	23916	786	40007
1955	8022	10436	542	19000	8241	10489	542	19273
1956	8059	14961	565	23585	8530	14946	551	24026
1957	8460	12194	622	21276	8577	12196	622	21396
1958	7589	12183	512	20284	7465	12181	512	20158
1959	9683	11442	624	21749	10006	11525	632	22163
1960	8579	10942	823	20344	8753	10873	824	20451
1961	5343	6525	477	12345	5656	6520	497	12673
1962	5790	11117	309	17216	5565	11108	309	16982
1963	11987	14695	1330	28012	12104	14737	1334	28175
1964	10092	13200	841	24133	10170	13240	839	24248
1965	5480	7325	400	13205	5671	7245	400	13316
1966	11453	14977	1631	28061	11436	15058	1652	28147
1967	4827	5965	492	11284	4827	5992	486	11305
1968	6233	7850	928	15011	6395	8036	1080	15511
1969	8648	11119	1003	20770	8701	11273	1003	20977
1970	5847	10660	520	17027	5778	10811	520	17107
1971	9548	12576	372	22496	9563	12576	372	22512
1972	7356	13514	672	21542	7560	13514	672	21747
1973	11069	14612	1075	26756	10743	14561	1075	26379
1974	8127	9144	623	17894	8447	9310	619	18376
1975	5027	11008	55	16090	4916	10936	55	15907
1976	12469	11087	1197	24753	12640	11127	1200	24967
1977	4034	11177	373	15584	3989	11264	373	15627
1978	8716	10042	977	19735	8799	10042	917	19758
1979	4165	5581	688	10434	4464	5797	688	10949
1980	8079	12285	754	21118	7859	12086	754	20698
1981	7685	10418	551	18654	8511	10711	554	19777
1982	8210	11180	267	19657	7483	11186	269	18937
1983	11754	13923	40	25717	11697	13917	40	25653
1984	9396	11975	383	21754	9436	11975	383	21794
1985	9250	12149	355	21754	9209	12149	355	21714
1986	10866	8240	1022	20128	11074	8368	1022	20464
1987	5215	10929	333	16477	5319	10886	333	16538
1988	9634	11482	1000	22116	9734	11498	1001	22233
1989	7560	11040	432	19032	7721	11026	432	19178
1990	9177	11040	590	20807	9158	11127	590	20874

年份	优化前				优化后			
	响洪甸	佛磨白	九木	总发电量	响洪甸	佛磨白	九木	总发电量
1991	10144	15047	784	25975	10216	14998	784	25998
1992	6502	5161	556	12219	6927	5366	555	12849
1993	5824	10056	471	16351	5328	9922	472	15721
1994	8470	7183	614	16267	8532	7195	614	16342
1995	8494	9925	965	19384	9004	10077	965	20045
1996	4316	8184	340	12840	4503	8204	340	13047
1997	11370	9123	1009	21502	11142	9032	1008	21182
平均	8265	11082	657	20004	8344	11114	660	20119

最后获得最优的系统控制运行方案为：城市水源水库充止库容非灌溉期 Wz_{FG}、灌溉期 Wz_G 分别为 0.98 亿 m^3 和 0.59 亿 m^3，城市供水专线流量为 25.7m^3/s，佛子岭汛限库容增加 6.2%时，水电站群多年平均总发电量最大为 20118 万 kW·h，增加 0.63%，同时合肥供水保证率 95.02%。由上述结果可见，与优化前相比，经优化设计后本灌区水电站群年均可多发电 115 万 kW·h，获得较为可观的经济效益。

8.4.5　灌区小水电群系统优化控制结果与讨论

本研究积极探索气候变化条件下，灌区资源水系统模拟和小水电群水能优化运行方案研究，对促进区域清洁能源利用，减少区域碳排放和保护地方生态环境的具有重要社会实践意义。本研究结果表明，随着未来区域的降雨增加和气温上升，按现状工程运行方案系统不能满足设计期城市供水保证率要求，水电站群年均总发电量增加非常有限。经计算说明，灌区系统源头骨干水库适当提高汛限库容，同时合理增加城市供水专线设计流量、城市供水水库非灌溉期和灌溉期充止库容，可使灌区农业灌溉和城市供水能够适应未来气候变化带来的不利影响，获得较好的社会经济效益。

值得一提的是，由于本灌区水资源系统是一个涉及源头大型水库群、小水电群以及灌区内农作物灌溉和大型城市供水等问题的复杂大系统，在工程实际运行中往往发电服从于流域防洪、城市供水、农业灌溉，因此必须将除发电以外的其他系统要求同时纳入目标函数中进行系统优化运行，才能更科学地进行多目标系统决策。另外，由于受中长期预测水平的限制，径流等预测结果会给水电站长期优化调度结果带来不确定性（钟平安等，2011），本节小水电群发电优化调度模型以最大多年平均发电量为目标函数，其内涵是水库经多年调度运行的平均期望效益最大化，而难以反映调度运行特定时期的风险率（刘攀等，2013），因此基于气候变化情景设定引起的降雨蒸发、水文径流以及作物需水的预测结果存在复杂的不确定性和风险性，如何更好地估计小水电群的发电风险率，仍有待进一步研究探讨。

8.5　本　章　小　结

灌区水资源合理配置是农业高效用水研究的热点问题，经过几十年的发展取得了丰硕的成果，形成了一个相对完整的学科体系与技术管理方案。本章以大型灌区——淠河灌区水资源系统模拟为例，构建基于规则的大型灌区蓄引提水资源系统模拟模型，以此为基础，应用试验遗传算法对灌区向城市引水工程方案进行优化配置设计，以及开展气候变化条件下大型灌区资源水系统模拟和小水电群运行方案优化研究，取得了较为满意的成果。

进入 21 世纪以来，由于受气候变化及人类活动的影响，灌区水资源边界条件及循环结构发生重大改变，已引起多学科领域的广泛关注，灌区水资源合理配置研究进入一个新的发展阶段。因此在今后的研究中，需要加强灌区水资源的统一管理政策与机制研究，解决多种水资源配置中的政策依据问题；强化变化条件下灌区水循环与转化机理研究，建立不同类型灌区水资源调控指标体系；通过水资源多元耦合模型与智能控制系统研究，构建水资源实时风险调度与智能化管理系统；通过灌区水文生态系统复杂转化关系、水资源云计算技术和智慧调度技术研究，提出基于生态友好型的不同灌溉模式与不同时空条件下的多水源调配模式与方案，为灌区水资源可持续开发利用及农业的可持续发展提供理论支撑。

参 考 文 献

安徽省淠史杭灌区管理总局，2006．走进淠史杭[M]．北京：中国水利水电出版社．

安徽省水利水电勘测设计院，1982．安徽省淠史杭灌区续建配套工程规划报告[R]．合肥．

巴音达拉，2014．察布查尔伊犁河灌区水资源配置与优化调度研究[J]．河南水利与南水北调，（10）：1-3．

白家，张莉云，1995．用正交设计法优化导叶分段关闭规律的参数[J]．大电机技术，（4）：15-18．

白静，龙海游，2010．灌区水资源承载能力的集对分析研究[J]．节水灌溉，（1）：35-38．

包约翰，1992．自适应模式识别与神经网络[M]．北京：科学出版社．

北京大学数学力学系数学专业概率统计组，1976．正交设计[M]．北京：人民教育出版社：1-53．

曹琦，陈兴鹏，师满江，2013．基于 SD 和 DPSIRM 模型的水资源管理模拟模型——以黑河流域甘州区为例[J]．经济地理，33（3）：36-41．

长江水利委员会长江勘测规划设计研究院，2003．水电站压力钢管设计规范：SL281—2003[S]．北京：中国水利水电出版社．

陈秉钧，上官儒，1997．基于人工神经网络的组合预测及应用[J]．农业工程学报，13（2）：51-55．

陈崇德，黄永金，2010．漳河水库灌区水资源配置模型效果评价及风险分析[J]．南昌工程学院学报，29（3）：65-68．

陈凤，蔡焕杰，王健，等，2006．杨凌地区冬小麦和夏玉米蒸发蒸腾和作物系数的确定[J]．农业工程学报，22（5）：191-193．

陈桂英，2000．我国现有短期气候业务预测方法综述[J]．应用气象学报，11（增刊）：11-20．

陈国良，王煦法，庄镇泉，等，1996．遗传算法及其应用[M]．北京：人民邮电出版社：1-18．

陈魁，2005．试验设计与分析[M]．2 版．北京：清华大学出版社，7：1-140．

陈南祥，贾明敏，崔进涛，等，2005．基于规则的水资源模拟配置模型[J]．灌溉排水学报，（4）：22-25．

陈守煜，1997．中长期水文预报综合分析理论模式与方法[J]．水利学报，（8）：15-21．

陈守煜，1998．工程模糊集理论与应用[M]．北京：国防工业出版社．

陈思，高军省，2011．基于多元联系数的灌溉水质综合评价[J]．水资源与水工程学报，22（5）：103-106．

陈希孺，1993．非参数统计教程[M]．上海：华东师范大学出版社：272-286．

陈衍福，陈国宏，李美娟，2004．综合评价方法分类及研究进展[J]．管理科学学报，7（2）：69-79．

陈洋波，陈安勇，1996．水库优化调度——理论·方法·运用[M]．武汉：湖北科学技术出版社．

陈益峰，周创兵，2002．隔河岩坝基岩体在运行期的弹塑性力学参数反演[J]．岩石力学与工程学报，（7）：3-8．

陈玉祥，张汉亚，1985．预测技术与应用[M]．北京：机械工业出版社：1-252．

陈志航，程乾生，1999．属性识别方法及其在期货价格预测中的应用[J]．系统工程理论与实践，（6）：90-94．

成洪山，2007．广州市水资源可持续利用的系统动力学研究[D]．广州：华南师范大学．

成琨，付强，任永泰，等，2015．基于熵权与云模型的黑龙江省水资源承载力评价[J]．东北农业大学学报（自然科学版），46（8）：75-80．

程红，2010．小柘皋河农田土壤氮磷迁移模拟试验研究[D]．合肥：合肥工业大学．

程吉林，2002．大系统试验选优理论和应用[M]．上海：上海科学技术出版社．

程吉林，郭元裕，金兆森，等，1998a．大系统数学规划试验选优方法及其应用[J]．中国科学（E 辑），28（3）：254-258．

程吉林，黄建晔，金兆森，等，1998b．大规模块角结构的线性规划试验选优方法[J]．管理工程学报，12（2）：39-44．

程吉林，金兆森，陈学敏，等，1993．灌区规划的大系统多因素模拟试验选优[J]．水利学报，（11）：40-47．

程吉林，金兆森，孙学华，等，1997a．渠道纵横断面设计的混合动态规划法研究[J]．水科学进展，8（1）：83-89．

程吉林，金兆森，1993．大系统试验选优方法及其在灌区优化中应用[J]．水利学报，（1）：26-31．

程吉林，刘胜松，等，1997b．地面水、地下水联合调度非线性模型及其求解[J]．水利学报，（10）：26-31．

程吉林，金兆森，沈洁，等，1996．高维动态规划试验选优方法[J]．系统工程理论与实践，（2）：71-79．

程吉林，金兆森，沈洁，等，1998c．高维动态规划试验选优及其在大型渠道工程系统设计中的应用[J]．水利学报，（1）：39-44．

程健，金菊良，周玉良，等，2006. 基于正交试验和元胞自动机模型的加速并行遗传算法[J]. 系统工程理论方法应用，18（5）：22-26.

程吉林，孙学华，1990. 模拟技术、正交试验、层次分析与灌区优化规划[J]. 水利学报，（9）：36-40.

程乾生，1997a. 属性识别理论模型及其应用[J]. 北京大学学报（自然科学版），33（1）：12-20.

程乾生，1997b. 质量评价的属性数学模型和模糊数学模型[J]. 数理统计与管理，16（6）：18-23.

程乾生，1998. 属性数学——属性测度与属性统计[J]. 数学的实践与认识，28（2）：97-107.

程叶青，2009. 东北地区粮食单产空间格局变化及其动因分析[J]. 自然资源学报，24（9）：1541-1549.

程昳，2002. 常用预测方法及评价综述[J]. 四川师范大学学报（自然科学版），25（1）：70-73.

党安荣，阎守邕，王世新，1999. GIS 在中国粮食单产空间变化研究中的应用[J]. 地理科学，19（3）：205-210.

邓新民，李祚泳，1997. 投影寻踪回归技术在环境污染预测中的应用[J]. 中国环境科学，17（4）：353-356.

丁琨，熊珊珊，张礼兵，金菊良，等，2015. 气候变化条件下大型灌区小水电群优化运行研究[J]. 水力发电学报，34（07）：36-44.

董涛，陈志鹏，金菊良，等，2017. 安徽省淮河流域农业旱灾风险正态云模型评估[J]. 东北农业大学学报，48（1）：42-48.

杜成锐，赵永龙，陈尧，2010. 流域梯级水电站集控中心管理的必要性及对低碳经济发展的作用[J]. 四川水力发电，29（6）：214-216.

杜发兴，曹广晶，梁川，等，2009. 水资源承载力综合评价的熵权属性识别模型[J]. 哈尔滨工业大学学报，41（11）：243-245+249.

杜云，2013. 淮河流域农业干旱灾害风险评价研究[D]. 合肥：合肥工业大学.

杜长胜，徐建新，杜芙蓉，2007. 大系统多目标理论在引黄灌区水资源配置中的应用[J] 灌溉排水学报，26（S1）：89-90.

段春青，邱林，陈晓楠，等. 2005. 混沌算法在节水灌溉制度优化设计中的应用[J]. 西北农林科技大学学报（自然科学版），33（9）：133-136.

樊闽，程锋，2006. 中国粮食生产能力发展状况分析[J]. 中国土地科学，20（4）：46-51.

樊引琴，蔡焕杰，2002. 单作物系数法和双作物系数法计算作物需水量的比较研究[J]. 水利学报，33（3）：50-54.

范钟秀，1999. 中长期水文预报[M]. 南京：河海大学出版社.

方崇，张春乐，2010. 基于模拟退火算法对灌溉用地下水水质评价的投影寻踪分析[J]. 江苏农业科学，（03）：449-452.

方开泰，1994. 均匀设计与均匀设计表[M]. 北京：科学出版社.

方开泰，马长兴，2001. 正交与均匀试验设计[M]. 北京：科学出版社.

封志明，郑海霞，刘宝勤，2005. 基于遗传投影寻踪模型的农业水资源利用效率综合评价[J]. 农业工程学报，（3）：66-70.

冯利华，张行才，龚建林，2004. 基于集对分析的水资源变化趋势的统计预测[J]. 水文，24（2）：11-14.

冯尚友，1991. 水资源系统工程[M]. 武汉：湖北科学技术出版社.

冯尚友，2000. 水资源持续利用与管理导论[M]. 北京：科学出版社.

冯耀龙，杨庆学，1995. 应用神经网络评价于桥水库水质[J]. 海河水利，13（5）：39-40.

冯禹，崔宁博，龚道枝，等，2006. 基于叶面积指数改进双作物系数法估算旱作玉米蒸散[J]. 农业工程学报，32（9）：90-98.

付国岩，1999. 雨水集蓄利用工程蓄水设施容积计算[J]. 防渗技术，5（3）：11-13+20.

付强，2005. 农业水土资源系统分析与综合评价[M]. 北京：中国水利水电出版社，5：375.

付强，金菊良，梁川，2002. 基于实码加速遗传算法的投影寻踪分类模型在水稻灌溉制度优化中的应用[J]. 水利学报，33（10）：39-45.

付强，王立坤，门宝辉，等，2003a. 推求水稻非充分灌溉下优化灌溉制度的新方法——基于实码加速遗传算法的多维动态规划法[J]. 水利学报，34（1）：123-127.

付强，杨广林，金菊良，2003b. 基于 PPC 模型的农机选型与优序关系研究[J]. 农业机械学报，34（1）：101-104.

付晓亮，杜成旺，杨朝翰，等，2017. 基于云模型及可变模糊聚类迭代模型的灌区节水水平评估[J]. 中国农村水利水电，（09）：10-14.

甘衍军，李兰，杨梦斐，2010. SCS 模型在无资料地区产流计算中的应用[J]. 人民黄河，32（5）：30-31.

甘治国，2008. 基于规则的水资源配置模拟模型及在北京市的应用[C]//中国水利学会青年科技工作委员会. 中国水利学会第四届青年科技论坛论文集，北京.

高峰，雷声隆，庞鸿宾，2003. 节水灌溉工程模糊神经网络综合评价模型研究[J]. 农业工程学报，19（4）：84-87.

高军省，2010. 节水灌溉方案优选的集对分析方法[J]. 节水灌溉，（12）：81-83.

高志亮，李忠良，2004. 系统工程方法论[M]. 西安：西北工业大学出版社，8：1-191.

龚艳冰，2010. 基于正态云模型和熵权的河西走廊城市化生态风险综合评价[J]. 干旱区资源与环境，26（5）：169-174.

顾凯平，高孟宁，李彦周，1992. 复杂巨系统研究方法论[M]. 重庆：重庆出版社：1-75.

顾世祥，傅骅，李靖，2003. 灌溉实时调度研究进展[J]. 水科学进展，14（5）：660-666.

郭奇，曹洪洋，2004. 大气环境质量评价的属性识别法[J]. 环境监测管理与技术，16（3）：41-44.

郭旭宁，胡铁松，黄兵，韩义超，2011. 基于模拟优化模式的供水水库群联合调度规则研究[J]. 水利学报，06：705-712.

郭元裕，1965. 南方丘陵地区库、塘、渠网系统渠道设计流量的计算方法[J]. 水利学报，（4）：60-64.

郭元裕，1988. 灌排工程最优规划与管理[M]. 北京：中国水利水电出版社.

郭元裕，1999. 农田水利学[M]. 3 版. 北京：中国水利水电出版社.

郭元裕，李寿声，1994. 灌排工程最优规划与管理[M]. 北京：水利电力出版社：1-138.

郭元裕，沈佩君，姬晓辉，等，1996. 提排区除涝排水设计标准的经济论证和优选[J]. 水利学报，（1）：53-63.

郭宗楼，2000. 农业水利工程项目环境影响评价方法研究[J]. 农业工程学报，16（5）：16-19.

韩荣青，戴尔阜，吴绍洪，2012. 中国粮食生产力研究的若干问题与展望[J]. 资源科学，34（6）：1175-1183.

杭玉生，吴英明，2005. 正交法在农水试验中的应用[J]. 江苏水利，（8）：22-23.

何大阔，王福利，张春梅，2003. 基于均匀设计的遗传算法参数设定[J]. 东北大学学报（自然科学版），24（5）：409-411.

何军，李飞，刘增进，2013. 单、双作物系数法计算夏玉米需水量对比研究[J]. 安徽农业科学，41（33）：12830-12831+12910.

何力，刘丹，黄薇，2010. 基于系统动力学的水资源供需系统模拟分析[J]. 人民长江，41（3）：38-41.

何文学，魏恩甲，李茶青，2002. 弧底梯形明渠水力最佳断面设计[J]. 水利水电科技进展，22（1）：23-25.

贺北方，丁大发，马细霞，1995. 多库多目标最优控制运用的模型与方法[J]. 水利学报，（3）：84-89.

贺三维，潘鹏，王海军，余连，2011. 基于 PSR 和云理论的农用地生态环境评价——以广东省新兴县为例[J]. 自然资源学报，26（08）：1346-1352.

贺颖，张目，李伟，等，2014. 基于模糊 Borda 法的毕节地区干旱灾害风险组合评价研究[J]. 数学的实践与认识，44（9）：25-36.

衡彤，王文圣，李拉丁，等，2002. 基于小波变换的组合随机模型及其在径流随机模拟中的应用[J]. 水电能源科学，20（1）：15-17.

洪林，罗琳，江海涛，2009. SCS 模型在流域尺度水文模拟中的应用[J]. 武汉大学学报（工学版），42（5）：582-586.

胡和平，黄国如，2000. 基于 BP 神经网络的黄河下游引黄灌区引水量分析[J]. 灌溉排水，19（3）：20-23.

胡明星，郭达志，1998. 湖泊水质富营养化评价的模糊神经网络方法[J]. 环境科学研究，11（4）：40-42.

胡清宇，2012. 近 30 年江淮地区气候变化对主要作物生产的影响[D]. 南京：南京农业大学.

胡铁松，1997. 神经网络预测与优化[M]. 大连：大连海事大学出版社.

胡铁松，丁晶，1997. 径流长期分级预报的 Kohonen 网络方法[J]. 水电站设计，13（2）：22-29.

胡文海，2008. 我国中部地区粮食生产特征及其对我国粮食安全的影响[J]. 地理研究，27（4）：885-896.

胡永宏，贺思辉，2000. 综合评价方法[M]. 北京：科学出版社.

胡运权，郭耀煌，1998. 运筹学教程[M]. 北京：清华大学出版社.

胡振鹏，1985. 大系统多目标分解聚合算法及应用[D]. 武汉：武汉水利电力大学.

黄崇福，刘新立，周国贤，等，1998. 以历史灾情资料为依据的农业自然灾害风险评估方法[J]. 自然灾害学报，7（2）：4-12.

黄国如，芮孝芳，2004. 流域降雨径流时间序列的混沌识别及其预测研究进展[J]. 水科学进展，15（2）：255-230.

黄国如，2007. 利用区域流量历时曲线模拟东江流域无资料地区的日径流过程[J]. 水力发电学报，26（4）：29-35.

黄牧涛，王乘，2003. 灌区多目标供水优化调度模型及其求解[J]. 水力发电，07：16-19.

贾程程，2016. 江淮丘陵区典型灌区库塘田联合水资源系统模拟及优化[D]. 合肥：合肥工业大学.

姜永，1998. 基于集对分析同一度的一种综合评价方法的改进与应用[J]. 福建农业大学学报，（02）：118-121.

蒋尚明，2010. 集对分析在水资源不确定性分析中的应用[D]. 合肥：合肥工业大学.

蒋尚明，2013. 巢湖流域塘坝灌溉系统对农业非点源污染负荷的截留作用分析[C]//健康湖泊与美丽中国——第三届中国湖泊论坛暨第七届湖北科技论坛论文集. 中国科学技术协会、湖北省人民政府，武汉.

蒋尚明，曹秀清，金菊良，等，2018. 基于模拟优化与正交试验的库塘联合灌溉系统水资源调控[J]. 湖泊科学，30（2）：519-532.

蒋尚明，金菊良，袁先江，等，2013a. 基于近邻估计的年径流预测动态联系数回归模型[J]. 水利水电技术，44（7）：5-9.

蒋尚明，金菊良，许浒，等，2013b. 基于经验模态分解和集对分析的粮食单产波动影响分析[J]. 农业工程学报，29（4）：213-221.

蒋尚明，金菊良，许浒，等，2013c. 基于径流曲线数模型的江淮丘陵区塘坝复蓄次数计算模型[J]. 农业工程学报，29（18）：117-124.

金菊良，储开凤，郦建强，1997. 基因方法在海洋预报中的应用[J]. 海洋预报，（1）：10-17.

金菊良，1998. 遗传算法及其在水问题中的应用[D]. 南京：河海大学.

金菊良，杨晓华，金保明，丁晶，2000. 门限回归模型在年径流预测中的应用[J]. 冰川冻土，22（3）：230-234.

金菊良，丁晶，2002. 水资源系统工程[M]. 成都：四川科学技术出版社.

金菊良，王文圣，洪天求，等，2006. 流域水安全智能评价方法的理论基础探讨[J]. 水利学报，37（8）：918-925.

金菊良，洪天求，魏一鸣，2007. 流域非点源污染源解析的投影寻踪对应分析方法[J]. 水利学报，38（9）：1032-1037+1049.

金菊良，魏一鸣，2008. 复杂系统广义智能评价方法与应用[M]. 北京：科学出版社.

金菊良，杨晓华，丁晶，2001a. 标准遗传算法的改进方案——加速遗传算法[J]. 系统工程理论与实践，（4）：8-13.

金菊良，杨晓华，丁晶，2001b. 年径流预测的遗传门限自回归模型[J]. 四川水力发电，20（1）：22-24+31.

金菊良，魏一鸣，付强，等，2001c. 农业生产力综合评价的投影寻踪模型[J]. 农业系统科学与综合研究，17（4）：241-243.

金菊良，张欣莉，丁晶，2002a. 评估洪水灾情等级的投影寻踪模型[J]. 系统工程理论与实践，22（2）：140-144.

金菊良，魏一鸣，丁晶，等，2002b. 年径流预测的 Shepard 插值模型[J]. 长江科学院院报，19（1）：52-55.

金菊良，黄慧梅，魏一鸣，2004a. 基于组合权重的水质评价模型[J]. 水力发电学报，23（3）：13-19.

金菊良，魏一鸣，丁晶，等，2004b. 水资源系统工程的理论框架探讨[J]. 系统工程理论与实践，24（2）：130-137.

金菊良，宋占智，崔毅，等，2016a. 旱灾风险评估与调控关键技术研究进展[J]. 水利学报，47（3）：398-412.

金菊良，杨齐祺，周玉良，等，2016b. 干旱分析技术的研究进展[J]. 华北水利水电大学学报（自然科学版），37（2）：1-15.

金菊良，原晨阳，蒋尚明，等，2013. 基于水量供需平衡分析的江淮丘陵区塘坝灌区抗旱能力评价[J]. 水利学报，44（5）：534-541.

金菊良，侯志强，蒋尚明，等，2017. 基于单作物系数和遗传算法的受旱胁迫下大豆蒸发蒸腾量估算[J]. 黑龙江大学工程学报，8（01）：1-10+12.

靳晓莉，王君勤，高鹏，2018. 中国灌区水资源优化配置研究进展[J]. 人民珠江，（3）：1-4.

景爰刚，杜继稳，张树誉，2006. 陕西省干旱综合评价预警研究[J]. 灾害学，21（4）：46-49.

李德毅，邸凯昌，李德仁，等，2000. 用语言云模型发掘关联规则[J]. 软件学报，11（2）：143-158.

李德毅，杜鹢，2005. 不确定性人工智能[M]. 北京：国防工业出版社.

李德毅，杜鹢，2014. 不确定性人工智能[M]. 2版. 北京：国防工业出版社.

李德毅，刘常昱，2004. 论正态云模型的普适性[J]. 中国工程科学，6（8）：28-34.

李德毅，史雪梅，孟海军，1995. 隶属云和隶属云发生器[J]. 计算机研究和发展，32（6）：15-20.

李广贺，刘兆昌，等，1998. 水资源利用工程与管理[M]. 北京：清华大学出版社.

李慧珑，1993. 水文预报[M]. 北京：水利水电出版社.

李金冰，路伟亭，曹秀清，2005. 江淮丘陵大中型灌区节水改造应注意的问题[J]. 节水灌溉，（01）：40-41+54.

李景海，2005. 基于规则的水资源配置模型研究[D]. 北京：中国水利水电科学研究院.

李景海，谢新民，杨全明，2005. 基于规则的安阳市研究区水资源合理配置方案分析[J]. 中国水利水电科学研究院学报，（1）：57-62.

李燐楷，2011. 咸阳市水资源承载力研究[D]. 西安：西北农林科技大学.

李曼，丁永建，杨建平，等，2015. 疏勒河径流量与绿洲面积、农业产值及生态效益的关系[J]. 中国沙漠，35（2）：514-520.

李如忠，汪家权，钱家忠，2004. 巢湖流域非点源污营养物控制对策研究[J]. 水土保持学报，18（1）：119-121+129.

李少斌，2000. 雨水集流工程中蓄水窖经济容积的计算方法[J]. 防渗技术，6（2）：16-21+29.

李维乾，解建仓，李建勋，等，2013. 基于系统动力学的闭环反馈水资源优化配置研究[J]. 西北农林科技大学学报（自然科学版），41（11）：1-8.

李远华，张明炷，谢礼贵，等，1995. 非充分灌溉条件下水稻需水量计算[J]. 水利学报，26（2）：64-68.

李智录，施丽贞，孙世金，等，1993. 用逐步计算法编制以灌溉为主水库群的常规调度图[J]. 水利学报，05：44-47.

李祚泳，1997. 投影寻踪技术及其应用进展[J]. 自然杂志，19（4）：224-227.

梁迪，董海，2005. 系统工程[M]. 北京：机械工业出版社.

林锉云，董加礼，1992. 多目标优化的方法与理论[M]. 吉林：吉林教育出版社.

林锦顺，姚俭，2005. 基于BP神经网络的组合预测及在电力负荷的应用[J]. 上海理工大学学报，（5）：78-82.

林毅夫，1995. 我国主要粮食作物单产潜力与增产前景[J]. 中国农业资源与区划，16（3）：4-7.

刘豹，顾培亮，张世英，1987. 系统工程概论[M]. 北京：机械工业出版社.

刘昌明，杜伟，1987. 农业水资源配置效果的计算分析[J]. 自然资源学报，2（1）：9-19.

刘春婷，2009. 吉林省东南部山区地方水电年利用小时数对气候变化的响应[J]. 吉林水利，8：75-78.

刘代勇，梁忠民，赵卫民，等，2011. TOPSIS客观赋权法在干旱综合评估中的应用研究[J]. 水电能源科学，39（6）：8-10+92.

刘涵，黄强，王剑，2005. 基于模拟优化技术的关中西部灌区水资源调配研究[J]. 干旱区资源与环境，19（2）：18-22.

刘晖，王飞越，1990. 用计算机模糊评价环境质量[J]. 环境科学，11（2）：80-84.

刘会玉，林振山，张明阳，2005. 基于EMD的我国粮食产量波动及其成因多尺度分析[J]. 自然资源学，20（5）：745-751.

刘建兰，2010. 甘肃省黄河沿岸地区水资源承载能力分析[D]. 兰州：兰州大学.

刘开第，庞彦军，张博文，2000. 水环境质量评价的未确知测度模型[J]. 环境工程，18（2）：58-60.

刘攀，张文选，李天元，2013. 考虑发电风险率的水库优化调度图编制[J]. 水力发电学报，4（32）：252-259.

刘强，艾学山，2008. 疏勒河灌区三大水库联合调度研究[J]. 中国农村水利水电，4：42-45.

刘宪亮，朱学民，1998. 加劲压力钢管结构优化设计[J]. 华北水利水电学院学报，19（4）：4-10.

刘宪锋，朱秀芳，潘耀忠，等，2015. 河南省农业干旱风险评价框架与应用[J]. 北京师范大学学报（自然科学版），51（S1）：8-12.

刘向培，王汉杰，何明元，2012. 应用统计降尺度方法预估江淮流域未来降水[J]. 水科学进展，23（1）：29-37.

刘小勇，吴普特，2000. 雨水资源集蓄利用研究综述[J]. 自然资源学报，15（2）：189-193.

刘学智，李王成，赵自阳，等，2017. 基于投影寻踪的宁夏农业水资源利用率评价[J]. 节水灌溉，（11）：46-51+55.

刘延锋，靳孟贵，曹英兰，2006. BP神经网络在焉耆盆地农田排水量估算中的应用[J]. 中国农村水利水电，（1）：12-17.

刘延朋，方崇，陆克芬，等，2009. 蚁群投影寻踪回归在农田灌溉水质评价中的应用[J]. 贵州农业科学，37（9）：61-64+68.

刘勇，康立山，陈毓屏，1997. 非数值并行算法（第二册）：遗传算法[M]. 北京：科学出版社.

刘玉芬，李云峰，陈崇德，2010. 漳河水库灌区水资源需求结构与合理配置研究[J]. 科技创业月刊，23（10）：161-163.

刘钰，Pereira L S，2000. 对FAO推荐的作物系数计算方法的验证[J]. 农业工程学报，16（5）：26-30.

刘肇祎，胡铁松，罗强，2010. 灌排工程系统分析[M]. 3 版. 北京：中国水利水电出版社.

刘肇祎，朱树人，袁宏源，2004. 中国水利百科全书：灌溉与排水分册[M]. 北京：中国水利水电出版社.

刘肇祎，1998. 灌排工程系统分析[M]. 2 版. 北京：中国水利水电出版社.

刘志刚，胡斌奇，伍永刚，等，2017. 基于云模型的水库调度函数拟合方法研究[J]. 水电能源科学，35（03）：53-56+23.

刘忠，李保国，2012a. 基于土地利用和人口密度的中国粮食产量空间化[J]. 农业工程学报，28（9）：1-8.

刘忠，李保国，2012b. 退耕还林工程实施前后黄土高原地区粮食生产时空变化[J]. 农业工程学报，28（11）：1-8.

卢布，陈印军，吴凯，等，2005. 我国中长期粮食单产潜力的分析预测[J]. 中国农业资源与区划，26（2）：1-5.

罗世良，陈振存，2009. 基于投影寻踪模型的节水灌溉工程方案优选[J]. 地下水，31（05）：93-94+111.

马大前，2012. 基于遗传投影寻踪模型的江西省农业节水潜力评价[J]. 安徽农业科学，40（16）：9164-9165+9168.

马德海，马乐平，2010. 基于灌区需水与水库兴利调度的水资源优化配置研究与应用[J]. 水利水电技术，09：1-4.

马光文，刘金焕，节菊根，2008. 流域梯级水电站群联合优化运行[M]. 北京：中国电力出版社.

马善定，汪如泽，1996. 水电站建筑物[M]. 2 版. 北京：中国水利水电出版社.

马涛，迟道才，王殿武，等，2007. 基于集对分析的灌区可持续发展评价研究[J]. 沈阳农业大学学报，（06）：841-844.

马赟杰，2012. 基于混沌差分进化算法的灌区水资源优化配置研究[D]. 武汉：长江科学院.

马长兴，1997. 均匀性的一个新度量准则——对称偏差[J]. 南开大学学报（自然科学），30（1）：31-37.

毛学文，1993. 基因算法及其在水文模型参数优选中的应用[J]. 水文，（05）：22-27.

门宝辉，梁川，2002. 属性识别方法在水资源系统可持续发展程度综合评价中的应用[J]. 浙江大学学报（农业与生命科学版），（6）：88-91.

蒙吉军，汪疆玮，王雅，等，2018. 基于绿洲灌区尺度的生态需水及水资源配置效率研究——黑河中游案例[J]. 北京大学学报（自然科学版），（01）：1-9.

孟春红，路振广，马细霞，等，2013. 灌区水资源合理配置的模糊物元综合评价[J]. 人民黄河，35（09）：86-88+121.

孟凡臣，李其军，沈长松，等，2014. 基于 MIKEBASIN 模型的再生水灌区水资源配置研究[J]. 灌溉排水学报，33（06）：10-13+20.

慕彩芸，马富裕，郑旭荣，等，2005. 北疆春小麦蒸散规律及蒸散量估算研究[J]. 干旱地区农业研究，23（4）：53-57.

倪长健，2003. 免疫进化算法研究及其在水问题中的应用[D]. 成都：四川大学水电学院.

聂相田，邱林，周波，等，2006. 井渠结合灌区水资源多目标优化配置模型与应用[J]. 节水灌溉，（04）：26-28+31.

潘伟，王云峰，刁华宗，2010. 基于自适应遗传算法的军事地形图矢量化研究[C]//第 22 届中国控制与决策会议，徐州.

裴浩，范一大，乌日娜，1999. 利用卫星遥感监测土壤含水量[J]. 干旱区资源与环境，13（1）：73-76.

彭世彰，丁加丽，茆智，等，2007. 用 FAO-56 作物系数法推求控制灌溉条件下晚稻作物系数及验证[J]. 农业工程学报，23（7）：30-34.

齐宝全，1996. U 形混凝土衬砌渠道断面的一种优化设计方法[J]. 中国农村水利水电，（8）：21-24.

齐宝全，阎会师，1995. 用混凝土衬砌 U 形槽渠道的设计与施工[J]. 东北水利水电，（10）：8-10.

齐青青，2010. 灌区水利现代化集对分析多元模糊评价模型[C]//现代节水高效农业与生态灌区建设（下），全国农业水土工程第六届学术研讨会论文集，昆明.

齐学斌，黄仲冬，乔冬梅，等，2015. 灌区水资源合理配置研究进展[J]. 水科学进展，26（02）：287-295.

祁宦，朱延文，王德育，等，2009. 淮北地区农业干旱预警模型与灌溉决策服务系统[J]. 中国农业气象，30（4）：596-600.

钱学森，等，1982. 论系统工程[M]. 长沙：湖南科学出版社.

钱学森，2001. 创建系统学[M]. 太原：山西科学技术出版社.

秦越，徐翔宇，许凯，等，2013. 农业干旱灾害风险模糊评价体系及其应用[J]. 农业工程学报，29（10）：83-91.

邱卫国，房宽厚，1995. 修正灌水率图的新方法[J]. 河海大学学报，23（5）：88-93.

仇锦先，罗金耀，2009. 新沂市山丘区雨水利用蓄水设施复蓄次数的确定[J]. 水利水电科技进展，29（4）：59-62.

屈艳萍，高辉，吕娟，等，2015. 基于区域灾害系统论的中国农业旱灾风险评估[J]. 水利学报，46（8）：908-917.

屈忠义，陈亚新，史海滨，等，2003. 内蒙古河套灌区节水灌溉工程实施后地下水变化的 BP 模型预测[J]. 农业工程学报，19（1）：6-9.

饶碧玉，王龙，王静，2009. 人工神经网络在灌区水库调度中的应用[J]. 水资源与水工程学报，20（4）：67-69+73.

任露泉，2003. 试验优化设计与分析[M]. 北京：高等教育出版社.

任若恩，王惠文，1998. 多元统计数据分析——理论方法实例[M]. 北京：国防工业出版社：1-72.

尚松浩，2006. 水资源系统分析方法及应用[M]. 北京：清华大学出版社：8-15.

申思，2016. 灌区水资源优化配置多目标风险分析[D]. 郑州：华北水利水电大学.

申孝军，孙景生，张寄阳，等，2007. 非充分灌溉条件下冬小麦耗水规律研究[J]. 人民黄河，29（11）：68-70.

沈大军，2005. 中国水管理中的公正问题[J]. 水利学报，36（1）：95-99.

石琳珂，1995. 逐步缩小搜索范围的遗传算法[J]. 地球物理学进展，10（4）：67-79.

石小虎，蔡焕杰，赵丽丽，等，2015. 基于SIMDualKc模型估算非充分灌水条件下温室番茄蒸发蒸腾量[J]. 农业工程学报，31（22）：131-138.

史海珊，何似龙，陈金水，等，1994. 水电工程建设系统综合评判方法[M]. 北京：水利电力出版社.

史良胜，杨金忠，崔远来，等，2005. 灌水率图形优化模型及可视化修正[J]. 中国农村水利水电，（1）：59-61.

史忠植，1993. 神经计算[M]. 北京：电子工业出版社.

宿梅双，李久生，2005. 基于称重式蒸渗仪的喷灌条件下冬小麦和糯玉米作物估算方法[J]. 农业工程学报，21（8）：25-29.

宋蕾，王永胜，2001. 关中抽渭灌区农田面源污染对渭河水体的影响[J]. 自然生态保护，8：23-26.

宋尚孝，吴有志，1998. 灌溉用水水质模糊综合评价方法[J]. 地下水，20（2）：76-79.

宋松柏，吕宏兴，2004. 灌溉渠道轮灌配水优化模型与遗传算法求解[J]. 农业工程学报，20（2）：40-44.

孙红尧，1996. 海工钢管桩被覆聚乙烯黏接剂的试验研究[J]. 水利水运科学研究，（1）：56-60.

孙洪亮，孙月丽，孙晓丽，2009. 安徽淮北地区大豆长期低产原因及对策[J]. 中国种业，（6）：27-28.

孙璞，1998. 农村水塘对地块氮磷流失的截留作用研究[J]. 水资源保护，（1）：1-4+12.

孙廷容，黄强，张洪波，2006. 基于粗集权重的改进可拓评价方法在灌区干旱评价中的应用[J]. 农业工程学报，22（4）：70-74.

孙先仿，范跃祖，宁文如，2001. 均匀设计的均匀性研究[J]. 应用概率统计，17（4）：341-345.

孙晓晓，2016. 青海省东部农业区旱灾风险分析[D]. 杨凌：西北农林科技大学.

孙新新，2007. 城市水环境承载力研究[D]. 西安：西安理工大学.

谭跃进，陈英武，易进先，1999. 系统工程原理[M]. 长沙：国防科技大学出版社.

唐纪，王景，1999. 组合预测方法综述[J]. 预测，（2）：42-43.

唐小我，1997. 经济预测与决策新方法及其应用研究[M]. 成都：电子科技大学出版社.

田红，许吟隆，林而达，2008. 温室效应引起的江淮流域气候变化预估[J]. 气候变化研究进展，4（6）：357-362.

汪纬林，毛桐恩，解敬，1999. 我国天灾综合预测研究进展[J]. 科技导报，1：46-48.

汪应洛，2002. 系统工程[M]. 2版. 北京：机械工业出版社：1-257.

王柏，张忠学，李芳花，等，2012. 基于改进双链量子遗传算法的投影寻踪调亏灌溉综合评价[J]. 农业工程学报，28（2）：84-89.

王栋，朱元甡，赵克勤，2004. 基于集对分析和模糊集合论的水体营养化评价模型应用研究[J]. 水文，24（3）：9-13.

王飞，2006. 淮河流域水污染成因及防治对策探讨[C]//首届"青年治淮论坛"论文集，蚌埠：125-131.

王付洲，杜红伟，李建文，2008. 基于集对分析的灌区运行状况综合评价研究[J]. 安徽农业科学，（19）：8196-8197+8201.

王富强，韩宇平，汪党献，等，2009. 区域水资源短缺风险的SPA-VFS评价模型[J]. 水电能源科学，27（4）：31-33+225.

王国平，王洪光，杨洁，2004. 地下水质量评价的属性识别法[J]. 环境研究与监测，（3）：14-16.

王浩，秦大庸，王建华，2002. 流域水资源规划的系统观与方法论[J]. 水利学报，33（8）：1-6.

王浩，王建华，秦大庸，等，2006. 基于二元水循环模式的水资源评价理论方法[J]. 水利学报，37（12）：1496-1502.

王浩，严登华，贾仰文，等，2010. 现代水文水资源学科体系及研究前沿和热点问题[J]. 水科学进展，21（4）：

479-489.

王红雷，王秀茹，王希，2012. 利用SCS-CN方法估算流域可收集雨水资源量[J]. 农业工程学报，28（12）：86-91.

王慧，毛晓敏，董锋，2010. 灌区节水综合效应评价的集对分析模型比较[J]. 节水灌溉，（02）：48-51.

王建伟，王琳，严登华，等，2017. 宁夏引黄灌区末段区域农业水资源配置研究[J]. 水利水电技术，48（03）：65-70.

王静，郭熙盛，王允青，等，2012. 巢湖流域不同耕作和施肥方式下农田养分径流流失特征[J]. 水土保持学报，26（1）：6-11.

王鹏，2005. 基于Paretofront的多目标遗传算法在灌区水资源配置中的应用[J]. 节水灌溉，（6）：29-32.

王其藩，1995. 高级系统动力学[M]. 北京：清华大学出版社.

王清印，崔援民，赵秀恒，等，2001. 预测与决策的不确定性数学模型[M]. 北京：冶金工业出版社.

王庆，2012. 江淮丘陵易旱地区塘坝系统可供水量的计算研究[D]. 合肥：合肥工业大学.

王庆，蒋尚明，金菊良，等，2012. 塘坝工程在江淮丘陵区旱灾防治中的作用[J]. 上海国土资源，33（1）：71-74+90.

王树人，董毓新，1992. 水电站建筑物[M]. 2版. 北京：清华大学出版社：67-69.

王顺久，侯玉，张欣莉，等，2003. 流域水资源承载能力的综合评价方法[J]. 水利学报，34（1）：88-92.

王伟，1995. 人工神经网络原理——入门与应用[M]. 北京：北京航空航天大学出版社：1-152.

王玮，赵玉宇，2013. 基于遗传算法的投影寻踪模型在玉米沟灌模式优化中的应用[J]. 水利科技与经济，19（01）：63-65.

王文圣，向红莲，李跃清，等，2008. 基于集对分析的年径流丰枯分类新方法[J]. 四川大学学报（工程科学版），40（5）：1-6.

王先甲，2000. 水利水电系统工程的研究现状与发展趋势[J]. 武汉水利电力大学学报，33（1）：44-48.

王小飞，付湘，黄俊，2006. 浔史杭灌区水资源优化配置研究[J]. 中国农村水利水电，（11）：48-50.

王晓辉，2006. 巢湖流域非点源N、P污染排放负荷估算及控制研究[D]. 合肥：合肥工业大学.

王笑影，2003. 农田蒸散估算方法研究进展[J]. 农业系统科学与综合研究，19（2）：81-84.

王雪，闫玉民，杨俊鹏，2013. 基于投影寻踪分类模型的水稻控制灌溉经济效益评价[J]. 湖北农业科学，52（21）：5386-5389.

王艳芳，1997. 地下水灌溉水质评价的灰色聚类分析[J]. 宁夏农学院学报，18（4）：81-85.

王银平，2007. 天津市水资源系统动力学模型的研究[D]. 天津：天津大学.

王宇平，焦永昌，张福顺，2003. 解多目标优化的均匀正交遗传算法[J]. 系统工程学报，18（6）：481-486.

王子申，蔡焕杰，虞连玉，等，2016. 基于SIMDualKc模型估算西北旱区冬小麦蒸散量及土壤蒸发量[J]. 农业工程学报，32（5）：1226-1236.

王宗志，胡四一，王银堂，2011. 流域初始水权分配及水量水质调控[M]. 北京：科学出版社.

王宗志，王银堂，陈艺伟，等，2012. 基于仿真规则与智能优化的水库多目标调控模型及其应用[J]. 水利学报，43（5）：564-579.

韦鹤平，1993. 环境系统工程[M]. 上海：同济大学出版社.

韦柳涛，曾庆川，姜铁兵，等，1994. 启发式遗传基因算法及其在电力系统机组组合优化中的应用[J]. 中国电机工程学报，（2）：67-72.

魏文秋，孙春鹏，1996. 模糊神经网络水质评价模型[J]. 武汉水利电力大学学报，29（4）：21-25.

魏一鸣，金菊良，杨存建，等，2002. 洪水灾害风险管理理论[M]. 北京：科学出版社.

翁文斌，蔡喜明，史慧斌，1995. 宏观经济水资源规划多目标决策分析方法研究及应用[J]. 水利学报，（2）：1-11.

吴贻名，张礼兵，万飚，2000. 系统动力学在累积环境影响评价中的应用研究[J]. 武汉水利电力大学学报，33（1）：70-73.

郗鸿峰，张赫轩，贾卓，等，2017. 挠力河流域灌区地下水资源承载力评价[J]. 水利水电技术，48（01）：33-39.

夏安邦，王硕，2001. 定量预测引论[M]. 南京：东南大学出版社.

夏军，黄国和，宠进武，等，2005. 可持续水资源管理——理论方法应用[M]. 北京：化学工业出版社.

肖开乾，1998. 都江堰市外江灌区洪涝灾害及其防洪对策[J]. 四川水利，19（3）：26-29.

肖永辉，2011. 巢湖富营养化连续在线监测与蓝藻水华预警[D]. 扬州：扬州大学.

熊德琪，陈守煜，任洁，1994. 水环境污染系统规划的模糊非线性规划模型[J]. 水利学报，（12）：22-30.

熊范伦, 邓超, 2000. 退火遗传算法及其应用[J]. 生物数学学报, 15（2）: 150-154.

熊珊珊, 2016. 基于系统动力学的灌区水库群水资源系统模拟与优化调控研究[D]. 合肥: 合肥工业大学.

宿梅双, 李久生, 饶敏杰, 2005. 基于称重式蒸渗仪的喷灌条件下冬小麦和糯玉米作物系数估算方法[J]. 农业工程学报, 21（8）: 25-29.

胥冰, 韩小勇, 1998. 淮河干流水环境评价及其趋势分析[J]. 水资源保护, （2）: 10-17.

徐超, 叶建炳, 2011. 基于微粒群算法优化的投影寻踪灌区综合评价[J]. 水利科技与经济, 17（02）: 25-27.

徐存东, 程慧, 刘璐瑶, 等, 2017. 基于云模型的干旱扬水灌区水土环境演化响应评价[J]. 中国农村水利水电, （10）: 28-34.

徐关泉, 宋海聚, 1992. 水击约束条件下压力管道管径序列优化方法[J]. 河海大学学报, 20（3）: 54-59.

徐建新, 郝志斌, 蒋晓辉, 2008. 区域水资源系统动力学特征分析[J]. 水科学进展, 19（4）: 519-524.

徐启运, 张强, 张存杰, 等, 2005. 中国干旱预警系统研究[J]. 中国沙漠, 25（5）: 785-789.

徐小力, 徐洪安, 等, 2003. 旋转机组的基于变权重神经网络组合预测模型[J]. 中国机械工程, 14（4）: 332-336.

许迪, 李益农, 刘钰, 2004. 基于需水和输配水模拟与节水多准则分析的 DSS 模型应用研究[J]. 水利学报, 35（11）: 7-14.

许谦, 1996. 我国化肥和农药非点源污染状况综述[J]. 农村生态环境, 12（2）: 39-43.

许世刚, 索丽生, 陈守伦, 2002. 计算智能在水利水电工程中的应用研究进展[J]. 水利水电科技进展, 22（1）: 62-65.

许夕保, 陈斌, 程吉林, 等, 2004. 试验选优方法在自流灌区续灌分级控制上的应用[J]. 灌溉排水学报, （2）: 31-34.

薛根元, 王国强, 2003. 不确定性理论集对分析在预报模型建立中的应用研究[J]. 气象学报, 61（5）: 592-599.

闫志宏, 刘彬, 张婷, 等, 2013. 基于多目标粒子群算法的水资源优化配置研究[J]. 水电能源科学, 32（2）: 35-37+45.

严菊芳, 杨晓光, 2010. 关中地区夏大豆蒸发蒸腾及作物系数的确定[J]. 节水灌溉, （3）: 19-22.

阎伍玖, 王心源, 1998. 巢湖流域非点源初步研究[J]. 地理科学, 18（3）: 263-267.

晏维金, 尹澄清, 孙璞, 等, 1999. 氮磷在水田湿地中的迁移转化及径流流失过程[J]. 应用生态学报, 10（3）: 312-316.

杨汉明, 2002. 江淮分水岭易旱地区发展水果生产的技术对策[J]. 安徽农学通报, 8（2）: 38-39+54.

杨静敬, 2009. 作物非充分灌溉及蒸发蒸腾量的试验研究[D]. 杨凌: 西北农林科技大学.

杨强胜, 张礼兵, 陈得阳, 等, 2011. 基于 EXCEL 的作物灌水率图自动绘制与修正[J]. 中国农村水利水电, （6）: 60-62.

杨荣富, 金菊良, 丁晶, 1999. 保持群体多样性的遗传算法[J]. 四川联合大学学报（工程科学版）, 3（6）: 13-16+23.

杨晓华, 杨志峰, 郦建强, 等, 2004a. 水环境质量综合评价的多目标决策-理想区间法[J]. 水科学进展, 15（3）: 202-205.

杨晓华, 杨志峰, 沈珍瑶, 等, 2004b. 水资源可再生能力评价的遗传投影寻踪方法[J]. 水科学进展, 15（1）: 73-76.

姚新, 陈国良, 徐惠敏, 等, 1995. 进行算法研究进展[J]. 计算机学报, 18（9）: 694-706.

叶秉如, 2001. 水资源系统优化规划和调度[M]. 北京: 中国水利水电出版社.

殷培红, 方修琦, 张学珍, 等, 2010. 中国粮食单产对气候变化的敏感性评价[J]. 地理学报, 65（5）: 515-524.

游进军, 甘泓, 王浩, 等, 2005. 基于规则的水资源系统模拟[J]. 水利学报, （9）: 1043-1049+1056.

游黎, 费良军, 武锦华, 2010. 基于集对分析法的大型灌区运行状况评价研究[J]. 干旱地区农业研究, 28（2）: 132-135.

于嘉骥, 张慧研, 王小艺, 等, 2017. 基于改进的投影寻踪——云模型的农业灌溉水质综合评价[J]. 水资源保护, 33（6）: 142-146.

余美, 芮孝芳, 2009. 宁夏银北灌区水资源优化配置模型及应用[J]. 系统工程理论与实践, 29（7）: 181-192.

原晨阳, 2013. 江淮丘陵区塘坝灌区抗旱能力评价[D]. 合肥: 合肥工业大学.

岳国峰, 范永洋, 刘东, 等, 2017. 水稻节水控制灌溉经济效益投影寻踪评价模型[J]. 节水灌溉, （4）: 37-40+46.

岳卫峰, 杨金忠, 占车生, 2011. 引黄灌区水资源联合利用耦合模型[J]. 农业工程学报, 27（4）: 35-40.

云庆夏, 2000. 进化算法[M]. 北京: 冶金工业出版社.

恽为民，席裕庚，1996. 遗传算法的运行机理分析[J]. 控制理论与应用，13（3）：297-304.

曾赛星，李寿声，1990. 灌溉水量分配大系统分解协调模型[J]. 河海大学学报，（1）：67-75.

曾雪婷，2014. 基于不确定性规划的生态灌区水资源配置模型及运用[C]//科技创新与水利改革——中国水利学会 2014学术年会论文集（上册）. 中国水利学会，10.

翟浩辉，2005. 中国的灌溉排水与农业发展[C]//国际灌排委员会第19届国际灌排大会暨第56届国际执行理事会. 会议文集，北京.

张礼兵，2007. 试验遗传算法研究及其在水资源系统问题中的应用[D]. 扬州：扬州大学.

张礼兵，程吉林，金菊良，等，2005a. 免疫遗传算法在渠道优化设计中的应用[J]. 扬州大学学报（自然科学版），8（3）：50-53.

张礼兵，程吉林，金菊良，等，2005b. 灌溉排水工程优化新方法研究与应用[J]. 中国农村水利水电，（9）：63-65.

张礼兵，程吉林，金菊良，2005c. 基于整数编码遗传算法的均匀设计表构造[J]. 系统工程理论与实践，25（12）：57-61+82.

张礼兵，程吉林，金菊良，2006a. 基于试验遗传算法的平原圩区除涝排水系统最优规划[J]. 水利学报，37（10）：1259-1263+1269.

张礼兵，程吉林，金菊良，等，2006c. 农业灌溉水质综合评价的投影寻踪模型[J]. 农业工程学报，22（4）：15-18.

张礼兵，程吉林，金菊良，等，2006d. 改进属性识别模型及其在城市环境质量综合评价中的应用[J]. 环境工程，24（4）：74-76.

张礼兵，金菊良，程吉林，等，2006e. 改进属性识别模型及其在淮河水质综合评价中的应用[C]//首届"青年治淮论坛"论文集，蚌埠：243-248.

张礼兵，程吉林，金菊良，等，2006f. 基于混合神经网络的组合预测模型在中长期年径流预测中的应用[C]. 郑州：中国水论坛第四届学术研讨会：329-332.

张礼兵，金菊良，程吉林，等，2006g. 大型灌区供水系统模拟及其优化控制运行研究[C]//2006 中国控制与决策学术年会论文集，天津：427-431.

张礼兵，程吉林，金菊良，等，2006h. 灌区向城市引水工程的优化设计[J]. 灌溉排水学报，25（3）：44-48.

张礼兵，程吉林，金菊良，2007a. 自适应试验遗传算法研究与应用[J]. 系统工程学报，22（6）：18-22.

张礼兵，金菊良，程吉林，等，2007b. 基于神经网络的择优预测模型及应用[J]. 水力发电学报，26（6）：13-17.

张礼兵，金菊良，程吉林，2007c. 区域防洪除涝系统智能优化方法研究与应用[C]//中国水论坛第五届学术研讨会. 会议文集，南京.

张礼兵，金菊良，程吉林，2007d. 计算智能方法在灌排工程中的应用研究进展[J]. 农业工程学报，23（8）：274-280.

张礼兵，金菊良，刘丽，2003. 灌区水资源优化调配研究[J]. 水电能源科学，21（2）：49-51.

张礼兵，金菊良，2004. 一种免疫遗传算法研究及应用[J]. 合肥工业大学学报（自然科学版），27（7）：434-437.

张礼兵，程吉林，金菊良，等，2008. 基于非线性测度函数的改进属性识别模型在水质综合评价中的应用[J]. 水科学进展，19（3）：422-426.

张礼兵，张展羽，金菊良，等，2014. 水库灌区库塘水资源系统模拟模型研究[J]. 灌溉排水学报，33（Z1）：385-389.

张铃，张钹，1994. 神经网络中BP算法的分析[J]. 模式识别与人工智能，7（3）：191-195.

张玲，张钹，1997. 统计遗传算法[J]. 软件学报，8（5）：335-344.

张明阳，王克林，刘会玉，等，2005. 基于EMD的洪涝灾害成灾面积波动的多时间尺度分析[J]. 中国农业气象，26（4）：220-224.

张琦，韩祯祥，文福拴，1997. 进化规划方法在电力系统静态负荷模型参数辨识中的应用[J]. 电力系统自动化，21（1）：9-12.

张强，王文玉，阳伏林，等，2015. 典型半干旱区干旱胁迫作用对春小麦蒸散及其作物系数的影响特征[J]. 科学通报，60（15）：1384-1394.

张琴琴，瓦哈甫·哈力克，麦尔哈巴·麦提尼亚孜，等，2017. 基于 SD 模型的吐鲁番市生态-生产-生活承载力分析[J]. 干旱区资源与环境，31（4）：54-60.

张青，2001. 基于神经网络最优组合预测方法的应用研究[J]. 系统工程理论与实践，21（9）：90-93.

张秋文，章永志，钟鸣，2014. 基于云模型的水库诱发地震风险多级模糊综合评价[J]. 水利学报，45（1）：87-95.

张润楚，王兆军，1996. 均匀设计抽样及其优良性质[J]. 应用概率统计，12：337-347.

张仕斌，许春香，安宇俊，2013. 基于云模型的风险评估方法研究[J]. 电子科技大学学报，42（1）：92-97+104.

张亭亭，王树谦，刘彬，等，2014. 基于规则的水资源配置模型在三亚市的应用[J]. 河北工程大学学报（自然科学版），31（3）：68-70+85.

张文鸽，2005. 引黄灌区用水水平评价的属性识别模型[J]. 水资源与水工程学报，（1）：15-18.

张新，2005. 基于系统动力学的稻田回归水模拟[D]. 武汉：武汉大学.

张亚琼，2016. 人工鱼群算法下灌区水资源配置研究[J]. 水利规划与设计，（7）：42-44.

张艳杰，郭建青，王洪胜，2006. 混沌-模拟退火算法在确定河流水质参数中的应用[J]. 中国农村水利水电，47（1）：38-41.

张杨，严金明，江平，等，2013. 基于正态云模型的湖北省土地资源生态安全评价[J]. 农业工程学报，29（22）：252-258.

张永平，陈惠源，1995. 水资源系统分析与规划[M]. 北京：中国水利水电出版社.

张宇亮，张礼兵，周玉良，等，2015. 基于改进加速遗传算法的作物灌水率图修正研究[J]. 灌溉排水学报，34（11）：80-83.

张展羽，高玉芳，李龙昌，2006. 沿海缺水灌区水资源优化调配耦合模型[J]. 水利学报，37（10）：1246-1252+1258.

张展羽，司涵，冯宝平，等，2014. 缺水灌区农业水土资源优化配置模型[J]. 水利学报，45（4）：403-409.

张正良，彭世彰，2008. 不同灌溉方式下水稻产量构成因素投影寻踪评价方法[J]. 河海大学学报（自然科学版），36（6）：773-776.

张志剑，等，1999. 农业面源污染与水体保护[J]. 浙江科技，6：23-24.

张智韬，刘俊民，陈俊英，2010. 基于RS、GIS和蚁群算法的多目标渠系配水优化[J]. 农业机械学报，41（11）：221-225.

赵慧珍，段延宾，曹玉升，等，2008. 基于云模型的灌区实时优化调度分层耦合模型[J]. 华北水利水电学院学报，（5）：26-29.

赵克勤，2000. 集对分析及其初步应用[M]. 杭州：浙江科技出版社.

赵克勤，姜玉声，2000. 集对分析中若干系统辩证思维初析[J]. 系统辩证学学报，8（3）：32-36.

赵莉萍，1999. 一门新学科——计算智能[J]. 华东船舶工业学院学报，13（5）：23-28.

赵曙光，焦李成，王宇平，等，2004. 基于均匀设计的多目标自适应遗传算法及应用[J]. 电子学报，（10）：1723-1725+1729.

赵秀兰，2010. 近50年中国东北地区气候变化对农业的影响[J]. 东北农业大学学报（自然科学版），41（9）：144-149.

赵永龙，丁晶，邓育仁，1998. 混沌分析在水文预测中的应用和展望[J]. 水科学进展，9（2）：181-186.

甄苓，王来生，2000. 属性层次模型的决策方法与应用[J]. 中国农业大学学报，5（6）：8-11.

正交试验法编写组，1978. 正交试验设计法[M]. 上海：上海科学技术出版社，1-17.

郑捷，李光永，韩振中，2011. 改进的SWAT模型在平原灌区的应用[J]. 水利学报，42（1）：88-97.

郑玉胜，黄介生，2004. 基于神经网络的灌溉用水量预测[J]. 灌溉排水学报，23（2）：59-61.

中国大百科全书编委会，1988. 中国大百科全书·数学[M]. 北京：中国大百科全书出版社.

中华人民共和国国家发展与改革委员会，中华人民共和国水利部，2017. 全国大中型灌区续建配套节水改造实施方案（2016—2020年）[R]. 北京.

中华人民共和国水利部，2003a. 水电站压力钢管设计规范：SL281—2003[S]. 北京：中国水利水电出版社：60-66.

中华人民共和国水利部，2003b. 2002年中国水资源公报[M]. 北京：中国水利水电出版社.

中华人民共和国水利部，2017. 全国水利发展统计公报（2016年）[M]. 北京：中国水利水电出版社.

中华人民共和国水利部，1990. 农田排水技术规程：SL15—90[S]. 北京：水利电力出版社.

中华人民共和国水利部，2001. 全国大型灌区续建配套与节水改造规划报告[R]. 北京：中华人民共和国水利部水利水电规划设计总院.

中华人民共和国水利部，2002. 全国水资源综合规划技术大纲[R]. 北京：中华人民共和国水利部水利水电规划设计总院.

中华人民共和国水利部，1996. 水资源保护管理基础[M]. 北京：中国水利水电出版社.

钟登华，刘东海，2000．基于遗传算法的施工导流建筑物优化[J]．系统工程理论与实践，10（10）：126-133．

钟甫宁，邢鹂，2004．粮食单产波动的地区性差异及对策研究[J]．中国农业资源与区划，25（3）：16-19．

钟平安，唐林，张梦然，2011．水电站长期发电优化调度方案风险分析研究[J]．水力发电学报，（30）：39-43+56．

周继成，周青山，韩飘扬，1993．人工神经网络：第六代计算机的实现[M]．北京：科学普及出版社．

周荣敏，雷廷峰，林性粹，2002．压力输水树状管网遗传优化布置和神经网络优化设计[J]．农业工程学报，18（1）：41-44．

周双喜，杨彬，1996．影响遗传算法性能的因素及改进措施[J]．电力系统自动化，20（7）：24-31．

周维博，2003．人工神经网络理论在井渠结合灌区地下水动态预报中的应用[J]．西北水资源与水工程，14（2）：5-8．

周维博，李佩成，2001．我国农田灌溉的水环境问题[J]．水科学进展，2001（3）：413-417．

周玉良，刘丽，金菊良，等，2012．基于 SCS 和 USLE 的程海总磷总氮参照状态推断[J]．地理科学，32（6）：725-730．

周泽，张玲，1998．用集对分析方法研究平衡施肥[J]．农业系统科学与综合研究，14（1）：21-24．

周振民，张淙皎，2004．灌区天然径流计算方法理论研究[J]．人民长江，35（2）：25-26．

周智伟，尚松浩，雷志栋，2003．冬小麦水肥生产函数的 Jensen 模型和人工神经网络模型及其应用[J]．水科学进展，14（3）：280-284．

周祖昊，郭宗楼，2000．平原圩区除涝排水系统实时调度中的神经网络方法研究[J]．水利学报，（7）：1-6．

周祖昊，袁宏源，崔远来，等，2003．有限供水条件下水库和田间配水整合优化调度[J]．水科学进展，14（2）：172-177．

朱兵，王红芳，王文圣，等，2007．基于集对原理的峰和量关系分析[J]．四川大学学报（工程科学版），39（3）：29-33．

朱道立，1987．大系统优化理论与应用[M]．上海：上海交通大学出版社．

朱剑英，2001．智能系统非经典数学方法[M]．武汉：华中科技大学出版社．

朱启林，甘泓，游进军，等，2009．基于规则的水资源配置模型应用研究[J]．水利水电技术，40（3）：1-3+7．

朱强，李元红，2004．论雨水集蓄利用的理论和实用意义[J]．水利学报，（3）：60-64+70．

朱瑶，陈凯麒，胡亚琼，2003．大型灌区目前存在的环境问题及解决措施初探[J]．节水灌溉，（3）：19-21．

祝颖，2015．模糊优化模型在岳城水库供水灌区农业水资源管理中的应用[C]//中国环境科学学会．2015 年中国环境科学学会学术年会论文集（第一卷）．中国环境科学学会，北京．

邹亮，汪国强，2003．均匀试验设计在遗传算法中的应用[J]．华南理工大学学报（自然科学版），31（5）：90-92．

左其亭，窦明，吴泽宁，2005．水资源规划与管理[M]．北京：中国水利水电出版社．

ABOLPOUR B，JAVAN M，2007. Optimization model for allocating water in a river basin，during a drought[J]. Journal of Irrigation and Drainage Engineering-ASCE，133(6): 559-572.

AHRENGS H，MAST M，RODGERS C，et al.，2008. Coupled hydrological-economic modeling for optimized irrigated cultivation in a semi-arid catchment of West Africa[J]. Environmental Modeling & Software，23(4): 385-395.

ALLEN R G，PEREIRAL L S，RAES D，et al.，1998. Crop evapotranspiration: Guidelines for computing crop water requirements[R]. Rome: FAO Irrigation and Drainage Paper．

ALVAREZ J F O，VALERO J A D，MARTIN-BENITO J M T，et al.，2012. MOPECO: An economic optimization model for irrigation water management[J]. Irrigation Science，23(2):61-75.

AMSTUTZ E. 1970. Bucking of pressure–shaft and tunnel linings[J]. International Water Power and Dam Construction，22(11):391-399.

BARR D I H，1968. Optimization of pressure conduit sizes[J]. International Water Power and Dam Construction，20(5):193-196.

BARROS R，ISIDORO D，ARAGÜÉS R，2011. Long-term water balances in La Violada Irrigation District(Spain): II. Analysis of irrigation performance[J]. Agricultural Water Management，98(10):1569-1576.

BATES J N，GRANGER C W J，1969. Combined forecasting[J]. Journal of Operational Research，20:451-468.

BEKELE S，TILAHUN K，2007. Regulated deficit irrigation scheduling of onion in a semiarid region of Ethiopia[J].

Agricultural Water Management，89(1-2): 148-152.

BEZDEK J C，1992. On the relationship between neural networks，pattern recognition and intelligence[J]. Approximate. Reasoning，(6):85-107.

BHARATI L，RODGERS C，ERDENBERGER T，et al.，2008. Integration of economic and hydrologic models: Exploring conjunctive irrigation water use strategies in the Volta Basin[J]. Agricultural Water Management，95(8):925-936.

BOER M M，KOSTER E A，LUNDBERG H，1998. Greenhouse impact in Fennoscandia—Preliminary findings of a European workshop on the effects of climate change[J]. Ambio，19:2-10.

BOROT H. 1957. Bucking of a thin walled tube fitted in rigid outer covering and subjected to an external pressure[J]. La Houille Blanche,12(6):212-215.

CAO Q K，LI L J，YU B. Application of dynamic set-pair analysis in coal and gas outburst prediction[J]. Journal of Coal Science and Engineering(China), 2008, 14(1): 77-80.

CHANG L C，HO C C，CHEN Y W，2010. Applying multi-objective genetic algorithm to analyze the conflict among different water use sectors during drought period[J]. Journal of Water Resources Planning and Management-ASCE，136(5):539-546.

COOK B I，SMERDON J E，SEAGER R，et al.，2014. Global warming and 21 st，century drying[J]. Climate Dynamics，43(9-10):2607-2627.

DOUGLAS C M，NORMA F H，2000. Engineering Statistics[M]. 3rd ed. New York: John Wiley & Sons.

EL G T，HARRELL L J，2003. Chance-Constrained Genetic Algorithm for Water Supply and Irrigation Canal Systems Management[C]//World Water and Environmental Resources Congress，3413-3422.

EVAN G R D，SLOBODAN P S，2011. Global water resources modeling with an integrated model of the social-economic-environmental system[J]. Advances in Water Resources，34(6):684-700.

FANG K T，LU X，TANG Y，2004. Constructions of uniform designs by using resolvable packing and coverings[J]. Discrete Mathematics，(274): 25-40.

FANG K T，QIN H，2003. A note on construction of nearly uniform designs with large number of runs[J]. Statistics & Probability Letters，(61): 215-224.

FLEMING R A，ADAMS R M，KIM C S，1995. Regulating groundwater pollution: Effects of geophysical response assumptions on eco-nomic efficiency[J]. Water Resources Research，31: 1069-1076.

FLY L E，MARIN A M，1987. Canal design: optimal cross section[J]. Journal of Irrigation and Drainage Engineering ASCE，113(3):651-660.

FORRESTER J W，1983. A Longer-Term View of Current Economic Conditions[R]. Cambridge MA: MIT Working Paper.

FORTES P S，PLATONOVAE A E，PEREIR A L S，2005. GISAREG-a GIS based irrigation scheduling simulation model to support improved water use and environmental control[J]. Agricultural Water Management，77(1 /2 /3): 159-179.

FRANCHINI M，1996. Use of a genetic algorithm combined with a local search method for the automatic calibration of conceptual rainfall-runoff Models[J]. Hydrological Sciences Journal，41(1):21-39.

FRIEDMAN J H，TURKEY J W，1974. A projection pursuit algorithm for exploratory data analysis[J]. IEEE Trans on Computer，23(9):881-890.

GAGNON C R，HICKS R H，JACOBY S L S，et al.，1974. A nonlinear programming approach to a very large hydroelectric system optimization[J]. Mathematical Programming，6(1):28-41.

GIORGIO E M，GIOVANNA R M，2006. A mixed model-assisted regression estimator that uses variables employed at the design stage[J]. Statistical Methods and Applications，15(2): 139-149.

GIRONA J，MATA M，FERERES E，et al.，2002. Evapotranspiration and soil water dynamics of peach trees under water deficits[J]. Agricultural Water Management，54(2): 107-122.

GRANGER C W J，1989. Invited Review: Combining forecast twenty years later[J]. Journal of Forecasting，(8):352-363.

GROSSI L，PATIL G P，TAILLIE C，2004. Statistical selection of perimeter-area models for patch mosaics in multiscale landscape analysis[J]. Environmental and Ecological Statistics，11(2): 165-181.

HAIMES Y Y，1985. Multiple-criteria decisionmaking: A retrospective analysis[J]. Systems Man and Cybernetics IEEE Transactions on，15(3): 313-315.

HAMID R S，FATEMEH D，MIGUEL A M，2010. Simulation-optimization modeling of conjunctive use of surface water and groundwater[J]. Water Resources Manage，24:1965-1988.

HARRISON G P，WHITTINGTON H W，WALLACE A R，2006. Sensitivity of hydropower performance to climate change[J]. International Journal of Power and Energy Systems，26(1):42-48.

HASSANLI A M，DANDY G C，2000. Application of genetic algorithms for optimization of drip irrigation systems[J]. Iranian Journal of Science & Technology，24(1): 63-76.

HICKERNELL F J，1998. A generalized discrepancy and quadrature error bound[J]. Mathematical Components，(67):299-322.

HICKS C R，1993. Fundamental Concepts in the Design of Experiments[M]. 4th ed. TX: Saunders College Publishing.

HINTON G E，1993. 神经网络怎样从经验中学习[J]. 杨世乐，译. 科学（中文本），（1）：77-84.

HOLLAND J H，1992a. Adaptation in Natural and artificial systems[M]. 2nd ed. Cambridge，MA: NIT Press.

HOLLAND J H，1992b. Genetic algorithms[J]. Scientific American，(4):44-50.

HOWSON H R，SANCHO N G F，1975. A new algorithm for the solution of multi state dynamic programming problems[J]. Mathematical Programming，8(1):104-116.

HUA L K，WANG Y，1992. Applications of number theory to numerical analysis[C]. Springer and Science Press，Berlin and Beijing:15-77.

HUANG N E，SHEN Z，LONG S R，et al.，1998. The empirical mode decomposition and the Hilbert spectrum for nonlinear and non-stationary time series analysis[J]. Proceedings of the Royal Society of London，Series A，454: 899-955.

JALALI M R，AFSHAR A，MARINO M A，2006. Improved ant colony optimization algorithm for reservoir operation[J]. Scientia Iranica，13(3): 295-302.

JIANG X W，SUN W G，ZHANG Q K，ZOU S J，2010. Prediction of climate change in Yangtze-Huaihe Region under the background of global warming [J]. Meteorological and Environmental Research，1(6): 27-29+32.

JOHN M A，DUNCAN，ELOISE M BIGGS，et al.，2013. Spatio-temporal trends in precipitation and their implications for water resources management in climate-sensitive Nepal[J]. Applied Geography，43 :138-146

KARAM F，LAHOUD R，MASAAD R，2007. Evapotranspiration，seed yield and water use efficiency of drip irrigated sunflower under full and deficit irrigation conditions[J]. Agricultural Water Management，90(3): 213-223.

KARAMOUZ M，KERACHIAN R，ZAHRAIE B，2004. Monthly water resources and irrigation planning: Case study of conjunctive use of surface and groundwater resources[J]. Journal of Irrigation and Drainage Engineering-ASCE，130(5):391-402.

KARAMOUZ M，TABARI M R，KERACHIAN R，2004. Conjunctive use of surface and groundwater resources: Application of genetic algorithms and neural networks[C]//Proc. of the 2004 World Water and Environmental Resources Congress: Critical Transitions in Water and Environmental Resources Management: 3533-3542.

KASHYAP P S，PANDA P K，2001. Evaluation of evapotranspiration estimation methods and development of crop coefficient for potato crop in a sub-humid region[J]. Agricultural Water Management，50(1): 9-25.

KEIGHOBAD J，ARMAGHAN A E，REZA K，2013. A Fuzzy Variable Least Core Game for Inter-basin Water Resources Allocation Under Uncertainty[J]. Water Resources Management，27(9):3247-3260.

KLIONSKY D M，ORESHKO N I，GEPPENER V V，2009. Empirical mode decomposition in segmentation and clustering of slowly and fast changing non- stationary signals[J]. Pattern Recognition and Image Analysis，19(1):14-29.

KUO J T，CHENG W C，CHEN L，2003. Multi-objective water resources systems analysis using genetic algorithms - Application to Chou-Shui River Basin，Taiwan[J]. Water Science and Technology，48(10): 71-77.

KUO S F，LIU C W，CHEN S K，2003. Comparative study of optimization techniques for irrigation project planning[J]. Journal of the American Water Resources Association，39(1): 59-73.

LAKSHMINARASIMMAN L，SUBRAMANIAN S，2006. Short-term scheduling of hydrothermal power system with cascaded reservoirs by using modified differential evolution[J]. IEEE Proceeding Generation，Transmission Distribution，153(6): 693-700.

LAWVENCE E F，1987. Canal design optimal cross section[J]. Journal of Irrigation and Drainage Engineering, 113(3):335-355.

LEI P L，SHANG L Z，WU Y T，et al.，2009. Single-trial analysis of cortical oscillatory activities during voluntary movements using empirical mode decomposition(EMD)-based spatiotemporal approach[J]. Annals of Biomedical Engineering，37(8):1683-1700.

LEUNG Y W，WANG Y，2001. An orthogonal genetic algorithm with quantization for global numerical optimization[J]. IEEE Trans. Evolutionary Computation，5(1):41-53.

LEUNG Y W，ZHANG Q，1997. Evolutionary algorithms +experimental design methods: A hybrid approach for hard optimization and search problems[C/OL][2019-5-2]，http://www.comp.hkbu.edu.hk/-ywleung/prop/EA_EDM.doc.

LI D Y, 1997. Knowledge representation in KDD based on linguistic atoms[J]. Journal of Computer Science and Technology，12(6):481-496.

LI D Y，HAN J W，SHI X M，1998. Knowledge representation and discovery based on linguistic atoms[J]. Knowledge-Based Systems，10(7):431-440.

LILA C，DENIS R，VALERIE B E，et al.，2013. Integrated modelling to assess long-term water supply capacity of a meso-scale Mediterranean catchment[J]. Science of the Total Environment，461-462: 528-540.

LITTLE J D C，1955. The use of storage water in a hydroelectric system[J] . Operational Research，(3):187-197.

LU H W，HUANG G H，HE L，2011. An inexact rough-interval fuzzy linear programming method for generating conjunctive water-allocation strategies to agricultural irrigation systems[J]. Applied Mathematical Modelling, 35(9):4330-4340.

MANUEL W T，FRANCESC I C，2000. Simplifying Diurnal evapotranspiration estimates over short full-canopy crops[J]. Agronomy Journal，92(4): 628-632.

MARIANNE M，DENIS R，ALAIN D，et al.，2013. Modeling the current and future capacity of water resources to meet water demands in the Ebro basin[J]. Journal of Hydrology，500(11):114-126.

MINSKER B S，PADERA B，SMALLEY J B，2000. Efficient methods for including uncertainty and multiple objectives in water resources management models using Genetic Algorithms[C]//Alberta: International Conference on Computational Methods in Water Resources，Calgary: 25-29.

MISHRA S K，SINGH V P，SANSALONE J J，et al.，2003. A modified SCS-CN method: characterization and testing[J].Water Resources Management，17: 38-68.

MISHRA S K，SINGH V P，2004. Long-term hydrological simulation based on the soil conservation service curve number[J]. Hydrological. Processes，18: 1291-1313.

MOHAMMAD N E N，et al.，2014. HYDRUS simulations of the effects of dual-drip subsurface irrigation and a physical barrier on water movement and solute transport in soils[J]. Irrigation Science，32(2): 111-125.

MONTEITH J L，1965. Evaporation and environment[J]. Symposia of the Society for Experimental Biology，19(19): 205-234.

MONTGOMERY D C，1991. Design and Analysis of Experiments[M]. 3rd ed. NewYork: Wiley.

MORADI J M，RODIN S I，MARINO M A，2004. Use of genetic algorithm in optimization of irrigation pumping stations[J].Journal of Irrigation and Drainage Engineering，130(5):357-365.

MORTEZA N O，RICHARD L SNYDER，GENG SHU，et al.，2013. California Simulation of Evapotranspiration of Applied Water and Agricultural Energy Use in California[J]. Journal of Integrative Agriculture，12 (8):890-902.

NAGESH K D，RAJU K S，ASHOK B，2006. Optimal reservoir operation for irrigation of multiple crops using genetic algorithms[J]. Journal of Irrigation and Drainage Engineering，132(2): 123-129.

NEELAKANTAN T R，PUNDARIKANTHAN N V，2000. Neural network-based simulation- optimization model for reservoir operation[J].Journal of Water Resources Planning and Management，126(2):57-64.

PETER J ROBINSON，1997. Climate change and hydropower generation[J].International Journal of Climatology,

17(9):983-996.

QINGKUI C, LIJIE L, BING Y, 2008. Application of dynamic set-pair analysis in coal and gas outburst prediction[J]. Journal of Coal Science and Engineering(China), 14(1): 77-80.

RAJU K S, KUMAR D N, DUCKSTEIN L, 2006. Artificial neural networks and multi-criterion analysis for sustainable irrigation planning[J]. Computers and Operations Research, 33(4):1138-1153.

RECA J, MARTINEZ J, 2006. Genetic algorithms for the design of looped irrigation water distribution networks[J]. Water Resources Research, 42(5): 1298-1311.

REDDY M J, KUMAR D N, 2007. Multiobjective differential evolution with application to reservoir system optimization[J]. Journal of Computing in Civil Engineering, 21(2):136-146.

REDDY M J, KUMAR D N, 2007. Optimal reservoir operation for irrigation of multiple crops using elitist-mutated particle swarm optimization[J]. Hydrological Sciences Journal, 52(4):686-701.

REDDY S L, 1996. Optimal land grading based on genetic algorithms[J]. Journal of Irrigation and Drainage Engineering, 122(4):183-188.

RICHARD W T, STEVEN R E, TERRY A H, 2000. The Bowen ratio-energy balance method for estimating latent heat flux of irrigated alfalfa evaluated in semi-arid, advective environment[J]. Agricultural and Forest Meteorology, 103(4): 335-348.

RIITTA M, JAANA K, JARI S, et al., 2010. Creating a climate change risk assessment procedure: Hydropower plant case, Finland[J]. Hydrology Research, 41(3):282-294.

ROBIN W, MOHD S, 1999. Evaluation of genetic algorithms for optimal reservoir system operation[J]. Journal of Water Resources Planning and Management, (1):25-33.

ROMJIN E, TAMINGA M, 1983. Multi-objective decision making theory and methodology[M]. North Holland: Elsevier Science Publishing Co.

RUDOLPH G, 1994. Convergence Analysis of Canonical Genetic Algorithms[J]. IEEE Trans on Neural Networks, 5(1):96-101.

RUDRIGO, OLIVEIRA, 1997. Operation rules for multi-reservoir system[J]. Water Resources Research, 33(4): 1192-1221.

SAFAVI H R, ALIJANIAN M A, 2011. Optimal crop planning and conjunctive use of surface water and groundwater resources using fuzzy dynamic programming[J]. Journal of Irrigation and Drainage Engineering-ASCE, 137(6):383-397.

SANCHEZ G, FELICI S, PELECHANO J, et al., 1999. Optimal design of irrigation networks using a genetic algorithm[C]//IEEE Symposium on Emerging Technologies and Factory Automation, ETFA, (2): 941-947.

SANDOW M Y, DUKE O, 2008. Groundwater resources management in the Afram Plains area, Ghana[J]. KSCE Journal of Civil Engineering, 12(5):349-357.

SANTOS T P, LOPES C M, RODRIGUES M L, 2007. Effects of deficit irrigation strategies on cluster microclimate for improving fruit composition of Moscatel field-grown grapevines[J]. Scientia Horticulturae, 112(3): 321-330.

SARKARIA G S, 1979. Economic penstock diameter: A 20 year review[J]. International Water Power and Dam Construction, 31(11):70-72.

SCOTT C A, SILVA O P, 2001. Collective action for water harvesting irrigation in the Lerma-Chapala Basin[J]. Mexico. Water Policy, (3): 555-572.

SHAHBAZ K, LUO Y F, AFTAB A, 2009. Analysing complex behaviour of hydrological systems through a system dynamics approach[J]. Environmental Modelling & Software, 24(12):1363-1372.

SIARRY P, BERTHIAU G, DURBIN F, et al., 1997. Enhanced simulated annealing for globally minimizing functions of many-continuous variables[J]. ACM Transactions on Mathematical Software, (23): 209-228.

SIVAPALAN M, TAKEUCHI K, FRANKS S W, 2003. IAHS Decade on Predictions in Ungauged Basins(PUB), 2003—2012: Shaping an exciting future for the hydrological sciences[J]. Hydrological Science Journal, 48(6):857-880.

SOREN B, JESSE C V, IRENE G E, 2008. Empirical models for describing recent sedimentation rates in lakes distributed across broad spatial scales[J]. Journal of Paleolimnology，40(4): 1003-1019.

SRINIVAS M，1994. Adaptive probability of crossover and mutation in genetic algorithms[J]. IEEE Transactions on Systems，Man and Cybernetics，26(4):656-667.

SRINIVASA R K，NAGESH K D，SRINIVASA R K，2004. Irrigation planning using genetic algorithms[J]. Water Resources Management，18(2):163-176.

STYBINSKI M A，TANG T S，1990. Experiments in nonconvex optimization:Stochastic approximation and function smoothing and simulated annealing[J]. Neural Networks，(3):467-483.

SUNDT N A，1993. Extreme summer weather conditions test US energy infrastructure[J]. Energy Economics Climate Change，20(11): 138-151.

SWAMEE P K，1995. Optimal irrigation canal sections[J]. Journal of Irrigation and Drainage Engineering，121:1525-1533.

TANG K S，MAN K F，LIU Z F，et al.，1998. Minimal fuzzy memberships and rules using hierarchical genetic algorithms[J]. IEEE Transactions on Industrial Electronics，45(1):162-169.

TONG F，GUO P，2013. Simulation and optimization for crop water allocation based on crop water production functions and climate factor under uncertainty[J]. Applied Mathematical Modelling，37(14-15):7708-7716.

TURGEON A，1981. A.Optimal short-term hydro scheduling from the principle of progressive optimality[J].Water Resources Research，17(3):481-486.

VAUGHAN E W. 1956. Steel lining for pressure shafts in solid rocks[J]. Journal of the Power Division,82(2):1-40.

VIRGINIA M J，LEAH L R，2000. Accuracy of neural network approximator in simulation-optimization[J]. Journal of Water Resources Planning and Management，ASCE，126(2):48-56.

WANG S，HUANG G H，2012. Identifying Optimal Water Resources Allocation Strategies through an Interactive Multi-Stage Stochastic Fuzzy Programming Approach[J]. Water Resources Management，26(7): 2015-2038.

WANG W S，JIN J L，DING J，et al.，2009. A new approach to water resources system assessment — set pair analysis method[J]. Science in China Series E: Technological Sciences，52(10): 3017-3023.

WILHITE D A，HAYES M J，KNUTSON C，et al.，2000. Planning for Drought: Moving from Crisis to risk management [J]. Journal of the American Water Resources Association，36(4):697-710.

WU Q G，1978. The optimality of orthogonal experimental design[J]. Acta Mathematics Applicatae Sinica，1(4): 283-299.

YU P S，YANG T C，WANG Y C，2002. Uncertainty analysis of regional flow duration curves[J]. Journal of Water Resources Planning and Management，128(6):424-430.

ZHANG L B，CHENG J L，JIN J L，2006. Comprehensive assessment of seawater quality based on improved attribute recognition model[J]. Journal of Ocean University of China，5(4):300-304.

ZHANG Q F，LEUNG Y-W，1999. An orthogonal genetic algorithm for multi-media multicast routing[J]. IEEE Transactions on Evolutionary Computation，3(1): 53-62.

ZHOU Y，BRYANT R H，1992. Optimal design for an internal stiffener plate in a penstock bifurcation[J]. Journal of Pressure Vessel Technology，114(2):193-200.